教育部高等农林院校理科基础课程教学指导委员会
推荐示范教材

高等农林教育“十三五”规划教材

分析化学

Analytical Chemistry

第2版

胡广林　许　辉　主编

中国农业大学出版社
·北京·

内 容 提 要

本书为教育部高等农林院校理科基础课程教指委推荐示范教材，是在中国农业大学出版社 2010 年 1 月第 1 版《分析化学》基础上修订编写而成的。

全书共 14 章，包括绪论、定量分析的一般过程、误差与分析数据的处理、滴定分析、酸碱滴定法、配位滴定法、氧化还原滴定法、沉淀滴定法、电势分析法、吸光光度法、原子吸收光谱法、气相色谱法、高效液相色谱法以及分析化学中的分离与富集方法。为便于教学和阅读，本书各章还新增二维码教学资源。

本书是一本近化类专业通用型的化学基础课程教材，可供植物生产类、动物生产类、草业科学类、森林资源类、环境生态类、动物医学类、水产类以及生命科学、环境科学、食品科学、资源与环境科学、制药工程、林产化工等专业使用。

图书在版编目(CIP)数据

分析化学/胡广林，许辉主编．—2 版．—北京：中国农业大学出版社，2017.11
ISBN 978-7-5655-1832-4

Ⅰ．分… Ⅱ．①胡… ②许… Ⅲ．分析化学-高等学校-教材 Ⅳ．O65

中国版本图书馆 CIP 数据核字(2017)第 129270 号

书　　名 分析化学　第 2 版
作　　者 胡广林　许　辉　主编

策划编辑 潘晓丽　　**责任编辑** 冯雪梅
封面设计 郑　川　　**责任校对** 王晓凤
出版发行 中国农业大学出版社
社　　址 北京市海淀区圆明园西路 2 号　　**邮政编码** 100193
电　　话 发行部 010-62731190，2620　　读者服务部 010-62732336
编辑部 010-62732617，2618　　出　版　部 010-62733440
网　　址 http://www.cau.edu.cn/caup　　**e-mail** cbsszs @ cau.edu.cn
经　　销 新华书店
印　　刷 涿州市星河印刷有限公司
版　　次 2017 年 11 月第 2 版　2017 年 11 月第 1 次印刷
规　　格 787×1 092　16 开本　20.75 印张　510 千字
定　　价 45.00 元

第 2 版编写委员会

主　　编　胡广林　许　辉

副 主 编　马传利　苏　壮　肖振平　张建刚

编写人员　（按姓氏拼音排序）

段云青（山西农业大学）
胡广林（海南大学）
金　花（东北农业大学）
孔祥平（青岛农业大学）
李金梅（内蒙古农业大学）
梁振益（海南大学）
刘红霞（山西农业大学）
刘衣南（沈阳农业大学）
马传利（青岛农业大学）
苏　壮（沈阳农业大学）
肖振平（东北农业大学）
许　辉（内蒙古农业大学）
胥　涛（海南大学）
张建刚（山西农业大学）

主　　审　赵士铎（中国农业大学）

第1版编写委员会

主　　编　胡广林　许　辉

副 主 编　苏　壮　刘毓琪　吕海涛　徐宝荣
刘金龙　王素利　牛草原

编写人员　(按姓氏拼音排序)
胡广林(海南大学)
李金梅(内蒙古农业大学)
梁振益(海南大学)
刘金龙(山西农业大学)
刘毓琪(东北林业大学)
吕海涛(青岛农业大学)
马传利(青岛农业大学)
牛草原(河南农业大学)
苏　壮(沈阳农业大学)
许　辉(内蒙古农业大学)
王　芬(沈阳农业大学)
王素利(河北北方学院)
徐宝荣(东北农业大学)
胥　涛(海南大学)
杨桂霞(吉林农业大学)
印家健(四川农业大学)

出版说明

在教育部高教司农林医药处的关怀指导下，由教育部高等农林院校理科基础课程教学指导委员会（以下简称“基础课教指委”）推荐的本科农林类专业数学、物理、化学基础课程系列示范性教材现在与广大师生见面了。这是近些年全国高等农林院校为贯彻落实“质量工程”有关精神，广大一线教师深化改革，积极探索加强基础、注重应用、提高能力、培养高素质本科人才的立项研究成果，是具体体现“基础课教指委”组织编制的相关课程教学基本要求的物化成果。其目的在于引导深化高等农林教育教学改革，推动各农林院校紧密联系教学实际和培养人才需求，创建具有特色的数理化精品课程和精品教材，大力提高教学质量。

课程教学基本要求是高等学校制定相应课程教学计划和教学大纲的基本依据，也是规范教学和检查教学质量的依据，同时还是编写课程教材的依据。“基础课教指委”在教育部高教司农林医药处的统一部署下，经过批准立项，于2007年底开始组织农林院校有关数学、物理、化学基础课程专家成立专题研究组，研究编制农林类专业相关基础课程的教学基本要求，经过多次研讨和广泛征求全国农林院校一线教师意见，于2009年4月完成教学基本要求的编制工作，由“基础课教指委”审定并报教育部农林医药处审批。

为了配合农林类专业数理化基础课程教学基本要求的试行，“基础课教指委”统一规划了名为“教育部高等农林院校理科基础课程教学指导委员会推荐示范教材”（以下简称“推荐示范教材”）。“推荐示范教材”由“基础课教指委”统一组织编写出版，不仅确保教材的高质量，同时也使其具有比较鲜明的特色。

一、“推荐示范教材”与教学基本要求并行　教育部专门立项研究制定农林类专业理科基础课程教学基本要求，旨在总结农林类专业理科基础课程教育教学改革经验，规范农林类专业理科基础课程教学工作，全面提高教育教学质量。此次农林类专业数理化基础课程教学基本要求的研制，是迄今为止参与院校和教师最多、研讨最为深入、时间最长的一次教学研讨过程，使教学基本要求的制定具有扎实的基础，使其具有很强的针对性和指导性。通过“推荐示范教材”的使用推动教学基本要求的试行，既体现了“基础课教指委”对推行教学基本要求的决心，又体现了对“推荐示范教材”的重视。

二、规范课程教学与突出农林特色兼备 长期以来各高等农林院校数理化基础课程在教学计划安排和教学内容上存在着较大的趋同性和盲目性，课程定位不准，教学不够规范，必须科学地制定课程教学基本要求。同时由于农林学科的特点和专业培养目标、培养规格的不同，对相关数理化基础课程要求必须突出农林类专业特色。这次编制的相关课程教学基本要求最大限度地体现了各校在此方面的探索成果，"推荐示范教材"比较充分反映了农林类专业教学改革的新成果。

三、教材内容拓展与考研统一要求接轨 2008年教育部实行了农学门类硕士研究生统一入学考试制度。这一制度的实行，促使农林类专业理科基础课程教学要求作必要的调整。"推荐示范教材"充分考虑了这一点，各门相关课程教材在内容上和深度上都密切配合这一考试制度的实行。

四、多种辅助教材与课程基本教材相配 为便于导教导学导考，我们以提供整体解决方案的模式，不仅提供课程主教材，还将逐步提供教学辅导书和教学课件等辅助教材，以丰富的教学资源充分满足教师和学生的需求，提高教学效果。

乘着即将编制国家级"十二五"规划教材建设项目之机，"基础课教指委"计划将"推荐示范教材"整体运行，以教材的高质量和新型高效的运行模式，力推本套教材列入"十二五"国家级规划教材项目。

"推荐示范教材"的编写和出版是一种尝试，赢得了许多院校和老师的参与和支持。在此，我们衷心地感谢积极参与的广大教师，同时真诚地希望有更多的读者参与到"推荐示范教材"的进一步建设中，为推进农林类专业理科基础课程教学改革，培养适应经济社会发展需要的基础扎实、能力强、素质高的专门人才做出更大贡献。

中国农业大学出版社

2009年8月

第 2 版前言

《分析化学》第 1 版于 2010 年 1 月出版，在多所农林院校使用。中国农业大学出版社于 2015 年 10 月在山西太谷召开了“全国高等农林院校理科基础课程及英语课程教材建设研讨会”。会议围绕“迎接‘互联网＋’时代，创新公共基础课教材”和“高等农林院校理科基础课程教育教学改革和教材建设”等议题展开了深入的交流和研讨，并在此基础上确定了本书的编写事宜。

此次再版的编写工作主要包括以下几个方面：

1. 本书各章新增了二维码教学资源，用于纸质教材内容的适当扩充，以更好地满足教学需求和便于学生自学。

2. 对第 1 版书稿的一些错误和不足之处，进行了更正和完善。

3. 加强了滴定分析部分理论与分析实践的结合，例如，增加或更换了部分实例和习题。

4. 对量的符号、定义、单位参照现行国家标准做了订正或补充了说明，使其更加规范、易于理解，并尽量与同系列教材《普通化学》保持一致。

5. 对内容进行了适当编排和增减。例如，精简和重新编排了第 3 章的内容，将“分析化学中的质量保证与质量控制”这一节移到了二维码教学资源中。

参加本书编写的有：海南大学胡广林（第 1 章及附录、参考文献），内蒙古农业大学许辉（第 2 章），沈阳农业大学苏壮（第 3 章），东北农业大学金花（第 4 章），东北农业大学肖振平（第 5 章），内蒙古农业大学李金梅（第 6 章），山西农业大学段云青（第 7 章），沈阳农业大学刘衣南（第 8 章），山西农业大学张建刚（第 9 章），海南大学胥涛（第 10 章），青岛农业大学马传利（第 11 章），海南大学梁振益（第 12 章），山西农业大学刘红霞（第 13 章）和青岛农业大学孔祥平（第 14 章）。全书由主编胡广林负责统一修改定稿。

本书在编写和出版过程中，得到了教育部高等农林院校理科基础课程教学指导委员会推荐示范教材编审指导委员会和中国农业大学出版社的共同指导和支持，在此一并表示衷心的感谢。同时，对审稿专家中国农业大学赵士铎教授表示深深的敬意。

限于编者的水平和经验，修订后的教材仍会有不妥甚至错漏之处，还望读者批评指正。

编 者

2017 年 3 月

第1版前言

在自然科学领域，分析化学恐怕是在最近几十年内经历了最大拓宽的一门学科。当然分析化学也是农林院校各相关专业的一门十分重要的化学基础课程。一本适用专业面较宽的通用型分析化学教材，是当前高等农林院校教学改革的重要内容。本书属于教育部高等农林院校理科基础课程教学指导委员会组织的基础课程系列示范教材之一，是根据教育部高等农林院校理科基础课程教学指导委员会制定的普通高等农林院校非化学专业"化学教学基本内容"编写的，适用于动物生产类、植物生产类、草业科学类、森林资源类、环境生态类、动物医学类、水产类、生命科学、环境科学、食品科学、资源与环境科学、制药工程、林产化工等专业。

本书内容包括两个层次：基本层次、较高层次。其中，化学定量分析、取样及试样处理、分析数据处理属于基本层次；仪器分析中吸光光度法属于基本层次，而电势分析法、原子吸收光谱法、气相色谱法、高效液相色谱法属于较高层次。各校可根据专业需要及实际授课学时数，按不同层次开设本课程。对与化学更加密切相关的专业，如生命科学、环境科学、食品科学、资源与环境科学、制药工程、林产化工等，建议按较高层次开设本课程；对农林院校的其他专业（不包括人文、经管、社科等专业），建议按基本层次开设本课程。

本书编写从注重基础知识和基本技能，培养学生科学品质和潜在发展能力的指导思想出发，结合分析化学学科发展的趋势、参考国内外先进教材和编者的教学经验，考虑了以下诸方面，与同类教材相比形成了一定特色。

(1)注重化学分析与仪器分析的联系。本书涵盖了化学分析和仪器分析的基础内容。为了强调两者的联系，对通用知识"定量分析的一般过程"、"误差与分析数据的处理"、"分析化学中的分离与富集方法"各专设一章。这样，有利于学生从整体上把握分析化学的概貌。

(2)精简化学分析的内容，加强基础仪器分析的内容。如在化学分析中，略去重量分析法，扼要介绍了四大滴定分析法。考虑到仪器分析是分析化学发展的主流和趋势，基础仪器分析内容所占比重有所提高。鉴于高效液相色谱法应用的广泛性，并已成为常规分析手段，本书单独设为一章。

(3)突出分析化学中的质量保证。错误的分析数据比分析数据的缺失更糟糕，因为会造成工农业生产、科学研究等方面无法弥补的损失。因此，分析化学中质量保证的相关内容应予以必要的重视，有必要从学生接触分析化学之初就培养分析数据的质量意识。为此，在"误差与分析数据的处理"中简介了分析化学中的质量保证体系和质量控制图。在各类分析方法有关章节中强调了误差的来源和减免、干扰及其消除等相关问题。

(4)重视理论应用。本书以方法原理、仪器细节及与实际应用的简略描述适当结合的方式传授分析化学知识，其最终目标是为了学生能用分析化学思想去解决问题。因此对各类分析方法编选了典型应用实例，有利于学生理论知识的巩固，有益于训练学生理论联系实际的能力。

(5)注意教材的易教易学性。编写中力求语言精练、叙述准确，各章编写体例统一。同时编写了配套的分析化学电子教案(PowerPoint)，将与教材同步出版发行。配套的《分析化学习题解答》编写工作在进行中。这些措施与努力，有助于提高教学效率和质量。

(6)本教材特别适用于与化学关系密切的，如生命科学、环境科学、食品科学与工程、动物营养学、土壤科学、制药工程、林产化工等专业开设较高层次化学课程使用。

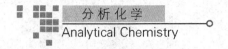

本书由胡广林教授和许辉教授担任主编。主编对全书进行组织、审阅、修改，最后通读和审定。本书编写、出版过程中，得到全国高等农林院校理科基础课程示范教材编写委员会、参编学校各级领导、中国农业大学出版社的指导和支持，在此一并致以衷心的感谢。

限于编者的水平和经验，书中不尽完善和错漏之处，恳请读者和同行专家批评指正。

编 者

2009 年 10 月

目录 CONTENTS

Chapter 1 第1章

绪 论

Introduction

【教学目标】

- 理解分析化学的任务，了解分析化学的作用。
- 掌握分析化学方法的分类及其依据，了解分析方法选择的一般原则。
- 了解分析化学的发展简况及发展趋势。

1.1 分析化学的任务与作用

分析化学(analytical chemistry)是人们获得物质化学组成和结构信息的一门科学，其任务主要是鉴定物质的化学组成、测定物质有关成分的含量及化学结构。随着科学技术的发展，分析化学的研究内容不断丰富，它与物理学、数学、统计学、电子学、计算机、信息、机械、资源、材料、生物医学、药学、农学、环境科学、天文学、宇宙科学等多学科相互交叉和渗透。分析化学已超越化学领域，成为一门以多学科为基础的综合性科学，又被称为分析科学。

分析化学在化学学科本身的发展上，以及相当广泛的学科门类的研究领域中都起着重要作用，在国民经济发展、国防建设、医药卫生、科学技术进步和资源开发利用等方面的作用是举足轻重的，不仅是科学技术的“眼睛”，用于发现生产和科研中的问题，而且参与实际问题的解决。

据统计，在已经颁布的所有诺贝尔物理、化学奖中，有1/4的项目和分析化学直接相关。20世纪末“人类基因测序”被认为是一项可与人类登月相比的伟大工程，当该工程面临进展缓慢的困难时，是分析化学家对毛细管电泳测序方法的重大革新，使得这项工程提前完成，从而揭开了后基因时代的序幕。农产品质量检测；农业用水及土壤分析；工业生产中工艺条件的选择、生产过程的质量控制及产品质量评价；环境污染监测与治理；临床诊断、病理研究与药物筛选；药品与食品安全工程；毒物和毒品分析；月面物质分析及深空探测……所有这些方面都离不开分析化学。

1.2 分析化学方法的分类与选择

依据分析任务、分析对象、测定原理、试样用量及分析要求等，可对分析化学方法进行大致分类。

1.2.1 定性分析、定量分析与结构分析

依据分析任务分类，分析方法可分为定性分析（qualitative analysis）、定量分析（quantitative analysis）和结构分析（structure analysis）。定性分析的任务是鉴定试样的元素、原子团、功能基或化合物的组成；定量分析的任务是测定试样中有关组分的含量；结构分析的任务是研究物质分子、晶体结构或综合形态。

在试样成分明确时，可以直接进行定量分析。否则，需先进行定性分析，而后进行定量分析。对于新发现的化合物，需进行结构分析，以确定分子结构。对于复杂体系则需先分离，而后进行定性分析及定量分析。

1.2.2 无机分析与有机分析

依据分析对象分类，分析方法可分为无机分析（inorganic analysis）和有机分析（organic analysis）。无机分析的对象是无机物质，在无机分析中，一般要求鉴定试样的化学组成及测定组分的含量，分属于无机定性分析及无机定量分析。有机分析的对象是有机物质，不仅需要鉴定元素的组成，还要进行官能团分析及结构分析，或需要对样品有机组分进行定量分析。两者分析对象不同，对分析的要求和使用的方法多有不同。针对不同的分析对象，还可以进一步分类，如冶金分析、地质分析、环境分析、药物分析、材料分析和生物分析等。

1.2.3 化学分析与仪器分析

依据测定原理分类，分析方法可分为化学分析（chemical analysis）和仪器分析（instrumental analysis）。化学分析和仪器分析是分析化学的两大分支，两者互为补充；化学分析是分析化学的基础，仪器分析是分析化学的发展方向，其应用十分广泛。

化学分析是以化学反应和反应的化学计量关系为基础的分析方法，分为重量分析（gravimetry）（称重分析）法和滴定分析（titrimetry）法。重量分析法的准确度很高，至今还是一些组分测定的标准方法，但其操作繁琐，分析速度较慢。滴定分析法臻于成熟，操作简便、快速，条件易于控制，测定结果的准确度高（在一般情况下相对误差为±0.2%之内），是重要的例行分析手段之一。化学分析法仪器简单，结果准确，适合于常量分析，被称为经典分析法。

以物质的物理或物理化学性质为基础的分析方法称为仪器分析法。仪器分析法大多具有灵敏度高、选择性强、试样用量少、简便快速等优点，可实现在线和遥控监测，适合生产过程中的控制分析，尤其对含量很低的组分，更加需要选用仪器分析法。根据其原理，仪器分析法又可分为电化学分析、光谱分析、质谱分析、色谱分析等。

1.2.4 常量、半微量、微量与超微量分析

依据试样用量的多少，分析方法可分为常量分析、半微量分析、微量分析和超微量分析（表1-1）。在化学分析中，一般采用常量或半微量分析方法。进行微量分析及超微量分析时，一般需采用仪器分析方法。

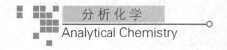

表 1-1 各种分析方法的取样量

分析方法	试样质量/mg	试液体积/mL
常量分析(meso)	>100	>10
半微量分析(semimicro)	10～100	1～10
微量分析(micro)	0.1～10	0.01～1
超微量分析(ultramicro)	<0.1	<0.01

根据试样中被测组分的含量，又可粗略分为常量组分(major，>1%)分析、微量组分(micro，0.01%～1%)分析及痕量组分(trace，<0.01%)分析。值得注意的是，微量组分分析不一定是微量分析。例如，金矿中金的含量是 $g \cdot t^{-1}$(t 为吨)级，称样量往往达 50～200 g。

1.2.5 例行分析和仲裁分析

依据分析要求分类，分析方法可分为例行分析(routine analysis)和仲裁分析(arbitral analysis)。一般分析实验室对日常生产、临床、环保等进行的常规分析称为例行分析。当对分析结果有争议时，为了判断原分析结果的可靠性，请权威分析部门用指定的方法进行准确的分析称为仲裁分析(裁判分析)。

1.2.6 分析方法的选择

当分析任务明确之后，需要选择恰当的方法来实现。分析方法的选择，需结合各种方法的检出限、灵敏度、选择性、准确度，以及分析速度来进行，有赖于对各类分析方法基础知识(原理、优缺点、适用范围等)的理解、掌握及平时经验的积累。选择分析方法时，通常应综合考虑以下诸方面，以便设计合理的分析程序，圆满完成分析任务。

(1)现有仪器设备条件，分析人员的理论水平、实验技能和经验。

(2)测定的具体要求(如对结果准确度、完成测定的时间、是否有可选用的标准方法，测定成本等方面的要求)，试样、待测组分性质，试样量的大小与待测组分含量范围。

(3)在了解试样基体大致组成和复杂性程度的基础上，进一步考虑共存组分对测定的干扰影响。

(4)拟定合适的分离富集方法，以改善分析方法的灵敏度、提高分析方法的选择性。

(5)考虑保障分析方法准确可靠性的对策。

1.3 分析化学发展简况和发展趋势

分析化学有着悠久的历史，其萌芽和起源可以追溯到古代炼金术。在科学史上，分析化学曾是研究化学的开路先锋，它对元素的发现、相对原子质量的测定、定比定律(定组成定律)、倍比定律等化学基本定律的确立曾做出重要贡献。

一般认为，分析化学经历了三次巨大的变革。第一次变革发生在 20 世纪初，由于物理化学溶液平衡(酸碱平衡、氧化还原平衡、配位平衡及沉淀平衡)理论的建立为分析化学奠定了理论基础，使分析化学由一种检测技术发展为一门科学，确立了作为一个化学分支学科的地位。第二次变革发生在第二次世界大战前后至 20 世纪 60 年代，物理学、电子学、半导体及原子能技术的发展促进了仪器分析的产生和发展，改变了经典分析化学以化学分析为主的局面。第三次变革是20世纪70年代末至今，计算机科学的发展，生命科学、环境科学、新材料科学等发展的需要，基础理论及测试手段的完善，促使分析化学在理论、方法、技术、仪器方面都有了前所未有的进展，已经发展到了具有综合性和交叉性特征的分析科学阶段。

目前分析化学研究与应用范围非常广泛。除了包括无机分析、有机分析、药物分析、生化分析、环境分析、过程分析、免疫分析、食品和毒品分析、临床分析、波谱学分析等比较成熟的分支学科外，还包括了化学信息学、生物信息学、纳米分析化学和芯片分析化学等新兴分支学科。运用先进的科学技术发展新的分析原理，研究建立原位(in situ)、在体(in vivo)、实时(real time)、在线(on line)的新型动态分析以及无损探测和多元探测的理论、技术及仪器已成为当代分析化学的主流和热点。今后分析化学将主要在生物、环境、能源、材料、安全等前沿领域，继续沿着高灵敏度(达原子级、分子级水平)、高选择性(复杂体系)、准确、快速、简便、经济、分析仪器自动化、智能化和信息化的纵深方向发展，以解决更多、更新、更复杂的课题，为科技发展、人类进步做出更大贡献。

□ 本章小结

本章主要介绍了分析化学的任务和作用，分析化学方法的分类及其选择的一般原则，以及分析化学发展的简况和发展趋势。

分析化学常被比喻为科学技术的“眼睛”，用于对物质进行表征和测量，提供物质的组成和结构信息。现在的分析化学已发展成为一门以多学科为基础的综合性科学，又被称为分析科学。可以说，分析化学是应用最为广泛的学科之一，它不仅是科学技术的“眼睛”，而且直接参与生产实践和科学研究中实际问题的解决。

□ 思考题

1-1 简述分析化学的任务和作用。

1-2 分析方法是如何分类的?

1-3 选择分析方法时应考虑哪些方面?

二维码 1-1 第 1 章要点　　**二维码 1-2 重要的分析化学期刊**　　**二维码 1-3 第 1 章思考题解答**

Chapter 2 第 2 章

定量分析的一般过程

General Process of Quantitative Analysis

【教学目标】

- 掌握试样的制备和分解方法。
- 理解定量分析的一般过程。

定量分析大致包括以下几个步骤:取样、试样的分解、干扰组分的掩蔽和分离、定量测定和分析结果的计算和评价等。关于各类测定方法的原理和特点,分析结果的计算和处理以及干扰组分的掩蔽和分离等问题,将在各章中分别讨论,本章仅就试样的采取和处理、分析试样的制备、分解以及测定方法的选择进行讨论。

2.1 试样的采取和制备

2.1.1 取样的基本原则

学生在实验室面对的通常是均匀的样品,所以他们往往忽视取样过程的重要性。而在任何分析过程中,取样都是非常关键的步骤。实际上,样品的性质限制了分析结果的可靠性。有时无损方法可以用来研究完整的对象,例如用 X 射线荧光可以鉴定古代戒指。但大多数样品必须经过处理,因此试样的采取和制备必须保证所取试样具有代表性,即分析试样的组成能代表整批物料的平均组成,否则分析结果毫无意义。由于试样种类繁多,形态各异,试样的性质和均匀程度也各不相同,所以取样和处理的细节也存在较大差异。

取样的基本步骤:

(1)收集粗样(原始试样)。

(2)将每份粗样混合或粉碎、缩分、减少至适合分析所需的数量。

(3)制成符合分析用的试样。

正确取样应满足以下要求:

(1)大批试样(总体)中所有组成部分都有同等的被采集的概率。

(2)根据给定的准确度,采取有次序的或随机的取样,使取样费用尽可能低。

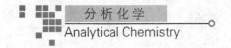

(3)将 n 个单元的试样彻底混合后，再分成若干份，每份供分析一次使用。

2.1.2 取样的操作方法

2.1.2.1 气体试样的采取

对于气体试样的采取，需按具体情况，采用相应的方法。例如大气样品的采取，通常选择距地面 50～180 cm 的高度采样，使与人呼吸的空气相同。对于烟道气、废气中某些有毒污染物的分析，可将气体样品采入空瓶或大型注射器中。

大气污染物的测定是使空气通过适当吸收剂，由吸收剂吸收浓缩之后再进行分析。在采取气体试样时，必须先把容器及通路洗涤，再用要采取的气体冲洗数次或使之干燥，然后取样以免混入杂质。

2.1.2.2 液体试样的采取

装在大容器里的物料，只要对贮槽的不同深度所取试样混匀后即可作为分析试样。对于分装在小容器里的液体物料，应从每个容器里取样，然后混匀作为分析试样。

如采取水样时，应根据具体情况，采用不同的方法。当采取水管中或有泵水井中的水样时，取样前需将水龙头或泵打开，先放水 10～15 min，然后再用干净瓶子收集水样至满瓶即可。采取池、江、河中的水样时，可将干净的空瓶盖上塞子，塞上系一根绳，瓶底系一铁铊或石头，沉入离水面一定深处，然后拉绳拔塞，让水流满瓶后取出，如此方法在不同深度取几份水样混合后，作为分析试样。

2.1.2.3 固体试样的采取和制备

固体试样种类繁多，经常遇到的有矿石、合金和盐类等，它们的采样方法如下。

1. *矿石试样*

在取样时要根据堆放情况，从不同的部位和深度选取多个取样点。采取的份数越多越有代表性。但是，取量过大处理反而麻烦。一般而言，应取试样的量与矿石的均匀程度、颗粒大小等因素有关。通常试样的采取可按下面的经验公式(亦称采样公式)计算：

$$m = Kd^a \tag{2-1}$$

式中：m 为采取试样的最低重量(kg)；d 为试样中最大颗粒的直径(mm)；K 和 a 为经验常数，可由实验求得，通常 K 值在 0.02～1 之间，a 值在 1.8～2.5 之间。地质部门规定 a 值为 2，则上式为：$m=Kd^2$。

由公式(2-1)可知，样品颗粒越大，采样量应越多。将采得的原始样品经过破碎、过筛、混匀和缩分后，制得分析样品。在粉碎过程中，应避免由于设备的磨损等原因而引入杂质和样品的飞溅损失。破碎、研磨后的样品必须过筛，通不过筛孔的颗粒，继续研磨，直至所有颗粒都通过筛孔(表 2-1)。

表 2-1 各种筛号的筛孔规格

筛号(网目)	6	10	20	40	60	80	100	120	140	200
筛孔直径/mm	3.36	2.00	0.83	0.42	0.25	0.177	0.149	0.125	0.106	0.074

大块矿样先用压碎机破碎成小的颗粒，然后进行粉碎、缩分。常用的缩分方法为“四分

法”(图 2-1),将试样粉碎之后混合均匀,堆成锥形,然后略为压平,通过中心分为四等分把任何相对的两份弃去,其余相对的两份收集在一起混匀,这样试样便缩减了一半,称为缩分一次。每次缩分后的最低重量应符合采样公式的要求。如果缩分后试样的重量大于按计算公式算得的重量较多,则可连续进行缩分直至所剩试样稍大于或等于最低重量为止,最后装入瓶中,贴上标签。

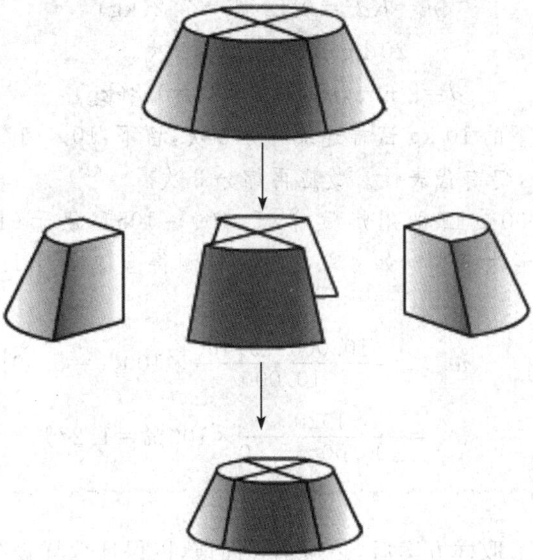

图 2-1　缩分:四分法

2. 金属或金属制品

由于金属经过高温熔炼,组成比较均匀,因此,对于片状或丝状试样,剪取一部分即可进行分析。但对于钢锭和铸铁,由于表面和内部的凝固时间不同,铁和杂质的凝固温度也不一样,因此,表面和内部的组成是不很均匀的。取样时应先将表面清理,然后用钢钻在不同部位、不同深度钻取碎屑混合均匀,作为分析试样。

对于那些极硬的样品如白口铁、硅钢等,无法钻取,可用铜锤砸碎之,再放入钢钵内捣碎,然后再取其中一部分作为分析试样。

3. 粉状或松散物料试样

常见的粉状或松散物料如盐类、化肥、农药和精矿等,其组成比较均匀,因此取样点可少一些,每点所取之量也不必太多。各点所取试样混匀即可作为分析样品。

4. 湿存水的处理

一般样品往往含有湿存水(亦称吸湿水),即样品表面及孔隙中吸附了空气中的水分。其含量多少随着样品的粉碎程度和放置时间的长短而改变。试样中各组分的相对含量也必然随着湿存水的多少而改变。例如,含 SiO_2 60.0%的潮湿样品 100 g,由于湿度的降低重量减至 95 g,则 SiO_2 的含量增至$\frac{60.0}{95}\times 100\% = 63.2\%$。所以在进行分析之前,必须先将分析试样放在烘箱里,在 100～105℃烘干(温度和时间可根据试样的性质而定,对于受热易分解的物质可采用风干的办法)。用烘干样品进行分析,则测得的结果是恒定的。对于水分的测定,可另取烘干前的试样进行测定。

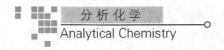

例 2-1 有试样 20 kg,粗碎后最大粒度为 6 mm 左右,已定 K 值为 0.2,问应缩分几次?如缩分后,再破碎至全部通过 10 号筛,问应再缩分几次?

解 $m=Kd^2=0.2\times6^2=7.2(\text{kg})$

故 20 kg 试样应缩分 1 次。

破碎过 10 号筛后, $d=2\ \text{mm}, m=0.2\times2^2=0.8(\text{kg})$

若将缩分 1 次后留下的 10 kg 试样连续缩分 3 次,留下:$10\times(1/2)^3=1.25(\text{kg})$,此量大于要求的 m 值(0.8 kg),仍有代表性。故应再缩分 3 次。

例 2-2 称取 10.000 g 工业用煤试样,于 100~105℃烘干(1 h)后,称得其质量为 9.460 g,此煤样含湿存水为多少?如另取一份试样测得含硫量为 1.20%,用干基表示的含硫量为多少?

解

$$w_{\text{湿存水}}=\frac{10.000-9.460}{10.000}\times100\%=5.40\%$$

$$w_{\text{硫}}=\frac{1.20}{100.00-5.40}\times100\%=1.27\%$$

根据样品性质确定了取样方案后,必须小心谨慎,以保证取样设备和储存容器不污染样品。样品的标签上应清楚地标明一些信息,诸如样品来源、取样日期、时间以及待测组分。应强调的是,有时取样是极危险的,必须采取适当的安全措施。

2.2 试样的分解

在一般分析工作中,通常先要将试样分解,制成溶液。试样的分解工作也是分析工作的重要步骤之一。在分解试样时必须注意:①试样分解必须完全,处理后的溶液中不得残留原试样的细屑或粉末;②试样分解过程中待测组分不应挥发;③不应引入被测组分和干扰物质。由于试样的性质不同,分解的方法也有所不同。常用分解方法有湿法(溶解法),主要使用酸或碱溶液分解试样;干法(熔融法),主要用固体碱或酸性物质熔融分解。还有一些特殊分解方法,如:氧瓶法、钠解法、微波消解法等。分解试样时对分解方法一般要求:①分解完全、分解速度快;②分离测定容易;③不导致试样中待测组分损失或玷污;④无污染或污染小。

2.2.1 无机试样的分解

2.2.1.1 溶解法

采用适当的溶剂将试样溶解制成溶液,这种方法比较简单、快速。常用的溶剂有水、酸和碱等。溶于水的试样一般为可溶性盐类,如硝酸盐、醋酸盐、铵盐、绝大部分的碱金属化合物和大部分的氯化物、硫酸盐等。对于不溶于水的试样,则采用酸或碱作溶剂的酸溶法或碱溶法进行溶解,以制备分析试液。

1. 水溶法

可溶性的无机盐直接用水制成试液。

2. 酸溶法

酸溶法是利用酸的酸性、氧化还原性和形成配合物的作用，使试样溶解。钢铁、合金、部分氧化物、硫化物、碳酸盐矿物和磷酸盐矿物等常采用此法溶解。常用的酸溶剂如下：

盐酸、硝酸、硫酸、磷酸、高氯酸、氢氟酸和混合酸

硫酸(H_2SO_4)：除钙、锶、钡、铅外，其他金属的硫酸盐都溶于水。热的浓硫酸具有很强的氧化性和脱水性，常用于分解铁、钴、镍等金属和铝、铍、锑、锰、钍、铀、钛等金属合金以及分解土壤等样品中的有机物等。硫酸的沸点较高(338℃)，当硝酸、盐酸、氢氟酸等低沸点酸的阴离子对测定有干扰时，常加硫酸并蒸发至冒白烟(SO_3)来驱除。

王水：HNO_3 与 HCl 按 1∶3(体积比)混合，由于硝酸的氧化性和盐酸的配位性，使其具有更好的溶解能力。能溶解 Pb、Pt、Au、Mo、W 等金属和 Bi、Ni、Cu、Ga、In、U、V 等合金，也常用于溶解 Fe、Co、Ni、Bi、Cu、Pb、Sb、Hg、As、Mo 等的硫化物和 Se、Sb 等矿石。

3. 碱溶法

碱溶法的溶剂主要为 NaOH 和 KOH。碱溶法常用来溶解两性金属铝、锌及其合金，以及它们的氧化物、氢氧化物等。

在测定铝合金中的硅时，用碱溶解使 Si 以 SiO_3^{2-} 形式转到溶液中。如果用酸溶解则 Si 可能以 SiH_4 的形式挥发损失，影响测定结果。

2.2.1.2 熔融法

1. 酸熔法

碱性试样宜采用酸性熔剂。常用的酸性熔剂有 $K_2S_2O_7$(m. p. 419℃)和 $KHSO_4$(m. p. 219℃)，后者经灼烧后亦生成 $K_2S_2O_7$，所以两者的作用是一样的。这类熔剂在 300℃以上可与碱或中性氧化物作用，生成可溶性的硫酸盐。如分解金红石的反应是：

$$TiO_2 + 2K_2S_2O_7 = Ti(SO_4)_2 + 2K_2SO_4$$

这种方法常用于分解 Al_2O_3、Cr_2O_3、Fe_3O_4、ZrO_2、钛铁矿、铬矿、中性耐火材料(如铝砂、高铝砖)及磁性耐火材料(如镁砂、镁砖)等。

2. 碱熔法

酸性试样宜采用碱熔法。如酸性矿渣、酸性炉渣和酸不溶试样均可采用碱熔法，使它们转化为易溶于酸的氧化物或碳酸盐。

常用的碱性熔剂有 Na_2CO_3(m. p. 853℃)、K_2CO_3(m. p. 891℃)、NaOH(m. p. 318℃)、Na_2O_2(m. p. 460℃)和它们的混合熔剂等。这些溶剂除具碱性外，在高温下均可起氧化作用(本身的氧化性或空气氧化)，可以把一些元素氧化成高价，如 Cr^{3+}、Mn^{2+} 可以分别氧化成 Cr(Ⅵ)、Mn(Ⅶ)，从而增强了试样的分解作用。有时为了增强氧化作用还加入 KNO_3 或 $KClO_3$，使氧化作用更为完全。

(1)Na_2CO_3 或 K_2CO_3　常用来分解硅酸盐和硫酸盐等。分解反应如下：

$$Al_2O_3 \cdot 2SiO_2 + 3Na_2CO_3 = 2NaAlO_2 + 2Na_2SiO_3 + 3CO_2\uparrow$$

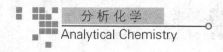

$$BaSO_4 + Na_2CO_3 = BaCO_3 + Na_2SO_4$$

(2)Na_2O_2　常用来分解含 Se、Sb、Cr、Mo、V 和 Sn 的矿石及其合金。由于 Na_2O_2 是强氧化剂，能把其中大部分元素氧化成高价状态。例如，铬铁矿的分解反应为：

$$2FeO \cdot Cr_2O_3 + 7Na_2O_2 = 2NaFeO_2 + 4Na_2CrO_4 + 2Na_2O$$

熔块用水处理，溶出 Na_2CrO_4，同时 $NaFeO_2$ 水解而生成 $Fe(OH)_3$ 沉淀：

$$NaFeO_2 + 2H_2O = NaOH + Fe(OH)_3 \downarrow$$

然后利用 Na_2CrO_4 溶液和 $Fe(OH)_3$ 沉淀分别测定铬和铁的含量。

(3)NaOH (KOH)　常用来分解硅酸盐、磷酸盐矿物、钼矿和耐火材料等。

2.2.2　有机试样的分解

2.2.2.1　干式灰化法

将试样置于马弗炉中加高温，以大气中的氧作为氧化剂使之分解，然后加入少量浓盐酸或热的浓硝酸浸取燃烧后的无机残余物。干式灰化法的优点是不加入(或加少量)试剂，避免了由外部引入杂质，而且方法简便。而该方法的不足是因少数元素挥发或器壁上黏附金属而造成损失。

2.2.2.2　湿式消化法

定量分析中常采用湿法消化法。该法通常用硝酸和硫酸的混合物与试样一起置于克氏烧瓶内，在一定温度下进行煮解。该法优点是速度快，但缺点是因加入试剂而引入杂质。

2.2.3　试样分解方法和溶(熔)剂的选择

(1)所选用的试剂，应能使试样全部分解转入溶液。

(2)根据试样的组成和特性选择溶(熔)剂。

(3)所选用的试剂应考虑其是否影响测定。

(4)选择分解试样的方法应与测定方法相适应。

(5)根据分解方法，选用合适的器皿。

对固体试样分解中常用的溶(熔)剂归纳如下：

固体试样分解：
- 溶解
  - 酸溶：加热 HCl、HNO_3、H_2SO_4、$HClO_4$、HF、混合酸
  - 碱溶：NaOH、KOH
- 熔融
  - 酸性：$K_2S_2O_7$
  - 碱性：Na_2CO_3、NaOH、Na_2O_2

2.3　测定方法的选择

随着科学技术的快速发展，新的分析方法不断问世，对同一样品、同一物质的测定，有着不同的多种分析方法。为使分析结果满足准确度、灵敏度等方面的要求，应根据具体的实际情况，从以下几个方面考虑，选择合适的分析方法。

1. 测定的具体要求

由于分析的对象种类繁多，涉及面也很广。如原子量的测定，产品的分析，对结果的准确度就会要求很高；对微量、痕量组分的分析，会对灵敏度要求很高；对中间体的控制分析，则首先要考虑快速。

2. 被测组分含量

对常量组分的测定，一般选用滴定分析法，这种方法准确、简便。但当准确度要求更高、滴定分析不能满足时，再考虑选用操作较为费事的重量分析法；对于微量、痕量组分的分析，则首先要考虑选用灵敏度高的仪器分析法。

3. 被测组分的性质

分析方法是依据被测组分的性质而建立起来的。例如，试样具有酸、碱或氧化还原的性质，就可考虑酸碱滴定或氧化还原滴定分析法. 如果被测组分是过渡金属，则可利用其配位的性质，选择配位滴定分析法，当然也可利用其直接或间接的光学、电学、动力学等方面的性质，选择仪器分析的方法。

4. 干扰物质的影响

分析样品时，还必须考虑干扰的影响。当然，我们可以采取适当的分离措施进行分离，但分离操作一般较为麻烦，且还易引入其他的干扰。如果有选择性很高的分析方法，通过测定条件的控制即可排除干扰，则我们应首先考虑选用。

5. 实验室设备和技术条件

除要考虑试样的性质、测定结果的要求等因素外，还要考虑实验室所具备的条件，如实验室的温度、湿度、仪器及其性能、操作人员的业务能力等。如果条件具备，应首选标准方法进行分析测定。

由于样品的种类繁多，分析要求不尽相同，分析方法各异，灵敏度、准确度、选择性、适应对象等都有很大的差别，所以，我们应根据试样的组成、性质、含量、测定要求、干扰情况及实验室条件等因素，综合考虑，选择出准确、灵敏、迅速、简便、节约、选择性好、自动化程度高的、合适的分析方法。

2.4 分析结果的计算及数据评价

分析过程的最后一个环节是计算待测组分的含量，并同时对分析结果进行评价，判断分析结果的准确度、灵敏度、选择性等是否达到要求。

根据试样质量、测量所得数据和分析过程中有关反应的计算关系，计算试样中待测组分的含量，并以正确的形式加以表示。

2.4.1 待测组分的化学表示形式

1. 以待测组分实际存在形式表示

例如，含氮量测量，以实际存在形式 NH_3、NO_3^-、NO_2^-、N_2O_5 或 N_2O_3 等的含量表示分析结果。

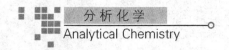

2. 以氧化物或元素形式表示

当待测组分的实际存在形式不清楚时，分析结果最好以氧化物或元素形式的含量表示。例如，铁矿石中含铁量测定，以 Fe_2O_3 的含量表示分析结果。有机物分析中以 C、H、O、P、N 的含量表示分析结果。

3. 以离子的形式表示

电解质溶液的分析结果，常以所存在离子的含量表示，如以 K^+、Na^+、Ca^{2+}、Mg^{2+}、SO_4^{2-}、Cl^- 等的含量表示。

2.4.2 待测组分含量的表示方法

1. 固体试样

以 $g \cdot g^{-1}$、$mg \cdot g^{-1}$、$\mu g \cdot g^{-1}(10^{-6})$、$ng \cdot g^{-1}(10^{-9})$ 和 $pg \cdot g^{-1}(10^{-12})$ 表示。

2. 液体试样

物质的量浓度：单位 $mol \cdot L^{-1}$。

质量摩尔浓度：单位 $mol \cdot kg^{-1}$。

质量分数：待测组分的质量除以试样的质量，量纲为 1。

体积分数：待测组分的体积除以试液的体积，量纲为 1。

摩尔分数：待测组分的物质的量除以试液的物质的量，量纲为 1。

质量浓度：以 $mg \cdot L^{-1}$、$\mu g \cdot L^{-1}$、$\mu g \cdot mL^{-1}$、$ng \cdot mL^{-1}$ 和 $pg \cdot mL^{-1}$ 表示。

3. 气体试样

常量或微量组分的含量，通常以体积分数表示。

□ 本章小结

(1)描述了定量分析的分析步骤。

(2)气体、液体及固体样品的取样方法是不同的，应根据具体样品合理取样。

(3)对无机物样品，有机物样品的分解方法及使用的溶(熔)剂进行了归纳。

(4)合理选择测定方法，并对分析结果进行计算和评价。

□ 思考题

2-1 分解无机试样和有机试样的主要区别有哪些？

2-2 为了探讨某江河地段底泥中工业污染物的聚集情况，某单位于不同地段采集足够量的原始平均试样，混匀后，取部分试样送交分析部门。分析人员称取一定量试样，经处理后，用不同方法测定其中有害化学成分的含量。试问这样做对不对？为什么？

2-3 镍币中含有少量铜、银。欲测定其中铜、银的含量，有人将镍币的表面擦洁后，直接用稀 HNO_3 溶解部分镍币制备试液。根据称量镍币在溶解前后的质量之差，确定试样的质量。然后用不同的方法测定试液中铜、银的含量。试问这样做对不对？为什么？

习题

2-1 物质的定量分析主要可以分为几个过程？
__________，__________，__________，__________。

2-2 进行物质的定量分析，必须要保证所取的试样具有__________。

2-3 对于组成不均匀的试样，平均取样量与试样的__________________有关。

2-4 分析试样的制备，一般包括__________，__________，__________，__________等步骤。

2-5 常用的缩分法是__________。

2-6 无机物的分解方法有__________，__________。

2-7 分样器的作用是(　　)。
(A)破碎样品　(B)分解样品　(C)缩分样品　(D)掺和样品

2-8 欲采集固体非均匀物料，已知该物料中最大颗粒直径为 20 mm，若取 $K=0.06$，则最低采集量应为(　　)。
(A)24 kg　(B)1.2 kg　(C)1.44 kg　(D)0.072 kg

2-9 水泥厂对水泥生料，石灰石等样品中二氧化硅的测定，分解试样一般是采用(　　)分解试样。
(A)硫酸溶解　(B)盐酸溶解
(C)混合酸王水溶解　(D)碳酸钠作熔剂，半熔融解

2-10 某矿石的最大颗粒直径为 10 mm，若 K 值为 $0.1\ kg\cdot mm^{-2}$，问至少应采取多少试样才具代表性？若将该试样破碎，缩分后全部通过 10 号筛，应缩分几次？若要求最后获得的分析试样不超过 100 g，应使试样通过几号筛？

二维码 2-1　第 2 章要点

二维码 2-2　试样分析实例

Chapter 3 第3章

误差与分析数据的处理

Error and Analytical Data Processing

【教学目标】

- 了解误差是定量分析的中心问题，是建立各种分析方法的主要依据。
- 重点掌握误差的分类、性质、来源、表示方法以及它们之间的关系。
- 掌握分析数据的处理方法及提高分析结果准确度的办法。
- 掌握有效数字的概念、意义、记录方法，会合理使用有效数字进行记录和计算。

定量分析的目的是准确测定试样中各组分的含量，只有准确的、可靠的分析结果才能在生产中起作用，不准确的分析结果不仅会导致经济的损失，资源的浪费，还会使科学研究得出错误结论。

在定量分析中，由于受分析方法、测量仪器、所用试剂和分析工作者主观条件等多种因素的限制，使得分析结果与物质的真实含量不完全一致。即使采用最可靠的分析方法，使用最精密的仪器，由技术很熟练的分析人员进行测定，也不可能得到绝对准确的结果。同一个人在相同条件下对同一种试样进行多次测定，所得到的结果也不会完全相同。这就表明，分析结果（测定值 x）与客观实际（真值 T）之间存在差异，这些差异称为误差。在分析过程中，误差是客观存在，不可避免的。例如，普通分析天平称量只能准确到 0.1 mg，滴定管读数误差达 0.01 mL，pH 计测量误差为 0.02 等。一般常量分析结果的相对误差（relative error）为千分之几，而微量分析结果的误差则为百分之几。测定的结果只能趋近于被测组分的真实含量，而不可能达到其真实含量。因此，在进行定量分析时，我们不仅要通过实验得到待测组分含量的数据，还必须对分析结果进行评价，判断分析结果的可靠性和准确程度，检查产生误差的原因及误差出现的规律；采取相应措施减小误差，使测定的结果尽量接近真实含量，从而提高分析结果的准确度。

3.1 定量分析中的误差

3.1.1 误差及其分类

根据误差的性质和产生的原因，可将误差分为系统误差和随机误差两大类。

3.1.1.1 系统误差

系统误差(systematic error)又称可测误差,它是由分析过程中某些确定的、经常性的原因所造成的误差。系统误差的出现有两大特点:一是具有重现性,即在相同的条件下,重复测定时会重复出现;二是具有单向性,使测定结果系统地偏高或偏低。系统误差对分析结果的影响是大、是小不确定,若能找出产生误差的原因,并设法测出其大小,则可以通过校正的方法予以减小和消除。产生系统误差的主要原因有:

1. 方法误差

由于分析方法本身不够完善所造成的误差。如在滴定分析中,化学反应不完全,滴定终点与化学计量点不一致,以及干扰离子的影响等,导致分析结果系统地偏高或偏低。

2. 仪器和试剂误差

由测量仪器不够精确所造成的误差称为仪器误差。如天平两臂不等长,砝码长期使用后质量有所改变,容量仪器体积不够准确等。由于试剂不纯所引起的误差称为试剂误差。如试剂中(包括蒸馏水)含有被测成分或干扰杂质等,都会使测定结果偏高或偏低。

3. 操作误差

由操作人员所掌握的操作条件与正确的操作规程稍有出入而造成的误差。例如,个人对颜色的敏感程度不同,在辨别滴定终点的颜色时,有人偏深,有人偏浅,在读取仪器刻度时,有人偏高,有人偏低等都会引起操作误差。

由此可知,当分析方法、测量仪器、使用试剂及操作者确定后,即确定了一个分析系统,此分析系统的固有缺陷所导致的误差即系统误差。不难看出,对于确定的分析系统,其固有的缺陷是一定的。因而,如果条件不变,重复测定时会重复出现。

3.1.1.2 随机误差

随机误差(random error)又叫偶然误差,是在测定过程中由某些难以确定的偶然因素造成的误差,例如,测量时环境的温度、湿度及气压的微小变化,分析人员的微小差别,都可能引入随机误差。随机误差有时大、有时小、有时正、有时负,正所谓难以预料,难以控制。所以我们又叫它不可测误差。但是在系统误差消除之后,在同样条件下,对试样进行多次重复测定,就会发现随机误差的分布符合统计规律。

1. 随机误差具有以下规律

(1)对称性　绝对值大小相等的正负误差出现的概率相等,因此它们常有可能部分或完全抵消。当测定次数趋于无限次时,平均值的误差趋于零。

(2)单峰性　曲线自峰高向两旁快速的下降,说明小误差出现的概率大,大误差出现的概率小,特别大的误差出现的概率更小,即曲线具有单峰性。

(3)有界性　由于极大误差的测量值出现的概率微乎其微,因此可以认为它实际上不出现。所以实际测量结果总是被限制在一定范围内波动,即随机误差的分布具有有限的范围,其大小是有界的。

2. 随机误差的正态分布

分析测定中获得的不含系统误差的平行测量数据一般遵从正态分布规律,又称高斯分布。正态分布的概率密度函数式又称高斯方程(概率是指在无限多次的测量中,测定值 x 在某一范围内出现的频率;概率密度等于一段区间的概率除以该段区间的长度),即

$$Y = f(x) = \frac{1}{\sigma\sqrt{2\pi}} e^{\frac{(x-\mu)^2}{2\sigma^2}} \tag{3-1}$$

式 3-1 中:$f(x)$ 为概率密度, x 为测量值, μ 和 σ 为正态分布的两个参数, 这样的正态分布记作 $N(\mu, \sigma)$。

μ 是总体平均值,即无限次测定所得数据的平均值,相应于曲线最高点的横坐标值,它表示无限个数据的集中趋势,它不等于真值,只有在消除系统误差后,它才等于真值。

σ 是总体标准偏差,其值等于曲线两拐点之间距离的 1/2,它是用以表征数据分散程度的。σ 小,数据集中,曲线瘦高;σ 大,曲线矮胖(图 3-1)。

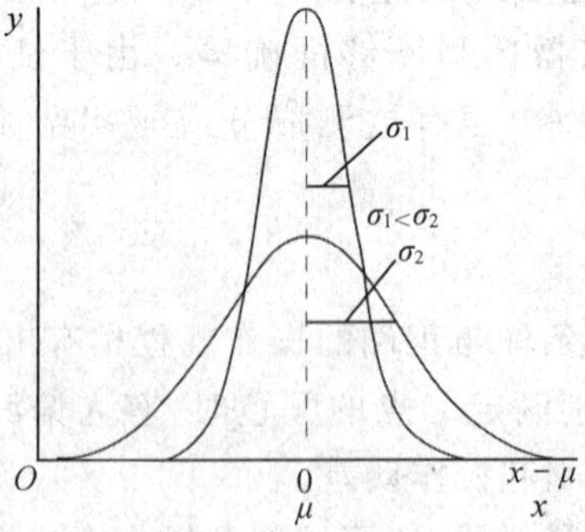

图 3-1 正态分布曲线
(μ 同,σ 不同)

$x-\mu$ 表示随机误差。若以 $x-\mu$ 为横坐标,则曲线最高点横坐标为 0。这时表示的是随机误差的正态分布曲线。

由于正态分布曲线的形状随 σ 而异,若将横坐标改用 u 表示,则正态分布曲线都归结为一条曲线。u 定义为:

$$u = \frac{x-\mu}{\sigma}$$

也就是说,以 σ 为单位来表示随机误差。这时函数表达式是:

$$f(x) = \frac{1}{\sigma\sqrt{2\pi}} e^{\frac{-\mu^2}{2}}$$

又 $dx = \sigma du$ 故 $f(x)dx = \frac{1}{\sigma\sqrt{2\pi}} e^{\frac{-\mu^2}{2}} du = \varphi(u)du$

即

$$y = \varphi(u) = \frac{1}{\sqrt{2\pi}} e^{\frac{\mu^2}{2}} \tag{3-2}$$

这样的分布称为标准正态分布,记作 $N(0,1)$,它与 σ 的大小无关。标准正态分布曲线见图 3-2。

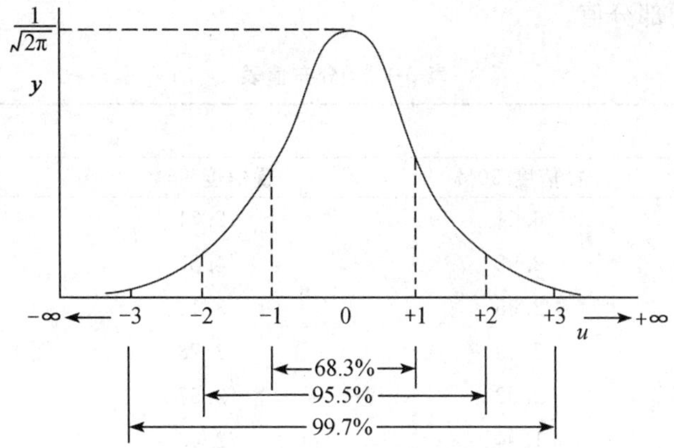

图 3-2　随机误差的标准正态分布曲线

正态分布是无限次测量数据的分布规律，对于有限次测量数据，其随机误差的分布不服从正态分布。

3. 有限次测定的平均值服从 t 分布

当测定少数较少时，总体标准偏差 σ 是不知道的，若用样本标准差 s 代替总体标准差 σ，必然引起对正态分布的偏离。英国化学家和统计学家 W. S. Gosset 根据统计学原理，提出用 t 分布来处理，以补偿这一误差。t 定义为：

$$t=\frac{\bar{x}-\mu}{s}\sqrt{n} \tag{3-3}$$

这时随机误差不是正态分布，而是 t 分布。t 分布曲线的纵坐标是概率密度，横坐标是 t。图 3-3 为 t 分布曲线。

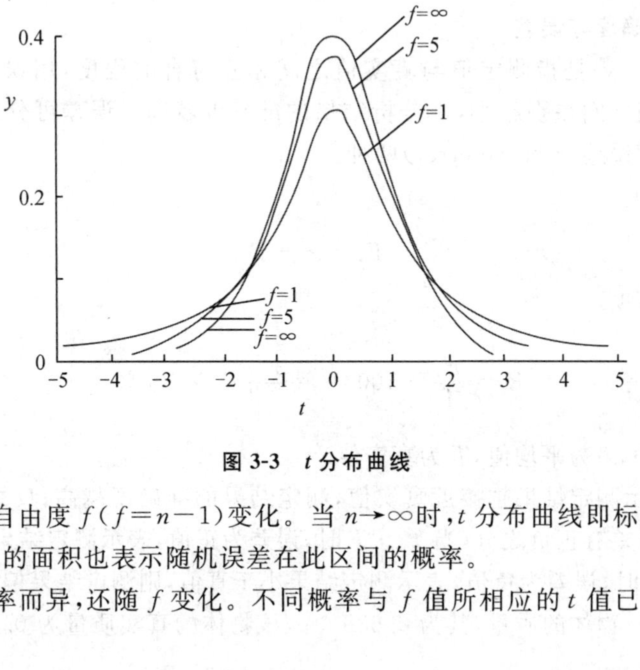

图 3-3　t 分布曲线

t 分布曲线随自由度 f（$f=n-1$）变化。当 $n\to\infty$ 时，t 分布曲线即标准正态曲线。t 分布曲线下面某区间的面积也表示随机误差在此区间的概率。

t 值不仅随概率而异，还随 f 变化。不同概率与 f 值所相应的 t 值已由数学家计算出。

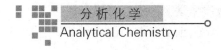

表 3-1 列出了常用的部分值。

表 3-1　t 分布值表

$f=n-1$	t		
	置信度 90%	置信度 95%	置信度 99%
1	6.31	12.71	63.66
2	2.92	4.30	9.92
3	2.35	3.18	5.84
4	2.13	2.78	4.60
5	2.02	2.57	4.03
6	1.94	2.45	3.71
7	1.90	2.36	3.50
8	1.86	2.31	3.35
9	1.83	2.26	3.25
10	1.81	2.23	3.17
20	1.72	2.09	2.84
30	1.70	2.04	2.75
60	1.67	2.00	2.66
120	1.66	1.98	2.62
∞	1.64	1.96	2.58

由表 3-1(表中的置信度见 3.2.2)可见，当 $f\to\infty$ 时，$s\to\sigma$，t 即 u。实际上，$f=20$ 时，t 与 u 已很接近。

3.1.2　准确度和精密度

3.1.2.1　准确度与误差

准确度(accuracy)是指测定值与真实值之间相互符合的程度，用误差(error)来衡量。分析结果与真实值之间差别越小，则分析结果的准确度越高。误差可分为绝对误差(absolute error)和相对误差(relative error)两种。

绝对误差(E_a)

$$E_a=\bar{x}-T \tag{3-4}$$

相对误差(E_r)

$$E_r=\frac{E_a}{T}\times100\%=\frac{\bar{x}-T}{T}\times100\% \tag{3-5}$$

式(3-4)、式(3-5)中，$\bar{x}$ 为平均值，T 为真实值。

误差越小，表示测定结果越接近真实值，测定结果的准确度越高；反之，误差越大，测定的准确度越低。误差有正负之分，当 $\bar{x}>T$ 时，误差为正值，表示测定结果大于真值，则测定结果偏高；$\bar{x}<T$ 时，误差为负值，表示测定结果小于真值，则测定结果偏低。

例如，称得某一物体的质量，其为 0.638 0 g，该物体的真实质量为 0.638 1 g，则称量的绝对误差为：

$$E_a = 0.6380 - 0.6381 = -0.0001\ (g)$$

另一样品称得质量的 $\bar{x}$ 为 6.381 1 g，而真值为 6.381 2 g，测定结果的绝对误差为：

$$E_a = 6.3811 - 6.3812 = -0.0001\ (g)$$

上述两例中两个物质的质量相差 10 倍，但测定的绝对误差都为 −0.000 1 g，误差在测定结果中所占的比例未能反映出来，所以仅用绝对误差往往不能全面地反映测量误差对分析结果的影响。计算其相对误差可得：前者测量的相对误差为 −0.016%，后者测量的相对误差为 −0.001 6%，两者相差 10 倍。说明相对误差能更好地反映测定结果的准确度，更具有实际意义，因此最常用。

客观存在的真实值是不可能准确知道的，实际工作中往往用"标准值"代替真实值来检查分析方法的准确度。"标准值"是指采用多种可靠的分析方法、由具有丰富经验的分析人员经过反复多次测定得出的比较准确的结果。有时也将纯物质中元素的理论含量作为真实值。

例 3-1 用沉淀滴定法测得纯 NaCl 试剂中的 $w(Cl)$ 为 60.53%，计算绝对误差和相对误差。

解 纯 NaCl 试剂中 $w(Cl)$ 的理论值是：

$$w(Cl) = \frac{M(Cl)}{M(NaCl)} \times 100\% = \frac{35.45}{58.44} \times 100\% = 60.66\%$$

绝对误差 $E_a = 60.53\% - 60.66\% = -0.13\%$

相对误差 $E_r = \frac{-0.13\%}{60.66\%} \times 100\% = -0.2\%$

3.1.2.2 精密度和偏差

精密度(precision)是指在相同的条件下，对同一试样进行多次测定时，各测定结果之间相互接近的程度，用偏差(deviation)来表示。偏差小，表示各平行测定结果之间相差小，精密度高；反之，精密度低。由于系统误差是固定的，故偏差或测定值的波动取决于随机误差，也即精密度取决于随机误差。偏差有多种表示方法。

1. 绝对偏差和相对偏差

绝对偏差：
$$d_i = x_i - \bar{x} \tag{3-6}$$

相对偏差：
$$d_r = \frac{d_i}{\bar{x}} \times 100\% \tag{3-7}$$

2. 平均偏差和相对平均偏差

为了说明一组分析结果的精密度，常用平均偏差(deviation average)来表示分析结果之间的离散程度。

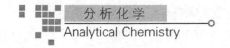

平均偏差 $\bar{d}$：
$$\bar{d} = \frac{1}{n}\sum_{i=1}^{n}|d_i| = \frac{1}{n}\sum_{i=1}^{n}|x_i - \bar{x}| \tag{3-8}$$

将平均偏差除以算术平均值得相对平均偏差 $\bar{d}_r$：
$$\bar{d}_r = \frac{\bar{d}}{\bar{x}} \times 100\% \tag{3-9}$$

3.标准偏差和相对标准偏差

分析化学中较广泛地采用了统计学方法来处理各种分析数据。在统计学中，把研究对象的全体，称为总体。从总体中随机抽出一组测定值，称为样本。

(1)样本平均值 $\bar{x}$　设 $x_1, x_2, \cdots, x_n$ 为一组 n 次平行测定值，那么，n 次测定数据的平均值：
$$\bar{x} = \frac{x_1 + x_2 + \cdots + x_n}{n} = \frac{1}{n}\sum_{i=1}^{n}x_i \tag{3-10}$$

当 $n \to \infty$ 时，所得平均值即为总体平均值 μ。
$$\mu = \lim_{x \to \infty}\frac{1}{n}\sum_{i=1}^{n}x_i \tag{3-11}$$

若没有系统误差，总体平均值 μ 就是真值 T。

(2)样本标准偏差 s　用统计方法处理分析数据时，常用总体标准偏差 σ 来衡量分析结果的精密度。
$$\sigma = \sqrt{\frac{\sum_{i=1}^{n}(x_i - \mu)^2}{n}} \tag{3-12}$$

当测定次数 $n \leqslant 20$ 时，可用样本标准偏差(standard deviation)s 表示：
$$s = \sqrt{\frac{\sum_{i=1}^{n}(x_i - \bar{x})^2}{n-1}} \tag{3-13}$$

式中：$(n-1)$称为自由度(degree of freedom)，常用 f 表示。它是指独立变化的偏差个数，因各偏差之和为零，所以 n 个偏差中，只有$(n-1)$个偏差是独立的，剩下的一个偏差将受到制约，不再独立。引入$(n-1)$的目的，主要是校正以 $\bar{x}$ 代替 μ 所引起的误差。很明显，当测量次数无限多时，测量次数 n 与自由度$(n-1)$的区别就很小，此时 $\bar{x} \to \mu, s \to \sigma$。

相对标准偏差(relative standard deviation，RSD)，也称变异系数(coefficient of variation，CV)，它是样本标准偏差占平均值的百分数。
$$RSD = \frac{s}{\bar{x}} \times 100\% \tag{3-14}$$

必须注意样本的标准偏差 s 与总体标准偏差 σ 的区别。前者是对有限次测定而言，表示的是各测定值对样本平均值 $\bar{x}$ 的偏离；而后者是对无限次测定的情况，表示的是各测定值对

总体平均值 μ 的偏离。

例如：下面 A、B 二组结果的绝对偏差分别为：

$$x_A - \bar{x}: +0.11, -0.73, +0.24, +0.51, -0.14, 0.00, +0.30, -0.29$$
$$n=8, \bar{d}=0.29$$
$$x_B - \bar{x}: +0.28, +0.26, -0.25, -0.37, +0.32, -0.28, +0.31, -0.27$$
$$n=8, \bar{d}=0.29$$

两组测定结果的平均偏差相同，而实际上 A 组数据中出现两个较大偏差（-0.73，$+0.51$），测定结果精密度较差。为了反映这些差别，我们计算标准偏差分别为 $s_A=0.39$，$s_B=0.32$。可见，标准偏差比平均偏差能更灵敏地反映出较大偏差的存在，更能说明分析结果的精密度。这是因为计算标准偏差时把偏差平方起来，这样避免了偏差相加时正负的抵消，由于平方更突出了大偏差的作用，所以，用标准偏差比用平均偏差能更好地表示分析结果的精密度。

3.1.2.3　准确度与精密度的关系

从前面的讨论可知，在定量分析中系统误差直接影响分析结果的准确度；随机误差则影响分析结果的精密度，亦影响准确度。准确度表示测量的正确性，用误差来衡量；精密度表示测量的重复性，用偏差来衡量。那么如何从精密度与准确度两方面来衡量分析结果的好坏呢？

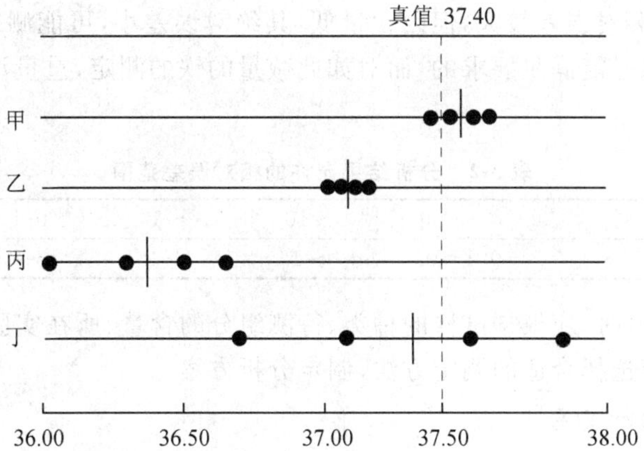

图 3-4　不同工作者分析同一试样的结果

（●表示个别测定值，| 表示平均值）

图 3-4 表示了甲、乙、丙、丁 4 人测定同一试样中铁含量时所得的结果。由图 3-4 可见，甲所得的结果的准确度和精密度均高，结果可靠；乙的分析结果的精密度虽然很高，但准确度较低，可能测量中存在系统误差；丙的精密度和准确度都很低；丁的平均值虽然接近真值，但几个数值彼此相差甚远，而仅是由于大的正负误差相互抵消才使结果接近真实值。如只取 2 次或 3 次来平均，结果就会与真实值相差很大，因此这个结果是凑巧得来的，因而也是不可靠的。

综上所述，我们可得到下述结论：

(1)准确度高,一定要精密度高;精密度是保证准确度的先决条件,精密度差,所得结果不可靠,就失去了保证准确度的前提。

(2)精密度高,准确度不一定高;可能存在系统误差。

(3)一个好的分析结果,同时要有高的准确度和精密度。

3.1.3 提高分析结果准确度的方法

各类误差的存在是导致分析结果不准确的直接因素。因此,要提高分析结果的准确度,应该认真操作,避免过失,尽可能地减小分析全过程的误差,可采取的措施主要包括以下几个方面。

1. 选择合适的分析方法

为使测定结果达到一定的准确度,满足实际工作的需要,首先要选择合适的分析方法。各种分析方法的准确度和灵敏度各有侧重。重量法与滴定法测定的准确度高,但灵敏度低,适于常量组分的测定;仪器分析测定的灵敏度高,但准确度较差,适于微量组分的测定。

定量分析中对准确度和精密度的要求,主要决定于分析目的,样品的复杂程度、被测组分含量的高低等。一般分析工作中待测组分质量分数与对准确度要求的关系见表 3-2。例如,对铁的质量分数为 40%的试样中铁的测定,采用准确度高的重量法和滴定法测定,可以准确地测定其含量。而若采用吸光光度法测定,按其相对误差 5%计,可能测得的范围是 38%~42%。显然,这样测定的准确度太差了。如果铁的质量分数为 0.02%的试样,采用吸光光度法测铁,尽管相对误差较大,但因含量低,其绝对误差小,可能测得范围是 0.019%~0.021%,这样的结果是能满足要求的,而对如此微量的铁的测定,重量法和滴定法是无从达到的。

表 3-2 分析结果允许的相对误差范围

组分质量分数 w/%	~100	~10	~1	0.1	0.01~0.000 1
相对误差 E_r/%	0.1~0.3	~1	1~2	~5	~10

因此,作具体分析时,应根据试样的种类、待测组分的含量、所在实验室的条件和对分析结果准确度的要求等选择合适的测定方法,制定分析方案。

2. 减小测量的相对误差

化学分析的准确度较高,一般可控制相对误差在±0.1%之内。但任何仪器的测量精确度(简称精度)都是有限度的,为了保证分析结果的准确度,必须控制由于测量的不准确性所造成的相对误差不超过这个范围。例如,在滴定分析中,需要称量和滴定,这时就应该设法减小称量和滴定两步的测量误差。用万分之一分析天平,以差减法进行称量,可能引起的最大绝对误差为±0.000 2 g,为了使测量的相对误差小于 0.1%即

$$\text{相对误差} \leqslant \frac{\text{绝对误差}}{\text{试样质量}} \times 100\% = \frac{E_a}{m_{\text{样}}} \times 100\%$$

$$\text{试样质量} \geqslant \frac{\text{绝对误差}}{\text{相对误差}} = \frac{E_a}{E_r} = \frac{0.0002}{0.1\%} = 0.2(\text{g})$$

可见试样质量必须在 0.2 g 以上。

在滴定分析中，滴定管读数有±0.01 mL 的绝对误差。完成一次滴定，需读数两次，可造成最大的绝对误差为±0.02 mL。在常量分析中，为使测量体积的相对误差小于 0.1%，则消耗滴定剂的体积应控制在：

$$滴定剂体积 \geqslant \frac{绝对误差}{相对误差} = \frac{0.02\ mL}{0.1\%} = 20\ mL$$

在实际操作中，消耗滴定剂的体积可控制在 20～30 mL。

半微量分析，为使测量体积的相对误差小于 0.4%，则消耗滴定剂的体积应控制在：

$$滴定剂体积 \geqslant \frac{绝对误差}{相对误差} = \frac{0.02\ mL}{0.4\%} = 5\ mL$$

在实际操作中，消耗滴定剂的体积可控制在 5～6 mL，这样既减小了测量误差，又节省试剂和时间。

对不同测定方法，测量的准确度只要与方法的准确度相适应就足够了。如吸光光度法测定微量组分，要求相对误差为 2%，若称取试样 0.5 g，则试样称量绝对误差不大于 0.5 g×2%=0.01 g 就行了。如果强调称准至±0.000 1 g，说明操作者并未掌握相对误差的概念。

3. 减小随机误差

在消除系统误差的前提下，平行测定次数越多，平均值越接近真实值（或标准值）。因此，可以采取“增加平行测定次数，取平均”的办法来减小随机误差。在一般化学分析中，对同一试样，通常要求平行测定 3～5 次；当对分析结果准确度要求较高时，可平行测定 10 次左右。

4. 检验和消除测定过程的系统误差

由于系统误差是由某种确定性的原因造成的，因此只要找出产生的原因，就可加以消除和减免。通常根据具体情况，采用以下几种方法来检验和消除系统误差。

(1)对照试验　对照试验是检验系统误差的有效方法。常见的对照试验有：

①用标准试样进行对照试验　待测组分的含量是准确已知的试样叫标准试样。为了检验分析方法是否存在系统误差，可用标准试样进行对照试验。用选择的分析方法对标准试样进行含量的测定。如果所得结果符合要求，说明系统误差较小，该分析方法是可靠的。

②用标准方法进行对照试验　对于某一项目的分析，可以用多种方法测定。如国家标准方法、部颁标准方法、经典分析方法等。为了检验所使用的分析方法是否存在系统误差，可用标准方法进行对照试验，若测得的结果符合要求，则方法是可靠的，否则，应选用其他更好的分析方法。

③回收试验　在进行对照试验时，如果对试样的组成不完全清楚，则可以采用“加入回收法”进行试验。此方法是取两份完全等量的同一试样（或试液），向其中一份样品中加入已知量的待测组分，另一份样品不加，然后进行平行测定，再作对照分析，看加入的待测组分能否定量回收，以此判断分析过程是否存在系统误差。回收率越接近 100%，分析方法和分析过程的准确度越高。

也可以对同一试样用其他可靠的分析方法进行测定，或由不同人进行实验，对照其结果，达到检查系统误差是否存在的目的。

(2)校准仪器　由仪器不准确引起的系统误差,可通过校准仪器来减小。例如,在精确的分析过程中,要对滴定管、移液管、容量瓶、砝码等进行校准。

(3)空白试验　由试剂或蒸馏水和器皿带进杂质所造成的系统误差,通常可用空白试验来消除。空白试验就是不加试样,按照与试样分析相同的操作步骤和条件进行试验,测定结果称为"空白值"。从试样测定结果中减去空白值,就可得到较可靠的测定结果。

要注意,做空白试验时,空白值不应太大,否则应提纯所用的试剂、蒸馏水或更换仪器和试剂,以减小空白值。

(4)内检、外检　许多生产单位,为了检查分析人员之间是否存在系统误差和其他方面的问题,常在安排试样分析任务时,将一部分试样重复安排在不同分析人员之间,互相进行对照试验。这种方法称为"内检"。有时,将部分试样送交其他单位进行对照分析。这种方法称为"外检"。内检和外检主要是为了校正操作误差。

应该指出,由于分析工作者的粗心或不按操作规程进行工作而引起的分析结果的差异,称之为"过失"。它不属于误差范围,而属于工作中的错误。如由于操作不细心而造成溶液溅失,加错试剂,记录错误等都是不应出现的过失。在实际工作中,当出现较大的分析结果差异时,应认真寻找原因,如果确定是由过失引起的,应把该次测定结果弃去不用,并重新测定。只要加强责任心,严格按照规程操作,过失是完全可以避免的。

3.2　分析结果的数据处理

3.2.1　可疑数据的取舍

在一组平行测定所得数据中,有时会出现个别值偏离其他值较远,该值称为可疑值(cutlier)。可疑值的取舍对最后结果的平均值影响很大,所以对待可疑数据的处理必须十分慎重。如果这个可疑值是由明显过失引起的(如配溶液时溶液的溅失,滴定管活塞处出现渗漏等),则不论这个值与其他数据是近是远,都应该将其舍弃;否则,就要按照一定的统计学方法对可疑值进行检验。检验可疑值的方法很多,其理论依据就是随机误差分布的有界性,在有限次的测定中,极大误差的测量值实际上是不可能出现的,但如果这样的测量值居然出现了,就从反面说明这个测量值不是由随机误差引起的,是不正常值,因而应该舍弃。下面重点介绍处理方法较简单的 $4\bar{d}$ 法和 Q 检验法。

1. $4\bar{d}$ 法

根据正态分布规律,偏差超过 3σ 的个别测定值的概率小于0.3%,故这一测量值通常可以舍去。对于少量实验数据,可粗略地认为,偏差大于 $4\bar{d}$ 的个别测定值可以舍去。

用 $4\bar{d}$ 法判断可疑值的取舍时,具体步骤如下:

(1)首先求出除可疑值外的其余数据的平均值 $\bar{x}$ 和平均偏差 $\bar{d}$ 。

(2)将可疑值与平均值进行比较:

若: $|x_{可疑}-\bar{x}|>4\bar{d}$,则可疑值舍去,否则可疑值保留。

例 3-2 测定某药物中钴的含量($\mu g \cdot g^{-1}$)，得结果如下：1.25，1.27，1.31，1.40。试问 1.40 这个数据是否应保留？

解 首先不计可疑值 1.40，求得平均值 $\bar{x}$ 和平均偏差 $\bar{d}$ 为：

$$\bar{x}=1.28 \qquad \bar{d}=0.023$$

可疑值与平均值的差的绝对值为：

$|1.40-1.28|=0.12>4\bar{d}(0.092)$ 故 1.40 舍去

这样处理问题存在较大的误差。但是，这种方法比较简单，不必查表，至今仍为人们所采用。当 $4\bar{d}$ 法与其他检验法矛盾时，应以其他法则为准。

2. *Q* 检验法

检验的具体步骤如下：

(1)先将测定的所有数据按照大小顺序排列，可疑值往往是首项或末项。

(2)求极差：$R=x_{最大}-x_{最小}$。

(3)求可疑值与相邻值之差：$x_{可疑}-x_{邻近}$。

(4)计算舍弃商 $Q_{计}$ 值：$Q_{计}=\dfrac{|x_{可疑}-x_{邻近}|}{R}$。 (3-15)

(5)查 *Q* 值表：若 $Q_{计} \geq Q_{表}$，$x_{可疑}$ 可疑值舍去；

若 $Q_{计}<Q_{表}$，$x_{可疑}$ 可疑值保留。

表 3-3 舍弃商 *Q* 值表

n(测定次数)	3	4	5	6	7	8	9	10
$Q_{0.90}$	0.94	0.76	0.64	0.56	0.51	0.47	0.44	0.41
$Q_{0.95}$	0.97	0.84	0.73	0.64	0.59	0.54	0.51	0.49

例 3-3 用 Na_2CO_3 基准物质标定 HCl 溶液的浓度，平行测定 4 次，其结果为：0.101 4、0.101 2、0.101 9 和 0.101 6 $mol \cdot L^{-1}$，试用 *Q* 检验法确定 0.101 9 $mol \cdot L^{-1}$ 是否应舍弃(置信度 90%)？

解

(1)先将测定结果按顺序排列：0.101 2、0.101 4、0.101 6、0.101 9

(2)求极差：$R=0.1019-0.1012=0.0007$

(3)求可疑值与相邻值之差：$x_{可疑}-x_{邻近}=0.0003$

(4)求舍弃商 $Q_{计}$ 值

$$Q_{计}=\frac{|x_{可疑}-x_{邻近}|}{R}=\frac{|0.1019-0.1016|}{0.0007}=0.43$$

(5)查表，判断：由表 3-3 查得：当 $n=4$ 时，$Q_{0.90}=0.76$，则由计算所得舍弃商值：$Q_{计}<Q_{表}$。所以 0.101 9 $mol \cdot L^{-1}$ 应保留。

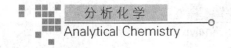

如果弃去一个可疑值后，仍有可疑值，应依次进行检验。

3.2.2 平均值的置信区间

在误差标准正态分布图中，曲线上各点代表某个误差出现的概率密度，曲线与横轴之间的面积代表各种大小误差出现概率的总和，其值为1(图3-2)。

上述误差出现的概率68.3%、95.5%和99.7%，称为置信度(confidence level)，用符号P表示。它是指人们所作判断的可靠程度。

在某一置信度下，以测定结果为中心的包含总体平均值μ在内的可靠性范围，称为置信区间(confidence interval)。可用下式表示：

$$\mu = \bar{x} \pm t\sigma \tag{3-16}$$

式中t为校正系数，称为置信因子，它随置信度和自由度的大小而变化。见表3-1。

实际分析工作中，经常是对有限次测定($n \leqslant 20$)，可采用平均值的置信区间来估算真值所在范围。平均值的置信区间是指在系统误差消除的情况下，某一置信度时，以平均值$\bar{x}$和标准偏差s及测定次数n来估算真值的所在范围。平均值的置信区间可表示为：

$$\mu = \bar{x} \pm \frac{t \cdot s}{\sqrt{n}} \tag{3-17}$$

例3-4 为检测鱼被汞污染的情况，测定了鱼体中汞的质量分数w(Hg)。6次平行测定结果分别为($mg \cdot kg^{-1}$)：2.06，1.93，2.12，2.16，1.89和1.95。试计算置信度$P=90\%$和95%时平均值的置信区间。

解 $\bar{x}=2.02$，$s=0.11$

查表3-1 当$P=90\%$，$f=n-1=5$时　　$t=2.02$

$$\mu = \bar{x} \pm \frac{t \cdot s}{\sqrt{n}} = 2.02 \pm \frac{2.02 \times 0.11}{\sqrt{6}} = 2.02 \pm 0.09$$

当$P=95\%$　　$f=n-1=5$时　　$t=2.57$

$$\mu = 2.02 \pm \frac{2.57 \times 0.11}{\sqrt{6}} = 2.02 \pm 0.12$$

即在(2.02 ± 0.09)和(2.02 ± 0.12)区间内包含总体平均值μ的把握分别为90%和95%。

由此例可知，测定次数相同时，要获得较高的置信度，势必置信区间变宽。如果保持原来的置信区间或者使其变窄，必须增加测定次数。

置信度与置信区间是一个对立的统一体。置信度越低，同一体系的置信区间就越窄；置信度越高，同一体系的置信区间就越宽。在实际工作中，置信度不能定得过高或过低。如100%置信度下的置信区间为无穷大，这种100%的置信度没有任何实际意义。又如50%置信度下的置信区间尽管很窄，但其可靠性已经不能保证了。因此在作统计推断时，必须同时兼顾置信度和置信区间。既要使置信区间足够窄，以使对真值的估计比较准确；又要使置信度较高，以使置信区间内包含真值的把握性较大。通常选 90%或 95%的置信度。

3.2.3 显著性检验——系统误差的判断

在分析工作中，对测定结果的可靠性进行评价时，常常会遇到这样一些问题，如检验新分析方法的可靠性；比较不同分析方法的测定结果；比较不同分析人员的测定结果等。由于随机误差的影响，数据之间存在差异是毫无疑问的。因此，我们所要判断的只是这个差异是否属于显著性差异。若差异显著，则可能存在系统误差。在分析工作中常用的显著性检验(significance test)方法是 t 检验法和 F 检验法。

1. 平均值与标准值比较(t 检验)

为了检验某一分析方法是否可靠，常用所选用的分析方法分析标准试样，然后用 t 检验法检验测定结果的平均值与标准值 μ 之间是否存在显著性差异。

t 检验法的理论依据是有限次测定的随机误差符合 t 分布规律。故可从平均值置信区间的表达式演变而得参数 t 的计算公式：

$$t_{计算}=\frac{|\bar{x}-\mu|}{s}\sqrt{n} \tag{3-18}$$

进行 t 检验时，可将标准值 μ、平均值 $\bar{x}$、标准偏差 s 和测量次数 n 代入上式，即可求得 $t_{计算}$。再根据自由度 f 和所要求的置信度(通常取 95%)，由 t 值表查得相应的 $t_{表}$ 值。若 $t_{计算}>t_{表}$，则表明 $\bar{x}$ 与 μ 有显著性差异，说明该分析方法存在系统误差。若 $t_{计算}<t_{表}$，则 $\bar{x}$ 与 μ 之间的差异可认为是由偶然误差引起的正常差异，并非显著性差异。

例 3-5 采用一种新方法分析标准试样中的硫含量，$\mu=0.123\%$。4 次测定结果(%)为 0.112，0.118，0.115 和 0.119。试判断新方法是否存在系统误差(95%置信度)。

解 $\bar{x}=\dfrac{0.112+0.118+0.115+0.119}{4}=0.116(\%)$

$$s=\sqrt{\frac{(0.004)^2+(0.002)^2+(0.001)^2+(0.003)^2}{4-1}}=0.003\,3(\%)$$

$$t_{计算}=\frac{|0.116-0.123|}{0.0033}\times\sqrt{4}=4.24$$

查 t 值表，$f=4-1=3$，置信度为 95%时，$t_{表}=3.18$。由于 $t_{计算}>t_{表}$，说明 与 μ 之间存在显著性差异。据此推断该新方法不可靠，存在系统误差。

2. 两组数据平均值的比较

有时对两种分析方法，两个实验室或两个分析人员测定相同的样品所得结果进行比较时，需确定两组数据平均值之间是否有显著性差异；或者检验一种新方法是否可靠时找不到合适的标准样品，往往就用标准方法或公认成熟的老方法和新方法对同一样品分别测定，然后比较它们的测定平均值 $\bar{x}_1$ 和 $\bar{x}_2$ 间是否存在显著性差异。若存在显著性差异，则表明可能存在系统误差，说明新方法不可靠。反之新方法可靠。

要比较两组数据平均值 $\bar{x}_1$ 和 $\bar{x}_2$ 是否有显著性差异，必须首先确定这两组数据的方差 s_1^2 和 s_2^2 有无显著性差异。因为只有在两组数据的 s_1^2 和 s_2^2 无显著性差异的条件下，才能将两组数据合在一起求得合并标准偏差 $s_{合}$，然后才能比较 $\bar{x}_1$ 和 $\bar{x}_2$。所以比较两组数据平均值间有无显著性差异，需分两步进行。

(1) s_1^2 和 s_2^2 间是否有显著性差异（F 检验）　标准偏差或方差反映测定结果的精密度。因此 F 检验法实质上是检验两组数据的精密度有无显著性差异。设两组数据的测定结果分别为 $\bar{x}_1, s_1, n_1$ 和 $\bar{x}_2, s_2, n_2$。统计量 F 的定义为：

$$F_{计算}=\frac{s_{大}^2}{s_{小}^2} \tag{3-19}$$

用 $s_{大}^2$（大的方差）作分子，$s_{小}^2$（小的方差）作分母，故 $F_{计算}>1$。比较 $F_{计算}$ 与查表 3-4 所得 F 值（$F_{表}$）。若 $F_{计算}>F_{表}$，说明 $s_{大}$ 与 $s_{小}$ 有显著性差异，则不必继续检验。若 $F_{计算}<F_{表}$，说明 $s_{大}$ 与 $s_{小}$ 无显著性差异，则可用 t 检验法进一步检验平均值之间有无显著性差异。

表 3-4　F 值表（置信度 95%）

$f(s_{小})$	$f(s_{大})$									
	2	3	4	5	6	7	8	9	10	∞
2	19.00	19.16	19.25	19.30	19.33	19.35	19.37	19.38	19.40	19.50
3	9.55	9.28	9.12	9.01	8.94	8.89	8.85	8.81	8.79	8.53
4	6.94	6.59	6.39	6.26	6.16	6.09	6.04	6.00	5.96	5.63
5	5.79	5.41	5.19	5.05	4.95	4.88	4.82	4.77	4.74	4.36
6	5.14	4.76	4.53	4.39	4.28	4.21	4.15	4.10	4.06	3.67
7	4.74	4.35	4.12	3.97	3.87	3.79	3.73	3.68	3.64	3.23
8	4.46	4.07	3.84	3.69	3.58	3.50	3.44	3.39	3.35	2.93
9	4.26	3.86	3.63	3.48	3.37	3.29	3.23	3.18	3.14	2.71
10	4.10	3.71	3.48	3.33	3.22	3.14	3.07	3.02	2.98	2.54
∞	3.00	2.60	2.37	2.21	2.10	2.01	1.94	1.88	1.83	1.00

(2) $\bar{x}_1$ 和 $\bar{x}_2$ 间是否存在显著性差异（t 检验）　用 t 检验法检验 $\bar{x}_1$ 与 $\bar{x}_2$ 有无显著性差异，先按下式计算 t 值：

$$t_{计算}=\frac{|\bar{x}_1-\bar{x}_2|}{s_{合}}\sqrt{\frac{n_1 n_2}{n_1+n_2}} \tag{3-20}$$

式中 $s_{合}$ 的计算式如下：

$$s_{合}=\sqrt{\frac{(n_1-1)s_1^2+(n_2-1)s_2^2}{n_1+n_2-2}} \tag{3-21}$$

再由 t 值表查得自由度 $f=f_1+f_2=n_1+n_2-2$ 时的 t 值（$t_{表}$值）。若 $t_{计算}<t_{表}$，则 $\bar{x}_1$ 与 $\bar{x}_2$ 无显著性差异；反之则有。

例 3-6 用两种不同方法分析试样中硅含量的测定结果如下：

方法 A： $\bar{x}_1 = 71.26\%$，$s_1 = 0.13\%$，$n_1 = 5$

方法 B： $\bar{x}_2 = 71.38\%$，$s_2 = 0.11\%$，$n_2 = 6$

试判断方法 A 和方法 B 间是否存在显著性差异(95%置信度)。

解

$$F_{计算} = \frac{s^2_{大}}{s^2_{小}} = \frac{0.13^2}{0.11^2} = 1.40$$

查 F 值表，$f_1 = 4$，$f_2 = 5$，置信度为 95%条件下，$F_{表} = 5.19$。$F_{计算} < F_{表}$，故这两种方法的精密度无显著性差异。再进行 t 检验：

$$s_{合} = \sqrt{\frac{(n_1-1)s_1^2 + (n_2-1)s_2^2}{n_1+n_2-2}} = \sqrt{\frac{(5-1)\,0.13^2 + (6-1)\,0.11^2}{5+6-2}} = 0.12\%$$

$$t_{计算} = \frac{|\bar{x}_1 - \bar{x}_2|}{s_{合}}\sqrt{\frac{n_1 n_2}{n_1+n_2}} = \frac{|71.38-71.26|}{0.12}\sqrt{\frac{5\times 6}{5+6}} = 1.65$$

查表 3-1，$f = 9$，置信度 95%时，$t_{表} = 2.26$。$t_{计算} < t_{表}$，故方法 A、B 的测定结果无显著性差异。

3.2.4 分析结果的报告

1. 例行分析

在例行分析即常规分析中，通常是一个试样平行测定两次。两次测定结果如果不超过允许的绝对偏差(允许误差)，则取它们的平均值报告分析结果；如果超过允许误差，再做一份，取两份不超过允许误差的测定结果，取其平均值报告分析结果。

对土壤常规分析，中国科学院土壤研究所提出了测定项目的允许误差。例如，用 EDTA 滴定法测定土壤中 CaO 和 MgO 的含量，允许相对误差各为 0.15%。

2. 多次测定结果

在科学研究和非例行分析中，对分析结果的报告要求较严。分析结果的报告应当按统计学观点综合反映准确度、精密度和测定次数 3 项必不可少的指标。

近年来常用下列两种方式之一报告分析结果。一种是直接报告平均值 $\bar{x}$、标准偏差 s 和测定次数 n；另一种是报告指定置信度(一般是 95%置信度)时平均值的置信区间。后一种分析结果报告方式，不仅指明了测定的准确度、精密度以及获得此准确度和精密度的平行测定次数，还指明了测定结果的可靠程度，所以是报告分析结果的较好方式。

例 3-7 分析某试样中铁的质量分数，5 次测定结果如下：39.10%，39.12%，39.19%，39.17%和 39.22%。试用两种方式报告分析结果。

解 (1)用 $\bar{x}$、s、n 报告分析结果：

$$w(\mathrm{Fe}) = \bar{x} = 39.16\%,\quad s = 0.05\%,\quad n = 5$$

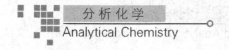

(2)用置信区间(95%的置信度)报告分析结果：

$$w(\mathrm{Fe})=39.16\%\pm\frac{2.78\times0.05}{\sqrt{5}}\%=39.16\%\pm0.06\%$$

即铁的质量分数 $W(\mathrm{Fe})$ 为：39.16%±0.06% ($P=95\%$, $n=5$)

3.3 有效数字及其计算规则

分析结果的准确度应当与测量方法的准确度相适应，分析结果不仅表示待测组分的含量，而且也表示测量值的准确度。例如，测定某土壤试样全氮为 0.18%，这个数字除了说明全氮的含量之外，还说明分析的相对误差为±万分之几，因此在分析过程中要注意正确地记录和计算以及正确地表示分析结果，也就是要按有效数字来记录、计算和表示分析结果。

3.3.1 有效数字的概念

有效数字是指实际工作中所能测量到的有实际意义的数字。它包括从仪器上准确读出的数字，和最后一位估计数字。例如，由分析天平称得试样质量为 0.467 2 g，这里 0.467 是准确数字，2 是估计数字，有一定的误差。又如，溶液在滴定管中的液面位置(即滴定管读数)，如是 23.00 mL，这里面前 3 位数字在滴定管上有刻度标出，是准确的，第 4 位数字因为没有刻度，是估计出来的，是不确定数字。如果记为 23 mL，则这一数字没有反映出滴定管的准确程度，会使别人误以为是用量筒量取的。因此，有效数字保留的位数是与所用仪器的精度有关的，也是分析化学记录、处理数据所必需的。

有效数字位数的确定应注意以下几个问题：

(1)数字"0"有两种意义。它作为普通数字用，就是有效数字；作为定位用则不是有效数字。例如，10.10 mg，两个"0"都是测量所得数字，都是有效数字。这个数据有效数字有 4 位。若以"g"为单位，则写成 0.010 10 g，此时，前面的两个"0"只起定位作用，不是有效数字，后面的两个"0"是有效数字，此数仍为 4 位有效数字。

(2)常数如：$\sqrt{2}$，ln5，π，…，以及分数、倍数等非测量数字其有效数字为无限多位，计算时可不予考虑。

(3)pH、pK_a、pK_b、$\lg K$、pM 等对数值，其小数部分为有效数字。整数部分只表示真数的方次，不是有效数字。如 HAc 的 $pK_a=4.74$，为两位有效数字，因其 $K_a=1.8\times10^{-5}$ 也是两位有效数字。

(4)单位变换时，有效数字位数不能变。例如，质量为 25.0 g，为 3 位有效数字。若以 mg 为单位，则应表示为 2.50×10^4 mg，若表示为 25 000 mg，就不是有效数值了。

3.3.2 有效数字的修约

在数据处理过程中，涉及的有效数字的位数可能不同。按照运算规则，当有效数字位数确定后，对那些位数过多的有效数字的尾数应进行舍弃。舍弃多余尾数的过程叫修约。

(1)采用“四舍六入,过五进位,恰五留双”规则。其做法是:当尾数≤4 时则舍;当尾数≥6 时则入;当尾数为 5 而后面还有不为零的任何数即超过 5 时,则进位;当尾数等于 5 时而后面为零即恰好为 5 时,若“5”前面为偶数(包括零)则舍,为奇数则入,总之是保留偶数。例如,将下列数据修约为 4 位有效数字。

0.526 64→0.526 6

0.526 66→0.526 7

10.245 2→10.25

10.235 0→10.24

10.245 0→10.24

(2)所舍去的数字,并非单独一个数字时,不许对该数进行连续修约。如 21.345 6 修约为 3 位:

21.345 6→21.346→21.35→21.4

这种做法是不对的。应根据所舍去的数字中最左边的第一个数字的大小,按规则(1)处理,因此,21.345 6 修约成 21.3。

3.3.3　有效数字计算规则

在获得有效数字后,处理这些有效数字时要根据误差传递的规律,对参加运算的有效数字和运算结果进行合理的取舍。

1.加减法

几个有效数字相加或相减时,根据加法中误差传递规律,它们的和或差的小数点后的位数应与绝对误差最大(也就是小数点后位数最少)的有效数字的位数相同。如求 0.123 5,15.34,2.455 及 11.375 89 的和,则以小数点后位数最少的 15.34 为根据,将其余 3 个数修约后再相加。

原数	小数点后位数	绝对误差	修约为
0.123 5	4	±0.000 1	0.12
15.34	2	±0.01	15.34
2.455	3	±0.001	2.46
11.375 89	5	±0.000 01	+11.38
			29.30

2.乘除法

乘除运算中,积或商的相对误差的大小,主要由相对误差最大的数据决定。所以计算结果的有效位数应与数据中有效位数最少的数据相同。例如下式运算:

$$\frac{0.0325 \times 5.103 \times 60.06}{139.8}$$

各数的相对误差分别为:

0.032 5 $\frac{\pm 0.000\,1}{0.032\,5} \times 100\% = \pm 0.3\%$

5.103 $\frac{\pm 0.001}{5.103} \times 100\% = \pm 0.02\%$

60.06 $\frac{\pm 0.01}{60.06} \times 100\% = \pm 0.02\%$

139.8 $\frac{\pm 0.1}{139.8} \times 100\% = \pm 0.07\%$

可见,4 个数中相对误差最大即准确度最差的是 0.032 5,它有 3 位有效数字,因此运算结果也应取 3 位有效数字 0.071 3。

3.3.4 有效数字在分析化学中的应用

(1)根据有效数字的定义,记录及参加运算的每一数据和运算结果只能保留 1 位估计数字。

(2)在计算分析结果之前,应先按照“四舍六入,过五进位,恰五留双”的修约规则进行修约后,再计算。

(3)有关化学平衡的计算结果(如求平衡状态下某离子的浓度),一般应保留 2 位或 3 位有效数字。

(4)进行数值的开方和乘方时,保留原来的有效数字的位数。

(5)误差或偏差的有效数字只有一到二位,故在计算误差或偏差时,只取 1 位,最多取 2 位有效数字。

(6)填报分析结果时,对高含量组分[$w(x)>10\%$],要求分析结果保留 4 位有效数字;对于中等含量的组分[$w(x)$:1%～10%],要求分析结果保留 3 位有效数字;对于微量的组分[$w(x)<1\%$],则只要求分析结果保留 2 位有效数字。

此外,借助计算器作连续运算时,不必对每一步的计算结果进行修约,但应根据对准确度的要求,正确表达最后结果的有效位数。

□ 本章小结

系统误差和随机误差是影响分析测定结果优劣的重要因素,因此,在选择适宜的分析方法后,除需注意减小测量误差外,应着力减小系统误差和随机误差,并对测定结果及其可信程度进行估计和正确表示。

良好的精密度是保证测定结果准确度的前提。因此,分析人员在作平行测定以减少随机误差对准确度的影响时,必须能做到保持测定条件尽量一致。系统误差往往对准确度影响严重,必须根据其来源,采取相应措施,尽量减小其影响。

系统误差的检验及平均值置信区间的确定(即随机误差对准确度影响的表示),均需根据统计学原理进行。对有限数据的处理,若精密度符合要求,可依下列顺序完成:

(1)对可疑值合理取舍。

(2)根据对照试验结果进行显著性检验,若存在系统误差,应查明原因。

(3)在无系统误差情况下,给出一定置信度时平均值的置信区间作为分析结果,合理反映随机误差的影响。一般分析测定，平行测定次数较少(2～4)，则报告平均值、测定次数 n、标准偏差 s。

□ 思考题

3-1 指出下列情况各引起什么误差，若是系统误差，应如何消除？
(1)称量时试样吸收了空气中的水分；
(2)所用砝码被腐蚀；
(3)天平零点稍有变动；
(4)试样未经充分混匀；
(5)读取滴定管读数时，最后一位数字估计不准；
(6)蒸馏水或试剂中，含有微量被测定的离子；
(7)滴定时，操作者不小心从锥形瓶中溅失少量试剂。

3-2 甲、乙二人同时分析一样品中的蛋白质含量，每次称取 2.6 g，进行两次平行测定，分析结果分别报告为：
甲：5.654%；　　5.646%
乙：5.7%；　　5.6%
试问哪一份报告合理？为什么？

3-3 概率、置信度、置信区间各是什么含义？

3-4 u 分布曲线和 t 分布曲线有何不同？

3-5 下列数据有几位有效数字？
(1)0.003 30　　(2)10.030　　(3)$pK_a=4.74$
(4)1.02×10^{-3}　　(5)40.02%　　(6)0.50%

□ 习题

3-1 某铁矿石中含铁 39.16%，若甲分析结果为(%)：39.12，39.15，39.18；乙分析结果为(%)：39.19，39.24，39.28。试比较甲、乙两人分析结果的准确度和精密度。
(E_r(甲) = −0.025%，s(甲) = 0.03；E_r(乙) = 0.20%，s(乙) = 0.045)

3-2 用氧化还原滴定法测得 $FeSO_4\cdot7H_2O$ 中 Fe 的质量分数为 0.201 0，0.200 3，0.200 4 和 0.200 5，试计算其相对误差、平均偏差、标准差、相对标准差。
($E_r=-0.15\%$，$\bar{d}=2.5\times10^{-4}$，$s=3.2\times10^{-4}$，$RSD=0.16\%$)

3-3 某试样经过两位化验员测定的结果是：甲：40.15，40.15，40.14，40.16(%)；乙：40.25，40.10，40.01，40.26(%)。问哪一位化验员的结果比较可靠，简要说明理由。
(甲结果可靠)

3-4 如果要求分析结果达到 0.2%或 1%的准确度，问至少应用分析天平称取多少克试样？滴定时所用溶液体积至少要多少毫升？
($E_r=0.2\%$时，$m\geqslant0.1$ g，$V\geqslant10$ mL；$E_r=1\%$时，$m\geqslant0.02$ g，$V\geqslant2$ mL)

3-5 测定水的含 Cl^- 量。6 次平行测定的平均值为 35.2 $mg \cdot L^{-1}$，$s=0.7$，计算置信度为 90%时，平均值的置信区间。

($\mu=35.2\pm0.6$)

3-6 5 次测定试验中 CaO 的质量分数分别为 46.00%，45.95%，46.08%，46.04%和 46.23%，在置信度为 90%的条件下，试用 Q 检验法判断 46.23 这一数值是否应舍弃？

(应保留)

3-7 测定石灰中铁的质量分数(%)，4 次测定结果为：1.59，1.53，1.54 和 1.83。①用 Q 检验法判断第 4 个结果应否弃去？②如第 5 次测定结果为 1.65，此时情况如何(Q 均为 0.90)？

(应弃去；应保留)

3-8 测定试样中蛋白质的质量分数(%)，5 次测定结果为：34.92，35.11，35.01，35.19 和 34.98。

①经统计处理后的测定结果应如何表示(报告 n，$\bar{x}$ 和 s)？②计算 $P=0.95$ 时 μ 的置信区间。

($n=5$，$\bar{x}=35.04\%$，$s=0.11\%$；$\mu=35.04\%\pm0.14\%$)

3-9 用有效数字来表示以下计算结果：

(1)$213.64-4.4+0.3244$

(2)$(1.276\times4.17)+1.7\times10^{-4}-(0.0021764\times0.0121)$

[(1)209.5；(2)5.34]

3-10 一分析工作者提出了一个测定氯的新方法，并以此分析了一个含 Cl^- 16.62%的标准试样，所得结果如下：$\bar{x}=16.72\%$，$s=0.08\%$，$n=4$。问所得结果是否存在系统误差(95%置信度)？

(不存在系统误差)

3-11 分别用硼砂和碳酸钠两种基准物标定某 HCl 溶液的浓度($mol \cdot L^{-1}$)，结果如下：

用硼砂标定：　　$\bar{x}=0.1017$，$s_1=3.9\times10^{-4}$，$n_1=4$；

用碳酸钠标定：　$\bar{x}=0.1020$，$s_1=2.4\times10^{-4}$，$n_2=5$。

当置信度为 0.90 时，这两种物质标定的 HCl 溶液浓度是否存在显著性差异？

(无显著性差异)

3-12 测定某原料药中杂质含量分别为 0.746%，0.738%，0.738%，0.753%和 0.747%；若用新建立的仪器分析法测，其杂质含量分别为 0.754%，0.758%，0.753%，0.761%和 0.756%，试用统计检验方法评价该仪器分析法可否用于该原料药中杂质含量的测定($P=95\%$)？

(不可以)

二维码 3-1　第 3 章要点　　二维码 3-2　习题答案　　二维码 3-3　分析化学中的质量保证与质量控制

Chapter 4 第4章

滴定分析

Titrimetric Analysis

【教学目标】

- 了解滴定分析法的特点、基本概念、滴定分析方法分类、对滴定反应的要求和滴定方式。
- 重点掌握标准溶液浓度的表示方法、配制方法和标定方法。
- 能够熟练进行滴定分析结果的计算。

4.1 滴定分析概述

4.1.1 滴定分析法的特点

滴定分析法是化学分析法中的重要分析方法之一。

使用滴定管将一种已知准确浓度的试剂溶液即标准溶液(standard solution)滴加到被测物质的溶液中，直到所加的试剂与被测物质按化学计量关系定量反应完全，然后根据试剂溶液的浓度和所滴加体积求出被测组分的含量，这种方法叫滴定分析法。

滴加标准溶液(也称滴定剂)的过程叫做滴定。用于滴定分析的化学反应叫滴定反应。滴加的标准溶液与被测物质完全反应的这一点称为化学计量点(stoichiometric point，简称计量点，以 sp 表示)。因计量点时溶液往往无任何明显的外部特征变化，故通常需在被测物溶液中加入指示剂，依据指示剂变色来确定化学计量点，指示剂变色的点称为滴定终点(end point，简称终点，以 ep 表示)，滴定到此结束。指示剂变色点与化学计量点往往不一致，由此造成的误差称为终点误差(end point error)。终点误差是滴定分析误差的主要来源之一，一般可控制在±0.1%～±0.2%以内，其大小不仅受指示剂选择的影响，更与滴定反应的完全程度密切相关。

滴定分析法由于操作简便、迅速、测量的准确度很高而得到广泛应用，但滴定分析法灵敏度较低，主要用于测定含量在1%以上的常量组分。

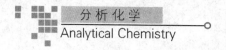

4.1.2 滴定分析法的分类与滴定反应的条件

根据滴定反应的类型，滴定分析法可分为 4 类：

1. 酸碱滴定法

滴定反应为酸碱反应，以质子传递为基础：

$$H_3O^+ + OH^- = 2H_2O$$
$$HA(\text{酸}) + OH^- = A^- + H_2O$$
$$A^-(\text{碱}) + H_3O^+ = HA + H_2O$$

酸碱滴定法可以用酸或碱作标准溶液，测定碱或酸性物质。

在农业分析中用以直接测定各类农业试样的酸度或碱度，以及间接测定氮、磷、碳酸盐、硫酸盐等的含量。酸碱滴定法是滴定分析法中应用最广泛的方法之一。

2. 沉淀滴定法

滴定反应为沉淀反应。这类方法在滴定过程中有沉淀产生，如银量法：

$$Ag^+(aq) + X^-(aq) = AgX(s)(X^- \text{为 } Cl^-、Br^-、I^-、SCN^- \text{等})$$

3. 配位滴定法

滴定反应为配位反应。如用 EDTA 作滴定剂滴定金属离子：

$$Mg^{2+} + HY^{3-} = MgY^{2-} + H^+$$

在农业分析中用以测定钙、镁、磷、硫酸盐和土壤的代换性钾、钠等。

4. 氧化还原滴定法

滴定反应为氧化还原反应，也是滴定分析法中应用最广泛的方法之一，可以测定各种氧化剂和还原剂，以及一些能与氧化剂或还原剂发生定量反应的物质。如高锰酸钾法测铁含量，用 $KMnO_4$ 标准溶液滴定 Fe^{2+}：

$$MnO_4^- + 5Fe^{2+} + 8H^+ = Mn^{2+} + 5Fe^{3+} + 4H_2O$$

虽然化学反应很多，但并非都能用于滴定分析。适于滴定分析的化学反应必须具备以下条件：

(1)反应要按一定的化学计量关系进行，否则滴定分析将失去定量测定的依据。

(2)滴定反应的完全程度要高，完全程度高的反应，在化学计量点附近溶液的性质有较明显的变化，使指示剂变色敏锐，因此终点误差较小。如欲控制终点误差在±0.1%内，反应的完全程度应达 99.9%以上。

(3)滴定反应速率要快，否则滴定终点将无法判断。对于一些速率慢的反应，可利用加热、加入催化剂等方法使之满足滴定分析的要求。

(4)必须有适当的方法确定终点。滴定反应是否定量完成通常是由指示剂的颜色变化来判断的，指示剂的变色必须很明显和灵敏，如果指示剂在化学计量点附近一定范围内没有明显外观变化，就不容易判断终点何时到达，造成较大的误差。所以，滴定反应要有适当的指示剂指示终点。

4.1.3 滴定方式

滴定分析中,根据被测组分的性质可以采用不同的滴定方式。

1. 直接滴定

凡符合滴定分析要求的反应,都可以用标准溶液直接滴定被测定的物质,此种滴定方式称为直接滴定法。它是滴定分析最常用、最基本的滴定方式。例如:用 HCl 标准溶液滴定 NaOH;用 $K_2Cr_2O_7$ 标准溶液滴定 Fe^{2+} 等。

若标准溶液与被测物质的反应不能完全符合滴定分析要求,就不能用直接滴定法,可采用其他的滴定方式。

2. 返滴定

当被测物质与标准溶液反应速率很慢(如 Al^{3+} 与 EDTA 反应)或者被测物质为固体试样(如用 HCl 滴定固体 $CaCO_3$)时,反应不能立即完成,故不能用直接滴定法滴定。此时可先准确地加入过量的标准溶液,使反应加速,待反应完成后,再用另一标准溶液滴定反应剩余的标准溶液,根据两标准溶液的浓度和消耗的体积,可求出被测物质的含量。这种滴定方式称为返滴定法(亦称回滴法或剩余量滴定法)。对于上述 Al^{3+} 的滴定,可加入一定量过量的 EDTA 标准溶液,并加热促使其反应完全。溶液冷却后,再用 Cu^{2+} 或 Zn^{2+} 标准溶液滴定剩余的 EDTA 标准溶液(此反应很迅速)。对于固体 $CaCO_3$ 的滴定,可先加入过量的 HCl 标准溶液,待其充分反应后,剩余的 HCl 再用 NaOH 标准溶液返滴定。

有时采用返滴定是由于没有合适的指示剂。如在酸性溶液中用 $AgNO_3$ 标准溶液滴定 Cl^- 时,缺乏合适的指示剂,此时可加入一定量过量的 $AgNO_3$ 标准溶液使 Cl^- 沉淀完全,再以 3 价铁盐为指示剂,用 NH_4SCN 标准溶液返滴定剩余的 Ag^+,出现$[Fe(SCN)]^{2+}$的淡红色即为终点。

3. 置换滴定

当滴定反应不能按一定化学反应式进行或伴随有副反应时,也不能用直接滴定法滴定。可先用适当的试剂与被测物质反应,定量地置换出能被滴定的物质,再用标准溶液滴定此生成物,由消耗标准溶液的体积、反应生成物和被测物质的计量关系可计算被测物质的含量。这种滴定方式称为置换滴定法。例如:不能用 $Na_2S_2O_3$ 直接滴定 $K_2Cr_2O_7$ 及其他强氧化剂,因为在酸性溶液中,这些强氧化剂不仅将 $S_2O_3^{2-}$ 氧化成 $S_4O_6^{2-}$,而且还会有一部分 $S_2O_3^{2-}$ 被氧化成 SO_4^{2-},即有副反应发生,使反应无一定的计量关系。但是,如果在酸性 $K_2Cr_2O_7$ 溶液中加入过量的 KI,使 $K_2Cr_2O_7$ 被还原并产生一定量的 I_2,发生的反应如下:

$$Cr_2O_7^{2-}+6I^-+14H^+=2Cr^{3+}+3I_2+7H_2O$$

生成的 I_2 再用 $Na_2S_2O_3$ 标准溶液滴定,反应按下式定量进行:

$$2S_2O_3^{2-}+I_2=2I^-+S_4O_6^{2-}$$

按上述反应可计算待测氧化剂的含量。此法也常用于以 $K_2Cr_2O_7$ 为基准物质,标定 $Na_2S_2O_3$ 溶液的浓度。

若被测物与标准溶液反应的完全程度不够高,也可用置换滴定法准确测定。如 Ag^+ 与

EDTA 的配合物不够稳定，不能用 EDTA 直接滴定 Ag^+，但是将 Ag^+ 与 $Ni(CN)_4^{2-}$ 反应置换出 Ni^{2+} 然后用 EDTA 滴定，由滴定 Ni^{2+} 所消耗的 EDTA 的量即可计算出 Ag^+ 的量。

4. 间接滴定

当被测物质不能与标准溶液直接起反应时，通常用另一种试剂与被测物质作用，生成可用标准溶液直接滴定的物质，然后再由标准溶液与其反应的定量关系计算被测物的含量这种滴定方式称为间接滴定法。例如：Ca^{2+} 不能直接用酸或碱滴定，也不能直接用氧化剂或还原剂滴定。可先用 $C_2O_4^{2-}$ 使 Ca^{2+} 沉淀为 CaC_2O_4，过滤洗净，然后再用稀硫酸溶解，得到与 Ca^{2+} 等物质的量的 $H_2C_2O_4$，最后用 $KMnO_4$ 标准溶液滴定 $H_2C_2O_4$，从而间接测定 Ca^{2+} 的含量。其反应式如下：

$$Ca^{2+} + C_2O_4^{2-} = CaC_2O_4$$

$$CaC_2O_4 + 2H^+ = Ca^{2+} + H_2C_2O_4$$

$$2MnO_4^- + 5H_2C_2O_4 + 6H^+ = 2Mn^{2+} + 10CO_2 + 8H_2O$$

由于返滴定法、置换滴定法和间接滴定法的应用，大大扩展了滴定分析法的应用范围。

4.2 标准溶液

滴定分析中必须使用标准溶液，依据标准溶液的浓度和用量计算待测组分的含量，因此正确地配制并妥善保管标准溶液对于提高分析结果的准确度有重大意义。

4.2.1 标准溶液的配制

标准溶液的配制通常有两种方法，即直接法和间接法。

1. 直接法

准确称取一定质量的纯物质，溶解后，定量地转移到容量瓶中，定容至刻度，摇匀。根据称取纯物质的质量和溶液的体积即可算出该标准溶液的准确浓度。

例如：准确称取 0.490 3 g $K_2Cr_2O_7$，溶解在 100.0 mL 容量瓶中定容，该溶液的浓度为：

$$c(K_2Cr_2O_7) = \frac{0.490\,3 \times 10^3}{294.2 \times 100.0} = 0.016\,67(\text{mol} \cdot \text{L}^{-1})$$

用于直接配制标准溶液的纯物质叫做基准物质（或称基准试剂），它必须具备下列条件：

（1）必须具有足够高的纯度，一般要求其纯度在 99.9% 以上。

（2）物质的组成与化学式完全符合，若含结晶水，则结晶水的含量也必须与化学式相符。

（3）性质稳定，在配制和储存时不会发生变化。比如，在烘干时不易分解，称量时不吸湿，不与空气中的氧及二氧化碳反应，也不易变质等。

（4）最好具有较大的摩尔质量，因为摩尔质量越大，称取的质量就越多，称量误差就相应地减小。

凡是基准试剂都可以直接配制标准溶液。在分析化学中，常用的基准试剂有纯金属和纯化合物等，它们的含量一般在 99.9% 甚至可达 99.99% 以上。有些高纯试剂和光谱纯试剂的纯度虽然很高，但并不表明它的主成分的含量在99.9%以上，而只能说明其中某些杂质的含量很低。有时因为其中含有不定组成的水分和气体杂质，以及试剂本身的组成不固定等原因，致使主成分的含量可能达不到99.9%。所以，选择基准物质时要特别慎重。

完全具备上述条件的化学试剂为数不多，即使已具备条件的基准物质，一般在使用前也要进行一些处理，其中最常用的处理手续是在一定温度下烘去水分。现将一些最常用的基准物质及其干燥条件和应用范围列于表 4-1。实际上用来配制标准溶液的物质大多数不能满足上述条件。例如，氢氧化钠极易吸收空气中的二氧化碳和水分，称量的质量不能代表纯 NaOH 的质量；盐酸(除恒沸点溶液外)也很难知道其中 HCl 的准确含量；高锰酸钾、硫代硫酸钠等均不易提纯，且见光易分解。这些物质均不宜用直接法配制标准溶液，而要用间接法配制。

表 4-1 常用基准物质的干燥条件和应用范围

基准物质		干燥后的组成	干燥条件和温度/℃	标定对象
名称	化学式			
碳酸氢钠	$NaHCO_3$	Na_2CO_3	270～300	酸
无水碳酸钠	Na_2CO_3	Na_2CO_3	180～200	酸
十水碳酸钠	$Na_2CO_3 \cdot 10H_2O$	Na_2CO_3	270～300	酸
碳酸氢钾	$KHCO_3$	K_2CO_3	270～300	酸
草酸钠	$Na_2C_2O_4$	$Na_2C_2O_4$	130	氧化剂
二水合草酸	$H_2C_2O_4 \cdot 2H_2O$	$H_2C_2O_4 \cdot 2H_2O$	室温空气干燥	碱或 $KMnO_4$
硼砂	$Na_2B_4O_7 \cdot 10H_2O$	$Na_2B_4O_7 \cdot 10H_2O$	放在含 NaCl 和蔗糖饱和液的干燥器中	酸
邻苯二甲酸氢钾	$KHC_8H_4O_4$	$KHC_8H_4O_4$	110～120	碱
重铬酸钾	$K_2Cr_2O_7$	$K_2Cr_2O_7$	140～150	还原剂
溴酸钾	$KBrO_3$	$KBrO_3$	130	还原剂
碘酸钾	KIO_3	KIO_3	130	还原剂
铜	Cu	Cu	室温干燥器中保存	还原剂
三氧化二砷	As_2O_3	As_2O_3	室温干燥器中保存	氧化剂
碳酸钙	$CaCO_3$	$CaCO_3$	105～110	EDTA
锌	Zn	Zn	室温干燥器中保存	EDTA
氧化锌	ZnO	ZnO	900～1 000	EDTA
氯化钠	NaCl	NaCl	500～600	$AgNO_3$
硝酸银	$AgNO_3$	$AgNO_3$	220～250	氯化物

2. 间接法(又称标定法)

将试剂先配成近似浓度的溶液，然后再用基准物质或用另一种物质的标准溶液来测定它的准确浓度。这种利用基准物质(或用已知准确浓度的溶液)来确定标准溶液浓度的操作过程称为标定。大多数标准溶液的准确浓度是通过标定的方法确定的。

标定标准溶液的方法分别为：

(1)直接标定法　准确称取一定质量的基准物质，溶解后用待标定的标准溶液滴定，然后根据基准物质的质量及待标定标准溶液所消耗的体积，即可算出标准溶液的准确浓度。大多数的标准溶液是通过此种标定方法测定其准确浓度的。

例如，欲配制 $0.1\ mol \cdot L^{-1}$的 HCl 标准溶液，先用浓 HCl 稀释配成大约 $0.1\ mol \cdot L^{-1}$

的 HCl 稀溶液，然后准确称取一定量的基准物质如硼砂，溶解后用待标定的 HCl 溶液进行滴定，直至二者定量反应完全，再根据滴定消耗的 HCl 溶液体积计算其准确浓度。

(2)比较标定法　用已知浓度的标准溶液来标定待标定溶液准确浓度的方法称为比较标定法，即进行两种溶液的比较滴定，根据两种溶液所消耗的体积比及已知标准溶液的浓度，就可以计算出待标定溶液的准确浓度。这种标定方法不如直接标定法准确，为了与直接标定法有所区别，比较法标定的标准溶液称为二级标准。对准确度要求较高的分析工作，只能用一级标准即直接法标定的标准溶液。

标定好的标准溶液应妥善保存。有些标准溶液，若保存得当，可以长期保持浓度不变或极少改变。溶液保存在瓶中，由于蒸发，在内壁上常有水滴凝聚，使溶液浓度发生变化，因而在每次使用前应将溶液摇匀。对于一些不够稳定的溶液，应根据它们的性质妥善保存。如见光易分解的 $AgNO_3$、$KMnO_4$ 等标准溶液应保存于棕色瓶中，并放置于暗处。能吸收空气中 CO_2 并能腐蚀玻璃的强碱溶液，最好盛在塑料瓶中，并在瓶口装一苏打石灰(Na_2CO_3 + CaO)管以吸收空气中二氧化碳和水。对不稳定的溶液还要定期标定。

4.2.2　标准溶液浓度的表示方法

标准溶液的浓度表示方法通常有以下两种。

1. 物质的量浓度

物质 B 的物质的量浓度(又称物质 B 的浓度)，定义为物质 B 的物质的量除以混合物的体积。如 B 物质的浓度以 c_B 或 C(B)表示，为 B 的物质的量 n_B 除以溶液的体积 V，即

$$c_B=\frac{n_B}{V}$$

上式中 n_B 也可表示为 n(B)，n_B 的 SI 单位是 mol，V 的 SI 单位是 m^3，所以物质的量浓度 c_B 的 SI 单位是 $mol \cdot m^{-3}$。分析化学中浓度的常用单位是 $mol \cdot L^{-1}$。例如，1 L 溶液中 n(NaOH)=1 mol 时，其 c(NaOH)=1 $mol \cdot L^{-1}$。

2. 滴定度

滴定度是指每毫升标准溶液(滴定剂)相当于被测物质的质量(g 或 mg)，用符号 $T_{A/B}$ 表示(其中 A、B 分别表示被测物质和标准溶液的物质的化学式)，单位为 $g \cdot mL^{-1}$(或 $mg \cdot mL^{-1}$)。

例如，用 $KMnO_4$ 标准溶液测定铁的含量时，每毫升 $KMnO_4$ 标准溶液相当于被测物质的质量，可用 $T(Fe/KMnO_4)$ 或 $T(Fe_2O_3/KMnO_4)$ 表示。$T(Fe/KMnO_4)$ = 0.005 682 $g \cdot mL^{-1}$，它表示 1 mL 的 $KMnO_4$ 标准溶液相当于 0.005 682 g 的 Fe。也就是说，1 mL 的 $KMnO_4$ 标准溶液能把 0.005 682 g 的 Fe^{2+} 氧化成 Fe^{3+}。

此种滴定度的表示方法适用于测定大批试样中同一组分的含量，多用于生产实际中。其优点是：只要将滴定中所用去的标准溶液的体积乘以滴定度，就可以直接算出被测物质的质量。如上例若已知滴定用去的标准溶液的体积为 20.50 mL，则铁的质量为：

$$m(Fe)=T(Fe/KMnO_4)V=0.005\ 682\times 20.50=0.116\ 5\ (g)$$

物质的量浓度 c_B 与滴定度 $T_{A/B}$ 可以进行换算。若被测组分 A 与标准溶液物质 B 有如

下反应：

$$aA+bB=cC+dD$$

$$T_{A/B}=\frac{a}{b}\cdot\frac{c_B M_A}{1\,000}$$

例 4-1 求 $c(HCl)=0.101\,5\ mol\cdot L^{-1}$ 的 HCl 溶液对 NH_3 的滴定度。

解 $T(NH_3/HCl)=c(HCl)\cdot M(NH_3)\cdot 10^{-3}$

$$=0.101\,5\times 17.03\times 10^{-3}=1.728\times 10^{-3}(g\cdot mL^{-1})$$

有时滴定度也可以用每毫升标准溶液中所含溶质的质量来表示，符号为 T_B（B 是溶质的化学式）。例如，$T(NaOH)=0.040\,01\ g\cdot mL^{-1}$，即表示 1 mL NaOH 标准溶液中含有 0.040 01 g 的 NaOH。此种滴定度的表示方法在实际工作中应用较少。

4.3 滴定分析的计算

要得到准确的分析结果，除了选择合适的分析方法，认真细致的操作外，掌握正确的计算方法也是很重要的。滴定分析法由于测定的目的不同，具体的计算方法亦有所不同，但只要掌握计算的基本原则，无论何种计算问题，都不难解决。

4.3.1 滴定分析计算依据和基本公式

若用标准溶液 B 直接滴定被测物质 A，设其滴定反应为：

$$aA+bB=cC+dD \tag{4-1}$$

式中 C 和 D 为滴定反应产物。当上述反应到达化学计量点时，标准溶液 B 的物质的量 n_B 与被测物质 A 的物质的量 n_A 之间的反应计量数比为

$$n_B : n_A=b : a$$

则 A 的物质的量 n_A 为

$$n_A=(a/b)n_B \tag{4-2}$$

根据物质的量与物质的量浓度及体积之间的关系，可以得出以下两个公式：

$$c_A V_A=(a/b)c_B V_B \tag{4-3}$$

$$m_A/M_A=(a/b)c_B V_B \tag{4-4}$$

式中：c_B 的单位为 $mol\cdot L^{-1}$，V_B 的单位为 L，M_A 的单位为 $g\cdot mol^{-1}$，m_A 的单位为 g。由于在滴定中滴定剂的体积常以 mL 为单位，所以计算时应注意单位的换算。

在滴定分析中，还会涉及其他的滴定方式，依据分析过程中相关的化学反应，准确确定被测物质与标准溶液物质间物质的量的关系是计算的关键。

4.3.2 滴定分析的有关计算

滴定分析法的计算包括标准溶液浓度的计算(直接法、间接法配制),测定结果的计算等。

(1)标准溶液浓度的计算　配制标准溶液浓度的计算:

$$V_1=\frac{c_2V_2}{\rho_1 w_1\times 10^3/M_B} \tag{4-5}$$

利用公式(4-5),把密度 ρ_1、溶质质量分数 w_1 为已知的浓溶液稀释为稀溶液时,计算所需浓溶液的体积(mL)。

$$m_B=c_BV_BM_B\times 10^{-3} \tag{4-6}$$

式中:V_B 的单位为 mL。利用公式(4-6),在配制溶液的浓度和体积确定时计算所需称取基准物质的质量。

$$c_B=\frac{m_B\times 10^3}{V_BM_B} \tag{4-7}$$

式中:V_B 的单位为 mL。利用公式(4-7),在直接法配制标准溶液时计算标准溶液的浓度。

标定标准溶液浓度的计算:

$$m_A/M_A=(a/b)c_BV_B\times 10^{-3} \tag{4-8}$$

式(4-8)中 V_B 的单位为 mL。利用公式(4-8),在用基准物质(A)直接标定时,计算被标定溶液的浓度、估算基准物质的称量范围和估算滴定剂的体积。

(2)被测物质质量分数的计算:

$$m_A=(a/b)\ c_BV_BM_A\times 10^{-3} \tag{4-9}$$

$$w_A=\frac{m_A}{m} \tag{4-10}$$

式中:V_B 的单位为 mL,m 为试样的质量。由式(4-9)可计算被测组分 A 的质量。由式(4-10)可以计算被测组分 A 的质量分数 w_A。w_A 也可用百分数表示,即乘以 100%。

4.3.3 滴定分析计算示例

例 4-2　配制 $c(HNO_3)=0.2\ mol\cdot L^{-1}$ 的硝酸溶液 500 mL,应取 $\rho=1.42\ g\cdot mL^{-1}$,$w(HNO_3)=0.70$ 的浓硝酸溶液多少毫升?

解　$V_1=\frac{c_2V_2\ M_B\times 10^{-3}}{\rho_1\omega_1}=\frac{0.2\times 500\times 63.01\times 10^{-3}}{1.42\times 0.70}=6.3\ (mL)$

例 4-3　现有 $c(HCl)=0.102\,4\ mol\cdot L^{-1}$ 的盐酸溶液 4.800×10^3 mL,欲使其浓度稀释为 $c(HCl)=0.100\,0\ mol\cdot L^{-1}$,应加水的体积为多少?

解　设应加水的体积为 x mL,根据溶液稀释前后物质的量相等的规则:

$$0.102\,4\times 4.800\times 10^3=(4.800\times 10^3+x)\times 0.100\,0$$

$$x=\frac{0.1024\times4.800\times10^3}{0.1000}-4.800\times10^3=115\ (mL)$$

例 4-4 选用邻苯二甲酸氢钾($KHC_8H_4O_4$,简写为 KHP)作基准物质,标定 $c(NaOH)\approx0.2\ mol\cdot L^{-1}$ 的氢氧化钠溶液的准确浓度,欲使消耗该氢氧化钠溶液的体积控制在 25 mL 左右,应称取邻苯二甲酸氢钾的质量为多少?如改用草酸($H_2C_2O_4\cdot2H_2O$)作基准物质,则应称取的质量为多少?

解 邻苯二甲酸氢钾与氢氧化钠的反应为

$$KHP+NaOH=KNaP+H_2O$$

故

$$n(KHP)=n(NaOH)$$

$$m(KHP)=c(NaOH)V(NaOH)M(KHP)\times10^{-3}$$
$$=0.2\times25\times204.22\times10^{-3}=1(g)$$

草酸与氢氧化钠的反应为

$$H_2C_2O_4+2NaOH=Na_2C_2O_4+2H_2O$$

故

$$n(H_2C_2O_4\cdot2H_2O)=\frac{1}{2}n(NaOH)$$

$$m(H_2C_2O_4\cdot2H_2O)=\frac{1}{2}c(NaOH)V(NaOH)M(H_2C_2O_4\cdot2H_2O)\times10^{-3}$$
$$=\frac{1}{2}\times0.2\times25\times126.07\times10^{-3}=0.3\ (g)$$

从上面计算可知,KHP 的摩尔质量为 $204.22\ g\cdot mol^{-1}$,$H_2C_2O_4\cdot2H_2O$ 的摩尔质量为 $126.07\ g\cdot mol^{-1}$,所以,欲与相同量的氢氧化钠作用,前者需 1 g 左右,而后者只需 0.3 g 左右。称取此两份基准物质引入的相对误差分别为:

$$\frac{\pm0.0002}{1}=\pm0.02\%$$

$$\frac{\pm0.0002}{0.3}=\pm0.07\%$$

可见,对于摩尔质量大的基准物质,标定时称取质量较大,称量误差则较小,所以基准物质应具有较大的摩尔质量。

例 4-5 用 $m(Na_2CO_3)=0.2156\ g$ 的无水碳酸钠作基准物质,标定未知浓度的盐酸溶液时,消耗盐酸溶液 20.65 mL 达终点,试计算盐酸溶液的浓度 $c(HCl)$。

解 HCl 滴定 Na_2CO_3 的反应为

$$2HCl+Na_2CO_3=2NaCl+H_2CO_3$$

故

$$n(HCl)=2n(Na_2CO_3)$$

$$c(HCl)=\frac{2m(Na_2CO_3)\times10^3}{V(HCl)M(Na_2CO_3)}$$
$$=\frac{2\times0.2156\times10^3}{20.65\times105.99}$$

$$=0.1970(\text{mol}\cdot\text{L}^{-1})$$

例 4-6 不纯的碳酸钾样品 0.500 0 g,滴定时用去 $c(HCl)=0.1064\ \text{mol}\cdot\text{L}^{-1}$ 的盐酸溶液 27.31 mL,计算试样中 K_2CO_3 和 K_2O 的质量分数。

解 HCl 滴定 K_2CO_3 的反应为

$$K_2CO_3+2HCl=2KCl+H_2CO_3$$

故

$$n(K_2CO_3)=\frac{1}{2}n(HCl)$$

$$w(K_2CO_3)=\frac{\frac{1}{2}c(HCl)V(HCl)M(K_2CO_3)\times10^{-3}}{m_{样}}$$

$$=\frac{\frac{1}{2}\times0.1064\times27.31\times138.21\times10^{-3}}{0.5000}$$

$$=40.16\%$$

又

$$n(K_2O)=n(K_2CO_3)=\frac{1}{2}n(HCl)$$

$$w(K_2O)=\frac{\frac{1}{2}c(HCl)V(HCl)M(K_2O)\times10^{-3}}{m_{样}}$$

$$=\frac{\frac{1}{2}\times0.1064\times27.31\times94.20\times10^{-3}}{0.5000}=27.37\%$$

如果已计算出 $w(K_2CO_3)$,也可按下法算出 $w(K_2O)$。K_2CO_3 或 K_2O 在与 HCl 反应中物质的量相等:

$$n(K_2CO_3)=n(K_2O)$$

因此其质量之比等于其摩尔质量之比。

$$\frac{m(K_2CO_3)}{M(K_2CO_3)}=\frac{m(K_2O)}{M(K_2O)}$$

$$\frac{m(K_2CO_3)}{m(K_2O)}=\frac{M(K_2CO_3)}{M(K_2O)}$$

由于是同一样品,则其样品中的质量分数之比亦等于其摩尔质量之比。即

即

$$\frac{w(K_2CO_3)}{w(K_2O)}=\frac{M(K_2CO_3)}{M(K_2O)}$$

所以

$$w(K_2O)=w(K_2CO_3)\frac{M(K_2O)}{M(K_2CO_3)}$$

$$=40.16\%\times\frac{94.20}{138.21}$$

$$=27.37\%$$

式中:$\frac{M(K_2O)}{M(K_2CO_3)}$为常数,称为换算因数。

例 4-7 在 1.000 0 g 碳酸钙试样中，加入 $c(\mathrm{HCl})=0.510\ 0\ \mathrm{mol\cdot L^{-1}}$ 的盐酸溶液 50.00 mL 溶解试样，过量的盐酸用 $c(\mathrm{NaOH})=0.490\ 0\ \mathrm{mol\cdot L^{-1}}$ 的氢氧化钠溶液回滴，消耗 25.00 mL，求试样中 $CaCO_3$ 的质量分数。

解 $CaCO_3$ 与 HCl 的反应为

$$CaCO_3+2HCl=CaCl_2+H_2CO_3$$

故 $$n(CaCO_3)=\frac{1}{2}n(HCl)=\frac{1}{2}[c(HCl)V(HCl)-c(NaOH)V(NaOH)]$$

$$w(CaCO_3)=\frac{\frac{1}{2}[c(HCl)V(HCl)-c(NaOH)V(NaOH)]M(CaCO_3)\times10^{-3}}{m_{样}}$$

$$=\frac{\frac{1}{2}(0.510\ 0\times50.00-0.490\ 0\times25.00)\times100.09\times10^{-3}}{1.000\ 0}$$

$$=66.31\%$$

例 4-8 测定铜矿中铜的含量，称取 0.521 8 g 试样，用硝酸溶解，除去过量的硝酸及氮的氧化物后，加入 1.5 g 碘化钾，析出的碘用 $c(Na_2S_2O_3)=0.104\ 6\ \mathrm{mol\cdot L^{-1}}$ 的硫代硫酸钠标准溶液滴定至淀粉褪色，消耗 21.32 mL，计算矿样中铜的质量分数。

解 测定铜的相关反应为

$$2Cu^{2+}+4I^-=2CuI+I_2$$

$$I_2+2S_2O_3^{2-}=2I^-+S_4O_6^{2-}$$

故 $$n(Cu)=n(Cu^{2+})=2n(I_2)=n(Na_2S_2O_3)$$

$$w(Cu)=\frac{c(Na_2S_2O_3)V(Na_2S_2O_3)M(Cu)\times10^{-3}}{m_{样}}$$

$$=\frac{0.104\ 6\times21.32\times63.546\times10^{-3}}{0.521\ 8}$$

$$=27.16\%$$

例 4-9 称取铁矿样 0.600 0 g，溶解后将 Fe^{3+} 还原成 Fe^{2+}，用 $T(FeO/K_2Cr_2O_7)=0.007\ 185\ \mathrm{g\cdot mL^{-1}}$ 的重铬酸钾标准溶液滴定，消耗 24.56 mL，求 Fe_2O_3 的质量分数。

解 滴定反应为

$$Cr_2O_7^{2-}+6Fe^{2+}+14H^+=2Cr^{3+}+6Fe^{3+}+7H_2O$$

故 $$n(Fe^{2+})=6n(K_2Cr_2O_7)$$

$$n(Fe_2O_3)=\frac{1}{2}n(Fe^{2+})=3n(K_2Cr_2O_7)$$

$$w(Fe_2O_3)=\frac{3c(K_2Cr_2O_7)V(K_2Cr_2O_7)M(Fe_2O_3)\times10^{-3}}{m_{样}}$$

由于 $$n(FeO)=6n(K_2Cr_2O_7)$$

故 $$c(K_2Cr_2O_7)=\frac{\frac{1}{6}T(FeO/K_2Cr_2O_7)}{M(FeO)}\times10^3$$

所以
$$w(Fe_2O_3)=3\times\frac{\frac{0.007\,185\times10^{3}}{6\times71.85}\times24.56\times159.69\times10^{-3}}{0.600\,0}$$
$$=32.69\%$$

例 4-10 称取石灰石试样 0.160 0 g，用盐酸溶解，加入草酸，在适当酸度下使 Ca^{2+} 沉淀为草酸钙，将沉淀过滤、洗涤后用硫酸溶解，需用 $c(KMnO_4)=0.020\,00\ mol\cdot L^{-1}$ 的高锰酸钾标准溶液 21.08 mL 滴定至终点，求石灰石中钙的含量，用 $w(CaCO_3)$ 表示。

解 测定石灰石的相关反应为

$$CaCO_3+2HCl=CaCl_2+H_2CO_3$$
$$Ca^{2+}+C_2O_4^{2-}=CaC_2O_4$$
$$CaC_2O_4+2H^{+}=Ca^{2+}+H_2C_2O_4$$
$$2MnO_4^{-}+5H_2C_2O_4+6H^{+}=2Mn^{2+}+10CO_2+8H_2O$$

根据上述反应，各物质间物质的量的关系为

$$n(CaCO_3)=n(Ca^{2+})=n(CaC_2O_4)=n(H_2C_2O_4)=\frac{5}{2}n(KMnO_4)$$

$$w(CaCO_3)=\frac{\frac{5}{2}c(KMnO_4)V(KMnO_4)M(CaCO_3)\times10^{-3}}{m_{样}}$$
$$=\frac{\frac{5}{2}\times0.020\,00\times21.08\times100.09\times10^{-3}}{0.160\,0}$$
$$=65.93\%$$

4.4 滴定分析的误差

一般说来，滴定分析的误差在 0.1%～0.2%。要达到这样的准确度，就应该了解分析过程中可能出现的误差的来源，以及减小误差的方法。

4.4.1 方法误差

方法误差主要表现在：

(1)滴定终点与化学计量点不一致而造成的终点误差。

(2)指示剂本身参与滴定反应，因此消耗一定量的标准溶液。如酸碱指示剂本身就是弱酸或弱碱。氧化还原指示剂本身就是弱氧化剂或弱还原剂。

(3)到达滴定终点时，标准溶液总是过量的。

为减少方法误差，在滴定前尽可能选择合适的指示剂，以使终点和化学计量点尽量一致。其次指示剂用量不宜多，除非特殊要求，一般加 1～2 滴即可。在接近化学计量点时一定要一滴一滴地加入标准溶液，甚至半滴半滴地加入，切不可操之过急。

4.4.2 称量误差

当使用未经校正的砝码时，在大多数情况下，大砝码的误差比小砝码的误差大些。如果每次尽量使用相同的砝码，则大部分误差是可以抵消的。

如果天平两臂不相等，例如，右臂较左臂短 1/100，则在天平右盘加砝码的质量比天平左盘上物体的质量多 1/100，即称量结果大 1/100（或称得质量＝实际质量×1.01），这一误差是很大的。

如果在标定时用此天平称量，即标定结果会高 1/100。再用此溶液滴定未知样品，此样品也用同一天平称量，称量质量＝实际质量×1.01，结果误差抵消了，对被测物的含量并未产生影响。由此可见，使用同一台天平同一套砝码进行标定和测定等一系列工作，虽然天平两臂不相等，但误差可以抵消，虽然砝码未经校正，但误差也是大部分可以抵消的。因此，在一般分析中，只要使用同一台天平和尽量采用相同的砝码进行称量，可不必校正，只是在要求较精确的分析中，才需要校正。

若用感量为万分之一的分析天平称量，每次称量的绝对误差为±0.000 1 g，用减量法称取试样要称量两次，则称量的绝对误差为±0.000 2 g。称量的相对误差决定于称量试样的质量 m。

$$E_r = \frac{\pm 0.0002\ \text{g}}{m} \times 100\%$$

若称取试样的测量误差在±0.1%以内，则称取试样的质量在 0.2 g 以上。

$$m = \frac{\pm 0.0002}{\pm 0.1\%} = 0.2(\text{g})$$

4.4.3 测量体积的误差

如果使用未经校正的滴定管，就可能引入测量体积的误差。

例如，在标定和试样的测定中使用同一滴定管，每次滴定从“0.00”刻度线开始，且所用溶液体积相近，则滴定管刻度的误差可以抵消，故应尽可能使标定和测定在同样条件下进行。但是，有些测定误差是不能抵消的，如用 $K_2Cr_2O_7$ 标准溶液滴定 Fe^{2+}，$K_2Cr_2O_7$ 本身是基准物质，配制的标准溶液不必标定，此时滴定管的刻度误差不能完全抵消；在返滴定操作中，标定和测定所用溶液的体积往往很不一致，其误差也不能抵消。

在滴定分析中，用滴定管、移液管和容量瓶等来测量溶液的体积时，如果使用合格的量器，并严格按量器操作规程使用，则可使这一误差不超过 0.1%～0.2%。滴定管每次读数的绝对误差为±0.01 mL，完成每次滴定需要两次读数，绝对误差为±0.02 mL。因此，读数不准引起的相对误差取决于标准溶液所消耗的体积。

$$E_r = \frac{\pm 0.02\ \text{mL}}{V} \times 100\%$$

若相对误差为±0.1%，则消耗标准溶液体积为 20 mL 以上。

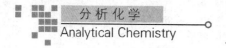

$$V=\frac{\pm 0.02}{\pm 0.1\%}=20(\mathrm{mL})$$

4.4.4 操作过失或错误

滴定分析中的操作过失或错误，主要有如下几种：

(1)溶液混合不均匀。当配制标准溶液以及制备试样溶液时，在容量瓶中定容后，必须把溶液摇匀，否则，取其一部分滴定时，这部分的浓度不能代表整个溶液的浓度。

(2)标准溶液保存不当而使浓度改变。

(3)仪器洗涤不当。未洗净的仪器不但会引入杂质，而且会造成量出体积不准确(液面不规则或挂水珠)，所以仪器必须洗至不挂水珠。还必须了解哪些仪器要用操作液润洗以防止浓度改变，哪些仪器则不能用操作液润洗。

(4)操作不当引起的过失。例如，滴定管漏液、未赶气泡、滴定速度过快、读数方法不正确、称量时试样撒落在承接试样的容器外面等。以上过失，只要按操作规程细心操作，是可以避免的。

除上述一般误差外，各类滴定分析还有它们的特殊误差，将在以后有关章节中涉及。

□ 本章小结

滴定分析法是利用标准溶液与被测物反应，根据标准溶液的浓度和滴定终点时所消耗的体积而求出被测组分含量的方法，适用于常量组分分析。该方法具有准确、快速、简便、用途广泛等特点。按所依据的反应类型分为酸碱、沉淀、配位、氧化还原四大滴定法。在实际分析中根据分析对象，可灵活采取直接滴定、返滴定、置换滴定和间接滴定等滴定方式。

配制标准溶液的方法有直接法和间接法两种，能直接配制标准溶液的基准物质需满足纯度高、组成恒定、性质稳定且摩尔质量大的条件。标准溶液的浓度常用物质的量浓度和滴定度两种方法表示。

滴定分析计算的关键是依据滴定的相关反应确定被测物质与标准溶液物质的物质的量关系。滴定分析的计算主要有标准溶液的浓度及被测组分含量的计算。

滴定分析误差主要来源于称量误差和测量体积误差，在实际分析中可通过选取合适指示剂、校准仪器、保证标定和测定在同一条件下进行、控制物质的质量和体积以及严格操作等方法来减免。

□ 思考题

4-1 说明下列名词的意义：

(1)滴定　(2)标准溶液　(3)化学计量点
(4)滴定终点　(5)基准物质　(6)标定
(7)终点误差　(8)理论终点与实际终点

4-2 基准物质应具备哪些条件？下列物质可否作基准物质？

(1) $Na_2CO_3 \cdot 10H_2O$ (2) 99.95%NaCl (3) NaOH

(4) HCl (5) $Na_2B_4O_7 \cdot 10H_2O$

4-3 滴定方式有哪几种？各在什么情况下应用？

4-4 什么是滴定度？滴定度与物质的量浓度如何换算？试举例说明。

4-5 标定标准溶液的方法有哪几种？各有何优缺点？标定标准溶液时，一般应注意些什么？

4-6 下列物质中哪些可以用直接法配制标准溶液？哪些只能用间接法配制？若需标定，应选择哪些基准物质？

H_2SO_4、KOH、$KBrO_3$、$K_2Cr_2O_7$、$Na_2S_2O_3 \cdot 5H_2O$

4-7 用无水 Na_2CO_3 标定 HCl 溶液时，下列情况对 HCl 溶液浓度产生何种影响？

(1)标定 HCl 溶液浓度时，使用的基准物 Na_2CO_3 中含有少量 $NaHCO_3$；

(2)无水 Na_2CO_3 吸水；

(3)滴定管在装入 HCl 溶液前未用 HCl 溶液润洗；

(4)称取无水 Na_2CO_3 时错将质量 0.183 4 g 记录为 0.182 4 g；

(5)称量时，承接 Na_2CO_3 的锥形瓶中有少量蒸馏水。

□ 习题

4-1 现有 ρ 为 1.19 g · mL^{-1}，w(HCl)＝36%的浓盐酸 1 L，其物质的量浓度为多少？若配制 0.2 mol · L^{-1}的盐酸溶液 500 mL，需取此盐酸多少毫升？

(12 mol · L^{-1}，8.3 mL)

4-2 现有 c(HCl)＝0.112 5 mol · L^{-1}的盐酸溶液 100.00 mL，问需加入多少毫升水才能使其浓度为 c(HCl)＝0.100 0 mol · L^{-1}？

(12.50 mL)

4-3 计算配制 $c(H_2C_2O_4)$＝0.100 0 mol · L^{-1}的草酸溶液 50.00 mL，需要分析纯的 $H_2C_2O_4 \cdot 2H_2O$ 多少克。

(0.630 4 g)

4-4 欲使滴定时消耗 c(HCl)＝0.1 mol · L^{-1}的盐酸溶液的体积控制在 20～30 mL 之间，问应称取分析纯的无水碳酸钠多少克？

(0.11～0.16 g)

4-5 计算下列溶液的滴定度：

(1)c(HCl)＝0.201 5 mol · L^{-1}的盐酸溶液，用来测定 $Ca(OH)_2$，NaOH。

(0.007 464 g · mL^{-1}，0.008 062 g · mL^{-1})

(2)c(NaOH)＝0.173 4 mol · L^{-1}的氢氧化钠溶液，用来测定 $HClO_4$，CH_3COOH。

(0.017 42 g · mL^{-1}，0.010 41 g · mL^{-1})

4-6 称取碳酸钠试样 0.260 0 g，溶于水后，用 $T(Na_2CO_3/HCl)$＝0.007 640 g · mL^{-1}

的盐酸标准溶液滴定，用去 22.50 mL，求 Na_2CO_3 的质量分数。

（66.12%）

4-7　为了测定食醋的总酸量，现取食醋试样 10.00 mL，用 $c(NaOH)=0.3024\ mol\cdot L^{-1}$ 的氢氧化钠标准溶液滴定，用去 20.17 mL。已知食醋试样的密度 ρ 为 $1.055\ g\cdot mL^{-1}$，试计算该试样 CH_3COOH 的质量分数。

（3.47%）

4-8　分析碳酸氢铵肥料，称取试样 0.9876 g，溶于水配成 100.0 mL 溶液，吸取试液 25.00 mL，用 $c(HCl)=0.1000\ mol\cdot L^{-1}$ 的盐酸溶液滴定，用去 25.00 mL，求该碳酸氢铵肥料中 N、NH_3、NH_4HCO_3 的质量分数。

（14.19%，17.25%，80.08%）

4-9　移取 25.00 mL 硫酸溶液，用 $c(NaOH)=0.1000\ mol\cdot L^{-1}$ 的氢氧化钠标准溶液滴定至终点时消耗 24.60 mL，求硫酸的物质的量浓度 $c(H_2SO_4)$。

（$0.04920\ mol\cdot L^{-1}$）

4-10　有一 $KMnO_4$ 标准溶液，已知浓度为 $0.02010\ mol\cdot L^{-1}$，求其 $T(Fe/KMnO_4)$ 和 $T(Fe_2O_3/KMnO_4)$。如果称取试样 0.2718 g 溶解后将溶液中的 Fe^{3+} 还原为 Fe^{2+}，然后用 $KMnO_4$ 标准溶液滴定，用去 26.30 mL，求试样中 Fe，Fe_2O_3 的质量分数。

（$0.005613\ g\cdot mL^{-1}$，$0.008025\ g\cdot mL^{-1}$，54.31%，77.65%）

4-11　称取 0.2400 g 重铬酸钾试样，在其酸性溶液中加入 KI，析出的 I_2 用 $c(Na_2S_2O_3)=0.1000\ mol\cdot L^{-1}$ 的硫代硫酸钠标准溶液 30.00 mL 滴定至终点，求 $K_2Cr_2O_7$ 的质量分数。

（61.29%）

4-12　称取分析纯试剂 $MgCO_3$ 1.850 g 溶解于过量的 HCl 溶液 48.48 mL 中，待两者反应完全后，过量的 HCl 需 3.83 mL NaOH 溶液返滴定。已知 30.33 mL NaOH 溶液可以中和 36.40 mL HCl 溶液。计算该 HCl 和 NaOH 溶液的浓度。

（$1.000\ mol\cdot L^{-1}$，$1.200\ mol\cdot L^{-1}$）

二维码 4-1　第 4 章要点

二维码 4-2　思考题和习题答案

Chapter 5 第 5 章

酸碱滴定法

Acid-base Titration

【教学目标】

- 掌握酸碱滴定法的基本原理和方法特点。
- 掌握各种类型酸碱溶液及酸碱滴定化学计量点时 pH 的计算，了解滴定曲线的特点。
- 重点掌握弱酸弱碱能够被直接滴定的条件；多元酸碱能够分步滴定的条件。
- 掌握酸碱指示剂的变色原理、选择原则及常见的酸碱指示剂使用范围。

酸碱滴定(acid-base titration)又称中和滴定，是依据酸碱反应来作定量分析的方法。酸碱滴定法简单、方便，是广泛应用的测定方法之一。酸碱反应平衡是四大化学平衡的基础，酸度决定物质存在的型体，因而影响各类反应的完全度，因此酸碱平衡的处理不仅是酸碱滴定的基础，也是其他分析方法所必需的。由于许多反应是在水溶液中进行的，而水本身就是酸碱物质，所以任何水溶液的反应都必须考虑酸碱作用。本章着重介绍酸度对弱酸(碱)型体分布的影响；各类酸碱溶液 pH 的计算；各类酸碱滴定的滴定曲线及指示剂的选择；滴定反应的完全度及终点误差；酸碱滴定的典型应用示例等。

5.1 不同 pH 溶液中酸碱存在形式的分布情况——分布曲线

在弱酸(碱)平衡体系中，往往存在多种型体(species)，为使反应进行完全，必须控制有关型体的浓度。它们的浓度分布是由溶液中的氢离子浓度所决定的，因此酸度是影响各类化学反应的重要因素。溶液中某酸碱组分的平衡浓度占其总浓度的分数，称为分布分数(distribution fraction)，以 δ 表示。了解酸度对弱酸(碱)型体分布的影响，对于掌握与控制分析条件有重要的指导意义。

5.1.1 一元弱酸溶液中各种型体的分布

一元弱酸(HA)在溶液中以 HA 和 A^- 两种型体存在，其总浓度又称为分析浓度，用 c 或 c(HA)表示，相对的总浓度$\left(\frac{c}{c^{\ominus}}\right)$以 c_r 或 c_r(HA)表示；两种型体的平衡浓度(equilibrium concentration)分别表示为 $c_e(HA)$和 $c_e(A^-)$,而相对平衡浓度(relative equilibrium concentration)分别表示为 $c_{r,e}(HA)$和 $c_{r,e}(A^-)$,其间关系是:

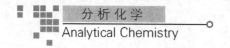

$$c = c_e(HA) + c_e(A^-)$$
$$c_r = c_{r,e}(HA) + c_{r,e}(A^-)$$

由 HA 解离平衡式知 $$c_{r,e}(A^-) = \frac{c_{r,e}(HA)K_a}{c_{r,e}(H^+)}$$

故 $$c_r = c_{r,e}(HA)\left(1+\frac{K_a}{c_{r,e}(H^+)}\right)$$

以 δ_1 与 δ_0 分别表示 HA 和 A^- 的分布分数,则:

$$\delta_1 = \frac{c_e(HA)}{c} = \frac{c_{r,e}(HA)}{c_r} = \frac{1}{1+\dfrac{K_a}{c_{r,e}(H^+)}} = \frac{c_{r,e}(H^+)}{c_{r,e}(H^+)+K_a} \tag{5-1}$$

$$\delta_0 = \frac{c_e(A^-)}{c} = \frac{c_{r,e}(A^-)}{c_r} = \frac{K_a}{c_{r,e}(H^+)+K_a} \tag{5-2}$$

且有 $$\delta_1+\delta_0=1$$

由弱酸的 K_a 和溶液的 pH 就可以计算两种型体的分布分数。对指定弱酸(碱)而言,分布分数是 $c_{r,e}(H^+)$的函数,控制溶液 pH,就可以控制溶液中各型体的浓度。

图 5-1 为 HAc 的 δ-pH 曲线。此图可叫做酸碱型体分布图(species distribution diagram)。

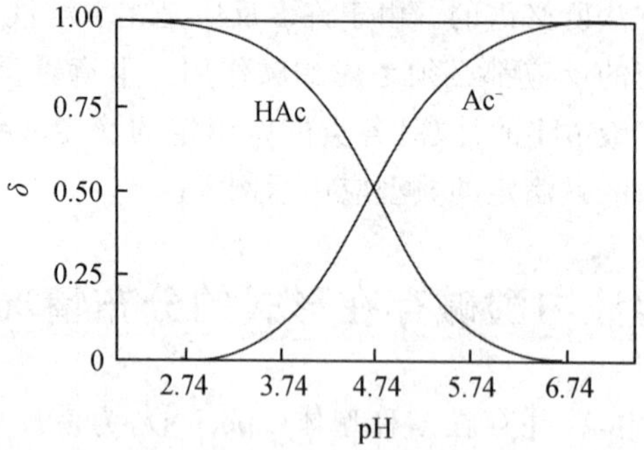

图 5-1 HAc 的型体分布图

由酸碱型体分布图可见,δ_1 随 pH 增大而减小,δ_0 则随 pH 增大而升高,两曲线相交于 $pH=pK_a$ 这一点。此时 $\delta_1=\delta_0=0.5$,即两种型体各占一半。图形以 pK_a 点为界分成两个区域:当酸度高时($pH<pK_a$),以酸型(HAc)为主;酸度低时($pH>pK_a$),以碱型(Ac^-)为主;在过渡区 $pH\approx pK_a$ 处,两种型体都以较大量存在。以上结论可以推广到任何一元弱酸(或碱)。任何一元弱酸(或碱)的型体分布图形状都相似,只是图中曲线的交点随其 pK_a(式 pK_b)大小不同而左右移动。

平衡浓度(c_e)与分析浓度(c)是两个有联系但又不相同的概念。在平衡计算中经常涉及，必须区别清楚。分布分数式将这两种浓度联系起来。以 HA 为例：

$$c_e(HA)=c\cdot\delta_1$$
$$c_e(A^-)=c\cdot\delta_0$$

在计算溶液的 $c_{r,e}(H^+)$式 pH 时，平衡式中表示的是各型体的相对平衡浓度($c_{r,e}$)，而实际知道的是分析浓度(c)或其相对值(c_r)，弄清楚它们的关系将使计算大大简化。对HA-A⁻体系：

若 $pH\ll pK_a$，则 $c_{r,e}(HA)\gg c_{r,e}(A^-)$，此时 $\delta_1\approx1$，即 $c_e(HA)\approx c$，$c_{r,e}(HA)\approx c_r$；

若 $pH\gg pK_a$，则 $c_{r,e}(A^-)\gg c_{r,e}(HA)$，此时 $\delta_0=1$，即 $c_e(A^-)\approx c$，$c_{r,e}(A^-)\approx c_r$；

若 $pH\approx pK_a$，则 $c_{r,e}(HA)\approx c_{r,e}(A^-)$，此时 $c_{r,e}(HA)$和 $c_{r,e}(A^-)$均不能用 c_r 代替，而必须用 c_r、K_a 和 $c_{r,e}(H^+)$通过分布分数式计算 $c_{r,e}(HA)$和 $c_{r,e}(A^-)$。

5.1.2 多元酸溶液中各种型体的分布

以二元弱酸 H_2A 为例。它在溶液中以 H_2A、HA^- 和 A^{2-} 等 3 种型体存在。若分析浓度为 c，则有：

$$\begin{aligned}c_r&=c_{r,e}(H_2A)+c_{r,e}(HA^-)+c_{r,e}(A^{2-})\\&=c_{r,e}(H_2A)\left[1+\frac{K_{a_1}}{c_{r,e}(H^+)}+\frac{K_{a_1}K_{a_2}}{c_{r,e}^2(H^+)}\right]\end{aligned}$$

H_2A 的分布分数以 δ_2 表示：

$$\begin{aligned}\delta_2&=\frac{c_{r,e}(H_2A)}{c_r}=\frac{1}{1+\frac{K_{a_1}}{c_{r,e}(H^+)}+\frac{K_{a_1}K_{a_2}}{c_{r,e}^2(H^+)}}\\&=\frac{c_{r,e}^2(H^+)}{c_{r,e}^2(H^+)+K_{a_1}c_{r,e}(H^+)+K_{a_1}K_{a_2}}\end{aligned}\tag{5-3}$$

同样，可导出 HA^- 和 A^{2-} 的分布分数 δ_1 和 δ_0

$$\delta_1=\frac{c_{r,e}(HA^-)}{c_r}=\frac{K_{a_1}c_{r,e}(H^+)}{c_{r,e}^2(H^+)+K_{a_1}c_{r,e}(H^+)+K_{a_1}K_{a_2}}\tag{5-4}$$

$$\delta_0=\frac{c_{r,e}(A^{2-})}{c_r}=\frac{K_{a_1}K_{a_2}}{c_{r,e}^2(H^+)+K_{a_1}c_{r,e}(H^+)+K_{a_1}K_{a_2}}\tag{5-5}$$

且有
$$\delta_2+\delta_1+\delta_0=1$$

以上 δ 的算式中，下标代表某型体所含质子数，$c_{r,e}^2(H^+)$、$K_{a_1}c_{r,e}(H^+)$、$K_{a_1}K_{a_2}$ 的值分别与 $c_{r,e}(H_2A)$、$c_{r,e}(HA^-)$和 $c_{r,e}(A^{2-})$各项相对应，其和与各型体浓度的总和(c_r)相对应。了解这点，就容易直接写出这些式子。

二元弱酸有 2 个 pK_a(pK_{a_1} 和 pK_{a_2})，以它们为界，可分为 3 个区域：$pH<pK_{a_1}$ 时，H_2A 占优势；$pH>pK_{a_2}$ 时，A^{2-} 型体为主；而当 $pK_{a_1}<pH<pK_{a_2}$ 时，则主要是 HA^- 型体。pK_{a_1} 与 pK_{a_2} 相差越小，HA^- 占优势的区域越窄。酒石酸正是这种情况($pK_{a_1}=3.04$，$pK_{a_2}=4.37$)。以酒石酸氢钾沉淀形式检出 K^+ 时，希望酒石酸氢根离子(HA^-)浓度大些，这时要求控制酸度在 pH 为 3.0～4.3 之间；反之，在含有酒石酸氢钾(或铵)的溶液中，为防止酒石

酸氢钾(或铵)沉淀,应控制 pH 在 3.0～4.3 范围以外。由图 5-2 还可看出,酒石酸氢根离子(HA^-)最多时也只占 72%,其他两种型体(H_2A 和 A^{2-})各占 14%。换言之,即使将纯的酒石酸氢钾溶于水中,将有 28%发生酸式和碱式离解,酒石酸氢根离子(HA^-)的浓度将比其分析浓度小很多。

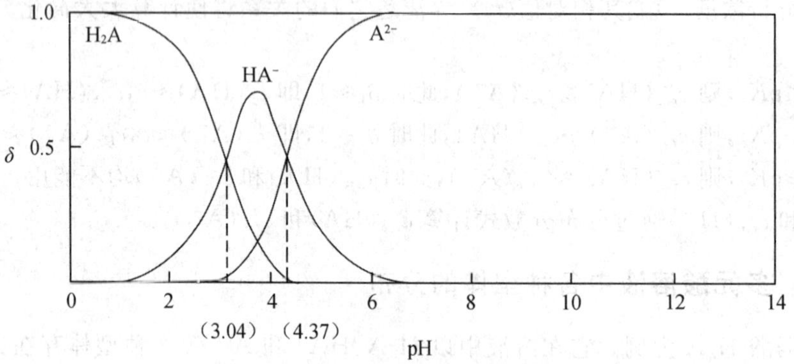

图 5-2 酒石酸的型体分布图

不难写出三元酸中几种型体的分布分数:

$$\delta_3=\frac{c_{r,e}(H_3A)}{c_r}=\frac{c_{r,e}^3(H^+)}{c_{r,e}^3(H^+)+K_{a_1}c_{r,e}^2(H^+)+K_{a_1}K_{a_2}c_{r,e}(H^+)+K_{a_1}K_{a_2}K_{a_3}}$$

$$\delta_2=\frac{c_{r,e}(H_2A^-)}{c_r}=\frac{K_{a_1}c_{r,e}^2(H^+)}{c_{r,e}^3(H^+)+K_{a_1}c_{r,e}^2(H^+)+K_{a_1}K_{a_2}c_{r,e}(H^+)+K_{a_1}K_{a_2}K_{a_3}}$$

$$\delta_1=\frac{c_{r,e}(HA^{2-})}{c_r}=\frac{K_{a_1}K_{a_2}c_{r,e}(H^+)}{c_{r,e}^3(H^+)+K_{a_1}c_{r,e}^2(H^+)+K_{a_1}K_{a_2}c_{r,e}(H^+)+K_{a_1}K_{a_2}K_{a_3}}$$

$$\delta_0=\frac{c_{r,e}(A^{3-})}{c_r}=\frac{K_{a_1}K_{a_2}K_{a_3}}{c_{r,e}^3(H^+)+K_{a_1}c_{r,e}^2(H^+)+K_{a_1}K_{a_2}c_{r,e}(H^+)+K_{a_1}K_{a_2}K_{a_3}}$$

H_3PO_4 的 pK_{a_1}、pK_{a_2} 和 pK_{a_3} 分别为 2.12、7.20 和 12.36,将不同 $c_{r,e}(H^+)$ 代入以上各式,可以计算在任何 pH 下各型体的分布分数。图 5-3 是 H_3PO_4 的型体分布图。

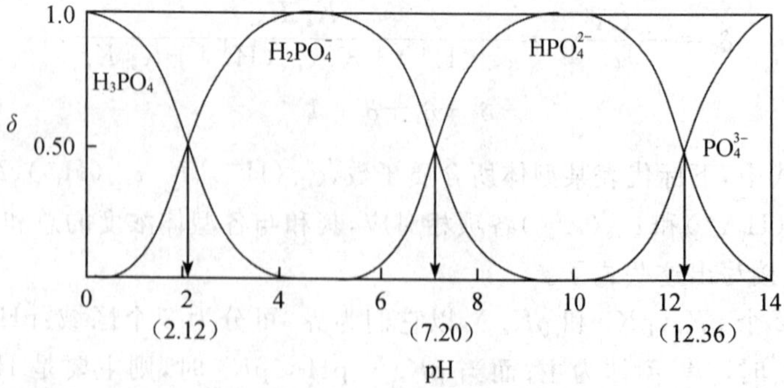

图 5-3 H_3PO_4 的型体分布图

由图 5-3 可见,在 pH 为 2.12～7.20 范围内,溶液中以 $H_2PO_4^-$ 为主;当:

$$pH=\frac{1}{2}(pK_{a_1}+pK_{a_2})=4.66$$

$H_2PO_4^-$ 浓度达到最大，其他型体的浓度极小，用酸碱滴定法测定 H_3PO_4 时，就可以用 NaOH 把 H_3PO_4 中和到 $H_2PO_4^-$。同样在 pH 为 7.20～12.36 范围内，溶液中以 HPO_4^{2-} 为主；在 pH＝9.78 时，HPO_4^{2-} 浓度达到最大，其他型体浓度极小，所以 H_3PO_4 也可以用 NaOH 中和到 HPO_4^{2-} 这一步。$H_2PO_4^-$ 和 HPO_4^{2-} 之所以存在的 pH 范围较宽，是由于 H_3PO_4 的 pK_a 之间相差较大。

5.2　酸碱溶液 pH 的计算

5.2.1　处理酸碱平衡的方法—质子条件

从质子理论来说，酸碱反应的实质是质子的转移，因此，用质子得失的平衡关系来计算溶液的酸碱度是比较全面和精确的，当酸碱反应达到平衡时，酸失去的质子总数应等于碱得到的质子总数，这种酸碱之间质子得失的等衡关系称为质子条件式，或质子平衡式（proton balance equation），以符号 PBE 表示。

书写质子条件式的简单方法是根据酸碱平衡中得失质子的关系直接写出。首先找出平衡体系中参与质子得失的起始形式，作为计算得失质子数的基础，叫零水准或参考水准，然后根据它们得失质子的总数相等的原则，写出质子条件式。

例 5-1　写出 HAc 水溶液的质子条件式。

解　HAc 水溶液中，参与质子得失的起始形式是 HAc、H_2O，以它们为零水准。其离解平衡为：

$$HAc+H_2O=H_3O^++Ac^-$$
$$H_2O+H_2O=H_3O^++OH^-$$

得 H^+　失 H^+

根据得失质子总数相等的原则，其 PBE 为：

$$c_{r,e}(H^+)=c_{r,e}(Ac^-)+c_{r,e}(OH^-)$$

得 H^+ 产物浓度　失 H^+ 产物浓度

例 5-2　写出 Na_2S 水溶液的质子条件。

解　Na_2S 水溶液中，$Na_2S=2Na^++S^{2-}$，零水准为 S^{2-}、H_2O，其离解平衡为：

$S^{2-}+H_2O=OH^-+HS^-$（HS^- 为 S^{2-} 得 1 个 H^+ 的产物）

$S^{2-}+2H_2O=2OH^-+H_2S$（H_2S 为 S^{2-} 得 2 个 H^+ 的产物）

$H_2O+H_2O=H_3O^++OH^-$（H_3O^+、OH^- 分别为 H_2O 得 1 个 H^+ 和失 1 个 H^+ 的产物）

其 PBE 为：　$c_{r,e}(H^+)+c_{r,e}(HS^-)+2c_{r,e}(H_2S)=c_{r,e}(OH^-)$

5.2.2 一元弱酸(碱)溶液 pH 的计算

5.2.2.1 一元弱酸溶液

一元弱酸(HA)溶液的质子条件式是:

$$c_{r,e}(H^+)=c_{r,e}(A^-)+c_{r,e}(OH^-)$$

利用平衡常数式将各项变成 $c_{r,e}(H^+)$的函数,即

$$c_{r,e}(H^+)=\frac{K_a c_{r,e}(HA)}{c_{r,e}(H^+)}+\frac{K_w}{c_{r,e}(H^+)}$$

则

$$c_{r,e}(H^+)=\sqrt{K_a c_{r,e}(HA)+K_w}$$

将 $c_{r,e}(HA)=c_r\cdot\delta_1$ 代入上式,就会得到一元三次方程。

$$c_{r,e}^3(H^+)+K_a c_{r,e}^2(H^+)-(c_r K_a+K_w)c_{r,e}(H^+)-K_a K_w=0 \tag{5-6}$$

解此方程需用数学方法,比较麻烦,实际工作往往无需精确计算,可根据具体情况对式(5-6)作合理的近似处理。因为

$$c_{r,e}(HA)=c_r-c_{r,e}(A^-)=c_r-c_{r,e}(H^+)+c_{r,e}(OH^-)\approx c_r-c_{r,e}(H^+)$$

又若酸不是太弱,可忽略水的酸性。当 $c_r K_a>20K_w$时(水的离解<5%)可略去 K_w 项。则式(5-6)简化为近似计算式:

$$c_{r,e}(H^+)=\sqrt{K_a c_{r,e}(HA)}=\sqrt{K_a[c_r-c_{r,e}(H^+)]} \tag{5-7a}$$

即

$$c_{r,e}^2(H^+)+K_a c_{r,e}(H^+)-c_r K_a=0 \tag{5-7b}$$

解此一元二次方程,即得 $c_{r,e}(H^+)$。

如果酸的离解度很小,$\alpha<5\%$,大概对应于 $c_r/K_a>500$,此时 $c_{r,e}(HA)=c_r-c_{r,e}(H^+)\approx c_r$,则式(5-7a)近似为最简计算式:

$$c_{r,e}(H^+)=\sqrt{K_a c_r} \tag{5-8}$$

例 5-3 计算 0.10 mol·L^{-1} HAc ($pK_a=4.76$) 溶液的 pH。

解 因为 $K_a c_r=0.10\times10^{-4.74}=10^{-5.74}>20K_w$,所以水的酸性可忽略;又 $c_r/K_a=10^{-1.00}/10^{-4.74}=10^{3.74}>500$,故 $c_{r,e}(HA)\approx c_r$,因此可用最简式计算。

$$c_{r,e}(H^+)=\sqrt{K_a c_r}=\sqrt{10^{-4.74-1.00}}=10^{-2.87}$$

$$pH=2.87$$

例 5-4 计算 0.20 mol·L^{-1}二氯乙酸 ($pK_a=1.30$) 溶液的 pH。

解 很明显 $c_r K_a>20K_w$,K_w 可忽略;$c_r/K_a=10^{-0.70}/10^{-1.30}=10^{0.60}<500$,故 $c_{r,e}(HA)\neq c_r$,应用近似式(5-7b)计算。

$$c_{r,e}^2(H^+)+K_a c_{r,e}(H^+)-c_r K_a=0$$

$$c_{r,e}(H^+)=10^{-1.11}\quad pH=1.11$$

5.2.2.2 一元弱碱溶液

对于一元弱碱 A^- 溶液，可作类似处理。由质子条件式：

$$c_{r,e}(OH^-)=c_{r,e}(H^+)+c_{r,e}(HA)$$

利用平衡常数式： $$c_{r,e}(OH^-)=\frac{K_w}{c_{r,e}(OH^-)}+\frac{K_b c_{r,e}(A^-)}{c_{r,e}(OH^-)}$$

$c_{r,e}(OH^-)$的精确表达式：

$$c_{r,e}^3(OH^-)+K_b c_{r,e}^2(OH^-)-(c_r K_b+K_w)c_{r,e}(OH^-)-K_b K_w=0 \tag{5-9}$$

若碱不是太弱，则可忽略水的碱性。当 $c_r K_b>20K_w$ 时（水的离解$<5\%$），可略去 K_w 项。则式(5-9)简化为近似计算式：

$$c_{r,e}^2(OH^-)+K_b c_{r,e}(OH^-)-c_r K_b=0 \tag{5-10}$$

又若碱离解很少，$\alpha<5\%$（即 $c_r/K_b>500$），$c_{r,e}(A^-)\approx c_r$，则由近似计算式(5-10)，可简化为最简计算式：

$$c_{r,e}(OH^-)=\sqrt{K_b c_r} \tag{5-11}$$

5.2.3 两性物质溶液 pH 计算

既能给出质子又能接受质子的物质是两性物质(amphoteric substance)。溶剂水就是两性物质，对生命有重要意义的氨基酸、蛋白质等都是两性物质。计算两性物质水溶液的 pH 具有特别的意义。

现以 NaHA 为例，讨论此类溶液的 pH 计算。NaHA 的质子条件式：

$$c_{r,e}(H^+)+c_{r,e}(H_2A)=c_{r,e}(A^{2-})+c_{r,e}(OH^-)$$

代入平衡关系：

$$c_{r,e}(H^+)+\frac{c_{r,e}(H^+)c_{r,e}(HA^-)}{K_{a_1}}=\frac{K_{a_2}c_{r,e}(HA^-)}{c_{r,e}(H^+)}+\frac{K_w}{c_{r,e}(H^+)}$$

得到 $c_{r,e}(H^+)$精确表示式：

$$c_{r,e}(H^+)=\sqrt{\frac{K_{a_2}c_{r,e}(HA^-)+K_w}{1+c_{r,e}(HA^-)/K_{a_1}}} \tag{5-12}$$

此式中 $c_{r,e}(HA^-)$未知，直接计算有困难，若 K_{a_1} 与 K_{a_2} 相差较大，则 $c_{r,e}(HA^-)\approx c_r$；$c_r K_{a_2}>20K_w$，则可忽略 K_w，即与 HA^- 的酸性相比，水的酸性太弱，即得近似计算式：

$$c_{r,e}(H^+)=\sqrt{\frac{K_{a_2}c_r}{1+c_r/K_{a_1}}} \tag{5-13}$$

再若 $c_r/K_{a_1}>20$，忽略分母中的 1。即 HA^- 碱性也不太弱，忽略水的碱性，这样得到最简式：

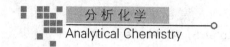

$$c_{r,e}(H^+)=\sqrt{K_{a_1}K_{a_2}} \tag{5-14a}$$

或

$$pH=\frac{1}{2}(pK_{a_1}+pK_{a_2}) \tag{5-14b}$$

例 5-5 计算 0.050 $mol \cdot L^{-1} NaHCO_3$ 溶液的 pH。

解 已知 $pK_{a_1}=6.38$，$pK_{a_2}=10.25$。因为

$c_rK_{a_2}=10^{-1.30-10.25}=10^{-11.55}>20K_w$，且 $c_r/K_{a_1}=10^{-1.30}/10^{-6.38}=10^{5.08}>20$

故采用最简式(5-14b)计算

$$pH=\frac{1}{2}(pK_{a_1}+pK_{a_2})=\frac{1}{2}(6.38+10.25)=8.32$$

例 5-6 计算 0.033 $mol \cdot L^{-1} Na_2HPO_4$ 溶液的 pH。

解 HPO_4^{2-} 作两性物质所涉及的常数是 pK_{a_2}(7.20)和 pK_{a_3}(12.36)。

因为 $c_rK_{a_3}=10^{-1.48-12.36}=10^{-13.84}\approx K_w$，故 K_w 项不能略去，又 $c_r/K_{a_2}=10^{-1.48}/10^{-7.20}=10^{5.72}>20$，故分母中的 1 可略去，因此：

$$c_{r,e}(H^+)=\sqrt{\frac{K_{a_3}c_r+K_w}{c/K_{a_2}}}=\sqrt{\frac{10^{-13.84}+10^{-14.00}}{10^{5.72}}}=10^{-9.47}$$

$$pH=9.47$$

若用最简式计算，pH = 9.78，$c_{r,e}(H^+)$计算的相对误差大。这是因为 HPO_4^{2-} 的酸性极弱，水的离解不能忽略，否则计算出来的 $c_{r,e}(H^+)$偏低。

5.2.4 多元酸(碱)溶液 pH 计算

能给出两个或两个以上质子的酸为多元酸，如 H_2CO_3，H_3PO_4 等。它们在溶液中分级离解，而且 $K_{a_1}\gg K_{a_2}$，或 $K_{a_1}\gg K_{a_2}\gg K_{a_3}$，一般以第一级离解为主，溶液的酸度取决于第一级离解出的 H^+ 的浓度。故多元酸酸度的计算，可按一元弱酸的计算方法处理。同样，对于多元碱，如 $CO_3^{2-}(Na_2CO_3)$、$PO_4^{3-}(Na_3PO_4)$，它们在溶液中也是分级离解，而且 $K_{b_1}\gg K_{b_2}\gg K_{b_3}$，溶液的酸碱度取决于第一级离解出的 OH^- 浓度，可按一元弱碱的计算方法处理。

5.3 酸碱指示剂

酸碱滴定过程中，滴定反应一般不发生任何外观的变化，常需借助酸碱指示剂(acid-base indicator)的颜色改变来指示滴定的终点。酸碱指示剂一般是某些有机弱酸或有机弱碱，或是有机酸碱两性物质。

5.3.1 指示剂的变色原理

以 HIn 表示弱酸型指示剂，则其离解平衡为：

$$HIn=H^++In^-$$

指示剂分子 HIn 与阴离子 In^- 两者颜色不同，HIn 与 In^- 的颜色分别为指示剂的酸式色和碱式色。当溶液 pH 改变时，指示剂得到质子由碱式转变为酸式，或者失去质子由酸式转变为碱式。由于结构的改变，引起颜色发生变化。如酚酞(phenolphthalein)在水溶液中存在以下平衡：

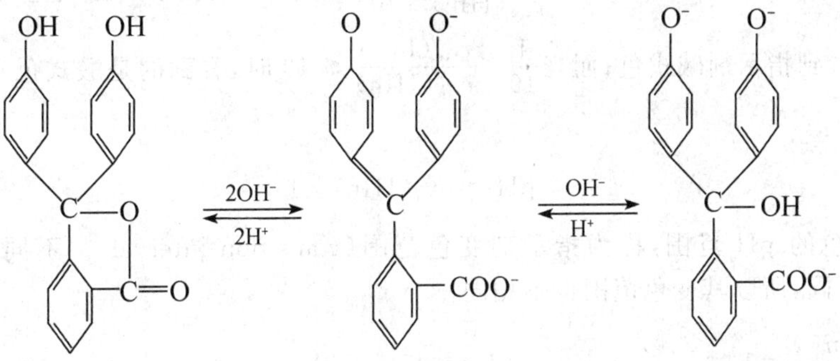

由平衡关系可以看出，在酸性条件下，酚酞以无色的分子形式存在，是内酯结构；在碱性条件下，转化为醌式结构的阴离子，显红色；当碱性更强时，则形成无色的羧酸盐式。

例如，甲基橙(methyl orange)，在水溶液中存在以下平衡：

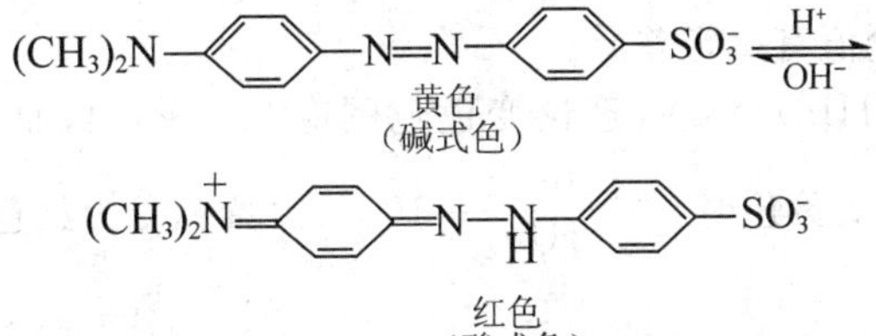

由平衡关系可以看出，增大溶液的酸度，甲基橙主要以醌式结构的离子形式存在，溶液呈红色；降低酸度，则主要以偶氮式结构存在，溶液呈黄色。

5.3.2　指示剂变色范围

指示剂颜色的改变源于溶液 pH 的变化，但并不是溶液的 pH 任意改变或稍有变化都能引起指示剂颜色的明显变化，指示剂的变色是在一定的 pH 范围内进行的。

以 HIn 表示指示剂的酸式，In^- 表示指示剂的碱式，它们在水溶液中存在下列离解平衡：

$$HIn = H^+ + In^-$$

$$K_a(HIn) = \frac{c_{r,e}(H^+)c_{r,e}(In^-)}{c_{r,e}(HIn)}$$

$$\frac{c_{r,e}(In^-)}{c_{r,e}(HIn)} = \frac{K_a(HIn)}{c_{r,e}(H^+)}$$

式中：$K_a(HIn)$为指示剂的离解常数。

指示剂所呈的颜色由$\frac{c_{r,e}(In^-)}{c_{r,e}(HIn)}$决定。一定温度下 $K_a(HIn)$为常数，则$\frac{c_{r,e}(In^-)}{c_{r,e}(HIn)}$的变化取决于溶液 H^+ 的浓度。当 $c_{r,e}(H^+)$发生改变时，$\frac{c_{r,e}(In^-)}{c_{r,e}(HIn)}$也发生改变，溶液的颜色也逐渐改变。肉眼辨别颜色的能力有限，当$\frac{c_{r,e}(In^-)}{c_{r,e}(HIn)}<\frac{1}{10}$时，仅能看到指示剂酸式色；当$\frac{c_{r,e}(In^-)}{c_{r,e}(HIn)}>10$时，仅能看到指示剂碱式色；而当$\frac{1}{10}<\frac{c_{r,e}(In^-)}{c_{r,e}(HIn)}<10$时，看到的是酸式色和碱式色的混合色。因此

$$pH = pK_a(HIn) \pm 1$$

是指示剂变色的 pH 范围，称为指示剂变色范围(transition interval)。不同的指示剂，其 $pK_a(HIn)$不同，所以其变色范围也不相同。

当$\frac{c_{r,e}(In^-)}{c_{r,e}(HIn)}=1$时：　　$pH = pK_a(HIn)$

此 pH 称为指示剂的理论变色点(color transition point)。

指示剂的变色范围理论上应是 2 个 pH 单位，但实测的各种指示剂的变色范围并不都是 2 个 pH 单位(表 5-1)。这是因为指示剂的实际变色范围不是根据 pK_a 计算出来的，而是依靠肉眼观察得出来的，肉眼对各种颜色的敏感程度不同，加上指示剂的两种颜色之间相互掩盖，导致实测值与理论值有一定差异。

例如，甲基橙，$pK_a(HIn)=3.4$，理论变色范围应 2.4～4.4，而实测范围为 3.1～4.4。后者表明甲基橙由红色变黄色时，$\frac{c_{r,e}(In^-)}{c_{r,e}(HIn)}=10$，而由黄色变为红色，则只需酸式色为碱式色浓度的 2 倍即可。

表 5-1　常用酸碱指示剂

指示剂	变色范围 pH	颜色变化	pK_a	浓度
百里酚蓝	1.2～2.8	红至黄	1.65	0.1%的 20%乙醇溶液
甲基黄	2.9～4.0	红至黄	3.25	0.1%的 90%乙醇溶液
甲基橙	3.1～4.4	红至黄	3.45	0.05%的水溶液
溴酚蓝	3.0～4.6	黄至紫	4.1	0.1%的 20%乙醇溶液或其钠盐水溶液
溴甲酚绿	4.0～5.6	黄至蓝	4.9	0.1%的 20%乙醇溶液或其钠盐水溶液
甲基红	4.4～6.2	红至黄	5.0	0.1%的 60%乙醇溶液或其钠盐水溶液
溴百里酚蓝	6.2～7.6	黄至蓝	7.3	0.1%的 20%乙醇溶液或其钠盐水溶液
中性红	6.8～8.0	红至黄橙	7.4	0.1%的 60%乙醇溶液
苯酚红	6.8～8.4	黄至红	8.0	0.1%的 60%乙醇溶液或其钠盐水溶液
酚酞	8.0～10.0	无至红	9.1	0.5%的 90%乙醇溶液
百里酚蓝	8.0～9.6	黄至蓝	8.9	0.1%的 20%乙醇溶液
百里酚酞	9.4～10.6	无至蓝	10.0	0.1%的乙醇溶液

5.3.3　影响指示剂变色范围的因素

影响指示剂变色范围的因素有两个方面：一是影响指示剂常数 $K_a(HIn)$的数值；二是对

变色范围宽度的影响。主要原因讨论如下：

(1)温度　指示剂 $K_a(HIn)$在一定温度下为一常数，当温度改变时，$K_a(HIn)$也改变，则指示剂的变色点和变色范围也随之变化。

(2)溶剂　在不同的溶剂中，$pK_a(HIn)$各不相同。如甲基橙在水溶液中 $pK_a(HIn)=3.4$，而在甲醇溶液中 $pK_a(HIn)$为 3.8，所以溶剂也影响指示剂的变色范围。

(3)盐类　由于盐类具有吸收不同波长光的性质，所以影响指示剂颜色的深度，从而也影响指示剂变色的敏锐性；另外对指示剂的离解常数也有影响，使指示剂的变色范围发生移动。

(4)指示剂的用量　指示剂用量过多(或浓度过高)会使终点颜色变化不明显，同时它本身也会多消耗标准溶液而带来误差。一般在不影响指示剂变色灵敏度的条件下，用量少一点为佳。指示剂浓度过大，对双色指示剂，会使终点颜色不易判断；对单色指示剂，会改变它的变色范围。如酚酞，指示剂的用量对理论变色点有较大的影响。设指示剂的总浓度为 c(单位为 $mol\cdot L^{-1}$)，人眼观察到红色碱式型的最低浓度为 a(一个固定值，单位为 $mol\cdot L^{-1}$)，代入平衡式

$$\frac{K_a(HIn)}{c_{r,e}(H^+)}=\frac{c_{r,e}(In^-)}{c_{r,e}(HIn)}=\frac{a}{c-a}$$

式中 K_a 和 a 都为定值，如果 c 增大了，要维持平衡只有增大 $c_{r,e}(H^+)$。就是说，指示剂要在较低的 pH 时显粉红色。如在 50～100 mL 溶液中加 2～3 滴 0.1%酚酞，于 pH＝9 时变色(呈微红色)，而在相同条件下，若加 10～15 滴，则在 pH＝8 时变色(呈微红色)。所以在不影响指示剂变色灵敏度的条件下，用量少一点为佳。

(5)滴定的方向　在实际分析工作中，滴定顺序也会影响人眼对滴定终点颜色观察的敏锐性。指示剂由无色变红色，或由黄色变橙色，比由红色或橙色变黄色易于辨别。因此强碱滴定强酸时，用酚酞指示剂比用甲基橙为好，同理强酸滴定强碱应选用甲基橙作指示剂。

5.3.4　混合指示剂

指示剂的变色范围越窄越好，这样在到达化学计量点时，pH 稍有变化，指示剂可立即由一种颜色变到另一种颜色，终点误差较小。尤其有的酸碱滴定，pH 突跃范围较窄，单一指示剂判断终点误差较大，需要用混合指示剂(mixed indicator)，混合指示剂是利用颜色之间的互补作用，使之具有变色范围窄、变色敏锐的特点。

混合指示剂的配制方法如下：

(1)在某种指示剂中加一种颜色不随 H^+ 浓度变化而改变的惰性染料。如甲基橙和靛蓝二磺酸钠组成混合指示剂。靛蓝是惰性染料，滴定中颜色不变化，只作甲基橙变色的背景。

溶液的酸度	甲基橙	靛蓝	甲基橙＋靛蓝
$pH\geqslant 4.4$	黄色	蓝色	绿色
$pH\approx 4.0$	橙色	蓝色	浅灰色(近无色)
$pH<3.1$	红色	蓝色	紫色

可见，甲基橙和靛蓝混合指示剂由绿色变紫色或由紫色变绿色，中间近无色，易辨别。

(2)由两种或两种以上指示剂混合配成。如溴甲酚绿和甲基红两种指示剂按一定比例混合配成。

溶液的酸度	溴甲酚绿	甲基红	溴甲酚绿+甲基红
pH<4.0	黄色	红色	酒红色
pH≈5.1	绿色	橙色	灰色
pH>6.2	蓝色	黄色	绿色

5.4 一元酸碱滴定曲线和指示剂的选择

酸碱滴定终点是靠指示剂的颜色变化来确定的，如何选择适宜的指示剂，不仅要了解指示剂的变色范围，还需要弄清在滴定过程中，溶液 pH 的变化情况，尤其近化学计量点前后，溶液 pH 的变化。酸碱滴定曲线(acid-base titration curve)就是描述滴定过程中溶液 pH 变化的 pH-V 曲线，它是选择指示剂的依据之一。由于酸碱滴定类型不同，其滴定曲线形状也不同，而指示剂选择也各有差异。现分别予以讨论。

5.4.1 强碱(酸)滴定强酸(碱)

强酸、强碱在水溶液中几乎完全离解，酸以 H^+ 形式存在，碱以 OH^- 形式存在。这类滴定的基本反应为：

$$H^+ + OH^- = H_2O$$

此滴定反应平衡常数 $K_t = \frac{1}{K_w} = 10^{14}$，是所有水溶液中进行的酸碱反应中最高的，反应完全程度高，滴定的 pH 突跃范围只受浓度影响，因此强酸(碱)的滴定易达到很高准确度。

以 $c(NaOH) = 0.100\,0\ mol \cdot L^{-1}$ 氢氧化钠标准溶液滴定 20.00 mL $c(HCl) = 0.100\,0\ mol \cdot L^{-1}$ 盐酸标准溶液为例，研究滴定过程中溶液 pH 的变化。

(1)滴定开始前　溶液的 pH 取决于 HCl 的原始浓度

$$c_{r,e}(H^+) = c_r(HCl) = 0.100\,0$$

$$pH = 1.00$$

(2)滴定开始至化学计量点前　溶液由剩余 HCl 和作用产物 NaCl 组成，溶液的 pH 取决于剩余 HCl 的量。由于 $c(HCl) = c(NaOH)$，所以

$$c_{r,e}(H^+) = c_r(HCl)\frac{V(HCl) - V(NaOH)}{V(HCl) + V(NaOH)}$$

当滴入 $V(NaOH) = 18.00$ mL 时，代入上式

$$c_{r,e}(H^+) = 0.100\,0 \times \frac{20.00 - 18.00}{20.00 + 18.00} = 5.26 \times 10^{-3}$$

$$pH = 2.28$$

以同样方法计算出:滴入 19.80 mL、19.98 mL NaOH 标准溶液时,pH 分别为 3.30、4.30。

(3)化学计量点时 酸碱作用完全,此时 H^+ 来自水的质子自递反应。

$$c_{r,e}(H^+)=\sqrt{K_w}=\sqrt{10^{-14.0}}=10^{-7}$$

$$pH=7.00$$

(4)化学计量点后 滴入的 NaOH 溶液过量,溶液的 pH 取决于过量的 NaOH 浓度。

$$c_{r,e}(OH^-)=V(NaOH)-V(HCl)V(NaOH)+V(HCl)c(NaOH)$$

$$c_{r,e}(OH^-)=c_r(NaOH)\times\frac{V(NaOH)-V(HCl)}{V(NaOH)+V(HCl)}$$

当滴入 $V(NaOH)=20.02$ mL 时,代入上式

$$c_{r,e}(OH^-)=0.100\,0\times\frac{20.02-20.00}{20.02+20.00}=5.0\times10^{-5}$$

$$pOH=4.30 \text{ 或 } pH=9.70$$

以同样方法计算出:滴入 20.20 mL、22.00 mL、40.00 mL NaOH 标准溶液时,溶液 pH 分别为 10.70、11.68、12.50。如此逐一计算,结果列表,见表 5-2。以 NaOH 溶液加入体积为横坐标,以溶液的 pH 为纵坐标作图,绘制出 pH-V 曲线图,此即为强碱滴定强酸的滴定曲线,如图 5-4 所示。

表 5-2 0.100 0 mol · L⁻¹ NaOH 溶液滴定 20.00 mL 0.100 0 mol · L⁻¹ HCl 溶液的 pH 变化

NaOH 加入量 /mL	NaOH 加入量 /%	剩余 HCl/mL	过量 NaOH/mL	pH	
0.00	0.00	20.00		1.00	
18.00	90.00	2.00		2.28	
19.80	99.00	0.20		3.30	
19.98	99.90	0.02		4.30	突跃范围
20.00	100.00	0.00		7.00	突跃范围
20.02	100.1		0.02	9.70	突跃范围
20.20	101.0		0.20	10.70	
22.00	110.0		2.00	11.68	
40.00	200.0		20.00	12.50	

由表 5-2 和图 5-4 看出,整个滴定过程中溶液的 pH 变化是不均匀的,刚开始滴定时,因有较多的 HCl 存在,溶液 pH 升高缓慢。滴定中随着溶液中酸含量的变小,pH 变化加快,加入少量 NaOH 标准溶液会引起 pH 的显著改变。当 NaOH 溶液从 19.98 mL 到 20.02 mL,即在化学计量点前后仅差 0.04 mL(约 1 滴),pH 从 4.30 骤然升到 9.70,变化了 5.40 个 pH 单位。溶液由酸性变为碱性,发生了由量变到质变的转折。滴定曲线出现一段近似垂线段,在化学计量点附近溶液中 pH 的这种急剧突变称为滴定突跃(titration jump)。化学计量点后再继续滴加 NaOH 标准溶液,pH 的变化又愈来愈小,曲线也趋于平缓,与开始滴定时相似。化学计量点前后相对误差±0.1%范围内溶液 pH 的变化范围,称为酸碱滴定的 pH 突跃范围。

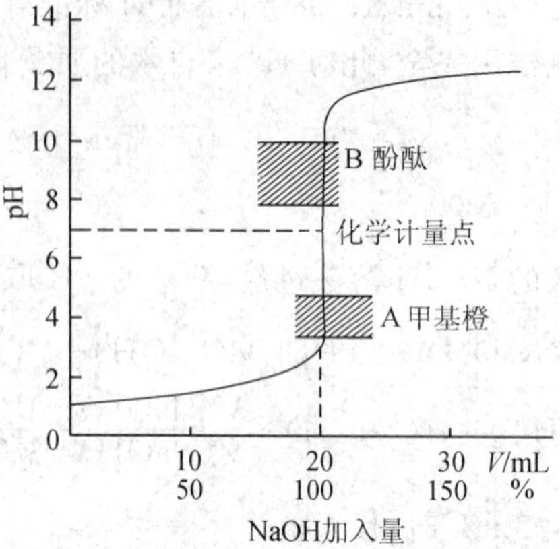

图 5-4　0.100 0 mol · L^{-1} NaOH 溶液滴定 20.00 mL 0.100 0 mol · L^{-1} HCl 溶液的滴定曲线

0.100 0 mol · L^{-1} NaOH 溶液滴定 0.100 0 mol · L^{-1} HCl 溶液的 pH 突跃范围为 4.30～9.70，化学计量点时的 pH 是 7.00。这一滴定的 pH 突跃范围是选择指示剂的依据。即指示剂的变色范围应全部或大部分落在滴定的突跃范围之内。根据这一原则可选择甲基橙、甲基红、酚酞做强碱滴定强酸的指示剂。若以甲基橙为指示剂，溶液颜色由橙色变为黄色时，pH 为 4.4，未中和的 HCl 小于 0.1%，因此终点误差不会超过 0.1%。但从指示剂变色由浅到深易观察的角度来看，选酚酞作指示剂更好一些。

如果用 HCl 标准溶液滴定 NaOH 溶液（浓度均为 0.100 0 mol · L^{-1}），其滴定曲线形状或方向与 NaOH 滴定 HCl 刚好相反，并且对称。滴定 pH 突跃范围为 9.70～4.30，化学计量点为pH=7.00。可选择甲基橙、甲基红、酚酞作指示剂，以甲基红为佳，而酚酞由红色变为无色不易观察。如果用甲基橙为指示剂，溶液颜色由黄色变为橙色时，pH 为 4.0，将有+0.2%的滴定误差。

强酸强碱滴定突跃范围的大小与酸碱溶液的浓度有关。溶液越浓，突跃范围越大，指示剂的选择也就越方便；溶液越稀，突跃范围越小，可供选择的指示剂越少。如图 5-5 所示。

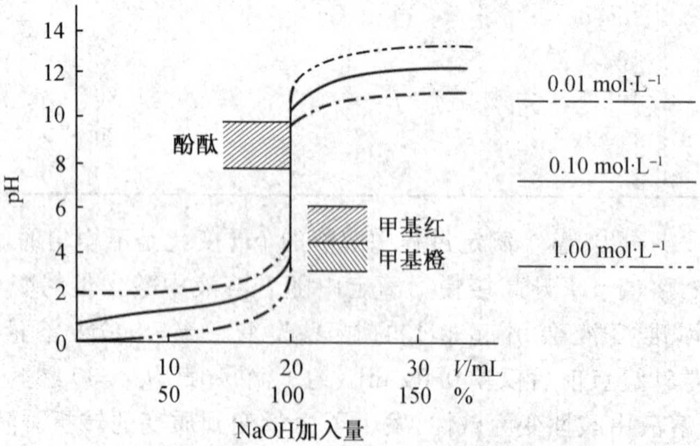

图 5-5　不同浓度 NaOH 溶液滴定不同浓度 HCl 溶液的滴定曲线

滴定中标准溶液浓度过大，试剂用量太多；浓度过稀，突跃不明显，选择指示剂较困难。一般常用的标准溶液浓度在 0.01～1 mol · L^{-1} 范围为好。

5.4.2 一元弱酸(碱)的滴定

5.4.2.1 强碱滴定弱酸 HA

一元弱酸在水溶液中存在离解平衡。强碱滴定一元弱酸 HA 的滴定反应及其平衡常数为:

$$OH^- + HA = H_2O + A^-,\ K_t = \frac{K_a}{K_w}$$

一元弱酸(或一元弱碱)的滴定反应平衡常数较强碱、强酸滴定反应的平衡常数小,表明反应完全程度较差。如果弱酸的 K_a(或弱碱的 K_b)较大,则 K_t 也较大,滴定反应的完全程度就好些;如果 K_a(或 K_b)太小,则 K_t 也很小,反应不能进行完全,这种弱酸(碱)就不能被准确滴定。

以 $c(NaOH)=0.100\,0\ mol\cdot L^{-1}$ 氢氧化钠标准溶液滴定 20.00 mL $c(HAc)=0.100\,0\ mol\cdot L^{-1}$ 乙酸标准溶液为例,讨论滴定中溶液 pH 的变化情况。

滴定反应为

$$OH^- + HAc = H_2O + Ac^-$$

(1)滴定前 溶液组成为 $0.100\,0\ mol\cdot L^{-1}$ HAc 溶液,溶液中 H^+ 的浓度决定于 HAc 的离解。HAc 的离解常数 $K_a=1.8\times10^{-5}$($pK_a=4.74$)。

$$c_{r,e}(H^+) = \sqrt{c_r K_a} = \sqrt{0.100\,0\times1.8\times10^{-5}} = 1.34\times10^{-3}$$

$$pH=2.87$$

(2)滴定开始到化学计量点前 溶液中有未反应的 HAc 和反应产生的共轭碱 Ac^-,组成 HAc-Ac^- 缓冲体系,溶液 pH 按下式计算:

$$pH = pK_a + \lg\frac{c_{r,e}(Ac^-)}{c_{r,e}(HAc)}$$

式中:

$$c_{r,e}(Ac^-) = \frac{c_r(NaOH)V(NaOH)}{V(HAc)+V(NaOH)}$$

$$c_{r,e}(HAc) = \frac{c_r(HAc)V(HAc) - c_r(NaOH)V(NaOH)}{V(HAc)+V(NaOH)}$$

因为

$$c_r(HAc) = c_r(NaOH)$$

所以

$$pH = pK_a + \lg\frac{V(NaOH)}{V(HAc)-V(NaOH)}$$

当滴入 $V(NaOH)=18.00$ mL 时,代入上式:

$$pH = 4.74 + \lg\frac{18.00}{20.00-18.00} = 5.70$$

以同样方法计算出:滴入 19.80 mL、19.98 mL 氢氧化钠标准溶液时,溶液 pH 分别为 6.74、7.74。

(3)化学计量点时 即加入 NaOH 体积为 20.00 mL,HAc 全部作用生成共轭碱 Ac^-,其浓度 $c(Ac^-)=0.050\,00\ mol\cdot L^{-1}$。此时溶液的碱度主要由 Ac^- 的离解所决定。因为 $K_b=K_w/K_a=5.6\times10^{-10}$,$c_rK_b>20K_w$,$c_r/K_b>500$,于是

$$c_{r,e}(OH^-)=\sqrt{c_r K_b}=\sqrt{\frac{c_r K_w}{K_a}}=\sqrt{\frac{0.050\,00\times10^{-14}}{1.8\times10^{-5}}}=5.3\times10^{-6}$$

$$pOH=5.28 \text{ 或 } pH=8.72$$

(4)化学计量点后　溶液组成为 Ac^- 和过量的 NaOH，由于 NaOH 抑制了 Ac^- 的离解，溶液的碱度由过量的 NaOH 决定，溶液的 pH 变化与强碱滴定强酸的情况相同。

$$c_{r,e}(OH^-)=\frac{c_r(NaOH)V(NaOH(\text{过量}))}{V_{\text{总}}}$$

当 NaOH 滴入 20.02 mL 时，过量 0.02 mL

$$c_{r,e}(OH^-)=\frac{0.100\,0\times0.02}{20.00+20.02}=5.0\times10^{-5}$$

$$pOH=4.30 \text{ 或 } pH=9.70$$

由上述方法逐一计算滴定过程中溶液的 pH，结果列于表 5-3 中，并绘制滴定曲线，见图 5-6 中的曲线Ⅰ，该图中虚线为 $0.100\,0\ mol\cdot L^{-1}$ NaOH 滴定 20.00 mL $0.100\,0\ mol\cdot L^{-1}$ HCl 的前半部分。

表 5-3　$0.100\,0\ mol\cdot L^{-1}$ NaOH 溶液滴定 20.00 mL 相同浓度 HAc 溶液的 pH 变化

加入 NaOH /mL	加入 NaOH /%	剩余 HAc/mL	过量 NaOH/mL	pH
0.00	0.00	20.00		2.87
10.00	50.00	10.00		4.74
18.00	90.00	2.00		5.70
19.80	99.00	0.20		6.74
19.98	99.90	0.02		7.74 }滴定突跃
20.00	100.0	0.00		8.72 }滴定突跃
20.02	100.1		0.02	9.70 }滴定突跃
20.20	101.0		0.20	10.70
22.00	110.0		2.00	11.70
40.00	200.0		20.00	12.50

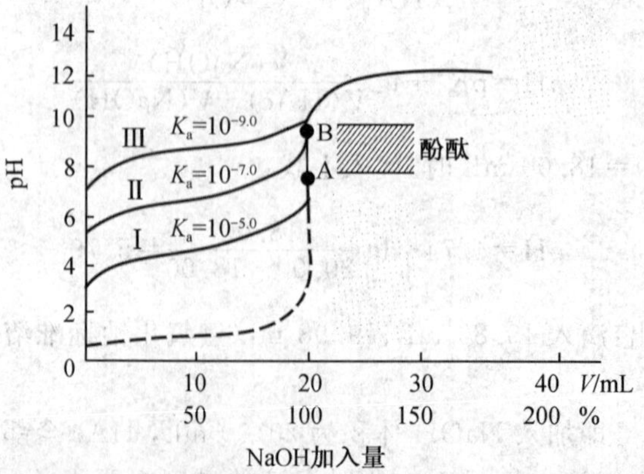

图 5-6　$0.100\,0\ mol\cdot L^{-1}$ NaOH 溶液滴定 20.00 mL $0.100\,0\ mol\cdot L^{-1}$ 不同弱酸溶液的滴定曲线

比较图 5-6 中曲线Ⅰ与虚线，可以看出 NaOH 滴定 HAc 的滴定曲线有如下特点：

①曲线的起点高，由于 HAc 是弱酸，在溶液中不能全部离解，H^+ 的浓度比同浓度的强酸(HCl)低得多，所以曲线起点不在 pH＝1.00 处，而在 pH＝2.87 处，高出近 2 个 pH 单位。

②刚开始滴定时 pH 升高较快，NaOH 滴定 HAc 的滴定曲线的斜率比 NaOH 滴定 HCl 的大，这是因为反应产生的 Ac^- 抑制了 HAc 的离解。随着滴定的进行，HAc 浓度不断降低，而 Ac^- 浓度逐渐增大，溶液中形成了 HAc-Ac^- 缓冲体系，故 pH 变化缓慢，滴定曲线较为平坦。接近化学计量点时，溶液中 HAc 浓度极小，溶液缓冲作用减弱，继续滴入 NaOH 溶液，溶液的 pH 变化速度加快，致使化学计量点前溶液显碱性，曲线斜率迅速增大。

③突跃范围小。由于上述两个因素，NaOH 滴定 HAc 的 pH 突跃范围比同浓度 NaOH 滴定 HCl 的 pH 突跃范围小了 3 个多 pH 单位。NaOH 滴定 HAc 的 pH 突跃范围为 7.74～9.70，偏于碱性区域。化学计量点 pH＝8.7。这时可选碱性范围内变色的指示剂，如酚酞、百里酚酞或百里酚蓝等。在酸性范围内变色的指示剂如甲基橙、甲基红则不适用。

如用相同浓度的强碱滴定不同的一元弱酸得到如图 5-6 所示Ⅰ、Ⅱ、Ⅲ 3 条滴定曲线。由图可知，K_a 越大，即酸越强，滴定突跃范围越大；K_a 越小，酸越弱，滴定突跃范围越小。当 $K_a<10^{-7.0}$ 时已无明显的突跃，利用一般的酸碱指示剂已无法判断终点。

实践证明，即使指示剂恰好在化学计量点改变颜色，但由于人们对指示剂实际变色点的判断通常至少有±0.3 个 pH 单位的误差，所以借助于指示剂颜色的变化来确定滴定的终点，pH 突跃范围必须在 sp 前后各 0.3 个 pH 单位以上。综合溶液浓度与弱酸强度两因素对滴定突跃大小的影响，得到一元弱酸能被强碱溶液直接准确滴定的判据为

$$c_r K_a \geq 10^{-8} \quad (误差\leq \pm 0.2\%)$$

对于 $c_r K_a<10^{-8}$ 的弱酸，可采用其他方法进行测定。比如用仪器来检测滴定终点、利用适当的化学反应使弱酸强化，或在酸性比水更弱的非水介质中进行滴定等。

5.4.2.2 强酸滴定弱碱 HB

以 B 代表一元弱碱，基本反应为

$$H^+ + B = HB^+$$

以 HCl 滴定 NH_3 溶液为例。滴定反应为

$$H^+ + NH_3 = NH_4^+$$

这类滴定同 NaOH 溶液滴定 HAc 溶液十分相似，只是滴定过程中溶液的 pH 变化由大到小，滴定曲线形状与 NaOH 滴定 HAc 情况相反，化学计量点时生成物 NH_4^+ 为弱酸，化学计量点时 pH＝5.3，滴定的 pH 突跃范围为 4.3～6.3，偏于酸性区域，宜选用甲基红等酸性区域变色的指示剂。

与强碱滴定弱酸的情形相类似，一元弱碱被强酸直接准确滴定的判据为

$$c_r K_b \geq 10^{-8} \quad (误差\leq \pm 0.2\%)$$

从上述两种类型的滴定看出，强碱滴定弱酸时，酸性区域无 pH 突跃；而强酸滴定弱

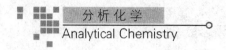

碱时，碱性区域无 pH 突跃。如果用弱酸滴定弱碱或弱碱滴定弱酸时，便没有明显突跃形成。无突跃就无法选择合适的指示剂。所以弱酸弱碱这类的滴定不能借助于指示剂的颜色变化来指示终点。所以在酸碱滴定中，标准溶液均用强酸或强碱，而不用弱酸或弱碱。

例 5-7 下列物质能否用酸碱滴定法直接准确滴定？若能直接准确滴定，计算化学计量点时的 pH，并选择合适的指示剂；若不能直接准确滴定，能否用返滴定方式准确滴定。

(1)0.10 mol·L^{-1} NH_4Cl；

(2)0.10 mol·L^{-1} NaCN。

解 (1)NH_4^+　　$K_a=5.6\times10^{-10}$

$c_rK_a=0.10\times5.64\times10^{-10}=5.6\times10^{-11}<10^{-8}$

NH_4^+ 不能直接被准确滴定。

加入准确过量的 NaOH 标准溶液到 NH_4^+ 溶液中，溶液的组成为 OH^-+NH_3，用 HCl 标准溶液返滴定过量 NaOH，NH_3($K_b=1.8\times10^{-5}$)也会部分被滴定，所以 NH_4^+ 不能用返滴定方式准确滴定。

(2)CN^- 为 HCN 的共轭碱

$$K_b=\frac{K_w}{K_a}=\frac{10^{-14}}{6.2\times10^{-10}}=1.6\times10^{-5}$$

$c_rK_b=0.10\times1.6\times10^{-5}=1.6\times10^{-6}>10^{-8}$

所以能直接被准确滴定。

若用 0.10 mol·L^{-1} HCl 滴定，化学计量点时溶液组成主要为 HCN。

$$H^++CN^-=HCN$$

因为 $c_rK_a=0.050\times6.2\times10^{-10}=3.1\times10^{-11}>20K_w$，$c_r/K_a>500$，则：

$c_{r,e}(H^+)=\sqrt{c_rK_a}=\sqrt{0.05\times6.2\times10^{-10}}=5.6\times10^{-6}$

$$pH=5.25$$

在实际工作中，选择指示剂时，通常只需知道化学计量点时的 pH，然后选择在化学计量点或其附近变色的指示剂。此滴定可选甲基红[pK_a(HIn)=5.0]作指示剂。

5.5 多元酸(碱)与混合酸(碱)滴定

5.5.1 多元酸的分步滴定

能给出两个或两个以上质子的酸为多元酸，多元酸(polyprotic acid)多数是弱酸，它们在水中分级离解。如 H_2B 分两步离解，用强碱滴定时，首先要讨论：多元酸中所有的 H^+ 是否能全部被直接滴定？若能直接滴定，是否能分步滴定？

已经证明二元弱酸能否分步滴定可按下列原则大致判断：

(1)根据直接滴定的条件去判断多元酸各步离解出来的 H^+ 能否被滴定。若 $c_rK_{a_1}>10^{-8}$，$c_rK_{a_2}\geqslant 10^{-8}$，则此二元酸两步离解出来的 H^+ 均可直接被滴定；若 $c_rK_{a_1}\geqslant 10^{-8}$，$c_rK_{a_2}<10^{-8}$ 时，第一步离解出来的 H^+ 可直接被滴定，第二步离解出来的 H^+ 不能直接被滴定。三元酸依此类推。

(2)根据相邻两个离解常数的比值去判断能否分步滴定。若分步滴定允许误差是 ±0.5%，选择指示剂的 pK_a 正好是化学计量点，但在观察这一点时，还会有 0.3pH 的出入，也即要求化学计量点前后 ±0.5% 相对误差时溶液 pH 有 0.3pH 变化（$\Delta pH=\pm 0.3$），这时必须 $K_{a_1}/K_{a_2}\geqslant 10^5$ 才能分步滴定，比值 $K_{a_1}/K_{a_2}<10^5$ 的不能分步滴定。实际上是通过判断 pH 突跃个数来判断分步滴定的情况，即有一个 pH 突跃就能进行一步滴定，有两个 pH 突跃，就能进行两步滴定，依此类推。如二元酸，如果 $c_rK_{a_1}>10^{-8}$，$c_rK_{a_2}\geqslant 10^{-8}$ 且 $K_{a_1}/K_{a_2}\geqslant 10^5$，则形成两个 pH 突跃，两个 H^+ 能分别被直接滴定，第一终点误差不大于 ±0.5%，第二终点误差不大于 ±0.2 %。如果 $c_rK_{a_1}\geqslant 10^{-8}$，$c_rK_{a_2}<10^{-8}$，且 $K_{a_1}/K_{a_2}\geqslant 10^5$，形成一个 pH 突跃，第一步离解出的 H^+ 能被直接滴定，第二步离解出来的 H^+ 不能被直接滴定，按第一化学计量点时的 pH 选择指示剂；若 $K_{a1}/K_{a_2}<10^5$，即使 $c_rK_{a1}\geqslant 10^{-8}$，第一步离解的 H^+ 也不能直接被滴定。因为 $c_rK_{a_2}<10^{-8}$，第二化学计量点前后无 pH 突跃，无法选择指示剂确定滴定终点，且又影响第一步离解出来的 H^+ 的滴定。如果 $c_rK_{a_1}>10^{-8}$，$c_rK_{a_2}\geqslant 10^{-8}$，但 $K_{a_1}/K_{a_2}<10^5$ 时，分步离解的两个 H^+ 均能直接被滴定，但第一化学计量点时的 pH 突跃与第二化学计量点时的 pH 突跃连在一起，形成一个突跃，只能进行一步滴定，根据第二化学计量点的 pH 突跃范围选择指示剂。其他多元酸依此类推。

例如：用 $c(NaOH)=0.100\ 0\ mol\cdot L^{-1}$ 氢氧化钠标准溶液滴定 $c(H_3PO_4)=0.100\ 0\ mol\cdot L^{-1}$ 磷酸溶液，H_3PO_4 的离解常数分别为 $K_{a_1}=7.6\times 10^{-3}$，$K_{a_2}=6.3\times 10^{-8}$，$K_{a_3}=4.4\times 10^{-13}$。

解 $c_rK_{a_1}>10^{-8}$ $c_rK_{a_2}\approx 10^{-8}$ $c_rK_{a_3}<10^{-8}$

可见，H_3PO_4 第一、二级离解的 H^+ 能直接被滴定，第三级离解的 H^+ 不能直接被滴定。

$$K_{a_1}/K_{a_2}\approx 10^5,\ K_{a_2}/K_{a_3}\approx 10^5$$

形成两个 pH 突跃，所以一级、二级离解的两个 H^+ 能分别被滴定。

滴定到第一化学计量点时，产物为 $H_2PO_4^-$，$c=0.050\ mol\cdot L^{-1}$，由于 $c_rK_{a_2}>20K_w$，$c_r/K_{a_1}<20$，于是

$$c_{r,e}(H^+)=\sqrt{\frac{K_{a_2}c_r}{1+c_r/K_{a_1}}}=\sqrt{\frac{6.3\times 10^{-8}\times 0.050}{1+0.050\div(7.6\times 10^{-3})}}=2.0\times 10^{-5}$$

$$pH=4.70$$

滴定到第二化学计量点时，产物 HPO_4^{2-}，$c=0.033\ mol\cdot L^{-1}$，pH=9.47，见例 5-6。

两化学计量点分别选甲基红和酚酞作指示剂。但由于化学计量点附近突跃较小，如分别改用溴甲酚绿和甲基橙、酚酞和百里酚酞混合指示剂，则终点变色明显。

$0.100\ 0\ mol\cdot L^{-1}$ NaOH 溶液滴定 $0.100\ 0\ mol\cdot L^{-1}$ H_3PO_4 溶液的滴定曲线如图 5-7 所示。

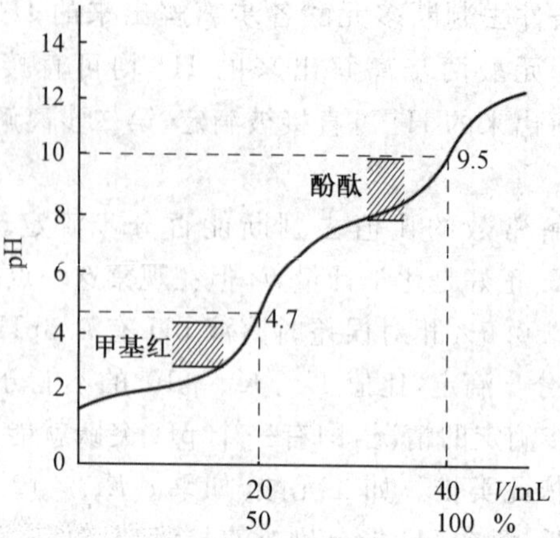

图 5-7　0.100 0 mol·L⁻¹ NaOH 溶液滴定 0.100 0 mol·L⁻¹ H_3PO_4溶液的滴定曲线

5.5.2　多元碱的滴定

多元碱的滴定与多元酸的滴定相似，有关多元酸分步滴定的条件也适用于多元碱，只需将 K_a 换成 K_b。

例如：用 $c(HCl)=0.100\ 0\ mol\cdot L^{-1}$ 盐酸标准溶液滴定 $c(Na_2CO_3)=0.100\ 0\ mol\cdot L^{-1}$ 碳酸钠溶液，H_2CO_3 的离解常数为 $K_{a_1}=4.2\times10^{-7}$，$K_{a_2}=5.6\times10^{-11}$。

解　Na_2CO_3 为二元碱，在水中存在二级离解：

$$CO_3^{2-}+H_2O=HCO_3^-+OH^-$$

$$K_{b_1}=\frac{K_w}{K_{a_2}}=\frac{10^{-14}}{5.6\times10^{-11}}=1.8\times10^{-4}$$

$$HCO_3^-+H_2O=H_2CO_3+OH^-$$

$$K_{b_2}=\frac{K_w}{K_{a_1}}=\frac{10^{-14}}{4.2\times10^{-7}}=2.4\times10^{-8}$$

由于 $c_rK_{b_1}>10^{-8}$，$c_rK_{b_2}\approx10^{-8}$ 且 $K_{b_1}/K_{b_2}=1.8\times10^{-4}/2.4\times10^{-8}\approx10^4$，故对高浓度的 Na_2CO_3 溶液，近似认为两级离解的 OH^- 可分步被滴定，形成两个 pH 突跃。

第一化学计量点时，产物为 HCO_3^-，化学计量点的 pH 为 8.35(见例 5-5)。由于 $K_{b_1}/K_{b_2}\approx10^4<10^5$，滴定到 HCO_3^- 这一步的准确度不高，若采用甲基红和百里酚蓝混合指示剂指示终点，并用相同浓度的 $NaHCO_3$ 作参比，结果误差约 0.5%。

第二化学计量点时，产物为饱和的 CO_2 水溶液，浓度约为 $0.04\ mol\cdot L^{-1}$，其 pH 按下式计算：

$$c_{r,e}(H^+)=\sqrt{cK_a}=\sqrt{0.04\times4.2\times10^{-7}}=1.3\times10^{-4}$$

$$pH=3.89$$

根据化学计量点时溶液的 pH，可选甲基橙作指示剂。由于 K_{b_2} 不够大，第二化学计量点时 pH 突跃较小，用甲基橙作指示剂，终点变色不太明显。另外，CO_2 易形成过饱和溶液，酸度增大，使终点过早出现，所以在滴定接近终点时，应剧烈地摇动或加热，以除去过量的

CO_2，待冷却后再滴定。

0.100 0 mol·L^{-1} HCl 溶液滴定 0.100 0 mol·L^{-1} Na_2CO_3 溶液的滴定曲线如图 5-8 所示。

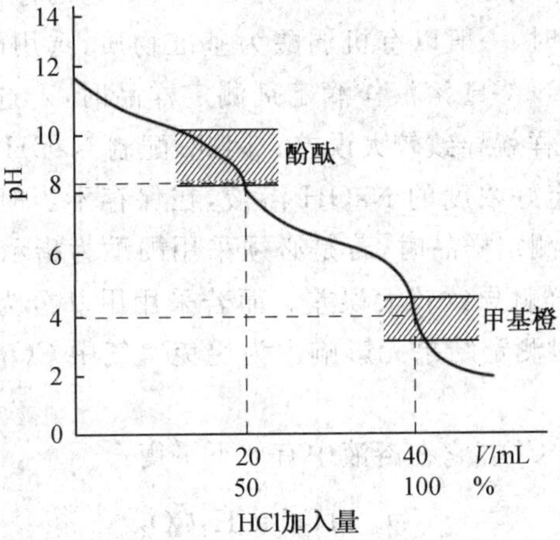

图 5-8 0.100 0 mol·L^{-1} HCl 溶液滴定 0.100 0 mol·L^{-1} Na_2CO_3 溶液的滴定曲线

5.5.3 混合酸(碱)的滴定

混合酸(碱)的滴定与多元酸(碱)的滴定条件相类似。在考虑能否分步滴定时，除要看两种酸(碱)的强度，还要看两种酸(碱)的浓度。

1. 两弱酸混合溶液

两弱酸混合溶液(HA + HB)与多元酸类似，若 $c_r(HA)K_a(HA) > 10^{-8}$，且 $\frac{c_r(HA)K_a(HA)}{c_r(HB)K_a(HB)} \geqslant 10^5$ 时，可以滴定出较强的一种酸(HA)的含量，即可进行分别滴定。若 $c_r(HB)K_a(HB) > 10^{-8}$，则还可以继续滴定出第二种酸(HB)的含量。

2. 强酸与弱酸混合

对于强酸与弱酸($pK_a = 4 \sim 8$)的混合溶液(如 HCl+HAc)，在用强碱(NaOH)滴定时强酸先被中和，但 pH 突跃变短，且曲线稍有倾斜，然后第二个化学计量点附近出现较明显的 pH 变化。总之，弱酸的强度越弱，越有利于滴定强酸，弱酸的酸度愈强，越有利于滴定总酸度。此外，强酸和弱酸的混合浓度比 c_1/c_2，对混合酸能否分别滴定也有影响；一般地，强酸的浓度愈大，分别滴定的可能性就愈大，反之就愈小。

5.6 CO_2 对酸碱滴定的影响

在酸碱滴定中，CO_2 的影响有时是不能忽略的，且对不同类型的酸碱滴定其影响也不尽相同。下面我们从 CO_2 的主要来源、影响及消除等几个方面来进行讨论。

(1)CO_2 的来源　在酸碱滴定中，CO_2 的来源很多，其主要来源有以下 4 个方面：

①水中溶解的 CO_2。

②配制标准碱溶液的试剂本身吸收了CO_2。

③配制好的碱标准溶液在保存过程中吸收了CO_2。

④滴定过程中溶液不断吸收空气中的CO_2。

(2)CO_2的影响　NaOH 试剂中常含有一些Na_2CO_3，它的存在使滴定突跃变小，影响了准确滴定。在标定 NaOH 时，一般以有机弱酸为基准物质，选用酚酞为指示剂，此时CO_3^{2-}被滴定至HCO_3^-。当以此 NaOH 溶液作滴定剂测定样品时，若选用甲基橙为指示剂，此时CO_3^{2-}被滴定至H_2CO_3，这样就导致较大误差。因此，配制 NaOH 溶液时，必须除去CO_3^{2-}。

已除去CO_3^{2-}且已标定好浓度的 NaOH 溶液，在保存不当时还会从空气中吸收CO_2。用此 NaOH 溶液作滴定剂测定样品时，若是必须采用酚酞为指示剂，则所吸收的CO_2最终是以HCO_3^-形式存在，这样就导致较大误差。而若采用甲基橙为指示剂，则所吸收的CO_2最终又以CO_2形式放出，对测定结果无影响。为避免空气中CO_2的干扰，应尽可能地选用酸性范围内变色的指示剂。

此外，蒸馏水中还含有CO_2，它在溶液中有如下平衡：

$$CO_2 + H_2O = H_2CO_3$$

$$K = \frac{c_{r,e}(H_2CO_3)}{c_{r,e}(CO_2)} = 2.16 \times 10^{-3}$$

能与碱反应的是H_2CO_3型体（而不是CO_2），它在水溶液中仅占 0.3%，同时它与碱反应速度不太快。因此，当滴定至粉红色时，稍放置，CO_2又转变为H_2CO_3，使粉红色褪去。这样就得不到稳定的终点。因此，若选用酚酞为指示剂，所用蒸馏水必须无CO_2。

(3)CO_2影响的消除

①配制 NaOH 溶液用的蒸馏水，应先加热煮沸，以除去水中溶解的CO_2，冷却后再用。

②先配成饱和的 NaOH 溶液（约 50%），因为Na_2CO_3在饱和的 NaOH 溶液中溶解度很小，可作为不溶物下沉到溶液底部，然后取上层清液用煮沸除去CO_2的蒸馏水稀释至所需浓度。

③对于弱酸的滴定，终点落在碱性范围内，CO_2的影响较大。因为终点时CO_2以HCO_3^-型体存在。但采用同一指示剂在同一条件下进行标定和测定，则CO_2的影响可以部分抵消。

5.7　酸碱滴定法的应用

5.7.1　标准溶液的配制与标定

酸碱滴定法中常用的标准溶液是 HCl 和 NaOH 溶液，有时也用H_2SO_4和 KOH，HNO_3具有氧化性，一般不用。标准溶液的浓度一般配成 0.1 mol·L^{-1}，有时也需高至 1 mol·L^{-1}和低至 0.01 mol·L^{-1}。实际工作中应根据需要配制合适浓度的标准溶液。

5.7.1.1　酸标准溶液

HCl 易挥发，HCl 标准溶液采用间接配制法配制，即先配成大致所需的浓度，然后用基准物质进行标定。标定时常用：

(1)无水碳酸钠　其优点是易制得纯品。但由于 Na_2CO_3 易吸收空气中的水分，因此使用之前应在 180～200℃干燥，然后密封于瓶内，保存在干燥器中备用。用时称量要快，以免吸收水分而引入误差。

标定反应：$$Na_2CO_3 + 2HCl = 2NaCl + H_2CO_3$$

选用甲基橙作指示剂。终点变色不太敏锐。

(2)硼砂($Na_2B_4O_7 \cdot 10H_2O$)　其优点是易制得纯品，不易吸水，摩尔质量大，称量误差小。但在空气中易风化失去部分结晶水，因此应保存在相对湿度为 60%的恒湿器中。

标定反应：$$Na_2B_4O_7 + 2HCl + 5H_2O = 4H_3BO_3 + 2NaCl$$

选用甲基红作指示剂，终点(pH≈5.1)变色明显。

5.7.1.2　碱标准溶液

NaOH 具有很强的吸湿性，易吸收空气中的 CO_2，因此 NaOH 标准溶液应用间接法配制。标定 NaOH 溶液的基准物质有 $H_2C_2O_4 \cdot 2H_2O$、KHC_2O_4、邻苯二甲酸氢钾($KHC_8H_4O_4$)等，最常用的是 $KHC_8H_4O_4$。

邻苯二甲酸氢钾易制得纯品，不含结晶水，不吸潮，容易保存，摩尔质量大，是标定碱较理想的基准物质。化学反应式为

邻苯二甲酸的 $pK_{a_2} = 5.41$，化学计量点的产物为二元弱碱，pH 约为 9.1，因此可选酚酞作指示剂。

5.7.2　应用

酸碱滴定法广泛用于工业、农业、医药、食品等方面。如水果、蔬菜、食醋中的总酸度，天然水的总碱度，土壤、肥料中氮、磷含量的测定及混合碱的分析等都可用酸碱滴定法进行。

强酸、强碱及 $c_r K_a \geqslant 10^{-8}$ 的弱酸和 $c_r K_b \geqslant 10^{-8}$ 的弱碱，均可用标准碱或酸直接滴定。

5.7.2.1　混合碱的分析

(1)烧碱中 NaOH 和 Na_2CO_3 含量的测定　NaOH 俗称烧碱，在生产和贮藏过程中，常因吸收空气中的 CO_2 而产生部分 Na_2CO_3。对烧碱中 NaOH 和 Na_2CO_3 含量的测定可采用双指示剂法。

准确称取一定质量($m_{样}$)的试样，溶于水后，先以酚酞为指示剂，用 HCl 标准溶液滴至终点，记下用去 HCl 溶液的体积 V_1。这时 NaOH 全部被滴定，而 Na_2CO_3 只被滴到 $NaHCO_3$。然后加入甲基橙指示剂，用 HCl 继续滴至溶液由黄色变为橙色，此时 $NaHCO_3$ 被滴至 H_2CO_3，记下用去的 HCl 溶液的体积为 V_2。显然 V_2 是滴定 $NaHCO_3$ 所消耗的 HCl 溶液体积，而 Na_2CO_3 被滴到 $NaHCO_3$ 和 $NaHCO_3$ 被滴定到 H_2CO_3 所消耗的 HCl 体积是相等的。滴定过程为

酚酞变色时：
$$OH^- + H^+ = H_2O$$
$$CO_3^{2-} + H^+ = HCO_3^-$$

甲基橙变色时：　　$HCO_3^- + H^+ = H_2CO_3(CO_2 + H_2O)$

则 NaOH 和 Na_2CO_3 的质量分数分别为

$$w(NaOH)=\frac{c(HCl)\ (V_1-V_2)M(NaOH)}{m_{样}}$$

$$w(Na_2CO_3)=\frac{c(HCl)V_2M(Na_2CO_3)}{m_{样}}$$

(2)纯碱中 Na_2CO_3 和 $NaHCO_3$ 含量的测定　其测定方法与烧碱中 NaOH 和 $NaHCO_3$ 含量的测定相类似，亦可用双指示剂法。滴定过程为：

酚酞变色时：　　$CO_3^{2-} + H^+ = HCO_3^-$，$NaHCO_3$ 不反应。

甲基橙变色时：　　$HCO_3^- + H^+ = H_2CO_3(CO_2 + H_2O)$。

则 Na_2CO_3 和 $NaHCO_3$ 的质量分数分别为

$$w(Na_2CO_3)=\frac{c(HCl)V_1M(Na_2CO_3)}{m_{样}}$$

$$w(NaHCO_3)=\frac{c(HCl)\ (V_2-V_1)\ M(NaHCO_3)}{m_{样}}$$

双指示剂法不仅用于混合碱的定量分析，还可用于未知碱样的定性分析。某碱样可能含有 NaOH，Na_2CO_3，$NaHCO_3$ 或它们的混合物。设酚酞终点时用去 HCl 溶液 V_1，继续滴至甲基橙终点时又用去 HCl 溶液 V_2。则未知碱样的组成与 V_1，V_2 的关系见表 5-4。

表 5-4　V_1，V_2 的大小与未知碱样的组成

V_1 与 V_2 的关系	$V_1>V_2$ 且 $V_2\neq0$	$V_1<V_2$ 且 $V_1\neq0$	$V_1=V_2$	$V_1\neq0$　$V_2=0$	$V_1=0$　$V_2\neq0$
碱的组成	$OH^- + CO_3^{2-}$	$CO_3^{2-} + HCO_3^-$	CO_3^{2-}	OH^-	HCO_3^-

注意：混合碱溶液中，NaOH 与 $NaHCO_3$ 不能共存。

例 5-8　称取含惰性杂质的混合碱（Na_2CO_3 和 NaOH 或 $NaHCO_3$ 和 Na_2CO_3 的混合物）试样 1.200 0 g，溶于水后，用 0.500 0 $mol \cdot L^{-1}$ HCl 标准溶液滴至酚酞褪色，用去 30.00 mL。然后加入甲基橙指示剂，用 HCl 继续滴至橙色出现，又用去 5.00 mL。问试样由何种碱组成？各组分的质量分数为多少？

解　此题是用双指示剂法测定混合碱各组分的含量。

$V_1=30.00$ mL，$V_2=5.00$ mL，$V_1>V_2$，故混合碱试样由 NaOH 和 Na_2CO_3 组成。

$$w(Na_2CO_3)=\frac{c(HCl)V_1M(Na_2CO_3)}{m_{样}}=\frac{0.500\,0\times5.00\times106.0\times10^{-3}}{1.200\,0}=22.1\%$$

$$w(NaOH)=\frac{c(HCl)\ (V_2-V_1)M(NaOH)}{m_{样}}$$

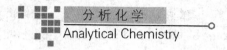

$$=\frac{0.500\,0\times(30.00-5.00)\times40.01\times10^{-3}}{1.200\,0}=41.68\%$$

5.7.2.2 磷酸盐的分析

对于磷酸盐的测定，同样可用双指示剂法进行定性和定量分析。

例 5-9 有 Na_3PO_4 试样，其中含有 Na_2HPO_4 和非酸碱性杂质。称取该试样 0.987 5 g，溶于水后，以酚酞作指示剂，用 0.280 2 mol·L^{-1} HCl 滴定到终点，用去盐酸 17.86 mL；再加甲基橙指示剂，继续用 0.280 2 mol·L^{-1} HCl 滴至终点，又用去盐酸 20.12 mL，求试样中 Na_3PO_4、Na_2HPO_4 的质量分数。

解 滴定过程为：

酚酞变色时(消耗 HCl V_1)：$PO_4^{3-}+H^+=HPO_4^{2-}$，Na_2HPO_4、NaH_2PO_4 不反应。

甲基橙变色时(消耗 HCl V_2)：$HPO_4^{2-}+H^+=H_2PO_4^-$。

显然，V_1 是 PO_4^{3-} 所消耗的酸的量，且 PO_4^{3-} 滴至 HPO_4^{2-} 和 HPO_4^{2-} 继续被滴至 $H_2PO_4^-$ 所消耗的酸的量相等。则有：

$$w(Na_3PO_4)=\frac{c(HCl)V_1M(Na_3PO_4)}{m_{样}}$$

$$=\frac{0.280\ 2\times17.86\times163.9\times10^{-3}}{0.987\ 5}=83.06\%$$

$$w(Na_2HPO_4)=\frac{c(HCl)\ (V_2-V_1)M(Na_2HPO_4)}{m_{样}}$$

$$=\frac{0.280\ 2\times(20.12-17.86)\times141.96\times10^{-3}}{0.987\ 5}=9.10\%$$

5.7.2.3 氮的含量测定

肥料、土壤及某些有机化合物(如含蛋白质、生物碱的样品)常常需要测定其中氮的含量，一般用凯氏(Kjeldahl)法测定氮，即在 $CuSO_4$ 催化下，用浓 H_2SO_4 将试样分解消化，使各种形式氮化物转化为 NH_4^+。NH_4^+ 的 K_b 极小，不能采用标准碱直接滴定，但可用间接的方法进行滴定。

(1)蒸馏法 置铵盐试液于蒸馏瓶中，加入过量的浓碱溶液，加热将 NH_3 蒸馏出来，吸收到一定量过量的 HCl 标准溶液中，然后用 NaOH 标准溶液返滴定剩余的酸。反应如下：

$$NH_4^++OH^-=NH_3(g)+H_2O$$

$$NH_3+H^+=NH_4^+$$

$$H^+(剩余)+OH^-=H_2O$$

由于化学计量点时溶液中存在 NH_4^+，显酸性，可用甲基红作指示剂。

$$w(N)=\frac{[c(HCl)V(HCl)-c(NaOH)V(NaOH)]M(N)}{m_{样}}$$

蒸馏法也可用硼酸溶液吸收 NH_3，生成 $NH_4H_2BO_3$，由于 $H_2BO_3^-$ 是较强的碱，可用 HCl 标准溶液滴定。

$$NH_3+H_3BO_3=NH_4^++H_2BO_3^-$$

$$H_2BO_3^- + H^+ = H_3BO_3$$

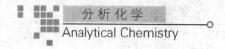

化学计量点 pH≈5，选用甲基红和溴甲酚绿混合指示剂。其中 H_3BO_3 作吸收剂，只需过量即可，不需知道其准确的量。

$$w(N)=\frac{c(HCl)V(HCl)M(N)}{m_{样}}$$

蒸馏法测氮结果比较准确，但较费时。

(2)甲醛法　甲醛法测强酸铵盐中氮的含量，操作简单。在试样中加入过量的甲醛，与 NH_4^+ 作用生成一定量的酸和质子化六次甲基四胺。生成的酸可用碱标准溶液滴定，化学计量点溶液中存在六次甲基四胺，这种极弱的有机碱使溶液呈碱性，可选酚酞作指示剂。

$$4NH_4^+ + 6HCHO = (CH_2)_6N_4H^+ + 3H^+ + 6H_2O$$

$$H^+ + OH^- = H_2O$$

$$(CH_2)_6N_4H^+ + OH^- = (CH_2)_6N_4 + H_2O$$

$$w(N)=c(NaOH)V(NaOH)M(N)m_{样}$$

$$w(N)=\frac{c(NaOH)V(NaOH)M(N)}{m_{样}}$$

如果试样中含有游离的酸碱，则需先加以中和，采用甲基红作指示剂。不能用酚酞，否则有部分 NH_4^+ 被中和；如果甲醛中含有少量甲酸，使用前也要中和，中和甲酸用酚酞作指示剂。

例 5-10　用凯氏法测定蛋白质中 N 的含量，称取粗蛋白试样 1.786 g，将试样中的氮转变为 NH_3，并以 25.00 mL 0.201 4 mol·L⁻¹ HCl 标准溶液吸收，剩余的 HCl 用 0.128 8 mol·L⁻¹ NaOH 标准溶液返滴定，消耗 NaOH 溶液 10.12 mL，计算此粗蛋白质试样中氮的质量分数？

解

$$NH_3 + HCl = NH_4Cl$$

$$HCl + NaOH = NaCl + H_2O$$

$$w(N)=\frac{[c(HCl)V(HCl)-c(NaOH)V(NaOH)]M(N)}{m_{样}}$$

$$=\frac{(0.201\,4\times25.00-0.128\,8\times10.12)\times14.006\,7}{1.786}=29.26\%$$

□ 本章小结

本章讲述了酸碱滴定法的原理。

(1)酸度对弱酸(碱)各型体分布的影响；有关各型体分布分数和平衡浓度的计算。

(2)酸碱水溶液的 pH 计算，其中一元弱酸(碱)的有关计算是基础。

(3)酸碱指示剂的变色原理，变色范围，选择指示剂的原则，常见酸碱指示剂。

(4)酸碱滴定法原理

①一元强酸(碱)与一元弱酸(碱)的滴定。

a. 滴定曲线 4 个阶段 pH 的计算,特别是化学计量点和滴定突跃范围 pH 的计算。

b. 影响滴定突跃范围大小的因素。

c. 指示剂的正确选择。

②多元弱酸(碱)分步滴定的条件,化学计量点 pH 的计算,指示剂的选择。

(5)酸碱滴定法的应用

□ 思考题

5-1 质子理论和电离理论的主要不同点是什么?举例说明质子理论酸碱概念的广义性。

5-2 写出 Na_2CO_3、Na_2HPO_4、H_3AsO_4 水溶液的质子条件式(PBE)。

5-3 酸碱指示剂的变色原理是什么? $pH=pK(HIn)\pm1$ 的意义是什么?

5-4 举例说明酸碱滴定中,指示剂选择的原则是什么?

5-5 何谓酸碱滴定的 pH 突跃范围?影响突跃范围大小的因素是什么?

5-6 借助指示剂的变色确定终点,下列各物质能否用酸碱滴定法直接准确滴定?如果能,计算化学计量点时的 pH,并选择合适的指示剂。

(1)$0.10\ mol\cdot L^{-1}$ NaF。

(2)$0.10\ mol\cdot L^{-1}$ HCN。

(3)$0.10\ mol\cdot L^{-1}$ $CH_2ClCOOH$。

5-7 下列多元酸能否分步滴定?若能,有几个 pH 突跃,能滴至第几级?选择何种指示剂?

(1)硼酸(H_3BO_3),$K_{a_1}=5.8\times10^{-10}$,$K_{a_2}=1.8\times10^{-13}$,$K_{a_3}=1.6\times10^{-14}$。

(2)琥珀酸($H_2C_4O_6$),$K_{a_1}=6.4\times10^{-5}$,$K_{a_2}=2.7\times10^{-6}$。

(3)枸橼酸($H_3C_6H_5O_7$),$K_{a_1}=8.7\times10^{-4}$,$K_{a_2}=1.8\times10^{-5}$,$K_{a_3}=4.0\times10^{-6}$。

5-8 用因保存不当失去部分结晶水的草酸($H_2C_2O_4\cdot2H_2O$)作基准物质来标定 NaOH 的浓度,问标定结果是偏高、偏低还是无影响?

5-9 某标准 NaOH 溶液保存不当吸收了空气中的 CO_2,用此溶液来滴定 HCl,分别以甲基橙和酚酞作指示剂,测得的结果是否一致?

5-10 设计下列混合物的分析方案:

(1)$HCl+NH_4Cl$ 混合液

(2)$HCl+H_3PO_4$ 混合液

□ 习题

5-1 (1)计算 $pH=5.00$ 时,H_3PO_4 的分布分数 δ_3、δ_2、δ_1、δ_0。(2)假定 H_3PO_4 各种型体总浓度是 $0.050\ mol\cdot L^{-1}$,问此时 H_3PO_4、$H_2PO_4^-$、HPO_4^{2-}、PO_4^{3-} 的相对平衡

浓度各为多少?

((1) 1.4×10^{-3},1.0,6.3×10^{-3},3.0×10^{-10};(2) 7.2×10^{-5},0.050,3.1×10^{-4},1.5×10^{-11})

5-2 计算下列溶液的 pH

(1)0.10 mol·L^{-1} $ClCH_2COOH$(氯乙酸);

(2)0.10 mol·L^{-1}六次甲基四胺$(CH_2)_6N_4$;

(3)0.010 mol·L^{-1}氨基乙酸;

(4)0.10 mol·L^{-1} Na_2S;

(5)0.010 mol·L^{-1} H_2SO_4;

(6)50 mL 0.10 mol·L^{-1} H_3PO_4。

(1.96,9.06,6.15,12.77,1.84,1.64)

5-3 用0.100 0 mol·L^{-1} NaOH 溶液滴定 20.00 mL 0.100 0 mol·L^{-1} HCOOH(甲酸)溶液,计算化学计量点时 pH 和 pH 突跃范围(已知甲酸 $K_a=1.8\times10^{-4}$)。

(化学计量点时 pH=8.22;pH 突跃范围:pH=6.74~9.70)

5-4 有工业硼砂 1.000 g,用 0.198 8 mol·L^{-1} HCl 24.52 mL 恰好滴至终点,计算试样中 $Na_2B_4O_7\cdot10H_2O$ 和 B 的质量分数。($B_4O_7^{2-}+2H^++5H_2O=4H_3BO_3$)

($w(Na_2B_4O_7\cdot10H_2O)=93.0\%$,$w(B)=10.54\%$)

5-5 取混合酸($H_2SO_4+H_3PO_4$)试液 25.00 mL,稀释至 250 mL,用甲基橙作指示剂,以 0.200 0 mol·L^{-1} NaOH 溶液滴定至终点时,需要 18.00 mL,然后加酚酞指示剂,继续滴加 NaOH 溶液至酚酞变色,又消耗 NaOH 溶液 10.30 mL,求试液中 H_2SO_4、H_3PO_4 各自含量(以 g·mL^{-1}表示)。

($w(H_2SO_4)=3.021$ g·mL^{-1},$w(H_3PO_4)=8.08$ g·mL^{-1})

5-6 称取纯碱试样(含 $NaHCO_3$ 及惰性杂质)1.000 g,溶于水后,以酚酞为指示剂滴至终点,需 0.250 0 mol·L^{-1} HCl 标准溶液 20.40 mL;再以甲基橙作指示剂继续以 HCl 滴定,到终点时消耗同浓度盐酸 28.46 mL,求试样中 Na_2CO_3 和 $NaHCO_3$ 的质量分数。

($w(Na_2CO_3)=54.05\%$,$w(NaHCO_3)=16.93\%$)

5-7 取含惰性杂质的混合碱(含 NaOH、Na_2CO_3、$NaHCO_3$ 或它们的混合物)试样一份,溶解后,以酚酞为指示剂,滴至终点消耗标准酸液 V_1;另取相同质量的试样一份,溶解后以甲基橙为指示剂,用相同的标准溶液滴至终点,消耗酸液 V_2,(1)如果滴定中发现 $2V_1=V_2$,则试样组成如何?(2)如果试样仅含等物质的量的 NaOH 和 Na_2CO_3,则 V_1 与 V_2 有何数量关系?

((1)试样为 Na_2CO_3;(2)$4V_1=3V_2$)

5-8 称取含 NaH_2PO_4 和 Na_2HPO_4 及其他惰性杂质的试样 1.000 g,溶于适量水后,以百里酚酞作指示剂,用 0.100 0 mol·L^{-1} NaOH 标准溶液滴至溶液刚好变蓝,消耗 NaOH 标准溶液 20.00 mL,而后加入溴甲酚绿指示剂,改用 0.100 0 mol·L^{-1} HCl 标准溶液滴至终点时,消耗 HCl 溶液 30.00 mL,试计算:(1)NaH_2PO_4、

Na_2HPO_4 质量分数,(2)该 NaOH 标准溶液在甲醛法中对氮的滴定度。

((1)$w(NaH_2PO_4)=24.00\%$,$w(Na_2HPO_4)=14.20\%$;
(2)$T(N/NaOH)=0.001\,401\ g\cdot mL^{-1}$)

5-9 称取粗铵盐 1.000 g,加过量 NaOH 溶液,加热逸出的氨吸收于 56.00 mL 0.250 0 $mol\cdot L^{-1}$ H_2SO_4 标准溶液中,过量的酸用 0.500 0 $mol\cdot L^{-1}$ NaOH 回滴,用去碱 21.56 mL,计算试样中 NH_3 的质量分数。

($w(NH_3)=29.33\%$)

5-10 蛋白质试样 0.232 0 g 经克氏法处理后,加浓碱蒸馏,用过量硼酸吸收蒸出的氨,然后用 0.120 0 $mol\cdot L^{-1}$ HCl 标准溶液 21.00 mL 滴至终点,计算试样中氮的质量分数。

($w(N)=15.22\%$)

5-11 称取土样 1.000 g,溶解后,将其中的磷沉淀为磷钼酸铵,用 20.00 mL 0.100 0 $mol\cdot L^{-1}$ NaOH 溶解沉淀,过量的 NaOH 用 0.200 0 $mol\cdot L^{-1}$ HNO_3 标准溶液 7.50 mL 滴至酚酞终点,计算土样中 $w(P)$、$w(P_2O_5)$。已知:

$$H_3PO_4+12MoO_4^{2-}+2NH_4^++22H^+=(NH_4)_2HPO_4\cdot 12MoO_3\cdot H_2O+11H_2O$$

$$(NH_4)_2HPO_4\cdot 12MoO_3\cdot H_2O+24OH^-=12MoO_4^{2-}+HPO_4^{2-}+2NH_4^++13H_2O$$

($w(P)=0.065\%$,$w(P_2O_5)=0.15\%$)

二维码 5-1 第 5 章要点

二维码 5-2 参考文献

Chapter 6 第6章

配位滴定法

Coordination Titration

【教学目标】

- 了解配位滴定法的实质，滴定分析对配位反应的要求，氨酸配位剂。
- 掌握 EDTA 的性质及其与金属离子配位的特点。
- 掌握酸度、配位剂对配位平衡的影响，掌握配位化合物的稳定常数、条件稳定常数；了解酸效应系数、配位效应系数的计算方法。
- 了解金属指示剂变色原理，掌握金属指示剂应具备的条件以及指示剂的封闭、僵化、氧化变质等现象，熟悉常用的金属指示剂。
- 熟悉配位滴定曲线，掌握影响配位滴定突跃的因素、金属离子能否准确滴定的判据、酸效应曲线和金属离子能被准确滴定的适宜酸度范围的计算方法。
- 熟悉提高配位滴定选择性的方法：控制酸度、掩蔽、解蔽和分离干扰离子。
- 熟悉配位滴定方式及配位滴定法的应用范围。

6.1 概述

配位滴定法是以配位反应为基础的滴定分析法。配位反应虽然很多，但真正能用于配位滴定的并不多，这是因为能够用于配位滴定的配位反应必须满足下列条件：

(1)形成的配合物要相当稳定，否则得不到明显的滴定终点。

(2)反应必须定量进行，即在一定条件下只能形成一种配位数的配合物。

(3)反应速率要快。

(4)要有适当的确定滴定终点的方法。

在配位滴定中应用的配位剂可分为无机配位剂和有机配位剂两大类。无机配位剂虽然早在19世纪就已应用于分析化学中，但因大多数无机配位剂与金属离子形成的配合物稳定性不高，且存在分步配位现象，使得同一溶液中同时存在几种不同配位数的配合物，难以确定计量关系。另外，有些无机配位反应找不到合适的指示剂确定终点。因此，无机配位剂在配位滴定中大多用作掩蔽剂、显色剂和指示剂，这使得建立在配位平衡基础上的配位滴定法并未得到很大的发展。有机配位剂可与金属离子形成稳定且组成一定的配合物。1945年后，瑞士化学家 G. Schwazenbarch 发现了以乙二胺四乙酸(ethylenediaminetetraacetic acid，EDTA)为代表的一系列氨酸配位剂，使配位滴定法得到了迅速发展和广泛应用。

氨羧配位剂是以氨基二乙酸为基体的有机配位剂，以 N、O 为键合原子，与金属离子配位时，形成环状结构的螯合物。常见的氨羧配位剂有数十种，其中较重要的有：

(1)氨三乙酸(NTA)

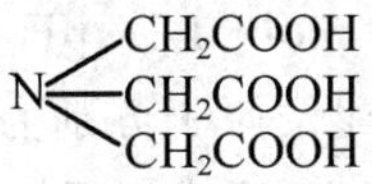

(2)环己二胺四乙酸 (DCTA)

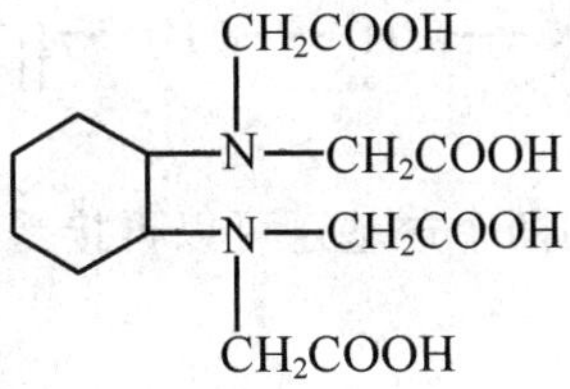

(3)乙二胺四乙酸(EDTA)

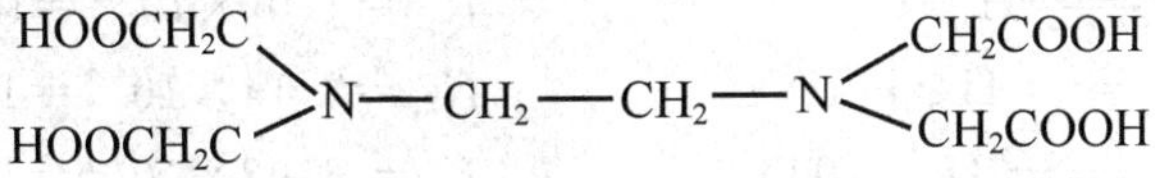

(4)乙二醇二乙醚二胺四乙酸(EGTA)

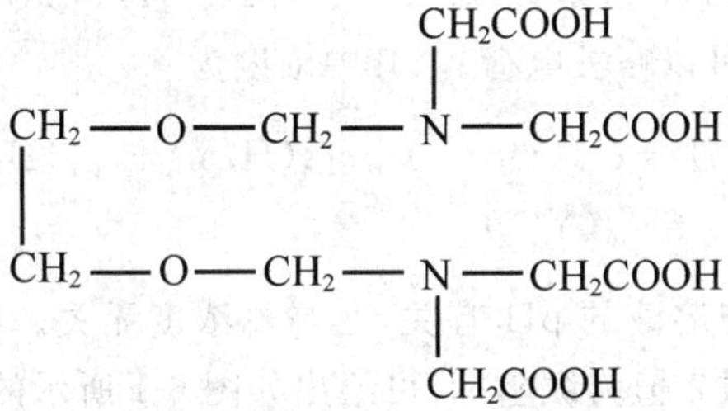

其中应用最广泛的是乙二胺四乙酸及其二钠盐(简称 EDTA)。用 EDTA 标准溶液可滴定几十种金属离子，称为 EDTA 滴定法。通常所说的配位滴定法，实际上主要是指 EDTA 滴定法。

6.2 乙二胺四乙酸及其配合物

6.2.1 乙二胺四乙酸的性质

乙二胺四乙酸简称 EDTA，是分析化学中应用最广泛的氨羧配位剂。它除了在配位滴定中作配位剂外，还在各种分离和测定中广泛地用作掩蔽剂。

乙二胺四乙酸是一种无毒、无臭、具有酸味的白色结晶粉末，微溶于水，22℃时每

100 mL水仅能溶解 0.02 g。也难溶于酸和一般有机溶剂(如无水乙醇、丙酮、苯等),但易溶于氨水、NaOH 等碱性溶液生成相应的盐。

由于乙二胺四乙酸(EDTA)在水中的溶解度很小,故通常把它制成二钠盐,称作 EDTA 二钠盐,用 $Na_2H_2Y \cdot 2H_2O$ 表示,习惯上也称作 EDTA。事实上,我们平常所说的 EDTA 多数情况下就是指 $Na_2H_2Y \cdot 2H_2O$。$Na_2H_2Y \cdot 2H_2O$ 的水溶性较好,在 22℃时,每100 mL 水可溶解 11.1 g,此溶液的浓度约 0.3 $mol \cdot L^{-1}$,pH 约为 4.4。

乙二胺四乙酸可用 H_4Y 表示,其配位原子分别为胺基 N 原子和羧基 O 原子。在水溶液中,两个羧基上的 H^+ 转移到 N 原子上,形成双偶极离子:

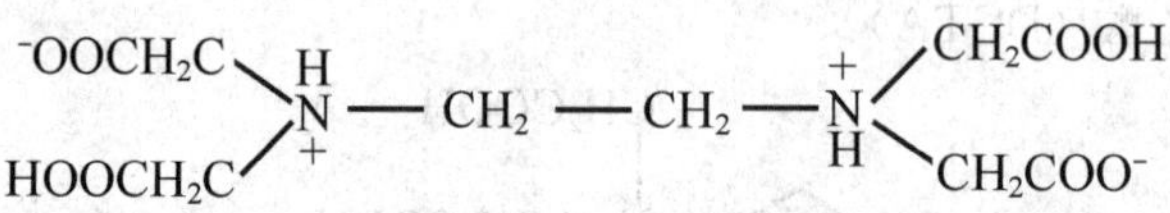

在酸度较高的溶液中,H_4Y 的两个羧基还可以再接受 H^+ 形成 H_6Y^{2+},这时,EDTA 就相当于六元酸,有六级解离平衡:

$$H_6Y^{2+} \rightleftharpoons H^+ + H_5Y^+ \qquad K_{a_1} = 1.3 \times 10^{-1} = 10^{-0.9}$$
$$H_5Y^+ \rightleftharpoons H^+ + H_4Y \qquad K_{a_2} = 2.5 \times 10^{-2} = 10^{-1.6}$$
$$H_4Y \rightleftharpoons H^+ + H_3Y^- \qquad K_{a_3} = 1.0 \times 10^{-2} = 10^{-2.0}$$
$$H_3Y^- \rightleftharpoons H^+ + H_2Y^{2-} \qquad K_{a_4} = 2.14 \times 10^{-3} = 10^{-2.67}$$
$$H_2Y^{2-} \rightleftharpoons H^+ + HY^{3-} \qquad K_{a_5} = 6.92 \times 10^{-7} = 10^{-6.16}$$
$$HY^{3-} \rightleftharpoons H^+ + Y^{4-} \qquad K_{a_6} = 5.50 \times 10^{-11} = 10^{-10.26}$$

因此,在水溶液中,EDTA 总是以 H_6Y^{2+}、H_5Y^+、H_4Y、H_3Y^-、H_2Y^{2-}、HY^{3-} 和 Y^{4-} 7 种型体存在(为书写方便可以略去电荷)。其中浓度为

$$c_r(EDTA) = c_{r,e}(H_6Y^{2+}) + c_{r,e}(H_5Y^+) + c_{r,e}(H_4Y) + c_{r,e}(H_3Y^-) + c_{r,e}(H_2Y^{2-}) + c_{r,e}(HY^{3-}) + c_{r,e}(Y^{4-})$$

各种型体的分布分数与溶液的 pH 有关,而与总浓度无关。若以 pH 为横坐标,EDTA 的各种存在型体的分布分数 δ 值为纵坐标,可绘出如图 6-1 所示的 EDTA 的分布曲线。

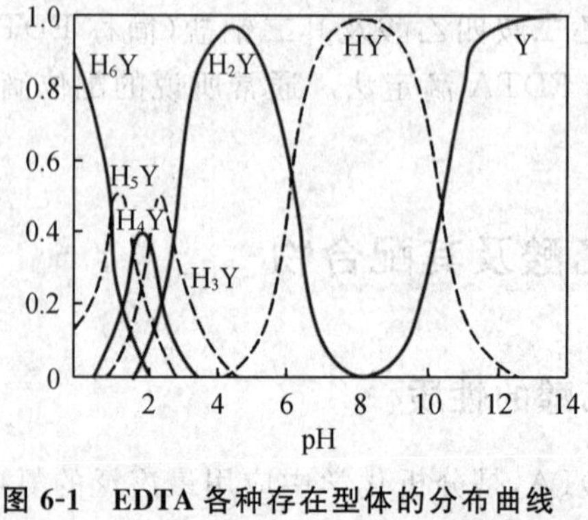

图 6-1　EDTA 各种存在型体的分布曲线

由分布曲线可以看出，在不同的 pH 条件下，EDTA 的各种存在型体分布也不同，见表 6-1。

表 6-1　不同 pH 下 EDTA 的主要存在型体

pH	EDTA 主要存在型体	pH	EDTA 主要存在型体
<0.9	H_6Y	2.7～6.2	H_2Y
0.9～1.6	H_5Y	6.2～10.3	HY
1.6～2.0	H_4Y	>10.3	Y
2.0～2.7	H_3Y		

可见，仅当 pH>10.3 时，EDTA 才主要以 Y 型体存在，而 Y 型体是与金属离子形成最稳定配合物的型体。因此，溶液的酸度是影响 EDTA 与金属离子形成配合物稳定性的最重要因素之一。

6.2.2　EDTA 与金属离子形成螯合物的特点

EDTA 分子中含有两个胺基和四个羧基，属于多基配体，它的酸根离子 Y^{4-} 与金属离子形成的配合物具有以下特性：

1. 普遍性

EDTA 分子中共含有 6 个可配位原子(2 个胺基氮，4 个羧基氧)，所以，它既可以作为四基配位体，也可以作为六基配位体以不同的方式与周期表中绝大多数金属离子形成螯合物。EDTA 与金属离子配位的普遍性，既为配位滴定的广泛应用提供了可能，但同时也增加了提高配位滴定选择性的难度。因此，设法提高选择性就成为配位滴定中一个很重要的问题。

2. 稳定性

EDTA 与大多数金属离子配位时，可形成具有五个五元环的螯合物，其立体结构见图 6-2。螯合效应(chelate effect)的影响使得大多数的 EDTA 配合物具有很高的稳定性。

螯合效应的大小与螯合环的数目和形状有关。根据有机结构的张力学说，由五个原子组成的五元环以及由六个原子组成的六元环的张力小，故稳定性高，而且是环数越多，稳定性就越高。部分金属离子与 EDTA 形成螯合物(MY)的稳定常数的对数值见表 6-2。

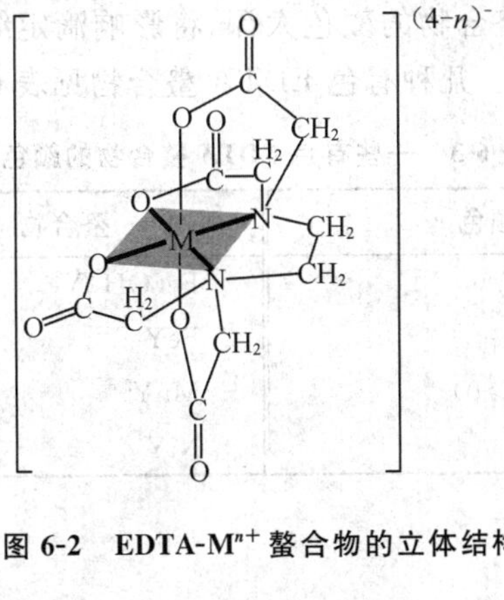

图 6-2　EDTA-M^{n+} 螯合物的立体结构

3. 配位比简单性

因 EDTA 分子中含有 6 个配位原子，而多数金属离子的配位数不超过 6，因此，在一般情况下，EDTA 与大多数金属离子以 1∶1 的配位比形成螯合物。只有极少数高价金属离子与 EDTA 配位时，配位比不是 1∶1。例如，五价钼与 EDTA 形成 Mo(Ⅴ)∶Y＝2∶1 的螯合物$(MoO_2)_2Y^{2-}$。在中性或碱性溶液中 Zr(Ⅳ)与 EDTA 也形成 2∶1 的螯合物。

EDTA 螯合物配位比恒定、简单的特点为滴定中定量计算提供了极大的方便。

4. 水溶性

因 EDTA 与金属离子形成的螯合物大多带有电荷而易溶于水，从而使得 EDTA 滴定能在水溶液中进行。

表 6-2　部分金属离子与 EDTA 螯合物的 $\lg K_f$ 值(离子强度 $I=0.1\ mol \cdot L^{-1}$，18～25℃)

金属离子	$\lg K_f(MY)$	金属离子	$\lg K_f(MY)$	金属离子	$\lg K_f(MY)$
Ag^+	7.32	Fe^{3+}	25.1	Pr^{3+}	16.4
Al^{3+}	16.3	Ga^{3+}	20.3	Sc^{3+}	23.1
Ba^{2+}	7.86	Hg^{2+}	21.7	Sn^{2+}	22.11
Be^{2+}	9.2	In^{3+}	25.0	Sr^{2+}	8.73
Bi^{3+}	27.94	Li^+	2.79	Th^{4+}	23.2
Ca^{2+}	10.69	Mg^{2+}	8.7	TiO^{2+}	17.3
Cd^{2+}	16.46	Mn^{2+}	13.87	Tl^{3+}	37.8
Co^{2+}	16.31	Mo^{2+}	28	U^{4+}	25.8
Co^{3+}	36	Na^+	1.66	VO^{2+}	18.8
Cr^{3+}	23.4	Ni^{2+}	18.62	Y^{3+}	18.09
Cu^{2+}	18.80	Pb^{2+}	18.04	Zn^{2+}	16.50
Fe^{2+}	14.32	Pd^{2+}	18.5	Zr^{4+}	29.50

5. 颜色的倾向性

EDTA 与金属离子形成的螯合物的颜色，取决于金属离子本身的颜色。一般来说，若金属离子无色，与 EDTA 生成的螯合物也无色；若金属离子有色，与 EDTA 生成的螯合物的颜色更深。值得注意的是，如果螯合物的颜色太深，将影响滴定终点的颜色观察，因而给指示剂法确定终点造成一定的困难。几种有色 EDTA 螯合物见表 6-3。

表 6-3　一些有色 EDTA 螯合物的颜色

螯合物	颜色	螯合物	颜色
CoY^{2-}	紫红	$Fe(OH)Y^{2-}$	褐(pH≈6)
CrY^-	深紫	FeY^-	黄
$Cr(OH)Y^{2-}$	蓝(pH＞0)	MnY^{2-}	紫红
CuY^{2-}	蓝	NiY^{2-}	蓝绿

6.3　配位平衡

6.3.1　配合物的稳定常数

配位反应的进行程度可用配位平衡常数衡量，而配位平衡常数常用稳定常数(亦称形成常数)K_f 来表示。

1. ML 型(1∶1)配合物

为了书写简便起见，略去离子电荷，则 EDTA 与金属离子的配位反应可表示为

$$M + Y \rightleftharpoons MY$$

$$K_f(MY)=\frac{c_{r,e}(MY)}{c_{r,e}(M)c_{r,e}(Y)} \tag{6-1}$$

显然，对具有相同配位比的配合物，K_f 值越大，该配合物就越稳定。

2. ML_n 型(1∶n)配合物

ML_n 型配合物的逐级形成过程及其相应的稳定常数可表示如下：

$$M + L \rightleftharpoons ML \qquad K_{f_1}=\frac{c_{r,e}(ML)}{c_{r,e}(M)c_{r,e}(L)}$$

$$ML + L \rightleftharpoons ML_2 \qquad K_{f_2}=\frac{c_{r,e}(ML_2)}{c_{r,e}(ML)c_{r,e}(L)}$$

$$\vdots$$

$$ML_{(n-1)} + L \rightleftharpoons ML_n \qquad K_{f_n}=\frac{c_{r,e}(ML_n)}{c_{r,e}(ML_{n-1})c_{r,e}(L)} \tag{6-2}$$

以上 $K_{f_1}, K_{f_2}, \cdots, K_{f_n}$ 称为逐级稳定常数(stepwise stability constant)。

在许多配位平衡的计算中，经常用到 $K_{f_1} \cdot K_{f_2}$ 等数值，这就是逐级累积稳定常数，用 β_n 表示。即

第一级累积稳定常数　$\beta_1=K_{f_1}$

第二级累积稳定常数　$\beta_2=K_{f_1} \cdot K_{f_2}$

$\vdots$

第 n 级累积稳定常数　$\beta_n=K_{f_1} \cdot K_{f_2} \cdots K_{f_n}$　(6-3)

最后一级累积稳定常数 β_n 又称为总稳定常数(overall stability constant)。

6.3.2　溶液中 ML_n 型配合物的各级配合物的分布

在配位平衡中，要考虑配位体浓度对配合物各种存在形式的分布的影响。设溶液中 M 离子的总(相对)浓度为 $c_r(M)$，配位体 L 的总浓度为 $c_r(L)$，M 与 L 发生逐级配位反应：

$$M + L \rightleftharpoons ML \qquad c_{r,e}(ML)=\beta_1 c_{r,e}(M)c_{r,e}(L)$$

$$ML + L \rightleftharpoons ML_2 \qquad c_{r,e}(ML_2) = \beta_2 c_{r,e}(M) c_{r,e}^2(L)$$

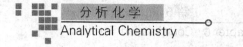

$$\vdots$$

$$ML_{(n-1)} + L \rightleftharpoons ML_n \qquad c_{r,e}(ML_n) = \beta_n c_{r,e}(M) c_{r,e}^n(L)$$

根据物料平衡：

$$\begin{aligned} c_r(M) &= c_{r,e}(M) + c_{r,e}(ML) + c_{r,e}(ML_2) + \cdots + c_{r,e}(ML_n) \\ &= c_{r,e}(M) + \beta_1 c_{r,e}(M) c_{r,e}(L) + \beta_2 c_{r,e}(M)\, c_{r,e}^2(L) + \cdots + \beta_n c_{r,e}(M) c_{r,e}^n(L) \\ &= c_{r,e}(M)[1 + \beta_1 c_{r,e}(L) + \beta_2 c_{r,e}^2(L) + \cdots + \beta_n c_{r,e}^n(L)] \end{aligned}$$

按分布分数(distribution fraction)δ的定义，得到：

$$\begin{aligned} \delta_M &= \frac{c_{r,e}(M)}{c_r(M)} = \frac{c_{r,e}(M)}{c_{r,e}(M)[1 + \beta_1 c_{r,e}(L) + \beta_2 c_{r,e}^2(L) + \cdots + \beta_n^n c_{r,e}^n(L)]} \\ &= \frac{1}{1 + \beta_1 c_{r,e}(L) + \beta_2 c_{r,e}^2(L) + \cdots + \beta_n c_{r,e}^n(L)} \end{aligned} \tag{6-4}$$

同理可得：

$$\delta_{ML} = \frac{c_{r,e}(ML)}{c_r(M)} = \frac{\beta_1 c_{r,e}(L)}{1 + \beta_1 c_{r,e}(L) + \beta_2 c_{r,e}^2(L) + \cdots + \beta_n c_{r,e}^n(L)}$$

$$\vdots$$

$$\delta_{ML_n} = \frac{c_{r,e}(ML_n)}{c_r(M)} = \frac{\beta_n c_{r,e}^n(L)}{1 + \beta_1 c_{r,e}(L) + \beta_2 c_{r,e}^2(L) + \cdots + \beta_n c_{r,e}^n(L)} \tag{6-5}$$

由此可见，溶液中配合物的各级存在型体的分布分数δ只与配位体L的相对平衡浓度有关，而与金属离子M的浓度无关。已知配位体的平衡浓度时，即可求出δ值。例如，在铜氨溶液中，根据上述各型体分布分数的计算公式，可得到不同游离氨浓度下，各型体的分布分数。若以$pc_{r,e}(NH_3)$为横坐标，δ值为纵坐标作图，则得到铜氨各级配合物的分布图(图6-3)，并可求出各级配合物的(相对)平衡浓度。

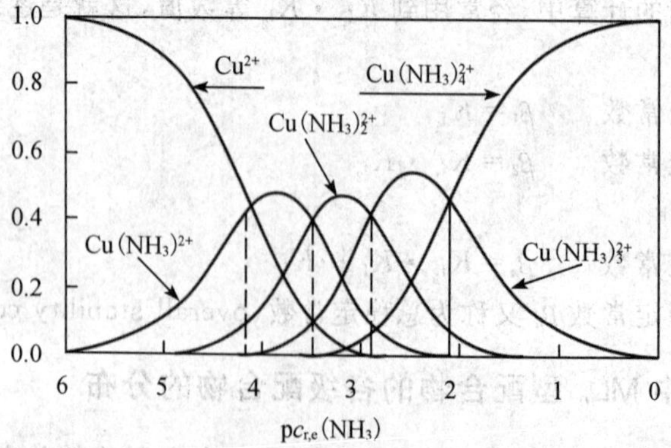

图 6-3 铜氨配合物分布曲线图

由图6-3可见，随着$c_{r,e}(NH_3)$的增大，Cu^{2+}与NH_3逐级生成不同配位数的配合物。但由于相邻两种配合物的稳定常数相差不大，故 $c_{r,e}(NH_3)$ 在相当大范围内变化时，没有哪种配合物形式的分布分数接近 1。因此，不能用 NH_3 作滴定剂来测定 Cu^{2+}。推而广之，同类的配位反应均不能用于配位滴定。

6.4　外界条件对 EDTA 与金属离子配合物稳定性的影响

在配位滴定中，通常所涉及的化学平衡是相当复杂的，除了我们所考察的被测金属离子 M 与滴定剂 Y 之间的主反应外，还往往由于体系中其他物质的存在，干扰主反应的进行。如溶液中的 H^+、OH^-，试样中其他共存金属离子 N 以及为了控制溶液 pH 而加入的缓冲剂或为了掩蔽某些干扰物质而加入的掩蔽剂或其他辅助配位剂 L 等，都可能对主反应产生干扰。主反应以外的其他反应统称为副反应。其平衡关系可表示如下：

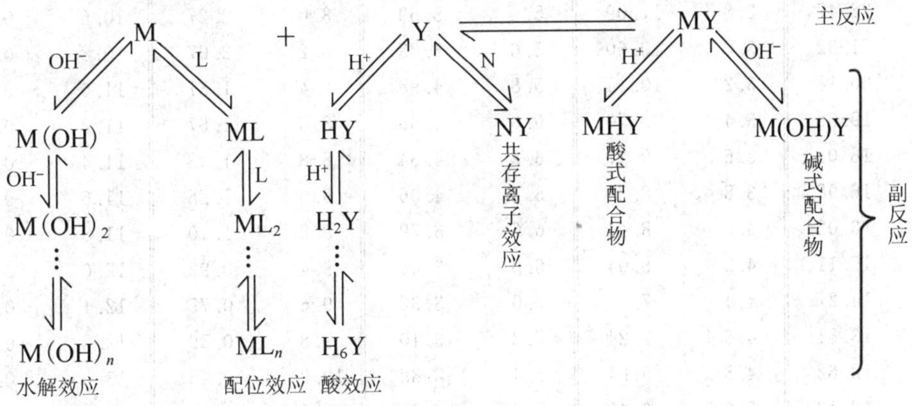

显然，反应物 M 及 Y 的各种副反应都不利于主反应的进行，而生成物 MY 的各种副反应则有利于主反应的进行。M、Y 及 MY 的各种副反应进行的程度，可用相应的副反应系数表示。

本章仅讨论其中最主要的两个副反应：酸效应和配位效应。

6.4.1　酸效应和酸效应系数

Y 是一种碱，所以当 M 与 Y 进行配位反应时，溶液中的 H^+ 就会与 M 竞争 Y，形成质子化产物（$HY, H_2Y, \cdots, H_6Y$）。

显而易见，溶液的酸度会显著地影响 Y 与 M 的配位能力，酸度越高，Y 的浓度越小，越不利于 MY 的形成。这种由于 H^+ 存在使配位体（Y^{4-}）参加主反应能力降低的现象称为酸效应（acidic effect），也称 pH 效应或质子化效应。H^+ 引起副反应时的副反应系数称为酸效应系数（acidic effective coefficient）（亦称酸效应分数），用 $\alpha_{Y(H)}$ 表示。

酸效应系数 $\alpha_{Y(H)}$ 表示未与 M 配位的 EDTA 各种存在型体的总（相对）浓度 $c_{r,e}(Y')$ 是 Y（相对）平衡浓度（即游离浓度）$c_{r,e}(Y)$ 的倍数。即

$$\alpha_{Y(H)} = \frac{c_{r,e}(Y')}{c_{r,e}(Y)} \tag{6-6}$$

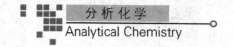

$$=\frac{c_{r,e}(Y)+c_{r,e}(HY)+c_{r,e}(H_2Y)+\cdots+c_{r,e}(H_6Y)}{c_{r,e}(Y)}$$

$$=1+\frac{c_{r,e}(H^+)}{K_{a_6}}+\frac{c_{r,e}^2(H^+)}{K_{a_6}K_{a_5}}+\cdots+\frac{c_{r,e}^6(H^+)}{K_{a_6}K_{a_5}\cdots K_{a_2}K_{a_1}} \tag{6-7}$$

显然，$\alpha_{Y(H)}$值越大，表示Y型体的平衡浓度越小，即酸效应越严重。若没有酸效应发生，则未与M配位的EDTA就全部以Y^{4-}型体存在，$\alpha_{Y(H)}=1$。

表6-4列出了EDTA在不同pH下的$\lg\alpha_{Y(H)}$值。从表中数据可以看出，H^+浓度越大时，$\lg\alpha_{Y(H)}$也越大，表示酸效应越严重，越不利于配合物MY的形成。

表6-4　EDTA的$\lg\alpha_{Y(H)}$值

pH	$\lg\alpha_{Y(H)}$	pH	$\lg\alpha_{Y(H)}$	pH	$\lg\alpha_{Y(H)}$	pH	$\lg\alpha_{Y(H)}$	pH	$\lg\alpha_{Y(H)}$
0.0	23.64	2.6	11.62	5.2	6.07	7.8	2.47	10.4	0.24
0.2	22.47	2.8	11.09	5.4	5.69	8.0	2.27	10.6	0.16
0.4	21.32	3.0	10.60	5.6	5.33	8.2	2.07	10.8	0.11
0.6	20.18	3.2	10.14	5.8	4.98	8.4	1.87	11.0	0.07
0.8	19.08	3.4	9.70	6.0	4.65	8.6	1.67	11.2	0.05
1.0	18.01	3.6	9.27	6.2	4.34	8.8	1.48	11.4	0.03
1.2	16.98	3.8	8.85	6.4	4.06	9.0	1.28	11.6	0.02
1.4	16.02	4.0	8.44	6.6	3.79	9.2	1.10	11.8	0.01
1.6	15.11	4.2	8.04	6.8	3.55	9.4	0.92	12.0	0.01
1.8	14.27	4.4	7.64	7.0	3.32	9.6	0.75	12.1	0.01
2.0	13.51	4.6	7.24	7.2	3.10	9.8	0.59	12.2	0.005
2.2	12.82	4.8	6.84	7.4	2.88	10.0	0.45	13.0	0.000 8
2.4	12.19	5.0	6.45	7.6	2.68	10.2	0.33	13.9	0.000 1

6.4.2　配位效应与配位效应系数

当金属离子M与Y配位时，如果体系中还有别的配位剂L存在，显然L也能与M配位，则势必影响主反应。

这种由于其他配位剂L的存在，使金属离子M参加主反应能力降低的现象，称为配位效应(coordination effect)。配位剂L引起副反应时的副反应系数称为配位效应系数(coordination effective coefficient)，用$\alpha_{M(L)}$表示。$\alpha_{M(L)}$表示没有参加主反应的金属离子各种型体的总(相对)浓度$c_r(M')$是M(相对)平衡浓度(即游离浓度)$c_{r,e}(M)$的倍数。

$$\alpha_{M(L)}=\frac{c_r(M')}{c_{r,e}(M)}=\frac{c_{r,e}(M)+c_{r,e}(ML)+c_{r,e}(ML_2)+\cdots+c_{r,e}(ML_n)}{c_{r,e}(M)}$$

$$=1+K_{f_1}c_{r,e}(L)+K_{f_1}K_{f_2}c_{r,e}^2(L)+\cdots+K_{f_n}c_{r,e}^n(L)$$

$$=1+\beta_1 c_{r,e}(L)+\beta_2 c_{r,e}^2(L)+\cdots+\beta_n c_{r,e}^n(L) \tag{6-8}$$

从式(6-8)可以看出：$\alpha_{M(L)}$值越大，表示金属离子M与配位剂L的配位反应愈完全，副反应愈严重。如果M没有副反应，则$\alpha_{M(L)}=1$；另外，$\alpha_{M(L)}$仅是$c_{r,e}(L)$的函数，当溶液中的游离配位剂L的浓度(平衡浓度)一定时，$\alpha_{M(L)}$为一定值。

6.4.3 条件稳定常数(表观稳定常数,有效稳定常数)

当金属离子 M 与配位体 Y 反应生成配合物 MY 时,如果没有副反应发生,则反应达平衡时,MY 的稳定常数 $K_f(MY)$的大小是衡量此配位反应进行程度的主要标志,故 $K_f(MY)$又称绝对稳定常数。它不受浓度、酸度、其他配位剂或干扰离子的影响。但是,配位反应的实际情况较复杂,在主反应进行的同时,常伴有酸效应、配位效应、干扰离子效应等副反应,致使溶液中 M 和 Y 参加主反应的能力降低。使定量处理困难。如果只考虑酸效应和配位效应的存在,当反应达平衡时,溶液中未与 M 配位的 EDTA 的总(相对)浓度为:

$$c_r(Y')=c_{r,e}(Y)+c_{r,e}(HY)+c_{r,e}(H_2Y)+c_{r,e}(H_3Y)+c_{r,e}(H_4Y)+c_{r,e}(H_5Y)+c_{r,e}(H_6Y)$$

同样的,未与 Y 配位的金属离子各种型体的总(相对)浓度为:

$$c_r(M')=c_{r,e}(M)+c_{r,e}(ML)+c_{r,e}(ML_2)+c_{r,e}(ML_3)+\cdots+c_{r,e}(ML_n)$$

生成的 MY,MHY 和 M(OH)Y 的总(相对)浓度为 $c_{r,e}(MY')$,则可以得到以 $c_r(M')$、$c_r(Y')$、$c_r(MY')$表示的配合物的稳定常数——条件稳定常数 $K_f{}'(MY)$(conditional stability constant)。

$$K_f{}'(MY)=\frac{c_{r,e}(MY')}{c_r(M')c_r(Y')} \tag{6-9}$$

林邦(A. Ringbom)将复杂平衡系统中的反应分为主反应和副反应,求出一个个简单的副反应的副反应系数后,利用 $c_r(M')$、$c_r(Y')$、$c_r(MY')$代替 $c_{r,e}(M)$、$c_{r,e}(Y)$、$c_{r,e}(MY)$,进而得出主反应的条件平衡常数 $K_f'(MY)$,使得复杂平衡的定量处理变得十分简单。

由于许多情况下,生成的 MHY 和 M(OH)Y 可以忽略不计,所以 $c_r(MY')\approx c_{r,e}(MY)$,故可得:

$$K_f'(MY)=\frac{c_{r,e}(MY)}{c_r(M')c_r(Y')} \tag{6-10}$$

根据酸效应系数和配位效应系数的定义可得:

$$c_r(Y')=c_{r,e}(Y)\alpha_{Y(H)} \qquad c_r(M')=c_{r,e}(M)\alpha_{M(L)}$$

所以

$$K_f'(MY)=\frac{c_{r,e}(MY)}{c_{r,e}(M)\alpha_{M(L)}c_{r,e}(Y)\alpha_{Y(H)}}$$

$$=\frac{K_f(MY)}{\alpha_{M(L)}\alpha_{Y(H)}} \tag{6-11}$$

将式(6-11)取对数得:

$$\lg K_f{}'(MY)=\lg K_f(MY)-\lg\alpha_{M(L)}-\lg\alpha_{Y(H)} \tag{6-12}$$

当溶液中只有酸效应而无配位效应时,$\alpha_{M(L)}=1$,即 $\lg\alpha_{M(L)}=0$ 时,此时

$$\lg K_f{}'(MY)=\lg K_f(MY)-\lg\alpha_{Y(H)} \tag{6-13}$$

条件稳定常数可以说明配合物在一定条件下的实际稳定程度。$K_f'(MY)$越大，配合物MY的稳定性越高。由于在EDTA滴定过程中存在酸效应和配位效应，所以应用条件稳定常数来衡量EDTA配合物的实际稳定性。

例 6-1 设无其他配位副反应，试计算在pH=3.0和pH=8.0时，NiY(略去电荷)的条件稳定常数。

解 查表6-2、表6-4可知：

$$\lg K_f(\text{NiY})=18.62, \text{pH}=3.0\text{ 时}, \lg\alpha_{Y(H)}=10.60;$$

$$\text{pH}=8.0\text{ 时}, \lg\alpha_{Y(H)}=2.27$$

$$\text{pH}=3.0\text{ 时}, \lg K_f'(\text{NiY})=18.62-10.60=8.02$$

$$K_f'(\text{NiY})=10^{8.02}$$

$$\text{pH}=8.0\text{ 时}, \lg K_f'(\text{NiY})=18.62-2.27=16.35$$

$$K_f'(\text{NiY})=10^{16.35}$$

从计算结果可知，NiY在pH=8.0时比pH=3.0时要稳定得多。

EDTA能与许多金属离子生成稳定的配合物，它们的$\lg K_f$一般都很大，但在实际的化学反应中，不可避免地会发生各种副反应，使得条件稳定常数比稳定常数小了许多。因此，配位滴定中应注意控制溶液的酸度及其他辅助配位剂的使用，以保证EDTA与金属离子所形成的配合物有足够的稳定性。

6.5 配位滴定法的基本原理

6.5.1 配位滴定曲线

在配位滴定中，若以配位剂作为滴定剂，则随着滴定剂的不断加入，溶液中被测金属离子的浓度不断下降。滴定达到化学计量点附近时，溶液中的pM将发生突变。和酸碱滴定相类似，整个滴定过程中金属离子的变化规律，可用配位滴定曲线(即以滴定剂的加入量为横坐标，以pM为纵坐标的平面曲线图)表述。考虑到各种副反应的影响，须应用条件稳定常数进行计算。

现以0.020 00 mol·L^{-1} EDTA标准溶液滴定20.00 mL 0.020 00 mol·L^{-1} Ca^{2+}溶液(在pH=10.0的NH_3-NH_4Cl缓冲溶液存在时)为例，讨论滴定过程中pCa的变化规律。由于Ca^{2+}不易水解，也不与NH_3配位，故仅考虑EDTA的酸效应。

1. 计算CaY(略去电荷)的条件稳定常数$K_f'(\text{CaY})$

查表6.2得：$\lg K_f(\text{CaY})=10.69$

查表6.4得：pH=10.0时，$\lg\alpha_{Y(H)}=0.45$

则有 $\lg K_f'(\text{CaY})=\lg K_f(\text{CaY})-\lg\alpha_{Y(H)}$

$$=10.69-0.45=10.24$$

或 $K_f'(CaY)=1.74\times10^{10}$

2. 滴定曲线的绘制——四步法

(1)滴定前 $c_r(Ca^{2+})=0.020\ 00$

$$pCa=1.70$$

(2)滴定开始至计量点前 设已加入 EDTA V(mL),则溶液中剩余的 $c_r(Ca^{2+})$ 为

$$c_r(Ca^{2+})=\frac{20.00-V}{20.00+V}\times0.020\ 00$$

例如,当加入 EDTA 标准溶液 19.98 mL,则

$$c_r(Ca^{2+})=\frac{20.00-19.98}{20.00+19.98}\times0.020\ 00=1.0\times10^{-5}$$

$$pCa=5.00$$

(3) 化学计量点时 由于 CaY 相当稳定,所以在化学计量点时 Ca^{2+} 与加入的 EDTA 几乎全部生成 CaY,因此

$$c_{r,e}(CaY)=\frac{0.020\ 00\times20.00}{20.00+20.00}=1.0\times10^{-2}$$

在 pH=10.0 时,可近似认为 $c_{r,e}(Ca^{2+})=c_r(Y')$

$$K_f'(CaY)=\frac{c_{r,e}(CaY)}{c_{r,e}(Ca^{2+})c_r(Y')}=\frac{c_{r,e}(CaY)}{c_{r,e}^2(Ca^{2+})}=10^{10.24}$$

$$c_{r,e}(Ca^{2+})=\sqrt{\frac{1.0\times10^{-2}}{10^{10.24}}}=\sqrt{10^{-12.24}}=10^{-6.12}$$

$$pCa=6.12$$

(4)化学计量点后 过量的滴定剂 EDTA 的浓度为

$$c_r(Y')=\frac{V-20.00}{V+20.00}\times0.020\ 00$$

例如,滴入 20.02 mL EDTA 标准溶液时,

$$c_{r,e}(Ca^{2+})=\frac{0.200\ 0\times20.00}{20.00+20.02}=1.0\times10^{-2}$$

$$c_r(Y')=\frac{20.02-20.00}{20.02+20.00}\times0.020\ 00=1.0\times10^{-5}$$

$$K_f'(CaY)=\frac{c_{r,e}(CaY)}{c_{r,e}(Ca^{2+})c_r(Y')},\ 10^{10.24}=\frac{1.0\times10^{-2}}{c_{r,e}(Ca^{2+})\times1.0\times10^{-5}}$$

$$c_{r,e}(Ca^{2+})=10^{-7.24}\qquad pCa=7.24$$

如此逐一计算,将部分计算所得数据列于表 6-5,并以 EDTA 加入量为横坐标,以 pCa 为纵坐标作图,可绘出 pH=10.0 时用 0.020 00 $mol\cdot L^{-1}$ EDTA 标准溶液滴定 20.00 mL 0.020 00 $mol\cdot L^{-1}$ Ca^{2+} 的滴定曲线,如图 6-4 所示。

表 6-5　pH=10.0 时，用 0.020 00 mol·L^{-1} EDTA 滴定 20.00 mL 0.020 00 mol·L^{-1} Ca^{2+} 的 pCa

滴入 EDTA 溶液的体积/mL	滴定分数	pCa
0.00	0.000	1.70
18.00	0.900	2.98
19.80	0.990	4.00
19.98	0.999	5.00 ⎫ 突跃
20.00	1.000	6.12 ⎬
20.02	1.001	7.24 ⎭ 范围
20.20	1.010	8.24
22.00	1.100	9.24
40.00	2.000	10.06

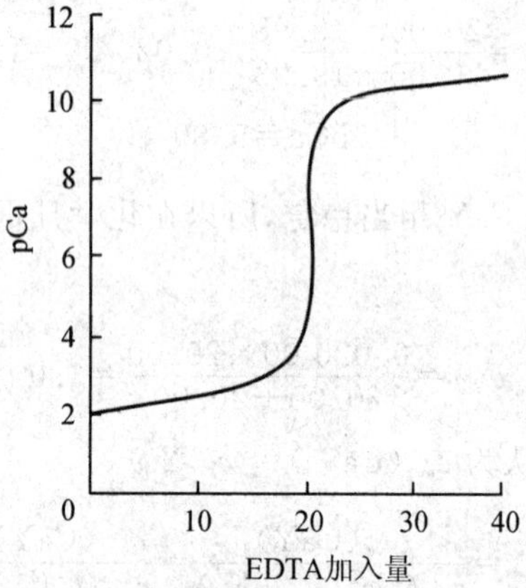

图 6-4　0.020 00 mol·L^{-1} EDTA 滴定 20.00 mL 0.020 00 mol·L^{-1} Ca^{2+} 的滴定曲线

6.5.2　影响配位滴定突跃的主要因素

1. $K_f{}'$(MY)对滴定突跃的影响

从图 6-5 中可以看出，$K_f{}'$(MY)的大小，是影响滴定突跃范围的重要因素之一，而

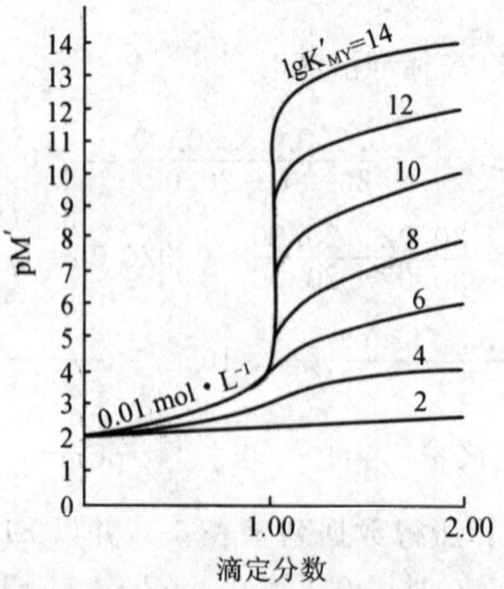

图 6-5　不同 lg $K_f{}'$(MY)时的滴定曲线

K_f'(MY)的大小又主要取决于 K_f(MY)、$\alpha_{M(L)}$ 和 $\alpha_{Y(H)}$ 的大小。故：

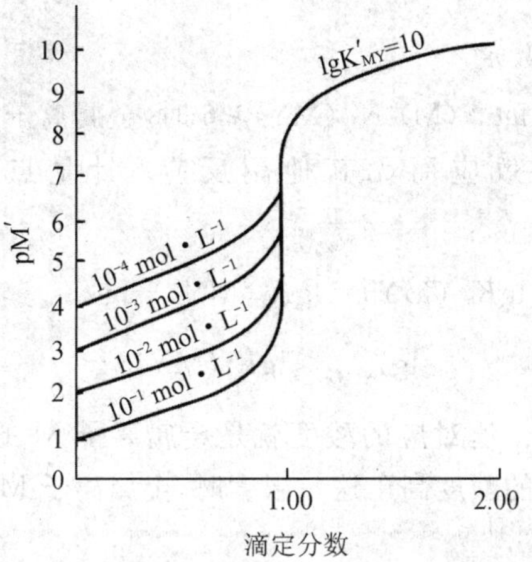

图 6-6　不同浓度 EDTA 与 M 的滴定曲线

(1)K_f(MY)值越大，K_f'(MY)值相应也越大，滴定突跃就大，反之则小。

(2)滴定体系的酸度越高，pH 越小，$\alpha_{Y(H)}$ 越大，K_f'(MY)就越小，滴定突跃也就越小。

(3)缓冲剂或为防止 M 的水解而加入的辅助配位剂都会对金属离子产生配位效应，缓冲剂或辅助配位剂浓度越大，$\alpha_{M(L)}$ 值越大，K_f'(MY)越小，PM′突跃越小。

2. 浓度 c 的影响

图 6-6 是当 $\lg K_f'$(MY)＝10.0，c(M)分别是 $10^{-4}\sim10^{-1}$ mol·L^{-1}时，分别用等浓度的 EDTA 滴定所得的滴定曲线。从图 6-6 中可以看出，当 K_f'(MY)值一定时，c(M)越低，滴定曲线的起点就越高，滴定突跃就越小。因此，溶液的浓度不宜过稀，一般选用 10^{-2} mol·L^{-1}左右。

归纳以上内容，概括起来就是：滴定曲线下限起点的高低，取决于金属离子的原始浓度 c(M)；曲线上限的高低，取决于配合物的条件稳定常数 K_f'。

6.5.3　金属离子可被准确滴定的条件

根据影响滴定突跃大小的因素可知，金属离子的初始浓度和条件稳定常数越大，滴定的突跃范围越大；反之，滴定的突跃范围就越小。而在采用指示剂指示终点的情况下，终点的判断与化学计量点之间至少有±0.2pM 单位的出入，若终点误差(E_t)允许为±0.1%，此条件下，要求 $c_r^{sp}(M)K'_f(MY)$ 不得小于 $10^{6.0}$。即金属离子可被准确滴定（$\Delta pM'=\pm0.2$，$|E_t|\leqslant0.1\%$）的条件是

$$c_r^{sp}(M)K'_f(MY)\geqslant10^{6.0}\ \text{或}\ \lg[c_r^{sp}(M)K'_f(MY)]\geqslant6.0 \tag{6-14}$$

上面 c_r^{sp}(M) 表示化学计量点(sp)时金属离子 M 的总(相对)浓度。可设 $c_r(M)=c_r(Y)=$ 0.02 mol·L^{-1}，则 $c_r^{sp}(M)=0.01$ mol·L^{-1}，因此也常用下面的式(6-15)作为能用配位滴定法准确测定金属离子的判断条件

$$\lg K'_f(MY)\geqslant8.0 \tag{6-15}$$

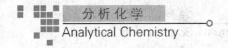

6.5.4 配位滴定的适宜酸度范围

1. 最低 pH(最高允许酸度)

从上面的讨论可知,当 $\lg c_r^{sp}(M)\ K_f'(MY)\geqslant 6$ 时,金属离子 M 才能被准确滴定。若配位反应中只有 EDTA 的酸效应而无其他副反应。计量点时金属离子 M 的浓度为 $0.01\ mol\cdot L^{-1}$时,可得:

$$\lg K_f'(MY)=\lg K_f(MY)-\lg\alpha_{Y(H)}\geqslant 8$$

即

$$\lg\alpha_{Y(H)}\leqslant\lg K_f(MY)-8 \tag{6-16}$$

按上式计算所得 $\lg\alpha_{Y(H)}$ 值对应的酸度就是金属离子 M 的最高允许酸度,与之相应的 pH 称为最低 pH。若溶液的酸度高于这一限度时,金属离子 M 就不能被准确滴定。

例 6-2 试求用 EDTA 标准溶液滴定 Zn^{2+} 的最高允许酸度。

解 查表 6-2 得:$\lg K_f(ZnY)=16.50$

$$\lg\alpha_{Y(H)}\leqslant\lg K_f(ZnY)-8=8.50$$

查表 6-4 得相应的 pH 约为 4.0,即准确滴定 Zn^{2+} 的最低 pH 约为 4.0。

在配位滴定中,了解各种金属离子滴定的最低 pH,对解决实际问题有很大帮助。用上述方法,可以算出用 EDTA 溶液滴定其他金属离子的最低 pH。将 EDTA 滴定每种金属离子的所允许的最低 pH(最高允许酸度)对相应的 $\lg K_f(MY)$ 作图,即可绘出如图 6-7 所示的曲线。此曲线称为酸效应曲线(acidic effective curve),或称林邦曲线。

酸效应曲线的作用:

(1)从曲线上可以找出单独滴定各种金属离子时,溶液所允许的最高酸度(最低 pH)。例如,滴定 Fe^{3+}、Cu^{2+} 和 Zn^{2+} 时允许的最低 pH 分别为 1.2,3 和 4,若小于最低 pH,滴定就无法准确定量。

(2)从曲线可以看出,在一定 pH 范围内,哪些离子可被准确滴定,哪些离子对滴定有干扰。例如,从曲线上可知,在 pH=10.0 附近滴定 Mg^{2+} 时,溶液中若存在 Ca^{2+} 或 Mn^{2+} 等位于 Mg^{2+} 下方的离子都会对滴定有干扰,因为它们稳定常数 $\lg K_f(MY)$ 的差别不够大,均可以同时被滴定。

(3)从曲线还可以看出,利用控制酸度的方法,有可能在同一溶液中对稳定常数 $\lg K_f(MY)$ 差别足够大的几种金属离子进行连续测定。例如,当溶液中含有 Bi^{3+}、Zn^{2+} 及 Mg^{2+} 时,可以用甲基百里酚蓝作指示剂,在 pH=1.0 时,用 EDTA 测定 Bi^{3+},然后在 pH=5.0~6.0 时,连续滴定 Zn^{2+},最后在 pH=10.0~11.0 时滴定 Mg^{2+}。

酸效应曲线只考虑了酸度对 EDTA 的影响,若条件发生变化,所求的最低 pH 也会发生变化,即酸效应曲线是在特定条件(参见图 6-7)下绘出的。因此,它的实际应用范围有限。

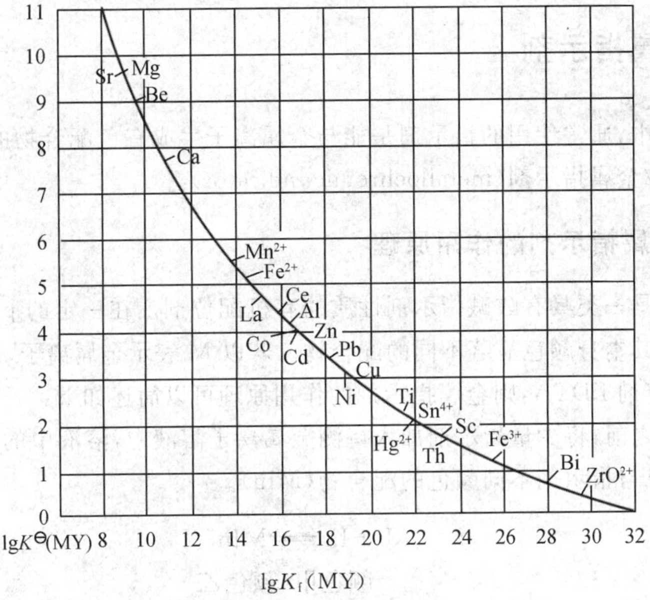

图 6-7　EDTA 的酸效应曲线

（金属离子浓度为 0.01mol・L^{-1}，允许终点误差为±0.1%）

2. 最高 pH（最低允许酸度）

必须指出，配位滴定时实际采用的 pH，要比所允许的最低 pH 略高一些，以便被滴定的金属离子和 EDTA 的配位反应更完全些。但过高的 pH 又会引起金属离子的水解而析出沉淀，妨碍 MY 的形成而影响滴定的准确性，甚至会使滴定无法进行。因此，对不同的金属离子，滴定时有不同的最高 pH（最低允许酸度）。在没有辅助配位剂存在下，最低酸度值可由 $M(OH)_n$ 的溶度积近似求得。

例 6-3　求出 2.0×10^{-2} mol・L^{-1} EDTA 溶液滴定同浓度的 Zn^{2+} 的最高 pH。

解　根据溶度积原理，为防止开始时生成 $Zn(OH)_2$ 沉淀，应使溶液的 pH 满足：

$$c_r(OH^-)\leqslant\sqrt{\frac{K_{sp}[Zn(OH)_2]}{c_r[Zn^{2+}]}}\leqslant\sqrt{\frac{5.0\times10^{-6}}{2.0\times10^{-2}}}=10^{-6.80}$$

$$pOH\geqslant6.80\qquad pH\leqslant7.20$$

pH 7.20 即为滴定 Zn^{2+} 的最高 pH。只要有合适的指示终点的方法，在最低酸度和最高酸度之间的范围内进行滴定，均能获得较准确的结果。因此，通常将此酸度范围称为配位滴定的适宜酸度范围。所以，滴定 Zn^{2+} 的适宜酸度范围为 pH＝4.0～7.2。

由于 EDTA 在滴定过程中，随着 MY 的形成会不断释放出 H^+：$M+H_2Y=MY+2H^+$，使溶液的酸度逐渐增大，其结果不仅降低了配合物的条件稳定常数，使滴定突跃范围减小，而且破坏了指示剂变色的最适宜酸度范围，导致产生很大的误差。因此，在配位滴定中常常需加入一定量的缓冲溶液来控制溶液的酸度。

6.6 金属指示剂

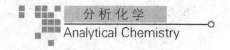

在配位滴定中，通常使用的指示剂是能与金属离子生成有色配合物的显色剂，称为金属离子指示剂，简称金属指示剂(metallochromic indicator)。

6.6.1 金属指示剂的作用原理

金属指示剂是一类具有酸碱指示剂性质的有机配位剂。在一定的 pH 条件下能与被测金属离子形成与其本身颜色显著不同的配合物。若以 M 表示金属离子，In 表示指示剂的阴离子，Y 表示滴定剂 EDTA，则金属指示剂的作用原理可以简述如下：

在滴定开始之前，将少量指示剂加入待测金属离子溶液中，溶液中的一部分金属离子和指示剂反应，形成与指示剂不同颜色的配合物(MIn)。

$$\underset{\text{颜色甲}}{M+In}\rightleftharpoons\underset{\text{颜色乙}}{MIn}$$

滴定开始至化学计量点前，加入的 EDTA 首先与未和指示剂反应的游离金属离子反应。

$$M+Y\rightleftharpoons MY$$

随着滴定的进行，溶液中的游离金属离子的浓度在不断地下降。当反应快达化学计量点时，游离的金属离子已被配位完毕，再加入的 EDTA 就会夺取 MIn 中的金属离子，释放出指示剂，与此同时，溶液由乙色变为甲色，表示终点到达。

$$\underset{\text{颜色乙}}{MIn}+Y\rightleftharpoons MY+\underset{\text{颜色甲}}{In}$$

6.6.2 金属指示剂应具备的条件

根据金属指示剂的作用原理，显然作为金属指示剂应具备下列条件：

(1)在滴定的 pH 范围内，指示剂(In)与其金属离子配合物(MIn)应有显著的颜色差异。

(2)MIn 的稳定性应适当。一方面，MIn 的稳定性必须比 MY 的稳定性低，即 $K_f'(MIn)<K_f'(MY)$，因为若 $K_f'(MIn)>K_f'(MY)$，必然会导致滴定到化学计量点时，再滴入稍过量的 Y 不能从 MIn 中夺取金属离子而释放出指示剂。另一方面，MIn 的稳定性又不能比 MY 的稳定性低得太多，若 $K_f'(MIn)\ll K_f'(MY)$，势必会导致不到计量点，滴定剂 Y 就会夺取 MIn 中的金属离子 M 使指示剂 In 游离出来，从而使溶液在化学计量点前就变色，导致终点提前。因此，一般要求 $K_f'(MY)$ 是 $K_f'(MIn)$ 的 100 倍以上。

(3)金属指示剂与金属离子的反应必须迅速、灵敏，具有良好的变色可逆性。

(4)指示剂本身以及指示剂与金属离子的配合物(MIn)都应易溶于水。

(5)金属指示剂应比较稳定，便于贮藏和使用。

6.6.3 金属指示剂的选择

金属指示剂的选择原则与前面学过的酸碱指示剂的选择很相似。都是以在滴定过程中,化学计量点附近产生的突跃范围为基本依据的。

根据配位平衡,被测金属离子 M 与指示剂形成有色配合物 MIn,它在溶液中应有下列离解平衡:

$$\text{MIn} \rightleftharpoons \text{M} + \text{In}$$

考虑到溶液中副反应的影响,可得

$$K_f'(\text{MIn}) = \frac{c_{r,e}(\text{MIn})}{c_r(\text{M}')c_r(\text{In}')}$$

$$\lg K_f'(\text{MIn}) = \text{pM}' + \lg \frac{c_{r,e}(\text{MIn})}{c_r(\text{In}')}$$

在指示剂变色点时,$c_{r,e}(\text{MIn}) = c_r(\text{In}')$,则有

$$\lg K_f'(\text{MIn}) = \text{pM}' \tag{6-17}$$

由式(6-17)可见,指示剂变色点时的 pM'(即 pM'_{ep})等于金属指示剂与金属离子形成的有色配合物的 $\lg K'_f(\text{MIn})$。

需要注意的是:金属指示剂不像酸碱指示剂那样,有一个确定的变色点。这是因为金属指示剂既是配位剂,又具有酸碱性质。所以,指示剂与金属离子 M 的有色配合物(MIn)的条件稳定常数 $K'_f(\text{MIn})$将随溶液 pH 的变化而变化,指示剂的变色点 pM'_{ep}当然也就随溶液 pH 的不同而异了。因此,在选择金属指示剂时,必须考虑体系的酸度,使指示剂的变色点 pM'_{ep}与化学计量点 pM'_{sp}尽可能一致,至少变色点应在计量点附近的 pM 突跃范围内,以减少终点误差。

理论上,指示剂的选择可以通过与其有关的常数进行计算来完成。但遗憾的是,迄今为止,金属指示剂的有关常数很不齐全,所以在实际工作中大多采用实验方法来选择指示剂,即先试验待选指示剂在终点时的变色敏锐程度,然后再检验滴定结果的准确度,这样就可以确定该指示剂是否符合要求。

6.6.4 金属指示剂的封闭、僵化及氧化变质现象

1. 指示剂的封闭现象

如上所述,金属指示剂应在化学计量点附近变色敏锐。但在实际应用中,有时会发生这样的现象,当配位滴定进行到化学计量点时,稍过量的滴定剂 EDTA 并不能夺取 MIn 中的金属离子,因而使指示剂在计量点附近没有颜色变化。这种现象称为指示剂的封闭现象(blocking of indicator)。指示剂封闭现象的消除可通过分析造成封闭的不同原因而采取相应的措施来完成。

如果指示剂的封闭是由于溶液中存在的被测离子以外的干扰离子引起的,即干扰离子与 In 形成了稳定性大于 MY 的配合物而导致指示剂在计量点附近不变色,通常可采用选择

适当的掩蔽剂掩蔽干扰离子加以消除。例如，在 pH＝10.0 时，以铬黑 T 为指示剂，用 EDTA 滴定水中的 Ca^{2+}、Mg^{2+} 时，若水样中含有 Fe^{3+}、Al^{3+} 时，就会对指示剂造成封闭，可用三乙醇胺掩蔽。若水样中含有 Cu^{2+}、Co^{2+}、Ni^{2+} 等干扰离子引起指示剂的封闭现象，可加入 KCN 来掩蔽消除。如果指示剂的封闭是由待测离子 M 本身造成的，即未满足 $K_f'(MIn) < K_f'(MY)$，对于指示剂的这种封闭现象可采用返滴定法加以消除。例如，Al^{3+} 对二甲酚橙有封闭作用，所以测定 Al^{3+} 时可在 pH＝3.5 的条件下，先加入过量的已知准确浓度的 EDTA 溶液，煮沸，使 Al^{3+} 与 EDTA 充分反应形成 AlY 后，再调节 pH 到 5～6，加入指示剂二甲酚橙，用 Zn^{2+} 或 Pb^{2+} 标准溶液返滴剩余的 EDTA，从而避免了 Al^{3+} 对指示剂的封闭。

有时，指示剂的封闭现象是由于指示剂有色配合物的颜色变化的可逆性差所致的。在这种情况下，只好更换指示剂。

2. 指示剂的僵化现象

有些指示剂本身或其金属离子配合物的水溶性比较差，因而使得终点溶液变色缓慢而使终点拖长，这种现象称为指示剂的僵化现象(ossification of indicator)。通常可采用加入适当的有机溶剂或加热的办法来消除指示剂的僵化现象。例如，用 PAN 作指示剂时，加入乙醇或丙酮等有机溶剂，或加热都可使指示剂颜色变化明显。

3. 指示剂的氧化变质现象

多数金属离子指示剂含有不同数量的双键，所以很容易被日光、氧化剂、空气等作用而变质，特别是在水溶液中，金属指示剂的稳定性更差。分解变质的速率与试剂的纯度有关。一般是纯度较高时，保存的时间也较长。另外，有些金属离子对指示剂的氧化分解有催化作用。例如，铬黑 T 在 Mn^{4+}、Ce^{4+} 存在下，仅数秒钟就分解褪色。

由于上述原因，金属指示剂在使用时，通常直接使用由中性盐(如 NaCl、KNO_3 等)按一定比例(一般是质量比为 1∶100)混合后的固体试剂，也可在指示剂溶液中加入还原剂(如盐酸羟胺、抗坏血酸等)进行保护。另外，指示剂溶液配制后，放置的时间不要太长，最好是现用现配。

6.6.5 常用的金属指示剂

目前，已知的金属指示剂已达 300 多种。这里介绍几种最常用的金属指示剂。

1. 铬黑 T (eriochrome black T)

铬黑 T 简称 EBT，属偶氮染料。其化学名称为 1-(1-羟基-2-萘偶氮基)-6-硝基-2-萘酚-4-磺酸钠。其结构式为

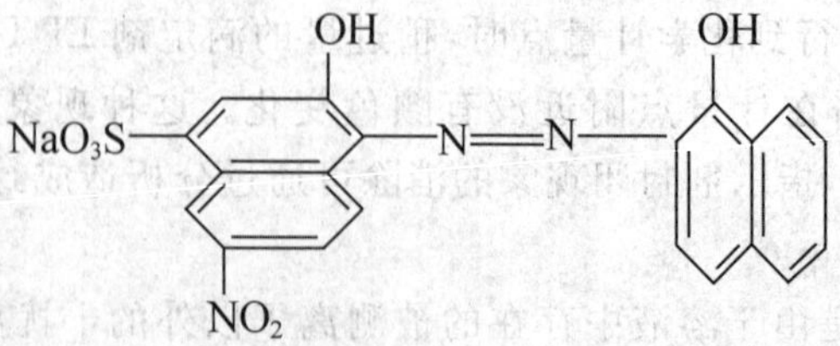

铬黑 T(可用符号 NaH_2In 表示)为带有金属光泽的黑褐色粉末，溶于水时，磺酸基上的 Na^+ 全部离解，形成 H_2In^-。它在水溶液中存在下列酸碱平衡：

$$\underset{\text{紫红色}}{H_2In^-} \xrightleftharpoons{pK_{a_2}=6.3} \underset{\text{蓝色}}{HIn^{2-}} \xrightleftharpoons{pK_{a_3}=11.6} \underset{\text{橙色}}{In^{3-}}$$

根据酸碱指示剂的变色原理，对铬黑 T 在不同 pH 下的颜色可以近似估计如下：当 $pH=pK_{a_2}=6.3$ 时，$c_{r,e}(H_2In^-)=c_{r,e}(HIn^{2-})$，呈现蓝色与紫红色的混合色；根据酸碱指示剂的作用原理，当 $pH<6.3-1(5.3)$ 时 $c_{r,e}(H_2In^-)>10c_{r,e}(HIn^{2-})$，呈现紫红色；同理，$pH>11.6+1(12.6)$ 时，$c_{r,e}(In^{3-})\geqslant 10c_{r,e}(HIn^{2-})$，溶液呈橙色；在 $pH=7.3(6.3+1)\sim 10.6(11.6-1)$ 时，呈蓝色。铬黑 T 能与许多金属离子(如 Ca^{2+}、Mg^{2+}、Zn^{2+}、Cd^{2+}、Pb^{2+}、Hg^{2+} 等)形成红色配合物，所以使用铬黑 T 的适宜酸度范围是 $pH=7.3\sim10.6$。从理论上讲，在这个 pH 范围内，铬黑 T 都可以作为金属离子指示剂使用。但实验结果表明，使用铬黑 T 的最适宜酸度是 $pH=9.0\sim10.5$。Al^{3+}、Fe^{3+}、Co^{2+}、Ni^{2+}、Cu^{2+}、Ti^{4+} 等离子对铬黑 T 有封闭作用。

在实际应用中，通常把铬黑 T 与纯净的中性盐(如 NaCl、KNO_3 等)按质量比 1∶100 的比例混合，直接使用。

2. 钙指示剂(calcon-carboxylic acid)

钙指示剂简称 NN 或钙红，也属偶氮染料。其化学名称为：2-羟基-1-(2-羟基-4-磺酸基-1-萘偶氮基)-3-萘甲酸。其结构式为

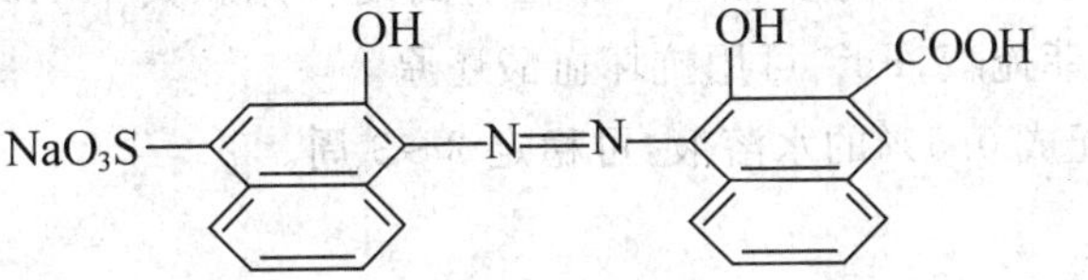

纯的钙指示剂(可用符号 Na_2H_2In 表示)为紫黑色粉末。在水溶液中有下列酸碱平衡：

$$\underset{\text{红色}}{H_2In^{2-}} \xrightleftharpoons{pK_{a_3}=7.26} \underset{\text{蓝色}}{HIn^{3-}} \xrightleftharpoons{pK_{a_4}=13.67} \underset{\text{红色}}{In^{4-}}$$

钙指示剂的适用酸度范围为 $pH=8\sim13$，自身为蓝色，与 Ca^{2+} 形成红色配合物 CaIn。但在 $pH=12\sim13$ 时灵敏度高，故常在此酸度范围内使用。Fe^{3+}，Al^{3+} 对钙指示剂有封闭作用，可用 KCN 和三乙醇胺联合掩蔽而消除。

纯的固态钙指示剂性质稳定，但它的水溶液和乙醇溶液都不稳定，故一般与固体试剂 NaCl 按质量比 1∶100 的比例混合后使用。

3. 二甲酚橙(xylenol orange)

二甲酚橙简称 XO，属三苯甲烷类显色剂。其化学名称为：3,3′-双[N,N-二(羧甲基)-氨甲基]-邻甲酚磺酞，结构式如下：

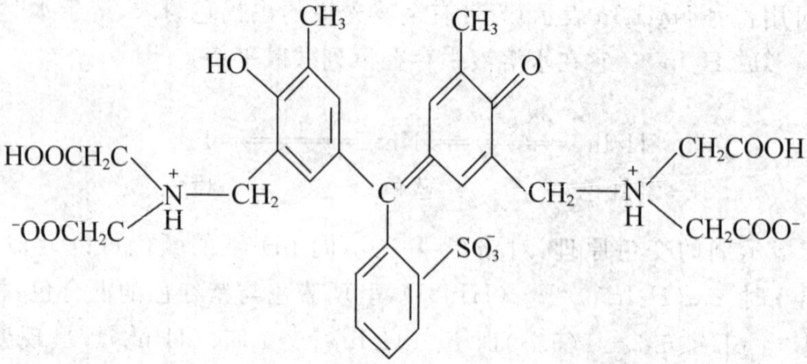

二甲酚橙为易溶于水的紫色结晶。它有 6 级酸式离解。其中 H_6In 至 H_2In^{4-} 都是黄色，HIn^{5-} 至 In^{6-} 为红色。在 pH＝5～6 时，二甲酚橙主要以 H_2In^{4-} 形式存在。H_2In^{4-} 的酸碱离解平衡如下：

$$\underset{\text{黄色}}{H_2In^{2-}} \xrightleftharpoons{pK_{a_5}=6.3} \underset{\text{红色}}{H^+ + HIn^{5-}}$$

由此可见，pH＞6.3 时，它呈红色；pH＜6.3 时，呈黄色。二甲酚橙与金属离子形成的配合物都是紫红色，因此，它只适合在 pH＜6.3 的酸性溶液中使用。许多金属离子可用二甲酚橙作指示剂直接滴定。如 ZrO^{2+}（pH＜1）、Bi^{3+}（pH＝1～2）、Th^{4+}（pH＝2.3～3.5）、Pb^{2+}、Zn^{2+}、Cd^{2+}、Hg^{2+}、La^{3+}、Y^{3+}（pH＝5.0～6.0）等，终点由红紫色转变为亮黄色，变色敏锐。

Al^{3+}、Fe^{3+}、Ni^{2+}、Ti^{4+} 等离子对二甲酚橙有封闭作用。其中 Al^{3+}、Ti^{4+} 可用氟化物掩蔽，Ni^{2+} 可用邻二氮菲掩蔽；Fe^{3+} 可用抗坏血酸还原。

二甲酚橙通常配成 0.5%的水溶液，可稳定 2～3 周。

4. PAN

PAN 属于吡啶偶氮类显色剂，化学名称是 1-(2-吡啶偶氮)-2-萘酚。纯的 PAN 是橙红色针状结晶，难溶于水，可溶于碱、氨溶液及甲醇、乙醇等溶剂中，通常配制成 0.1%乙醇溶液使用。PAN 在 pH＝1.9～12 范围内呈黄色，而 PAN 与金属离子的配合物是红色。所以，PAN 的适用酸度为 pH＝2～12，与 Th^{4+}、Bi^{3+}、Cu^{2+}、Ni^{2+}、Pb^{2+}、Cd^{2+}、Zn^{2+}、Mn^{2+}、Fe^{2+} 形成紫红色配合物，自身显黄色。红色配合物水溶性差、易僵化，可加入乙醇并适当加热以加快变色过程。几种常用金属指示剂及其重要的应用列于表 6-6 中。

表 6-6 几种常用的金属指示剂

指示剂名称	使用的 pH 范围	颜色变化		被滴定的主要离子	配制方法
		MIn	In		
铬黑 T	7～10	红	蓝	pH10 Mg^{2+}、Zn^{2+}、Ca^{2+}、Pb^{2+}、Mn^{2+}、In^{3+}、稀土离子（Cu^{2+}、Ni^{2+}、Co^{2+}、Al^{3+}、Fe^{3+}、Th^{4+}、铂族封闭）	1∶100 NaCl 研磨

续表 6-6

指示剂名称	使用的 pH 范围	颜色变化		被滴定的主要离子	配制方法
		MIn	In		
酸性铬蓝 K	8～13	红	蓝	pH10 Mg^{2+}、Zn^{2+}、pH13 Ca^{2+}	1∶100NaCl(或 KNO_3)研磨
钙指示剂	10～13	红	蓝	pH 12～13 Ca^{2+}(Al^{3+}、Fe^{3+}、Cu^{2+}、Ni^{2+}、Co^{2+} 封闭)	1∶100NaCl(或 KNO_3)研磨
PAN	2～12	红	黄或黄绿	pH 2～3 Bi^{3+}、In^{3+}、Th^{4+} pH 4～5 Cu^{2+}、Ni^{2+}、Zn^{2+}、Cd^{2+}、稀土	0.2%乙醇溶液
磺基水杨酸	1.3～3	紫红	无色	pH 2～3 Fe^{3+}(加热)	2%水溶液
二甲酚橙 XO	<6	紫红	亮黄	pH <1 ZrO^{2+} pH 1～2 Bi^{3+} pH 2.5～3.5 Th^{4+} pH 3 ～ 6 Zn^{2+}、Pb^{2+}、Cd^{2+}、Hg^{2+}、稀土	0.2%水溶液

6.7 提高配位滴定选择性的途径

EDTA 具有很强的配位能力,可以跟周期表中的绝大多数金属离子形成螯合物,而实际分析对象往往又比较复杂,经常是同一溶液中多种金属离子共存,因此,如何提高配位滴定的选择性,就成为配位滴定中一个十分重要的问题。提高配位滴定选择性的方法,主要是设法降低干扰离子与 EDTA 配合物的稳定性或降低干扰离子的浓度。常用的方法有以下几种。

6.7.1 控制溶液的酸度

由于 MY 的稳定常数不同,所以滴定时允许的最低 pH 不同。溶液中同时有两种或两种以上的离子时,若控制溶液的酸度,致使只有一种离子形成稳定配合物,而其他离子不易配合,这样就避免了干扰。

若溶液中含有两种金属离子 M 和 N,它们均与 EDTA 形成配合物,且 $K_f(MY) > K_f(NY)$ 。当用 EDTA 滴定时,首先被滴定的是 M。若 $K_f(MY)$ 与 $K_f(NY)$ 相差足够大,则 M 被定量滴定后才与 N 反应,也即能准确地选择性滴定 M 而 N 不干扰,这就是分步滴定的问题。若金属离子 M 无副反应($\alpha_M=1$),分步滴定条件为

$$\lg[c_r^{sp}(M)K_f(MY)]-\lg[c_r^{sp}(N)K_f(NY)]\geqslant 5 \tag{6-18}$$

式(6-18)表示滴定体系满足此条件时,只要有合适的指示 M 离子终点的指示剂,那么控制 M 离子处于适宜酸度范围内,都可准确滴定 M,而 N 离子不干扰,终点误差在±0.3%以内($\Delta pM=\pm 0.2$)。

例 6-4 溶液中 Bi^{3+} 和 Pb^{2+} 同时存在,其浓度均为 0.02 mol·L^{-1},试问能否利用控

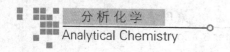

制溶液酸度的方法选择滴定 Bi^{3+}？若可能，确定在 Pb^{2+} 存在下，选择滴定 Bi^{3+} 的酸度范围。

解 查表 6-2 得：$\lg K_f(BiY)=27.94$ $\lg K_f(PbY)=18.04$

已知 $c(Bi^{3+})=c(Pb^{2+})=0.01\ mol\cdot L^{-1}$

得：$\lg[c_r^{sp}(Bi^{3+})K_f(BiY)]-\lg[c_r^{sp}(Pb^{2+})K_f(PbY)]=27.94-18.04=9.95>5$，故可利用控制溶液酸度的方法滴定 Bi^{3+} 而 Pb^{2+} 不干扰。

从酸效应曲线(图 6-7)可查出，滴定 Bi^{3+} 的最高允许酸度为 pH=0.70，即要求 pH>0.7，但滴定时 pH 不能太高，因 pH=2 时，Bi^{3+} 就会与水发生反应，析出沉淀。

查酸效应曲线(图 6-7)可知 pH≈1.6，即为 pH<1.6 时，Pb^{2+} 就不能被滴定。因此，在 Pb^{2+} 存在下选择滴定 Bi^{3+} 的酸度范围是 pH 为 0.7～1.6，在实际测定中一般选 pH=1.0。

如果两种金属离子与 EDTA 所形成的配合物的稳定性相近时，就不能利用控制溶液酸度的方法来进行分别滴定，可采用其他方法。

6.7.2 利用掩蔽剂进行选择性滴定

当 $\lg[c_r^{sp}(M)K_f(MY)]-\lg[c_r^{sp}(N)K_f(NY)]<5$ 时，就不能用控制酸度的方法选择滴定 M。在这种情况下可利用加入掩蔽剂来降低干扰离子的浓度，从而达到消除干扰的目的，这种方法称为掩蔽法。常用的掩蔽法有配位掩蔽法、沉淀掩蔽法及氧化还原掩蔽法。其中以配位掩蔽法应用最广。

1. 配位掩蔽法

配位掩蔽法是利用配位反应来降低干扰离子浓度以消除干扰的方法。例如，当 Al^{3+} 和 Zn^{2+} 共存时，加入 NH_4F 使 Al^{3+} 生成稳定的 AlF_6^{3-} 配合物而被掩蔽起来，调节 pH 为 5～6，以二甲酚橙为指示剂，可准确滴定 Zn^{2+} 而 Al^{3+} 不干扰。采用配位掩蔽法时，所用掩蔽剂必须具备下列条件：

(1)干扰离子与掩蔽剂形成的配合物应远比它与 EDTA 形成的配合物稳定，且配合物应为无色或浅色，不影响滴定终点的判断。

(2)掩蔽剂不与被测离子反应，即使反应形成配合物，其稳定性应远低于被测离子与 EDTA 形成的配合物，这样在滴定时掩蔽剂可被 EDTA 置换。

(3)掩蔽剂使用的 pH 范围应与滴定的 pH 范围一致。

表 6-7 列出了一些常用的掩蔽剂和被掩蔽的金属离子。

表 6-7 一些常用的掩蔽剂和被掩蔽的金属离子

掩蔽剂	被掩蔽的金属离子	使用条件
三乙醇胺	Al^{3+}，Fe^{3+}，Sn^{4+}，TiO^{2+}，Mn^{2+}	酸性条件中加入三乙醇胺，然后调至碱性
氟化物	Al^{3+}，Sn^{4+}，TiO^{2+}，Zr^{4+}	溶液 pH>4
氰化物	Cd^{2+}，Hg^{2+}，Cu^{2+}，Ni^{2+}，Co^{2+}，Fe^{2+}	溶液 pH>8
硫化物	Hg^{2+}，Cu^{2+}	弱酸性溶液
2,3-二巯基丙醇	Cd^{2+}，Hg^{2+}，Bi^{3+}，Sb^{3+}	溶液 pH≈10

续表 6-7

掩蔽剂	被掩蔽的金属离子	使用条件
乙酰丙酮	Al^{3+}，Fe^{3+}，Bi^{3+}，Pb^{2+}，UO_2^{2+}	溶液 pH＝5～6
邻二氮菲	Cu^{2+}，Ni^{2+}，Co^{2+}	溶液 pH＝5～6
柠檬酸	Fe^{3+}，Bi^{3+}，Cr^{3+}，Sn^{4+}，Th^{4+}，Zr^{4+}，$UO_2{}^{2+}$	中性溶液
磺基水杨酸	Sn^{4+}，Th^{4+}，Al^{3+}	酸性溶液

2. *沉淀掩蔽法*

沉淀掩蔽法是利用沉淀反应来降低干扰离子的浓度，以消除干扰的方法。例如，在 Ca^{2+}、Mg^{2+} 两种离子共存的溶液中，加入 NaOH，使 pH≥12，则 Mg^{2+} 生成 $Mg(OH)_2$ 沉淀，使用钙指示剂，可用 EDTA 直接滴定 Ca^{2+}。沉淀掩蔽法不是一种理想的掩蔽方法，它存在以下缺点：

(1)某些沉淀反应进行不完全，掩蔽效率有时不高。

(2)发生沉淀反应时，通常伴随共沉淀现象，影响滴定的准确度。当沉淀能吸附金属指示剂时，会影响终点观察。

(3)某些沉淀颜色很深或体积庞大，妨碍终点观察。

在配位滴定中，采用沉淀掩蔽法的示例见表 6-8。

表 6-8　沉淀掩蔽法示例

掩蔽剂	被掩蔽离子	被滴定离子	pH	指示剂
硫酸盐	Ba^{2+}，Sr^{2+}	Mg^{2+}，Ca^{2+}	10	铬黑 T
NH_4F	Ba^{2+}，Sr^{2+}，Ca^{2+}，Mg^{2+}，Ti^{4+}，Al^{3+}	Zn^{2+}，Cd^{2+}，Mn^{2+}	10	铬黑 T
H_2SO_4	Pb^{2+}	Bi^{3+}	1	二甲酚橙
硫化物或铜试剂	Pb^{2+}，Cu^{2+}，Bi^{3+}，Cd^{2+}，Hg^{2+}	Mg^{2+}，Ca^{2+}	10	铬黑 T
KI	Cu^{2+}	Zn^{2+}	5～6	PAN
NaOH	Mg^{2+}	Ca^{2+}	12	钙指示剂

3. *氧化还原掩蔽法*

氧化还原掩蔽法是利用氧化还原反应来改变干扰离子的价态，以消除干扰的方法。例如，用 EDTA 滴定 Bi^{3+}、Zr^{4+}、Th^{4+} 等离子时，溶液中如果存在 Fe^{3+}，将干扰滴定，这时可在酸性溶液中加入抗坏血酸或盐酸羟胺，将 Fe^{3+} 还原成 Fe^{2+}，以消除 Fe^{3+} 的干扰。

6.7.3　利用解蔽作用提高选择性

将一些离子掩蔽，对某种离子进行滴定以后，再使用一种试剂以破坏这些被掩蔽的离子与掩蔽剂所生成的配合物，使该种离子从配合物中释放出来，这种作用称为解蔽，所用试剂称为解蔽剂。利用某些选择性的解蔽剂，也可以提高配位滴定的选择性。

例如，当 Zn^{2+}，Pb^{2+} 两种离子共存时，用氨水中和试液，加 KCN 以掩蔽 Zn^{2+}，可在 pH＝10 时，用铬黑 T 作指示剂，用 EDTA 滴定 Pb^{2+}。滴定后的溶液加入甲醛或三氯乙醛作解蔽剂，以破坏 $[Zn(CN)_4]^{2-}$ 配离子。

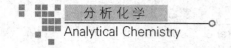

$$[Zn(CN)_4]^{2-} + 4HCHO + 4H_2O \rightleftharpoons Zn^{2+} + 4HOCH_2CN + 4OH^-$$

释放出的 Zn^{2+}，再用 EDTA 继续滴定。

6.7.4 预先分离干扰离子

如果使用控制溶液酸度和使用掩蔽剂等方法都不能消除共存离子的干扰，就只有预先将干扰离子分离出来，再测定被测离子。分离的方法很多，可根据干扰离子和被测离子的性质进行选择。例如，磷矿石中一般含 Al^{3+}、Fe^{3+}、Mg^{2+}、Ca^{2+}、PO_4^{3-}、F^- 等离子，F^- 有严重干扰，它能与 Al^{3+}、Fe^{3+} 生成很稳定的配合物，酸度低时又能与 Ca^{2+} 生成 CaF 沉淀，因此在滴定前必须加酸、加热，使 F^- 生成 HF 而挥发出去。

6.8 配位滴定法的应用

6.8.1 EDTA 标准溶液的配制和标定

EDTA 标准溶液可以采用直接法和间接法（标定法）来配制。由于分析纯 EDTA 二钠盐中常有 0.3%的水分，若直接配制应将试剂在 80℃干燥过夜或在 120℃下烘至恒重。又因为水或其他试剂中常含有少量金属离子，故 EDTA 标准溶液常用间接法（标定法）配制，方法是先配成接近所需浓度的 EDTA 溶液，然后再进行标定。

标定 EDTA 溶液的基准物质较多，如 Zn、Cu、Bi、ZnO、$CaCO_3$ 和 $MgSO_4 \cdot 7H_2O$ 等。为了提高测定的准确度，标定条件与测定条件应尽可能一致。因此，标定 EDTA 溶液时，应尽可能采用被测元素的金属或化合物作为基准物质，以消除系统误差。例如，在测定水中钙镁的实验中所用 EDTA 就常用由 $CaCO_3$ 配制的钙标准溶液或由 $MgSO_4 \cdot 7H_2O$ 配制的镁标准溶液，在 pH 为 9～10 的氨性缓冲溶液中以铬黑 T 为指示剂进行标定。

配制 EDTA 一般常用二次蒸馏水或去离子水，因为水中微量的 Cu^{2+}、Al^{3+} 等离子会封闭指示剂，使终点难以判断；而水中的 Ca^{2+}、Mg^{2+}、Sn^{2+}、Pb^{2+} 等则会与 EDTA 反应，对测定结果产生影响。

EDTA 标准溶液应当贮存在聚乙烯塑料瓶中。若贮存在软质玻璃瓶中，会因溶入某些金属离子（如 Ca^{2+}），而使浓度不断降低。因此存放了较长时间的 EDTA 标准溶液在使用前应重新标定。

6.8.2 各种配位滴定方式及应用实例

在配位滴定中，采用不同的滴定方式，不仅可以扩大配位滴定的应用范围，使许多不能直接滴定的元素能够进行配位滴定，而且还可以提高滴定的选择性。

1.直接滴定法及其实例

直接滴定方式是配位滴定中的基本滴定方式，这种方式是将试样处理成溶液后，调至所需要的酸度，加入必要的其他试剂和指示剂，直接用 EDTA 滴定，一般情况下引入误差较少，所以，在可能范围内尽量采用直接滴定法。

实例：水的总硬度（total hardness of water）测定及钙、镁含量的测定。

水的硬度最初是指水沉淀肥皂的能力，使肥皂沉淀的主要原因是水中存在的钙、镁离子。水的总硬度指水中钙、镁离子的总浓度，其中包括碳酸盐硬度（carbonate hardness）和非碳酸盐硬度（in-carbonate hardness）。碳酸盐硬度指通过加热能以碳酸盐形式沉淀下来的钙、镁离子，故又叫暂时硬度（temporary hardness），非碳酸盐硬度指加热后不能沉淀下来的那部分钙、镁离子，又称永久硬度（permanent hardness）。

硬度的表示方法在国际、国内都尚未统一。我国通常使用较多的表示方法有两种：一种是将所测得的钙、镁折算成 $CaCO_3$ 的质量，规定每升水中含 1 mg $CaCO_3$ 为 1 度；另一种是将所测得的钙、镁折算成 CaO 的质量，规定每升水中含 10 mg CaO 为 1 度。前者称为美国度。后者称为德国度。

(1)水的总硬度的测定　在一份水样中加入 pH＝10.0 的氨性缓冲溶液和铬黑 T 指示剂少许，此时溶液呈玫瑰红色。当用 EDTA 标准溶液滴定时，在化学计量点时，EDTA 从 $MgIn^-$ 中夺取 Mg^{2+}，从而使指示剂游离出来，溶液的颜色由红变为纯蓝，即为终点。有关反应如下：

$$Ca^{2+} + H_2Y^{2-} \rightleftharpoons CaY^{2-} + 2H^+$$
$$Mg^{2+} + H_2Y^{2-} \rightleftharpoons MgY^{2-} + 2H^+$$
$$MgIn^- + H_2Y^{2-} \rightleftharpoons MgY^{2-} + HIn^{2-} + H^+$$

水的总硬度可由 EDTA 标准溶液的浓度 c(EDTA)和消耗体积 V_1(EDTA)来计算。

$$\text{总硬度} = \frac{c(\text{EDTA})V_1(\text{EDTA})M(\text{CaO})}{10V(\text{s})} \times 1\ 000$$

当水样中 Mg^{2+} 极少时，加入的铬黑 T 除了与 Mg^{2+} 配位外还与 Ca^{2+} 配位，但 $CaIn^-$ 比 $MgIn^-$ 的显色灵敏度要差很多，往往得不到敏锐的终点。为了提高终点变色的敏锐性，可在 EDTA 标准溶液中加入适量的 Mg^{2+}（注意，要在 EDTA 标定前加入，这样就不影响 EDTA 与被测离子之间的滴定定量关系），或在缓冲溶液中加入一定量的 Mg-EDTA 盐。

水样中若有 Fe^{3+}、Al^{3+} 等干扰离子时，可用三乙醇胺掩蔽。如有 Cu^{2+}、Pb^{2+}、Zn^{2+}、Co^{2+}、Ni^{2+} 等干扰离子，可用 Na_2S、KCN 等掩蔽。

(2)钙的测定　另取一份水样，用 NaOH 调至 pH＝12.0，此时 Mg^{2+} 生成 $Mg(OH)_2$ 沉淀，不干扰 Ca^{2+} 的测定。加入少量钙指示剂，溶液呈红色：

$$\underset{\text{(蓝色)}}{Ca^{2+} + HIn^{3-}} \rightleftharpoons \underset{\text{(红色)}}{CaIn^{2-}} + H^+$$

滴定开始至计量点，有关反应为：

$$Ca^{2+} + H_2Y^{2-} \rightleftharpoons CaY^{2-} + 2H^+$$
$$CaIn^{2-} + H_2Y^{2-} \rightleftharpoons CaY^{2-} + HIn^{3-} + H^+$$

溶液由红色变为蓝色即为终点，所消耗的 EDTA 的体积为 V_2(EDTA)，按下式计算 Ca^{2+} 的质量浓度，单位为 $mg \cdot L^{-1}$。

$$\rho(Ca^{2+}) = \frac{c(\text{EDTA})V_2(\text{EDTA})M(Ca^{2+})}{V(\text{s})} \times 1\ 000$$

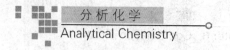

Mg^{2+}的质量浓度(单位 $mg \cdot L^{-1}$)的计算式为

$$\rho(Mg^{2+})=\frac{c(EDTA)[V_1(EDTA)-V_2(EDTA)]M(Mg^{2+})}{V(s)}\times 1\,000$$

2.返滴定法及其实例

在配位滴定中,有些待测离子虽然能与EDTA形成稳定的配合物,但对指示剂有封闭作用,或缺少合适的指示剂,或有些待测离子与EDTA的配位速度很慢,或本身易水解,此时一般采用返滴定方式进行滴定:即先加入过量的EDTA标准溶液,使待测离子反应完全后,再用其他金属离子标准溶液返滴定过量的EDTA。

实例:铝盐的测定。

由于 Al^{3+} 与EDTA的配位速度较慢,对二甲酚橙指示剂有封闭作用,还会与 OH^- 形成多羟基配合物,因此,不能用EDTA直接滴定。常采用返滴定法测定铝的含量。现以氢氧化铝凝胶含量的测定为例说明,其中氢氧化铝含量以 Al_2O_3 计。

称取试样 m(s)g,加1∶1 HCl,加热煮沸使其溶解,冷至室温,过滤,滤液定容至250 mL,量取25.00 mL,加氨水至恰好析出白色沉淀,再加稀HCl至沉淀刚好溶解。加HAc-NaAc缓冲液调至pH=5,加已知准确浓度的一定量过量的EDTA标准溶液 V_1(mL),煮沸,冷至室温,加二甲酚橙指示剂,以锌标准溶液滴定至溶液由黄色变为淡紫红色,记下消耗的锌标准溶液体积 V_2(mL)。

结果计算:

$$w(Al_2O_3)=\frac{\frac{1}{2}[c(EDTA)V_1(DETA)-c(Zn^{2+})V_2(Zn^{2+})]M(Al_2O_3)\times 10^{-3}}{m(s)\times\frac{25.00}{250.00}}$$

3.置换滴定法及其实例

金属离子与EDTA形成的配合物不稳定,不能直接滴定。利用置换反应,置换出等物质的量的另一种金属离子,或置换出EDTA,然后滴定,就是置换滴定法。该方式是提高配位滴定选择性的途径之一。

实例1:Sn^{4+}的测定。

测定 Sn^{4+} 时,可于试液中加入过量的EDTA,将可能存在的 Pb^{2+}、Zn^{2+}、Cd^{2+}、Bi^{3+} 等一起与Y配位。然后用 Zn^{2+} 标准溶液滴定,除去过量的EDTA,滴定完成后,加入 NH_4F 选择性地将SnY中的EDTA释放出来,再用 Zn^{2+} 标准溶液滴定释放出来的EDTA即可求得 Sn^{4+} 的含量。也可以让待测金属离子置换出另一配合物中的金属离子,然后用EDTA滴定。

实例2:Ag^+的测定。

Ag^+ 与EDTA配合物不稳定($\lg K_f(AgY)=7.8$),不能用EDTA直接滴定。若加过量的 $Ni(CN)_4^{2-}$ 于含 Ag^+ 试液中,则发生如下置换反应:

$$2Ag^+ + Ni(CN)_4^{2-} \rightleftharpoons 2Ag(CN)_2^- + Ni^{2+}$$

置换出的 Ni^{2+} 可用EDTA法测定。例如,银币中银与铜的测定:试样溶于硝酸后,加氨水调pH≈8,以紫脲酸铵为指示剂,用EDTA测定 Cu^{2+},然后调pH≈10,加入过量 $Ni(CN)_4^{2-}$,

再以 EDTA 滴定置换出的 Ni^{2+}，即可求得 Ag 的含量。

4. 间接滴定法及其实例

有些金属离子和非金属离子不能与 EDTA 配位，可采用间接滴定法测定。

实例 1：钾盐的测定。

K^+ 可沉淀为 $K_2Na[Co(NO_2)_6]\cdot 6H_2O$，沉淀过滤溶解后，用 EDTA 滴定其中的 Co^{2+}，以间接测定 K^+ 的含量。

实例 2：钠盐的测定。

先将 Na^+ 沉淀为醋酸铀酰锌钠[$NaAc\cdot Zn(Ac)_2\cdot 3UO_2(Ac)_2\cdot 9H_2O$]，分离出沉淀，洗净并将其溶解，然后用 EDTA 滴定 Zn^{2+}，从而求出试样中 Na^+ 的含量。

实例 3：可溶性硫酸盐中 SO_4^{2-} 的测定。

SO_4^{2-} 不能与 EDTA 直接反应，可采用间接滴定法进行测定。即在含 SO_4^{2-} 的溶液中加入已知准确浓度的一定量过量的 $BaCl_2$ 标准溶液，使 SO_4^{2-} 与 Ba^{2+} 充分反应生成 $BaSO_4$ 沉淀，分离沉淀，剩余的 Ba^{2+} 用 EDTA 标准溶液滴定，指示剂可用铬黑 T。由于 Ba^{2+} 与铬黑 T 的配合物不够稳定，终点颜色变化不明显。因此，实验时常加入已知量的 Mg^{2+} 标准溶液，以提高测定的准确性。

SO_4^{2-} 的质量分数可用下式求得：

$$w(SO_4^{2-})=\frac{[c(Ba^{2+})V(Ba^{2+})+c(Mg^{2+})V(Mg^{2+})-c(EDTA)V(EDTA)]M(SO_4^{2-})}{m(s)}$$

□ 本章小结

配位滴定法通常是指用 EDTA 标准溶液直接或间接滴定金属离子的方法。EDTA 能与大多数金属离子以 1∶1 配位，反应迅速。生成的配合物稳定且易溶于水。EDTA 的配位能力随溶液的 pH 的增大而增强。

影响金属离子与 EDTA 配位平衡的主要因素是酸效应和配位效应，影响程度可用酸效应系数 $\alpha_{Y(H)}$ 和配位效应系数 $\alpha_{M(L)}$ 表示，其值越大，影响越严重。综合这些因素，配合物的实际稳定性用条件稳定常数 K_f' 表示。

配位滴定曲线受 MY 的稳定性及金属离子起始浓度的影响。金属离子 M 能被 EDTA 准确滴定的条件是 $\lg[c_r^{sp}(M)\,K_f'(MY)]\geqslant 6(|E_t|\leqslant 0.1\%)$。据此可推算出滴定各金属离子的最低 pH，绘出酸效应曲线。

配位滴定终点由金属指示剂来确定，金属指示剂有封闭、僵化和氧化变质现象。

共存金属离子 N 存在下金属离子 M 分步滴定条件是：$\lg[c_r^{sp}(M)\,K_f(MY)]-\lg[c_r^{sp}(N)\,K_f(NY)]\geqslant 5(|E_t|\leqslant 0.3\%)$。可利用控制溶液的酸度，掩蔽与分离干扰离子等手段来提高配位滴定选择性。

配位滴定法在实际中的应用广泛，在实际分析中根据分析对象采用不同的滴定方式来扩大配位滴定范围。

思考题

6-1 EDTA 与金属离子形成的配合物有哪些特点？

6-2 配合物的绝对稳定常数与条件稳定常数有什么不同？二者之间有什么关系？为什么说条件稳定常数更符合实际情况？

6-3 配位滴定的突跃与哪些因素有关？为什么酸度越高对配位反应的完全程度越不利？

6-4 金属指示剂的作用原理如何？它应具备什么条件？选择金属指示剂的依据是什么？

6-5 在配位滴定中控制适当的酸度有什么意义？实际应用时应如何全面考虑选择滴定时的 pH？

6-6 酸效应曲线是怎么绘制的？它在配位滴定中有什么用途？

6-7 什么是金属指示剂的封闭和僵化现象？它们对配位滴定有何影响？如何消除？

6-8 配位滴定中为什么使用缓冲溶液？

6-9 配位滴定中，什么情况下采用直接滴定以外的其他滴定方式？试举例说明。

6-10 提高配位滴定选择性的方法有哪些？根据什么情况来确定该用哪种方法？

习题

6-1 计算 pH=5.0 时，Mg^{2+} 与 EDTA 形成的配合物的条件稳定常数是多少？此时 Mg^{2+} 能否用 EDTA 准确滴定？当 pH=10.0 时，情况又如何？
(pH=5.0，$\lg K_f'(MgY)=2.25$，不能准确滴定。pH=10.0，$\lg K_f'(MgY)=8.25$，能准确滴定)

6-2 试求以 EDTA 标准溶液滴定浓度各为 0.02 mol · L^{-1} 的 Fe^{2+} 和 Fe^{3+} 溶液时，允许的最低 pH。

(Fe^{2+}，pH=5.0；Fe^{3+}，pH=1.2)

6-3 计算用 EDTA 滴定 Mn^{2+} 时所允许的最高酸度。

(pH=8.5)

6-4 在 pH=12.0 时，用钙指示剂以 EDTA 标准溶液进行石灰石中 CaO 质量分数的测定。称取试样 0.406 8 g 在 250 mL 容量瓶中定容后，用移液管吸取 25 mL 试液，以 EDTA 滴定，用去 0.020 30 mol · L^{-1} EDTA 17.00 mL。求该石灰石中 CaO 的质量分数。

(47.57%)

6-5 取水样 50.00 mL，控制溶液 pH=10.0，以铬黑 T 作指示剂，用 0.010 00 mol · L^{-1}EDTA 滴定至终点，共用去 21.56 mL，求水的总硬度。

(24.18 度)

6-6 在 pH=2.0 时用 EDTA 标准溶液滴定浓度均为 0.01 mol · L^{-1}的 Fe^{3+} 和 Al^{3+} 混合溶液中的 Fe^{3+} 时，试问 Al^{3+} 是否干扰滴定？

(Al^{3+} 不干扰滴定)

6-7 在 50.00 mL 0.020 00 mol · L^{-1} Ca^{2+} 溶液中，加入110.00 mL 0.010 00 mol · L^{-1}

EDTA 标准溶液，并稀释至 250 mL，若溶液中 H^+ 浓度为 1.00×10^{-10} mol · L^{-1}，试求溶液中游离 Ca^{2+} 的浓度。

($c_{r,e}(Ca^{2+})=1.00\times10^{-9.24}$)

6-8 称取含磷试样 0.100 0 g 处理成溶液，把磷沉淀为 $MgNH_4PO_4$，将沉淀过滤洗涤后，再溶解，然后在适当条件下，用 0.010 00 mol · L^{-1} 的 EDTA 标准溶液滴定其中的 Mg^{2+}。若该试样含磷以 P_2O_5 计为 14.20%，问需要 EDTA 标准溶液的体积为多少？

(20.01 mL)

6-9 称取 0.500 0 g 煤试样，灼烧并使其中的硫完全氧化，再转变成 SO_4^{2-}，处理成溶液并除去重金属离子后，加入 0.050 00 mol · L^{-1} $BaCl_2$ 20.00 mL，使之生成 $BaSO_4$。过量的 Ba^{2+} 用 0.025 00 mol · L^{-1} EDTA 滴定，用去 20.00 mL，计算煤试样中硫的质量分数。

(3.207%)

6-10 测定铝盐中的 Al^{3+} 时，称取试样 0.250 0 g，溶解后加入25.00 mL 0.050 00 mol · L^{-1} EDTA 标准溶液，在 pH=3.5 条件下加热至沸腾，使 Al^{3+} 与 EDTA 充分反应，然后调 pH 为 5.0～6.0，加入二甲酚橙指示剂，以 0.020 00 mol · L^{-1} $Zn(Ac)_2$ 标准溶液滴定剩余的 EDTA，滴至计量点时，用去 21.50 mL 锌标准溶液，求铝盐中铝的质量分数。

(8.85%)

6-11 分析铜锌镁合金，称取 0.500 0 g 试样，溶解后，定容成 100.00 mL 试液。吸取 25.00 mL，调节 pH=6.0，以 PAN 为指示剂，用 0.050 00 mol · L^{-1}，EDTA 溶液滴定 Cu^{2+} 和 Zn^{2+}，用去 37.00 mL。另外又吸取 25.00 mL 试液，调节 pH=10.00 时，加 KCN 掩蔽 Cu^{2+} 和 Zn^{2+}。用同样浓度的 EDTA 滴定 Mg^{2+}，用去 4.10 mL。然后滴加甲醛解蔽 Zn^{2+}，又用上述标准溶液滴定，用去 13.40 mL。求试样中 Cu^{2+}、Zn^{2+} 和 Mg^{2+} 质量分数各为多少？

($w(Mg)=3.99\%$；$w(Zn)=35.05\%$；$w(Cu)=59.99\%$)

6-12 称取 0.500 0 g 黏土样品，碱熔后分离除去 SiO_2，定容成 250.00 mL 溶液。吸取该溶液 25.00 mL，在 pH=2.0 时，用 0.010 00 mol · L^{-1} EDTA 滴定 Fe^{3+} 至磺基水杨酸指示剂变色，用去 EDTA 3.10 mL。滴定后的溶液中加入过量的 EDTA，调节 pH 5～6 后使 Al^{3+} 充分配合后，用 0.010 30 mol · L^{-1} Zn^{2+} 滴定过量的 EDTA。然后加入固体 NH_4F 煮沸，使 AlY^- 中的 EDTA 被 F^- 定量置换出来。最后用上述 Zn^{2+} 标准溶液 17.10 mL 滴定至终点。计算黏土样品中 Fe_2O_3 和 Al_2O_3 的含量。

($w(Al_2O_3)=17.96\%$；$w(Fe_2O_3)=39.92\%$)

二维码 6-1 第 6 章要点

二维码 6-2 配位滴定分析法习题及答案

Chapter 7 第7章

氧化还原滴定法

Oxidation-reduction Titration

【教学目标】

- 理解并掌握标准电势和条件电势的概念和区别。
- 掌握可逆氧化还原反应滴定曲线的绘制及相关计算。
- 掌握几种常见的氧化还原滴定方法。
- 了解几种常见氧化还原指示剂的使用方法。

氧化还原滴定法是以氧化还原反应为基础的滴定分析方法。氧化还原反应的特点是反应机理比较复杂,反应过程中除主反应外,还经常伴有各种副反应,而且反应速率一般比较慢。所以,有些氧化还原反应虽然从理论上看是可能进行的,但由于反应速率太慢而认为反应实际上没有发生。因此当我们讨论氧化还原反应过程时,除了从平衡的观点判断反应的可能性之外,还应该考虑反应机理和反应速率的问题。应用在滴定分析中就是要根据实际情况,严格控制反应条件,使其符合滴定分析的基本要求。

氧化还原滴定法,不仅可用于测定具有氧化性或还原性的物质,还可用于间接测定某些非氧化还原性的物质,是滴定分析中应用最广泛的方法之一。氧化还原滴定法根据标准溶液的不同,可分为多种方法。本章重点介绍高锰酸钾法(potassium permanganate method)、重铬酸钾法(potassium dichromate method)和碘量法(iodimetry and iodometric method)。

7.1 氧化还原平衡

7.1.1 条件电势

从普通化学的学习中知道,氧化剂和还原剂的强弱可以用有关电对的电极电势(简称电势)来衡量。电对的电势越高,其氧化态的氧化能力越强;电对的电势越低,其还原态的还原能力越强。作为一种氧化剂,它可以氧化电势较它为低的还原剂;作为一种还原剂,它可以还原电势较它为高的氧化剂。

一般对于可逆电对：$Ox+ne^- \rightleftharpoons Red$，在 298.15 K 下其电势 φ 可用能斯特(Nernst)方程求得：

$$\varphi(Ox/Red)=\varphi^{\ominus}(Ox/Red)+\frac{0.059\ 2\ V}{n}\lg\frac{c_{r,e}(Ox)}{c_{r,e}(Red)} \tag{7-1}$$

式 7-1 中：$c_{r,e}(Ox)$ 和 $c_{r,e}(Red)$ 分别为氧化态和还原态的相对平衡浓度；$\varphi^{\ominus}(Ox/Red)$ 为氧化还原电对的标准电势；n 为电极反应电子数，单位为 1。

需要说明的是，氧化还原电对常分为可逆与不可逆两大类，可逆电对（如 Fe^{3+}/Fe^{2+}、I_2/I^-、Ce^{4+}/Ce^{3+}、Sn^{4+}/Sn^{2+} 等）在氧化还原反应的任一瞬间都能快速地建立起平衡，其电势值严格遵从能斯特(Nernst)方程；不可逆电对（如 MnO_4^-/Mn^{2+}、$Cr_2O_7^{2-}/Cr^{3+}$、$S_4O_6^{2-}/S_2O_3^{2-}$、H_2O_2/H_2O 等）则相反，它不能在氧化还原反应的任一瞬间，真正建立起氧化还原半反应所示的平衡，其实际电势与理论电势相差较大，所以能斯特(Nernst)方程只适用于可逆的氧化还原电对，而对于不可逆电对将产生较大的偏差。尽管如此，对于不可逆电对来说，用能斯特(Nernst)方程计算结果作为初步判断，仍具有一定的实际意义。

通过以上分析计算获得的结果没有考虑溶液中离子强度的影响，而这种影响在实际工作中是不能忽略的。所以式(7-1)中氧化态和还原态物质的浓度应该是有效浓度（即活度——离子在化学反应中起作用的有效浓度），因为活度等于活度系数和浓度的乘积，所以引入活度系数 γ，则式(7-1)应为：

$$\varphi(Ox/Red)=\varphi^{\ominus}(Ox/Red)+\frac{0.059\ 2V}{n}\lg\frac{\gamma(Ox)\cdot c_{r,e}(Ox)}{\gamma(Red)\cdot c_{r,e}(Red)} \tag{7-2}$$

此外考虑到溶液中可能发生的各种副反应对电势的影响，还应引入副反应系数 α，此时

$$\alpha(Ox)=\frac{c_r(Ox)}{c_{r,e}(Ox)} \qquad \alpha(Red)=\frac{c_r(Red)}{c_{r,e}(Red)}$$

式中：$c_r(Ox)$ 和 $c_r(Red)$ 分别表示氧化态和还原态的分析浓度（即总浓度）对标准浓度($c^{\ominus}$)的相对值。代入式(7-2)，整理得

$$\varphi(Ox/Red)=\varphi^{\ominus}(Ox/Red)+\frac{0.059\ 2V}{n}\lg\frac{\gamma(Ox)\cdot\alpha(Red)}{\gamma(Red)\cdot\alpha(Ox)}+\frac{0.059\ 2V}{n}\lg\frac{c_r(Ox)}{c_r(Red)}$$

当 $c_r(Ox)=c_r(Red)=1\ mol\cdot L^{-1}$ 时，由上式可得到：

$$\varphi(Ox/Red)=\varphi^{\ominus}(Ox/Red)+\frac{0.059\ 2V}{n}\lg\frac{\gamma(Ox)\cdot\alpha(Red)}{\gamma(Red)\cdot\alpha(Ox)}$$

在一定条件下，γ 和 α 为定值，因而 φ 可视为一常数，以 $\varphi^{\ominus'}(Ox/Red)$ 表示，即：

$$\varphi^{\ominus'}(Ox/Red)=\varphi^{\ominus}(Ox/Red)+\frac{0.059\ 2V}{n}\lg\frac{\gamma(Ox)\cdot\alpha(Red)}{\gamma(Red)\cdot\alpha(Ox)} \tag{7-3}$$

式(7-3)中：$\varphi^{\ominus'}(Ox/Red)$ 称为条件电极电势，简称条件电势(conditional potential)。它表示在一定的介质条件下，氧化态和还原态的分析浓度都是 $1\ mol\cdot L^{-1}$ 时的实际电势。当条件确定时，$\varphi^{\ominus'}(Ox/Red)$ 为一常数。当介质的种类或浓度改变时，条件电势也随之改变。

条件电势能有效地反映离子强度和各种副反应的影响，理论上可按式(7-3)计算，但实际上活度系数和副反应系数计算较困难，所以，条件电势大多由实验测定，目前所得数据较少。通常若找不到相同条件下的 $\varphi^{\ominus'}$ 时，可采用条件相近的 $\varphi^{\ominus}$ 数据（见附录五）来代替。例如，未查到 1.5 mol·L^{-1} H_2SO_4 溶液中 Fe^{3+}/Fe^{2+} 电对的条件电势，可用 1.0 mol·L^{-1} H_2SO_4 溶液中该电对的条件电势(0.68 V)代替；若采用标准电势(0.77 V)，则误差更大。

引入条件电势后，能斯特(Nernst)方程可表示为

$$\varphi(\mathrm{Ox/Red})=\varphi^{\ominus'}(\mathrm{Ox/Red})+\frac{0.059\,2\ \mathrm{V}}{n}\lg\frac{c_r(\mathrm{Ox})}{c_r(\mathrm{Red})} \tag{7-4}$$

可见，影响条件电极电势的因素包括离子强度、沉淀的生成、配合物的形成、溶液酸度等。

7.1.2 氧化还原反应进行的方向

氧化还原反应总是按较强的氧化剂和较强的还原剂反应生成相对较弱的还原剂和较弱的氧化剂的方向进行。氧化剂和还原剂的强弱，可以用共轭电对的电极电势来衡量。根据相关电对的电极电势，可以判断反应进行的方向。但是，电极电势的大小不仅取决于物质的性质，还与反应的条件密切相关。改变反应条件，电极电势也会随之发生变化，从而有可能改变氧化还原反应进行的方向。

1. 浓度

由 Nernst 方程可知，氧化态与还原态浓度的改变会影响氧化还原电对的电极电势。当增加氧化态的浓度或降低还原态的浓度，将使电对的电极电势升高；当降低氧化态的浓度或增加还原态的浓度，将使电对的电极电势降低。因此，当两个电对的条件电极电势相差不大时，若改变氧化态或还原态的浓度有可能改变氧化还原反应进行的方向。但是，若两电对的条件电极电势相差较大，则难以通过增减某一氧化剂（或还原剂）的浓度来改变反应进行的方向。

2. 生成沉淀

在氧化还原体系中，若加入一种可以与氧化态或还原态生成沉淀的沉淀剂，则游离的氧化态或还原态浓度发生改变，其电极电势就会发生变化。如果沉淀剂与氧化态形成沉淀，则其 $\varphi^{\ominus'}$ 减小；反之，若沉淀剂与还原态形成沉淀，则其 $\varphi^{\ominus'}$ 增大，反应进行的方向也因此受到影响。

3. 形成配合物

在氧化还原反应中，若加入能与氧化态或还原态形成稳定配合物的配位剂时，氧化态或还原态的有效浓度就会减小，引起电对电极电势的改变，从而可能影响氧化还原反应的方向。

4. 溶液酸度

对于有 H^+ 或 OH^- 参与的电极反应，溶液 pH 将直接影响电对的电极电势，进而可能影响反应的方向。

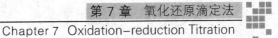

7.1.3 氧化还原反应进行的程度

氧化还原反应进行的完全程度可以用反应的平衡常数来衡量。而平衡常数 K 可以通过有关电对的电极电势求得。对于水溶液中进行的氧化还原反应：

$$p_2 Ox_1 + p_1 Red_2 \rightleftharpoons p_2 Red_1 + p_1 Ox_2$$

25℃时，反应的平衡常数为 $K=\dfrac{c_{r,e}^{p_2}(Red_1)\cdot c_{r,e}^{p_1}(Ox_2)}{c_{r,e}^{p_2}(Ox_1)\cdot c_{r,e}^{p_1}(Red_2)}$，两电对的半反应及相应的能斯特方程式是

$$Ox_1 + n_1 e = Red_1 \qquad \varphi_1 = \varphi_1^{\ominus} + \frac{0.059\,2\ V}{n_1}\lg\frac{c_{r,e}(Ox_1)}{c_{r,e}(Red_1)}$$

$$Ox_2 + n_2 e = Red_2 \qquad \varphi_2 = \varphi_2^{\ominus} + \frac{0.059\,2\ V}{n_2}\lg\frac{c_{r,e}(Ox_2)}{c_{r,e}(Red_2)}$$

当反应达到平衡时，$\varphi_1=\varphi_2$，则

$$\varphi_1^{\ominus} + \frac{0.059\,2\ V}{n_1}\lg\frac{c_{r,e}(Ox_1)}{c_{r,e}(Red_1)} = \varphi_2^{\ominus} + \frac{0.059\,2\ V}{n_2}\lg\frac{c_{r,e}(Ox_2)}{c_{r,e}(Red_2)}$$

整理后，得

$$\lg K = \lg\frac{c_{r,e}^{p_2}(Red_1)\cdot c_{r,e}^{p_1}(Ox_2)}{c_{r,e}^{p_2}(Ox_1)\cdot c_{r,e}^{p_1}(Red_2)} = \frac{n(\varphi_1^{\ominus}-\varphi_2^{\ominus})}{0.059\,2V} \qquad (7\text{-}5)$$

式 7-5 中：n 为两个电对得失电子数 n_1 和 n_2 的最小公倍数（$n=n_2p_1=n_1p_2$），即反应电荷数；当 $n_1=n_2$ 时，$p_1=p_2=1$，$n=n_1=n_2$。

在分析化学中，通常要求氧化还原反应进行得越完全越好，从上式可见两个电对的标准电势相差越大，反应的标准平衡常数越大，反应进行得越完全。但 K 是在一定温度下与浓度无关的物理量，若考虑溶液中离子强度和副反应的影响，标准电势需用条件电势代替，此时反应的标准平衡常数虽不变，但反应的完全程度要受到影响。所以用条件平衡常数能更好地说明一定条件下氧化还原反应进行的程度，因此有：

$$\lg K' = \frac{n(\varphi_1^{\ominus'}-\varphi_2^{\ominus'})}{0.059\,2\ V} \qquad (7\text{-}6)$$

按滴定分析的要求，反应的完全程度应大于 99.9%，代入平衡常数表达式中整理得：

$$K' \geqslant \left(\frac{99.9\%}{0.1\%}\right)^{p_2}\cdot\left(\frac{99.9\%}{0.1\%}\right)^{p_1} \approx (10^3)^{p_2}(10^3)^{p_1}$$

$$\lg K' \geqslant 3(p_1+p_2)$$

$$\varphi_1^{\ominus'}-\varphi_2^{\ominus'} \geqslant \frac{3(p_1+p_2)\times 0.059\,2\ V}{n}$$

当 $n_1=n_2=1$ 时，$K'\geqslant 10^6$，$\varphi_1^{\ominus'}-\varphi_2^{\ominus'}\geqslant 0.355\ V$；

当 $n_1=1$，$n_2=2$ 时，则 $K'\geqslant 10^9$，$\varphi_1^{\ominus'}-\varphi_2^{\ominus'}\geqslant 0.266\ V$；

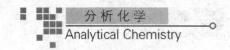

当 $n_1=1,n_2=3$ 时，则 $K'\geqslant10^{12}$，$\varphi_1^{\ominus'}-\varphi_2^{\ominus'}\geqslant0.237\ V$；

当 $n_1=2,n_2=3$ 时，则 $K'\geqslant10^{15}$，$\varphi_1^{\ominus'}-\varphi_2^{\ominus'}\geqslant0.148\ V$。

可以看出，对于不同的氧化还原反应，使反应定量进行所要求的平衡常数及两电对的条件电势差也不同。一般说来，一个氧化还原反应若两个电对的条件电势之差大于 0.4 V，反应就可用于滴定分析，这是氧化还原反应定量进行的条件。有些氧化还原反应虽然能满足这一要求，但由于副反应的发生，使反应不能定量地进行，这样的氧化还原反应不能用于滴定分析。

7.1.4 氧化还原反应的速率

氧化还原反应机理较复杂，有些反应虽然很完全，但速率慢，不能用于滴定分析。因此，在氧化还原滴定分析中，不仅要从平衡观点来考虑滴定的可能性，还要从反应速率来考虑滴定的现实性。影响反应速率的主要因素有反应物浓度、反应温度、催化剂等。

1. 浓度

大多数情况下，反应物浓度增加，氧化还原反应速率加快。例如，在酸性溶液中的反应

$$Cr_2O_7^{2-}+6I^-+14H^+ = 2Cr^{3+}+3I_2+7H_2O$$

增大 I^- 及 H^+ 的浓度，都可以加快反应速率，但此反应酸度不能太高，否则空气中的 O_2 氧化 I^- 的速率也会加快，从而给测定结果带来误差。

2. 温度

升高温度可以加快化学反应速率。一般温度每升高 10 K，大多数反应的速率可增加 2～4 倍。例如，在酸性溶液中，MnO_4^- 和 $C_2O_4^{2-}$ 的反应：

$$2MnO_4^-+5H_2C_2O_4+6H^+ == 2Mn^{2+}+10CO_2\uparrow+8H_2O$$

常温下反应速率很慢，但将溶液加热到 75～85℃时，反应速率就大大加快了。

但要注意有些反应不能通过升温来加快化学反应速率，如 I_2 具有较强的挥发性，若将溶液加热，就会使 I_2 挥发而引起损失，从而产生误差。

3. 催化剂

催化剂可加快反应速率。例如，MnO_4^- 与 $C_2O_4^{2-}$ 的反应，即使在强酸性溶液中，温度加热到 75～85℃，滴定时最初反应速率仍很慢，但加入少许 Mn^{2+} 后，反应却能很快进行，Mn^{2+} 在这里就起催化剂的作用。

如果不加入 Mn^{2+}，而利用 MnO_4^- 与 $C_2O_4^{2-}$ 反应后生成的微量 Mn^{2+} 作催化剂，反应也能快速进行，这种生成物本身起催化作用的反应叫自动催化反应。自动催化作用的特点是开始时反应速率较慢，随着滴定剂的加入，生成物（催化剂）的浓度逐渐增大，反应速率逐渐加快，随后，由于反应物的浓度越来越小，反应速率也随之降低。

4. 诱导反应

在氧化还原反应中，不仅一些外界条件能影响反应速率，有些氧化还原反应的发生也能促进另外一个氧化还原反应的进行。例如，在酸性溶液中，MnO_4^- 氧化 Cl^- 的反应速率

很慢，但溶液中若存在 Fe^{2+}，MnO_4^- 与 Fe^{2+} 的反应可以加速 MnO_4^- 与 Cl^- 之间的反应速率。

$$MnO_4^- + 5Fe^{2+} + 8H^+ = Mn^{2+} + 5Fe^{3+} + 4H_2O\text{(诱导反应)}$$
$$2MnO_4^- + 10Cl^- + 16H^+ = 2Mn^{2+} + 5Cl_2\uparrow + 8H_2O\text{(受诱反应)}$$

这种由于一个氧化还原反应的发生，而促进另一个氧化还原反应进行的现象称为诱导作用。这里，MnO_4^- 与 Fe^{2+} 的反应称为诱导反应，MnO_4^- 与 Cl^- 的反应称为受诱反应。Fe^{2+} 为诱导体，Cl^- 为受诱体，MnO_4^- 为作用体。

诱导作用与催化作用本质不同。催化剂参加反应后转变为原来的组成，而诱导体参加反应后变成了其他物质。另外，诱导反应由于增加了作用体的消耗量而使结果产生误差，所以用 $KMnO_4$ 法测定 Fe^{2+} 含量时不能在 HCl 介质中，需用 H_2SO_4 酸化，否则结果会偏高。

7.2 氧化还原滴定原理

在氧化还原滴定中，随着标准溶液的加入，溶液的组成发生变化，溶液的电势也随之而变。电势改变的情况可用滴定曲线表示。可逆电对在滴定过程中电势的变化可用仪器测量，也可以由能斯特(Nernst)方程计算；不可逆电对的电势变化情况只能由实验测定。

7.2.1 可逆反应滴定曲线

以 $c(Ce^{4+})=0.100\,0\ mol\cdot L^{-1}$的 Ce^{4+} 标准溶液滴定 20.00 mL $c(Fe^{2+})=0.100\,0\ mol\cdot L^{-1}$ Fe^{2+} 溶液为例，说明滴定曲线的绘制。在 $c(H_2SO_4)=1\ mol\cdot L^{-1}$的 H_2SO_4 溶液中，滴定反应 $Ce^{4+}+Fe^{2+} \rightleftharpoons Ce^{3+}+Fe^{3+}$ 是可逆电对间的反应，条件电势分别为：

$$\varphi^{\ominus'}(Ce^{4+}/Ce^{3+})=1.44\ V, \varphi^{\ominus'}(Fe^{3+}/Fe^{2+})=0.68\ V$$

(1)滴定前　溶液为 $0.100\,0\ mol\cdot L^{-1}$的 $FeSO_4$ 溶液。由于空气中氧气作用或试剂不纯等原因，溶液中会有极少量的 Fe^{3+} 存在，其多少决定于试剂的纯度及 $FeSO_4$ 被氧化的程度。假设 $c(Fe^{3+})/c(Fe^{2+})=1/1\,000$，溶液的电势为：

$$\begin{aligned}\varphi(Fe^{3+}/Fe^{2+}) &= \varphi^{\ominus'}(Fe^{3+}/Fe^{2+})+0.059\,2\ V\cdot \lg\frac{c_r(Fe^{3+})}{c_r(Fe^{2+})}\\ &=0.68\ V+0.059\,2\ V\cdot\lg\frac{1}{1\,000}=0.50\ V\end{aligned}$$

(2)滴定开始至化学计量点前　滴定开始后每加入一滴 Ce^{4+} 溶液，反应总是快速进行到平衡状态，此时两电对的电势必定相等，可利用其中任何一个电对来计算溶液的电势。由于滴入的 Ce^{4+} 几乎全被还原为 Ce^{3+}，所以 Ce^{4+} 的浓度不易求得，这时由 Fe^{3+}/Fe^{2+} 电对计算溶液的电势较为方便。为了简便起见，用 Fe^{3+} 与 Fe^{2+} 的质量分数比代替浓度比。

例如，加入 10.00 mL $0.100\,0\ mol\cdot L^{-1}$ Ce^{4+} 标准溶液时，即有 50% Fe^{2+} 被氧化为 Fe^{3+}，50%的 Fe^{2+} 剩余，这时溶液的电势为

$$\varphi(Fe^{3+}/Fe^{2+}) = 0.68\ V + 0.059\ 2\ V \cdot \lg\frac{0.50}{0.50} = 0.68\ V$$

当加入 19.98 mL 时，即反应进行了 99.9%，溶液的电势为

$$\varphi(Fe^{3+}/Fe^{2+}) = 0.68\ V + 0.059\ 2\ V \cdot \lg\frac{99.9}{0.1} = 0.86\ V$$

(3)计量点　此时，加入 20.00 mL Ce^{4+} 标准溶液，计量点的电势与两个电对的电势相等，即

$$\varphi_{sp} = \varphi(Fe^{3+}/Fe^{2+}) = \varphi^{\ominus'}(Fe^{3+}/Fe^{2+}) + 0.059\ 2\ V \cdot \lg\frac{c_r(Fe^{3+})}{c_r(Fe^{2+})}$$

$$\varphi_{sp} = \varphi(Ce^{4+}/Ce^{3+}) = \varphi^{\ominus'}(Ce^{4+}/Ce^{3+}) + 0.059\ 2\ V \cdot \lg\frac{c_r(Ce^{4+})}{c_r(Ce^{3+})}$$

两式相加，可得：$2\varphi_{sp} = \varphi^{\ominus'}(Ce^{4+}/Ce^{3+}) + \varphi^{\ominus'}(Fe^{3+}/Fe^{2+}) + 0.059\ 2\ V \cdot \lg\frac{c_r(Ce^{4+})c_r(Fe^{3+})}{c_r(Ce^{3+})c_r(Fe^{2+})}$

由化学计量关系可知在化学计量点时：

$$c_r(Ce^{4+}) = c_r(Fe^{2+}),\ c_r(Ce^{3+}) = c_r(Fe^{3+})$$

因此

$$\lg\frac{c_r(Ce^{4+})c_r(Fe^{3+})}{c_r(Ce^{3+})c_r(Fe^{2+})} = 0$$

即

$$2\varphi_{sp} = \varphi^{\ominus'}(Fe^{3+}/Fe^{2+}) + \varphi^{\ominus'}(Ce^{4+}/Ce^{3+}) = 0.68\ V + 1.44\ V$$

$$\varphi_{sp} = 1.06\ V$$

(4)化学计量点后　由于 Fe^{2+} 几乎全被氧化为 Fe^{3+}，$c(Fe^{2+})$ 不易求得，所以由 Ce^{4+}/Ce^{3+} 电对计算溶液的电势较为方便。

例如，当 Ce^{4+} 过量 0.1%(即加入 20.02 mL)时，则

$$\varphi(Ce^{4+}/Ce^{3+}) = 1.44\ V + 0.059\ 2\ V \cdot \lg\frac{0.1}{100} = 1.26\ V$$

其余各点的计算结果列于表 7-1 中。以 Ce^{4+} 的加入量为横坐标，以溶液电势为纵坐标作图，绘制滴定曲线，如图 7-1 所示。计量点电势 1.06 V，滴定突跃 0.86～1.26 V。

表 7-1　用 $c(Ce^{4+}) = 0.100\ 0\ mol \cdot L^{-1}$ $Ce(SO_4)_2$ 滴定 20.00 mL $c(Fe^{2+}) = 0.100\ 0\ mol \cdot L^{-1}$ Fe^{2+} 溶液的电势变化

(在 1 $mol \cdot L^{-1}$ H_2SO_4 溶液中)

加入 Ce^{4+} 溶液		电势 φ/V
/mL	/%	
0.00	0.0	0.50
18.00	90.0	0.74
19.80	99.0	0.80

续表

加入 Ce^{4+} 溶液 /mL	/%	电势 φ/V
19.98	99.0	0.86 } 突跃范围
20.00	100.0	1.06 } 突跃范围
20.02	100.1	1.26 } 突跃范围
22.00	110.0	1.38
40.00	200.0	1.44

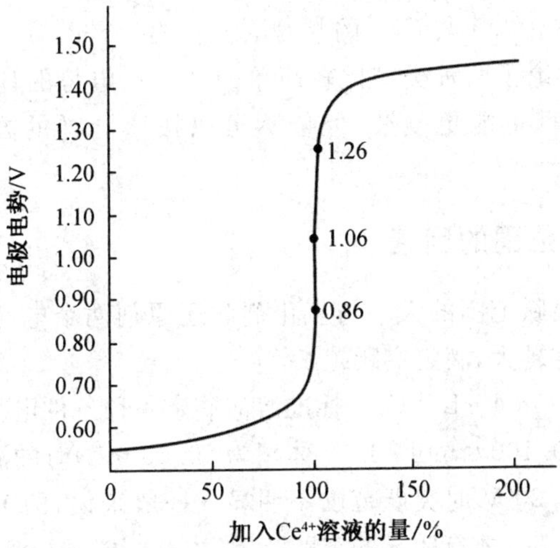

图 7-1 $c(Ce^{4+})=0.1000\ mol\cdot L^{-1}$ 的 Ce^{4+} 滴定 $c(Fe^{2+})=0.1000\ mol\cdot L^{-1}$ Fe^{2+} 滴定曲线

从表 7-1 和图 7-1 看出，突跃范围为 0.86～1.26 V。考察突跃范围的大小主要为选择氧化还原指示剂提供依据。

7.2.2 化学计量点电势

氧化还原反应达到化学计量点时的电势称为化学计量点电势（stoichiometric point potential），可以根据溶液中各有关组分的浓度关系，按照能斯特（Nernst）方程求得。设某氧化还原滴定反应为：

$$n_2 Ox_1 + n_1 Red_2 \rightleftharpoons n_2 Red_1 + n_1 Ox_2$$

相关电对半反应和电极电势为

$$Ox_1 + n_1 e = Red_1 \qquad \varphi_1 = \varphi_1^{\ominus'}(Ox_1/Red_1) + \frac{0.059\ 2\ V}{n_1}\lg\frac{c_r(Ox_1)}{c_r(Red_1)}$$

$$Ox_2 + n_2 e = Red_2 \qquad \varphi_2 = \varphi_2^{\ominus'}(Ox_2/Red_2) + \frac{0.059\ 2\ V}{n_2}\lg\frac{c_r(Ox_2)}{c_r(Red_2)}$$

反应到化学计量点时，两电对的电极电势相等，都等于化学计量点电势 φ_{sp}，即 $\varphi_1 = \varphi_2 =$

φ_{sp}。经过简单的合并计算得到如下公式：

$$\varphi_{sp}=\frac{n_1\varphi_1^{\ominus'}+n_2\varphi_2^{\ominus'}}{n_1+n_2} \tag{7-7}$$

但对于有不对称电对参与的氧化还原反应，化学计量点电势还与反应中的物质浓度有关。如：$Cr_2O_7^{2-}+6Fe^{2+}+14H^+ = 2Cr^{3+}+6Fe^{3+}+7H_2O$ 中 $Cr_2O_7^{2-}$ 的系数为1，而 Cr^{3+} 的系数为2，$Cr_2O_7^{2}/Cr^{3+}$ 为不对称电对，此时计量点电势经推导为

$$\varphi_{sp}=\frac{1}{6+1}\left[6\varphi^{\ominus'}(Cr_2O_7^{2-}/Cr^{3+})+\varphi^{\ominus'}(Fe^{3+}/Fe^{2+})+0.059\,2\ \text{V}\lg\frac{1}{2c_r(Cr^{3+})}\right]$$

可见，φ_{sp} 不仅与 $\varphi^{\ominus'}$ 及 n 有关，还与 Cr^{3+} 的相对浓度有关。

应该指出，以上只讨论了两种类型比较简单的计量点电势的计算，实际上有些氧化还原反应计量点电势的计算可能更复杂，但依然可以按照同样的方法推导出有关的计算公式。

7.2.3 影响突跃范围的因素

氧化还原滴定曲线突跃范围的大小与氧化剂和还原剂两个电对的条件电势（或标准电势）差值的大小有关，差值越大，滴定突跃越长。

以 $c(Ce^{4+})=0.100\,0\ \text{mol}\cdot\text{L}^{-1}$ Ce^{4+} 标准溶液滴定4种条件电势不同的还原剂溶液（电子转移数均为1，浓度为 $0.100\,0\ \text{mol}\cdot\text{L}^{-1}$，体积为50.00 mL）时的滴定曲线见图7-2。可以看出，当还原剂的 $\varphi^{\ominus'}=1.20$ V 时突跃范围不明显。一般来说，两个电对的条件电势（或标准电势）之差大于0.20 V时，才有明显的突跃范围，才有可能进行滴定。若两个电对电势差

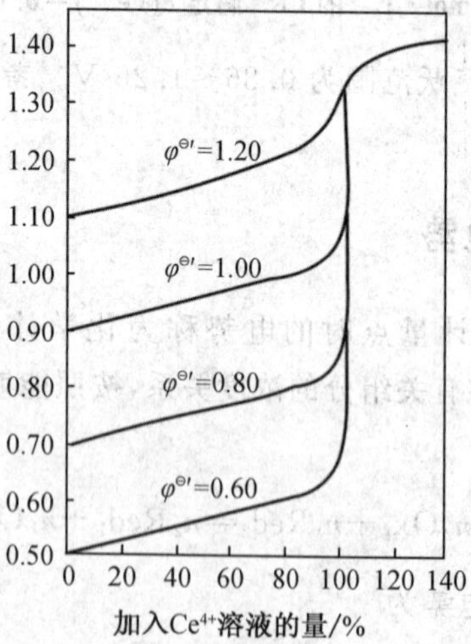

图7-2 $c(Ce^{4+})=0.100\,0\ \text{mol}\cdot\text{L}^{-1}$ 的 Ce^{4+} 滴定4种还原剂的滴定曲线

在0.20～0.40 V之间，可采用电位法确定终点；若两电对电势差大于0.40 V，可选用氧化还原指示剂（也可以用电位法）指示终点。

计量点电势在突跃范围内的位置取决于氧化还原反应中 n_1 和 n_2 的相对大小。当 $n_1=n_2$

时，计量点电势在滴定突跃范围的中间；当 $n_1 \neq n_2$ 时，计量点电势偏向电子转移数较多(即 n 值较大)的电对一方。在选择指示剂时，要注意计量点在滴定突跃中的位置。

另外，氧化还原的介质不同时，滴定曲线的位置和突跃范围的大小也会发生相应的改变。如图 7-3 所示。

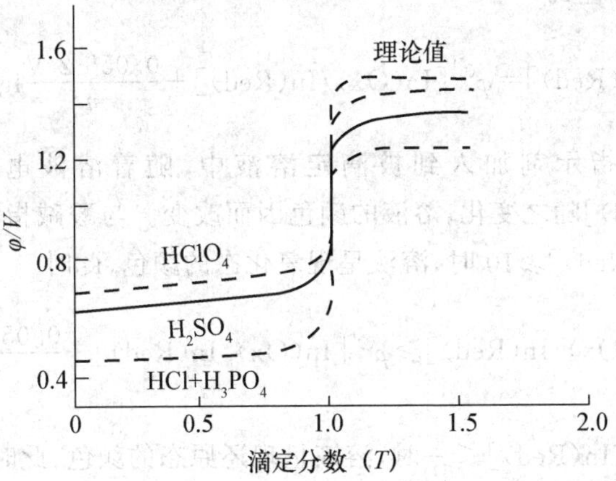

图 7-3　反应介质对滴定突跃范围的影响

7.3　氧化还原滴定中的指示剂

在氧化还原滴定中，除了用电位法确定终点外，还可以根据所使用的标准溶液的不同，选用不同类型的指示剂来确定滴定终点。

7.3.1　自身指示剂

有些滴定剂本身颜色深，而滴定产物为无色或颜色很浅，则滴定时无须另加指示剂。利用标准溶液本身的颜色指示滴定终点的物质叫自身指示剂。例如，MnO_4^- 本身紫红色，其还原产物 Mn^{2+} 几乎无色。故用 $KMnO_4$ 作标准溶液滴定无色或颜色很浅的物质时，不必另加指示剂，滴定达计量点后，稍过量的 MnO_4^- 就可使溶液呈粉红色(此时 MnO_4^- 的浓度约为 2×10^{-6} mol · L^{-1})，指示终点的到达。终点颜色越浅，滴定误差越小。

7.3.2　特殊指示剂

本身不具有氧化还原性，但能与氧化剂或还原剂作用产生特殊的颜色从而指示滴定终点的物质叫特殊指示剂。例如，可溶性淀粉与碘生成深蓝色的配合物，反应特效而灵敏，以蓝色的出现或消失可以判断终点的到达。

7.3.3　氧化还原指示剂

氧化还原指示剂本身是氧化剂或还原剂，其氧化态与还原态具有不同颜色。在滴定过程中，因被氧化或还原发生颜色变化而指示终点，这类指示剂比前两类应用广泛。以In(Ox)

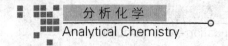

和 In(Red)分别表示指示剂的氧化态和还原态,滴定中指示剂的半反应为:

$$\underset{\text{氧化态色}}{\mathrm{In(Ox)}} + n\mathrm{e}^- \rightleftharpoons \underset{\text{还原态色}}{\mathrm{In(Red)}}$$

根据能斯特(Nernst)方程式

$$\varphi[\mathrm{In(Ox)/In(Red)}]=\varphi^{\ominus'}[\mathrm{In(Ox)/In(Red)}]+\frac{0.059\ 2\ \mathrm{V}}{n}\lg\frac{c_r[\mathrm{In(Ox)}]}{c_r[\mathrm{In(Red)}]}$$

若将该氧化还原指示剂加入到被滴定溶液中,随着溶液电势的改变,指示剂的 $c[\mathrm{In(Ox)}]$和 $c[\mathrm{In(Red)}]$随之变化,溶液的颜色因而改变。与酸碱指示剂的变色情况相似,当 $c_r[\mathrm{In(Ox)}]/c_r[\mathrm{In(Red)}]\geqslant 10$ 时,溶液呈现氧化态的颜色,此时

$$\varphi[\mathrm{In(Ox)/In(Red)}]\geqslant\varphi^{\ominus'}[\mathrm{In(Ox)/In(Red)}]+\frac{0.059\ 2\ \mathrm{V}}{n}$$

当 $c_r[\mathrm{In(Ox)}]/c_r[\mathrm{In(Red)}]\leqslant\frac{1}{10}$时,溶液呈现还原态的颜色,此时

$$\varphi[\mathrm{In(Ox)/In(Red)}]\leqslant\varphi^{\ominus'}[\mathrm{In(Ox)/In(Red)}]-\frac{0.059\ 2\ \mathrm{V}}{n}$$

所以,指示剂变色的电势范围为

$$\varphi^{\ominus'}[\mathrm{In(Ox)/In(Red)}]\pm\frac{0.059\ 2\ \mathrm{V}}{n}$$

当 $c_r[\mathrm{In(Ox)}]/c_r[\mathrm{In(Red)}]=1$ 时,溶液呈现中间色,溶液的电势为

$$\varphi[\mathrm{In(Ox)/In(Red)}]=\varphi^{\ominus'}[\mathrm{In(Ox)/In(Red)}]$$

称为该指示剂的变色点,它等于该指示剂的条件电势。

氧化还原指示剂的选择原则是:指示剂的变色点与滴定的计量点尽量接近或氧化还原指示剂的变色范围全部或部分落在滴定突跃范围之内。表 7-2 列出了一些重要的氧化还原指示剂的 $\varphi^{\ominus'}$ 值及颜色变化。

表 7-2 一些氧化还原指示剂的 $\varphi^{\ominus'}$ 及颜色变化

指示剂	$\varphi^{\ominus'}_{\mathrm{In}}$/V $c(\mathrm{H^+})=1\ \mathrm{mol\cdot L^{-1}}$	颜色变化	
		氧化态	还原态
二苯胺磺酸钠	0.85	紫红色	无色
邻二氮菲亚铁	1.06	浅蓝色	深红色
次甲基蓝	0.36	蓝	无色
二苯胺	0.76	紫	无色
邻苯氨基苯甲酸	0.89	紫红	无色
硝基邻二氮菲亚铁	1.25	浅蓝	紫红

7.4　氧化还原滴定的预处理

在氧化还原滴定之前，需要利用氧化剂或还原剂将被测组分转化为能与滴定剂快速而又定量反应的特定价态，这个过程称为氧化还原预处理。例如，测铁矿石中的全铁含量时，由于氧化剂不能与 Fe(Ⅲ)反应，必须先加入金属 Zn 或 $SnCl_2$ 把溶液中的 Fe(Ⅲ)还原为 Fe(Ⅱ)，才能用氧化剂 $K_2Cr_2O_7$ 或 $Ce(SO_4)_2$ 标准溶液滴定。

选用的预氧化剂或还原剂应符合以下条件：

(1)预氧化或还原反应完全，能将待测组分定量地氧化或还原，且反应速率快。

(2)反应应具有一定的选择性，以避免干扰。可采用电极电势适当的氧化剂或还原剂，其只能氧化(或还原)欲测组分为特定价态，而与其他共存组分不发生反应，也可利用氧化还原速率的差异，达到选择氧化或还原的目的。

(3)剩余的氧化剂或还原剂要易于除去。常用的除去方法有以下几种：

①加热分解　例如$(NH_4)_2S_2O_8$和 H_2O_2 可用加热分解法除去：

$$2S_2O_8{}^{2-}+2H_2O\xrightarrow{\text{煮沸}}4HSO_4{}^{-}+O_2\uparrow$$

$$2H_2O_2\xrightarrow{\text{加热}}2H_2O+O_2\uparrow$$

②过滤　如 $NaBiO_3$不溶于水，可过滤除去。

③利用化学反应　如用 $HgCl_2$ 除去过量的 $SnCl_2$：

$$SnCl_2+2HgCl_2=SnCl_4+Hg_2Cl_2\downarrow$$

Hg_2Cl_2 沉淀不被一般滴定剂氧化，不必过滤除去。

表 7-3 和 7-4 列出了常见的预氧化剂和还原剂。分析试样时，可根据实际情况选择使用。

表 7-3　氧化还原预处理中常见的预氧化剂

氧化剂	反应条件	主要应用	过量氧化剂除去方法
$(NH_4)_2S_2O_8$	酸性	$Ce^{3+}\rightarrow Ce^{4+}$ $VO^{2+}\rightarrow VO_3^-$ $Mn^{2+}\xrightarrow{Ag^+}MnO_4^-$	煮沸分解 $2S_2O_8^{2-}+2H_2O\xrightarrow{\text{煮沸}}4HSO_4^-+O_2$
$KMnO_4$	冷酸	$VO^{2+}\xrightarrow{Cr^{3+}}VO_3^-$	用 NO_2^- 除去 $2MnO_4^-+5NO_2^-+6H^+=2Mn^{2+}+5NO_3^-$ 多余的 NO_2^- 用尿素除去 $2NO_2^-+CO(NH_2)_2+2H^+\rightarrow$ $2N_2\uparrow+CO_2\uparrow+3H_2O$
	碱性	$Cr^{3+}\rightarrow CrO_4^{2-}$	
	F^- $H_3PO_4/H_2P_2O_7^{2-}$	$Ce^{3+}\rightarrow Ce^{4+}$	
H_2O_2	碱性	$Cr^{3+}\rightarrow CrO_4^{2-}$	煮沸分解 (可加少量 Ni^{2+} 或 I^-，加速分解反应)
H_2O_2 $NaBiO_3$	HCO_3^- 溶液	$Co^{2+}\rightarrow Co^{3+}$	煮沸分解 (可加少量 Ni^{2+} 或 I^-，加速分解反应) 过滤
	酸性	$Mn^{2+}\rightarrow MnO_4^-$ $Cr^{3+}\rightarrow Cr_2O_7^{2-}$	

续表 7-3

氧化剂	反应条件	主要应用	过量氧化剂除去方法
$HClO_4$	浓、热	$Cr^{3+} \rightarrow Cr_2O_7^{2-}$ $I^- \rightarrow IO_3^-$	放冷并冲稀
Na_2O_2	熔融	$Fe(CrO_2)_2 \rightarrow CrO_4^{2-}$	碱性溶液中煮沸

表 7-4 氧化还原预处理中常见的预还原剂

还原剂	条件	应用	过量试剂除去方法
$SnCl_2$	HCl 溶液 加热	$Fe^{3+} \rightarrow Fe^{2+}$ Mo(VI)→Mo(Ⅴ) As(V)→As(Ⅲ)	加 $HgCl_2$ 生成 Hg_2Cl_2 沉淀除去
$TiCl_3$	酸性	$Fe^{3+} \rightarrow Fe^{2+}$	稀释，Cu^{2+} 催化空气氧化
金属(Al,Zn,Fe)	酸性	$Sn^{4+} \xrightarrow{Al} Sn^{2+}$ $Ti^{4+} \xrightarrow{Al} Ti^{3+}$	过滤或加酸溶解
联胺		Sb(V)→Sb(Ⅲ) As(V)→As(Ⅲ)	在浓 H_2SO_4 溶液中煮沸
SO_2	酸性	$Fe^{3+} \rightarrow Fe^{2+}$ Sb(V)→Sb(Ⅲ) V(V)→V(Ⅳ)	煮沸除去或通 CO_2
锌汞还原柱	H_2SO_4 介质	$Fe^{3+} \rightarrow Fe^{2+}$ $Cr^{3+} \rightarrow Cr^{2+}$	

7.5 常用氧化还原滴定法

7.5.1 高锰酸钾法

1. 方法简介

高锰酸钾法是以高锰酸钾标准溶液为滴定剂的氧化还原滴定法。$KMnO_4$ 是强氧化剂，氧化能力和还原产物与溶液的酸度有关。在强酸性溶液中，MnO_4^- 被还原成 Mn^{2+}：

$$MnO_4^- + 8H^+ + 5e^- \rightleftharpoons Mn^{2+} + 4H_2O \qquad \varphi^{\ominus}(MnO_4^-/Mn^{2+}) = 1.507\ V$$

在弱酸性、中性或弱碱性溶液中，MnO_4^- 被还原为 MnO_2：

$$MnO_4^- + 2H_2O + 3e^- \rightleftharpoons MnO_2 + 4OH^- \qquad \varphi^{\ominus}(MnO_4^-/MnO_2) = 0.588\ V$$

在强碱性溶液中，MnO_4^- 被还原为 MnO_4^{2-}：

$$MnO_4^- + e^- \rightleftharpoons MnO_4^{2-} \qquad \varphi(MnO_4^-/MnO_4^{2-}) = 0.564\ V$$

由此可见，在强酸性溶液中 MnO_4^- 的氧化能力最强，且产物 Mn^{2+} 近于无色，便于终点观察。

因此，高锰酸钾法一般在强酸溶液中进行，常用 $c(H_2SO_4)=1\ mol\cdot L^{-1}$ 的 H_2SO_4 溶液作为介质。$KMnO_4$ 法应用广泛，可直接滴定许多还原性物质，如 Fe^{2+}、$C_2O_4^{2-}$、H_2O_2、NO_2^-、Sn^{2+} 等；也可以用返滴定法测定一些氧化性物质，如 MnO_2、PbO_2、CrO_4^{2-}、$Cr_2O_7^{2-}$、ClO_3^-、BrO_3^- 等；还可以用间接法测定某些非氧化还原性物质，如 Ca^{2+}、Ba^{2+}、Zn^{2+} 等。

$KMnO_4$ 法具有氧化能力强、应用范围广，一般不需另加指示剂的优点。当然在浓度很稀时，也可以选用某些氧化还原指示剂，如二苯胺磺酸钠。

$KMnO_4$ 法的不足是不能以直接法配制标准溶液且标准溶液不稳定，需定期标定。同时因易发生副反应不能使用 HCl 做介质，并且由于 $KMnO_4$ 的氧化能力强，所以滴定时干扰比较严重。

2. $KMnO_4$ 溶液的配制与标定

市售高锰酸钾试剂常含有少量杂质，使用的蒸馏水中也含有少量如尘埃、有机物等还原性物质，因此 $KMnO_4$ 标准溶液不能直接配制，必须先配成近似浓度的溶液，再用基准物质标定。

标定 $KMnO_4$ 溶液的基准物质很多，如 $Na_2C_2O_4$、$H_2C_2O_4\cdot 2H_2O$、$FeSO_4\cdot(NH_4)_2SO_4\cdot 6H_2O$、$As_2O_3$ 等，其中 $Na_2C_2O_4$ 较为常用。MnO_4^- 与 $C_2O_4^{2-}$ 的标定反应在 H_2SO_4 介质中进行，反应如下：

$$2MnO_4^- + 5H_2C_2O_4 + 6H^+ = 2Mn^{2+} + 10CO_2\uparrow + 8H_2O$$

标定时应注意以下滴定条件：

(1)温度 该反应在室温下反应速率较慢，故应将 $Na_2C_2O_4$ 溶液加热至 75～85 ℃时进行滴定。不能使温度超过 90 ℃，否则 $H_2C_2O_4$ 会发生分解，导致标定结果偏高。

$$H_2C_2O_4 \xrightarrow{\geqslant 90℃} H_2O + CO_2\uparrow + CO\uparrow$$

(2)酸度 溶液应保持足够大的酸度，一般为 $0.5\sim1\ mol\cdot L^{-1}$。如果酸度不足，易生成 MnO_2 沉淀，而酸度过高又会使 $H_2C_2O_4$ 分解。

(3)滴定速率和催化剂 MnO_4^- 与 $C_2O_4^{2-}$ 的反应开始速率很慢，当有 Mn^{2+} 生成之后，反应速率逐渐加快。因此，开始滴定时，应该等第一滴 $KMnO_4$ 溶液褪色后，再加第二滴，否则加入的 $KMnO_4$ 溶液来不及与 $C_2O_4^{2-}$ 反应，就在热的酸性溶液中分解，导致标定结果偏低(反应式如下)。此后，因反应生成的 Mn^{2+} 有自动催化作用，加快了反应速率，滴定速度可随之加快，但不能过快。

$$4MnO_4^- + 12H^+ = 4Mn^{2+} + 6H_2O + 5O_2\uparrow$$

若滴定前加入少量的 $MnSO_4$ 为催化剂，则在滴定的最初阶段就以较快的速率进行。

(4)滴定终点 $KMnO_4$ 本身作指示剂，用 $KMnO_4$ 标准溶液滴定至溶液由无色刚刚变为浅红色 30s 不褪色时即为滴定终点。若终点后溶液放置时间过长，空气中还原性物质能使 $KMnO_4$ 还原而褪色，此时不应再滴加 $KMnO_4$。

$KMnO_4$ 溶液的浓度按下式计算：

$$c(KMnO_4)=\frac{2m(Na_2C_2O_4)}{5M(Na_2C_2O_4)\times V(KMnO_4)}$$

3. $KMnO_4$法应用实例

(1)软锰矿中 MnO_2 含量的测定　软锰矿主要成分是 MnO_2，测定方法是将矿样在过量还原剂 $Na_2C_2O_4$的硫酸溶液中溶解、还原、加热。待反应完全后，用 $KMnO_4$标准溶液滴定剩余的还原剂 $Na_2C_2O_4$。反应过程为：

$$MnO_2 + Na_2C_2O_4 + 2H_2SO_4 = MnSO_4 + Na_2SO_4 + 2CO_2\uparrow + 2H_2O$$

$$2MnO_4^- + 5C_2O_4^{2-} + 16H^+ = 2Mn^{2+} + 10CO_2\uparrow + 8H_2O$$

MnO_2 的质量分数按下式计算：

$$w(MnO_2) = \frac{\left[\frac{2m(Na_2C_2O_4)}{M(Na_2C_2O_4)} - 5c(KMnO_4)\times V(KMnO_4)\right]\times M(MnO_2)}{2m_{样}}$$

此法也可用于测定 PbO_2 的含量。

(2)Ca^{2+}的测定　高锰酸钾法测定 Ca^{2+}时，先将 Ca^{2+}沉淀为 CaC_2O_4。沉淀经过滤和洗涤后，溶于热的稀 H_2SO_4溶液中，再用 $KMnO_4$标准溶液滴定试液中的 $C_2O_4^{2-}$。根据所消耗的 $KMnO_4$的量，间接求得 Ca^{2+}的含量。为了保证 Ca^{2+}与 $C_2O_4{}^{2-}$间 1∶1 的计量关系，以及获得颗粒较大的 CaC_2O_4沉淀便于过滤和洗涤，必须采取相应的措施：

①在酸性试液中先加入过量$(NH_4)_2C_2O_4$，再用稀氨水慢慢中和试液至甲基橙显黄色，使沉淀缓慢地生成。

②沉淀完全后需放置陈化一段时间。

③用蒸馏水洗去沉淀表面吸附的 $C_2O_4^{2-}$。若在中性或弱碱性溶液中沉淀，会有部分 $Ca(OH)_2$ 或碱式草酸钙生成，使测定结果偏低。为减少沉淀溶解损失，应用尽可能少的冷水洗涤沉淀。

Ca 的质量分数按下式计算：

$$w(Ca) = \frac{5c(KMnO_4)\times V(KMnO_4)\times M(Ca)}{2m_{样}}$$

7.5.2　重铬酸钾法

1. 方法简介

重铬酸钾法是以 $K_2Cr_2O_7$ 标准溶液为滴定剂的氧化还原滴定法。$K_2Cr_2O_7$ 是常用的氧化剂，在酸性溶液中被还原成 Cr^{3+}，半反应为：

$$Cr_2O_7^{2-} + 14H^+ + 6e^- \rightleftharpoons 2Cr^{3+} + 7H_2O,\qquad \varphi^{\ominus}(Cr_2O_7^{2-}/Cr^{3+}) = 1.33\ V$$

实际上在酸性溶液中，$Cr_2O_7^{2-}/Cr^{3+}$电对的条件电势比标准电势低，如在 $c(H_2SO_4) = 0.5\ mol\cdot L^{-1}$介质中，$\varphi^{\ominus'}(Cr_2O_7^{2-}/Cr^{3+}) = 1.08\ V$；在 $c(HCl) = 1\ mol\cdot L^{-1}$介质中，$\varphi^{\ominus'}(Cr_2O_7^{2-}/Cr^{3+}) = 1.00\ V$。可见，$K_2Cr_2O_7$ 的氧化能力虽不如 $KMnO_4$，但仍是一种较强的氧化剂。

重铬酸钾易提纯，在 140～150℃ 干燥 2 h 后，即可用直接法配制标准溶液，并且 $K_2Cr_2O_7$ 标准溶液非常稳定，可以长期保存。另外 $K_2Cr_2O_7$ 的氧化性较 $KMnO_4$ 弱，在

$c(HCl) < 2\ mol \cdot L^{-1}$介质中，$Cr_2O_7^{2-}$ 不会氧化 Cl^-，因此 $K_2Cr_2O_7$ 法可以在 HCl 介质中进行。

重铬酸钾法选择性优于高锰酸钾法，其缺点是 $K_2Cr_2O_7$ 氧化性不如 $KMnO_4$ 强，应用范围较窄，另外 $K_2Cr_2O_7$ 的颜色不是很深，滴定时需外加指示剂。

2. $K_2Cr_2O_7$ 标准溶液的制备

$K_2Cr_2O_7$ 标准溶液可用直接法配制，但在配制前应将 $K_2Cr_2O_7$ 基准试剂在 105～110℃温度下烘至恒重。准确称取一定质量，加蒸馏水溶解后定量转移至一定体积的容量瓶中稀释至刻度，摇匀。然后根据其质量和定容的体积，计算 $K_2Cr_2O_7$ 标准溶液的浓度。

3. 重铬酸钾法应用实例

(1)铁矿石中全铁含量的测定　试样一般用浓 HCl 加热分解，在热的浓 HCl 溶液中用 $SnCl_2$ 将 Fe^{3+} 还原为 Fe^{2+}，过量的 $SnCl_2$ 用 $HgCl_2$ 氧化，此时溶液中析出 Hg_2Cl_2 白色丝状沉淀，用水稀释，然后在 $1 \sim 2\ mol \cdot L^{-1}$ H_2SO_4-H_3PO_4 混合酸介质中，以二苯胺磺酸钠作指示剂，用 $K_2Cr_2O_7$ 标准溶液滴定 Fe^{2+}。滴定反应如下：

$$Cr_2O_7^{2-} + 6Fe^{2+} + 14H^+ = 2Cr^{3+} + 6Fe^{2+} + 7H_2O$$

选用二苯胺磺酸钠($\varphi_{In}^{\ominus'} = 0.85V$)为指示剂时，由于理论变色点低于突跃范围的下限(0.86 V)，滴定终点会提前出现，滴定误差较大。但若在滴定前向溶液中加入 H_3PO_4，由于 H_3PO_4 与 Fe^{3+} 可形成稳定的$[Fe(HPO_4)_2]^-$ 无色配离子，使体系中 Fe^{3+} 的浓度降低，从而引起 $\varphi_{Fe^{3+}/Fe^{2+}}^{\ominus'}$ 的降低，增大了突跃范围，使二苯胺磺酸钠的变色点落在滴定突跃范围之内，减小了终点误差。同时，也消除了 Fe^{3+} 自身黄褐色对滴定终点观察的干扰。因此，选用二苯胺磺酸钠为指示剂测定 Fe^{2+} 时，需加入 H_3PO_4。

(2)土壤中有机质的测定　土壤中有机质含量的高低，是判断土壤肥力的重要指标。土壤中有机质的含量，通过测定土壤中碳的含量换算。即在浓 H_2SO_4 存在下，加入过量 $K_2Cr_2O_7$ 标准溶液，在 170～180℃ 下使土壤中的碳被 $K_2Cr_2O_7$ 氧化成 CO_2，剩余的 $K_2Cr_2O_7$ 以二苯胺磺酸钠为指示剂，用 $FeSO_4$ 标准溶液滴定，终点时溶液呈亮绿色。其反应为：

$$2K_2Cr_2O_7(\text{过量}) + 8H_2SO_4 + 3C = 2K_2SO_4 + 2Cr_2(SO_4)_3 + 3CO_2\uparrow + 8H_2O$$

$$K_2Cr_2O_7(\text{剩余量}) + 6FeSO_4 + 7H_2SO_4 = Cr_2(SO_4)_3 + K_2SO_4 + 3Fe_2(SO_4)_3 + 7H_2O$$

7.5.3　碘量法

1. 方法简介

碘量法是利用 I_2 的氧化性或 I^- 的还原性进行滴定的一种分析方法。由于固体 I_2 在水中的溶解度很小且易挥发，通常将 I_2 溶解于 KI 溶液中，此时，它以 I_3^- 络离子形式存在，半反应为：

$$I_3^- + 2e^- \rightleftharpoons 3I^- \qquad \varphi^{\ominus}(I_2/I^-) = 0.535\ V$$

为简化并强调计量关系，一般仍简写作 I_2。显然，I_2 是较弱的氧化剂，I^- 是中等强度的还原剂，能与许多氧化剂作用。因此，碘量法可以用直接和间接两种方式进行滴定。

(1)直接碘量法或碘滴定法(iodimetry)　利用 I_2 的氧化性来测定还原性物质。由于 I_2 的氧化能力不强，所以这种方法只能测定较强的还原剂。如 S^{2-}、$S_2O_3^{2-}$、SO_3^{2-}、AsO_3^{3-}、Sn^{2+} 等。

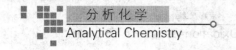

直接碘量法不能在碱性溶液中进行，否则会发生下列歧化反应

$$3I_2 + 6OH^- = IO_3^- + 5I^- + 3H_2O$$

(2)间接碘量法或滴定碘法(iodometry)　利用 I^- 的还原性测定氧化性物质，方法是用 I^- 还原氧化性物质，产生相当量的 I_2，然后用 $Na_2S_2O_3$ 标准溶液滴定，从而间接测定氧化性物质的含量。此方法应用范围广，可以测定很多氧化性物质，如 Cu^{2+}、CrO_4^{2-}、$Cr_2O_7^{2-}$、IO_3^-、BrO_3^-、AsO_4^{3-}、NO_3^-、H_2O_2 等。在间接碘量法中，为了获得准确结果，必须注意：

①溶液的酸度　$S_2O_3^{2-}$ 与 I_2 间的反应，是碘量法中最重要的反应。酸度控制不当会影响它们的计量关系，造成误差。I_2 与 $S_2O_3^{2-}$ 的反应：

$$I_2 + 2S_2O_3^{2-} = S_4O_6^{2-} + 2I^-$$

I_2 与 $S_2O_3^{2-}$ 的物质的量之比是 1∶2。

滴定时，若酸度过高，用 $Na_2S_2O_3$ 溶液滴定时，易发生如下反应：

$$S_2O_3^{2-} + 2H^+ = H_2SO_3 + S\downarrow$$

而 H_2SO_3 与 I_2 的反应是

$$H_2SO_3 + I_2 + H_2O = SO_4^{2-} + 2I^- + 4H^+$$

此时，I_2 与 $S_2O_3^{2-}$ 的物质的量之比是 1∶1，造成误差。但由于 I_2 与 $S_2O_3^{2-}$ 的反应较快，只要滴加 $Na_2S_2O_3$ 速度较慢，并充分搅拌，勿使局部浓度过高，即使酸度高达 3～4 $mol \cdot L^{-1}$，也可以得到满意的结果。

但是若用 I_2 滴定 $S_2O_3^{2-}$，则不能在酸性溶液中进行。若溶液 pH 过高，I_2 会发生歧化反应生成 HOI 和 IO_3^-，它们将部分地氧化 $S_2O_3^{2-}$ 为 SO_4^{2-}，反应如下：

$$S_2O_3^{2-} + 4I_2 + 10OH^- = 2SO_4^{2-} + 8I^- + 5H_2O$$

此时，部分的 I_2 与 $S_2O_3^{2-}$ 按 4∶1 的物质的量之比反应，造成误差。若用 $S_2O_3^{2-}$ 滴定 I_2，溶液的 pH 应小于 9。但若用 I_2 滴定 $S_2O_3^{2-}$，pH 可高达 11。

②防止 I_2 的挥发和 I^- 的氧化　碘量法的误差主要来源于 I_2 的挥发和 I^- 被氧化。防止 I_2 挥发可在 I_2 标准溶液或间接碘量法中析出 I_2 的反应中，加入过量 KI 以与 I_2 形成 I_3^- 增大 I_2 的溶解度；并在室温下进行滴定，同时注意不要剧烈摇动，最好使用碘瓶(带有玻塞的锥形瓶)。防止 I^- 被空气中 O_2 氧化的方法是：首先溶液的酸度不宜太高，否则会加快 O_2 氧化 I^- 的速率；其次去除 Cu^{2+}、NO_2^- 等能催化 O_2 对 I^- 氧化的物质并避免阳光照射；此外滴定速率亦应适当地加快。

碘量法中用淀粉作指示剂。在有少量 I^- 存在时，痕量的 I_2 即可与淀粉生成明显的蓝色吸附配合物，反应灵敏度很高，可根据蓝色的出现或消失来判断终点的到达。实际中要注意溶液的酸度，显色反应在弱酸性溶液中最灵敏。淀粉在 pH$<$2 的溶液中易水解成糊精，遇 I_2 显红色；若溶液的 pH$>$9，因 I_2 歧化生成 IO_3^- 而不显蓝色。另外淀粉溶液必须是新配制的，否则变色不敏锐。还要注意，在间接碘量法中，在临近滴定终点时加入淀粉，否则大量的 I_2 与淀粉结合，会妨碍 $Na_2S_2O_3$ 对 I_2 的还原，增加滴定的误差。

2. $Na_2S_2O_3$ 和 I_2 标准溶液的配制和标定

碘量法中使用的标准溶液有 $Na_2S_2O_3$ 和 I_2。

(1) $Na_2S_2O_3$ 溶液的配制和标定　固体 $Na_2S_2O_3 \cdot 5H_2O$ 不纯并易风化，只能用间接法配制标准溶液。由于受溶解在水中的 CO_2、空气中的 O_2 及水中微生物的作用，$Na_2S_2O_3$ 溶液不稳定，容易分解。因此，在配制 $Na_2S_2O_3$ 溶液时，必须用新煮沸并冷却的蒸馏水，并加入少量 Na_2CO_3 使溶液呈弱碱性，贮于棕色瓶中，放置于暗处，待浓度稳定后（7～10 天）进行标定。标准溶液不宜长期保存。

标定 $Na_2S_2O_3$ 溶液的物质常用的有 KIO_3、$KBrO_3$ 及 $K_2Cr_2O_7$ 等基准物质。标定时先称取一定量基准物质，在酸性溶液中与过量 KI 作用，以淀粉为指示剂，用 $Na_2S_2O_3$ 溶液滴定析出的 I_2。

以 $K_2Cr_2O_7$ 作基准物质，与 KI 反应及结果计算如下：

$$Cr_2O_7^- + 6I^- + 14H^+ = 2Cr^{3+} + 3I_2 + 7H_2O$$

$$I_2 + 2S_2O_3^{2-} = S_4O_6^{2-} + 2I^-$$

$$c(Na_2S_2O_3) = \frac{6m(K_2Cr_2O_7)}{M(K_2Cr_2O_7) \times V(Na_2S_2O_3)}$$

$Cr_2O_7^-$ 与 I^- 反应较慢，为加速反应，须加入过量的 KI 并提高酸度。但是，酸度过高又会加速空气氧化 I^-，一般控制酸度为 0.4 mol·L^{-1}，并在暗处放置 5 min，以使反应完成。滴定时，淀粉指示剂应待 $Na_2S_2O_3$ 溶液将析出的大部分 I_2 还原后再行加入。若淀粉加入过早，有少量与淀粉结合的 I_2 在滴定终点时不易与 $Na_2S_2O_3$ 反应，致使重点提前且不明显，造成滴定误差。溶液呈现稻草黄色（黄色 I_3^- + 绿色 Cr^{3+}）时，暗示 I_2 已不多，临近终点。若滴定至终点后，溶液迅速变蓝，表示 $Cr_2O_7^-$ 与 I^- 的反应未定量完成，应重做实验。

若是用 KIO_3 标定，只需稍过量的酸，反应即可迅速进行，不必放置，空气氧化 I^- 也很有限。

(2) I_2 溶液的配制和标定　I_2 的挥发性强，准确称量较困难，故一般先配制成近似浓度的溶液再标定。先将一定量的 I_2 溶于 KI 的浓溶液中，然后稀释至一定体积。溶液贮存于棕色试剂瓶中，应避免与橡皮等有机物接触，也要防止见光遇热。

I_2 溶液通常用 As_2O_3 标定，也可用已标定好的 $Na_2S_2O_3$ 标准溶液来标定。As_2O_3 难溶于水，可用 NaOH 溶解。pH＝8～9 时，I_2 可快速定量氧化 $HAsO_2$。

$$HAsO_2 + I_2 + 2H_2O = HAsO_4^{2-} + 2I^- + 4H^+$$

标定时先酸化溶液，再加 $NaHCO_3$ 调节 pH 约为 8。

3. 碘量法应用示例

(1) 直接碘量法测定硫　在酸性溶液中，I_2 能氧化 S^{2-}：

$$H_2S + I_2 = S\downarrow + 2I^- + 2H^+$$

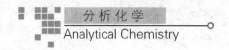

因此可用淀粉作指示剂，用 I_2 标准溶液滴定 H_2S。滴定不能在碱性溶液中进行，否则部分 S^{2-} 将被氧化为 SO_4^{2-}。

$$S^{2-} + 4I_2 + 8OH^- = SO_4^{2-} + 8I^- + 4H_2O$$

气体 H_2S 的测定，可先用 Cd^{2+} 或 Zn^{2+} 的氨性溶液吸收，然后加入一定量过量的 I_2 标准溶液，用 HCl 酸化。最后以淀粉作指示剂，用 $Na_2S_2O_3$ 标准溶液滴定过量的 I_2。

(2)胆矾中铜的测定　胆矾($CuSO_4 \cdot 5H_2O$)是农药波尔多液的主要原料，其中所含的铜常用间接碘量法进行测定。在试样的酸性溶液中，加入过量的 KI 与 Cu^{2+} 反应，析出的 I_2 用 $Na_2S_2O_3$ 标准溶液滴定。

$$2Cu^{2+} + 4I^- = 2CuI\downarrow + I_2$$
$$I_2 + 2S_2O_3^{2-} = 2I^- + S_4O_6^{2-}$$

加入 KI 的量要比理论值大 2～3 倍，因 Cu^{2+} 与 I^- 反应生成 CuI 与 I_2 的反应是可逆的，过量的 KI 可使 Cu^{2+} 的还原趋于完全，同时还可加快反应速度；过量的 I^- 与 I_2 配位形成 I_3^-，增大 I_2 的溶解度，防止 I_2 的挥发。从以上的叙述可见，过量的 KI 起还原剂、沉淀剂和稳定剂(配位剂)的作用。

由于 CuI 沉淀表面强烈地吸附 I_2，会使分析结果偏低。为了减少 CuI 对 I_2 的吸附，在大部分 I_2 被 $Na_2S_2O_3$ 溶液滴定后，加入 NH_4SCN，使 CuI 转化为溶解度更小的 CuSCN 沉淀：

$$CuI + SCN^- = CuSCN\downarrow + I^-$$

CuSCN 沉淀对 I_2 的吸附较小，提高了分析结果的准确度。但是 NH_4SCN 只能在接近终点时加入，否则 NH_4SCN 可直接还原 Cu^{2+} 而使测定结果偏低：

$$6Cu^{2+} + 7SCN^- + 4H_2O = 6CuSCN\downarrow + SO_4^{2-} + HCN + 7H^+$$

另外，反应必须在酸性溶液中进行，以防止 Cu^{2+} 水解。常用的酸是 H_2SO_4 或 HAc，不宜用 HCl，因为 Cu^{2+} 与 Cl^- 易形成配离子。Fe^{3+} 容易氧化 I^- 生成 I_2 而使结果偏高，所以试样中若含有 Fe^{3+} 时，应分离除去或加入 NaF 使 Fe^{3+} 形成配离子而被掩蔽，以消除干扰。

铜含量的计算如下：$w(Cu) = \dfrac{c(Na_2S_2O_3) \times V(Na_2S_2O_3) \times M(Cu)}{m}$

(3)漂白粉中有效氯的测定　漂白粉主要成分是 Ca(OCl)Cl，另外还有 $CaCl_2$、$Ca(ClO_3)_2$ 及 CaO 等。漂白粉的质量以能释放出来的氯量作标准，称为有效氯，以 $w(Cl)$ 表示。

漂白粉中有效氯的测定方法较简单。试样在稀 H_2SO_4 介质中，加过量 KI，反应生成的 I_2 用 $Na_2S_2O_3$ 标准溶液滴定。

$$Ca(OCl)Cl + 2H^+ = Ca^{2+} + HClO + HCl$$
$$HClO + HCl = Cl_2 + H_2O$$
$$Cl_2 + 2KI = I_2 + 2KCl$$
$$I_2 + 2S_2O_3^{2-} = 2I^- + S_4O_6^{2-}$$
$$w(Cl) = \frac{c(Na_2S_2O_3) \times V(Na_2S_2O_3) \times M(Cl)}{m_{样}}$$

氧化还原滴定法除了以上几种外，还有铈量法(cerimetry)、溴量法(bromine method)和溴酸钾法(potassium bromate method)等，在此不予讨论。

□ 本章小结

氧化还原滴定法是以氧化剂或还原剂为标准溶液，直接测定具有氧化性或还原性的物质，以及间接测定能与氧化剂或还原剂发生定量反应的物质的滴定分析方法。由于氧化还原反应机理较复杂，反应速率较慢，所以滴定时要注意滴定速率与反应速率相适应。影响反应速率的主要因素有反应物的浓度、温度、催化剂和诱导作用等。

条件电势是校正了各种外界因素后的电势，它随着活度系数和副反应系数而变化，与介质的种类有关。

一般来说，当两电对的条件电势之差大于 0.4 V 时，该氧化还原反应可用于滴定分析。

氧化还原滴定曲线一般通过实验方法测得，也可以由能斯特(Nernst)公式从理论上计算。其突跃范围与两电对的条件电势之差有关。差值越大，突跃越长。一般地，两个电对的条件电势之差大于 0.2 V 时，突跃范围明显。另外，介质不同，曲线的位置和滴定突跃长短也将改变。

氧化还原滴定法终点的确定，除了用电势法外，还可以用自身指示剂、特殊指示剂及氧化还原指示剂来确定。

常见氧化还原滴定法主要有高锰酸钾法、重铬酸钾法及碘量法等。

□ 思考题

7-1 氧化还原滴定法共分几类？这些方法的基本反应是什么？

7-2 氧化还原反应的特点是什么？举例说明如何创造条件，使反应符合滴定分析的要求。

7-3 条件电势与标准电势有什么不同？影响条件电势的外界因素有哪些？

7-4 如何判断一个氧化还原反应能否进行完全？影响氧化还原反应速率的主要因素有哪些？

7-5 氧化还原滴定曲线有何特点？影响突跃范围的因素有哪些？如何判断计量点电势在突跃范围中的位置？

7-6 碘量法中的主要误差来源有哪些？配制、标定和保存 I_2 和 $Na_2S_2O_3$ 标准溶液时，应注意哪些问题？

7-7 为什么 $KMnO_4$ 滴定 Fe^{2+} 不能用盐酸酸化？对比说明 $KMnO_4$ 法和 $K_2Cr_2O_7$ 法的优点和不足。

7-8 以二苯胺磺酸钠作指示剂用 $K_2Cr_2O_7$ 测定 Fe^{2+} 时，为什么要加入 H_2SO_4-H_3PO_4 混合酸？

7-9 已知：$\varphi^{\ominus}(Cu^{2+}/Cu^{+})=0.159$ V，$\varphi^{\ominus}(I_2/I^{-})=0.545$ V，为什么用碘量法可以测

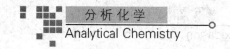

Cu^{2+}？若被测溶液中含 Fe^{3+} 应采取什么措施？何时加入淀粉指示剂和 KSCN？KSCN 的作用是什么？

□ 习题

7-1 用 20.00 mL $KMnO_4$ 溶液，恰能氧化 0.150 0 g 的 $Na_2C_2O_4$，计算 $c(KMnO_4)$。

($c(KMnO_4)=0.022\ 37\ mol \cdot L^{-1}$)

7-2 在 1.0mol · L^{-1} HCl 介质中，用 Fe^{3+} 滴定 Sn^{2+}，计算化学计量点时溶液的电势。[已知 $\varphi^{\ominus'}(Sn^{4+}/Sn^{2+})=0.14$ V，$\varphi^{\ominus'}(Fe^{3+}/Fe^{2+})=0.68$ V]

($\varphi_{sp}=0.41$ V)

7-3 计算在 1 mol · L^{-1} HCl 溶液中，下述反应的条件平衡常数

$$2Fe^{3+}+3I^- = 2Fe^{2+}+I_3^-$$

当 20.00 mL 0.10 mol · L^{-1} Fe^{3+} 与 20.00 mL 0.30 mol · L^{-1} I^- 混合后，溶液中残留的 Fe^{3+} 还剩余多少？

($K^{\ominus'}=3.6\times10^4$；3.8%)

7-4 计算 0.100 0 mol · L^{-1} $KMnO_4$ 溶液，在 H^+ 浓度为 1 mol · L^{-1} 时，还原到一半时的电极电势。已知 $\varphi^{\ominus'}(MnO_4^-/Mn^{2+})=1.45$ V。

(1.45 V)

7-5 某 $KMnO_4$ 溶液在酸性介质中对 Fe^{2+} 的滴定度 $T(Fe/KMnO_4)=0.027\ 92$ g · mL^{-1}，而 1.00 mL $KH(HC_2O_4)_2$ 溶液在酸性介质中恰好与 0.80 mL 上述 $KMnO_4$ 溶液完全反应。问上述 $KH(HC_2O_4)_2$ 溶液作为酸与 0.100 0 mol · L^{-1} NaOH 溶液反应时，1.00 mL 可中和多少 mL 的 NaOH 溶液？

(3.00 mL)

7-6 将 0.160 2 g 石灰石试样溶解在 HCl 溶液中，然后将钙沉淀为 CaC_2O_4，沉淀溶解在稀 H_2SO_4 溶液中，用 $KMnO_4$ 标准溶液滴定，用去 20.70 mL。已知 $KMnO_4$ 溶液对 $CaCO_3$ 滴定度为 0.006 020 g · mL^{-1}，求石灰石中 $CaCO_3$ 质量分数。

($w(CaCO_3)=0.777\ 9$)

7-7 在 0.127 5 g 纯 $K_2Cr_2O_7$ 的溶液中，加入过量 KI 溶液，析出的 I_2 用 $Na_2S_2O_3$ 标准溶液滴定，用去 22.85 mL，求 $c(Na_2S_2O_3)$ 为多少？

($c(Na_2S_2O_3)=0.113\ 8\ mol \cdot L^{-1}$)

7-8 不纯的 KI 试样 0.530 5 g，在 H_2SO_4 溶液中加入纯 $K_2Cr_2O_7$ 0.194 0 g 处理，煮沸除去生成的 I_2。然后加入过量的 KI，使之与剩余的 $K_2Cr_2O_7$ 作用，析出的 I_2 用 $c(Na_2S_2O_3)=0.100\ 0$ mol · L^{-1} $Na_2S_2O_3$ 溶液滴定，用去 10.00 mL，求 KI 的质量分数。

($w(KI)=0.925\ 2$)

7-9 用 30.00 mL $KMnO_4$ 溶液恰能氧化一定质量的 $KHC_2O_4 \cdot H_2O$，同样质量的 $KHC_2O_4 \cdot H_2O$ 又恰能被 25.20 mL $c(KOH)=0.200\ 0$ mol · L^{-1} KOH 溶液中

和，计算 $c(KMnO_4)$是多少？

（$c(KMnO_4)=0.067\ 20\ mol \cdot L^{-1}$）

7-10 土壤试样 1.300 g，用重量法得 Al_2O_3 及 Fe_2O_3 共 0.120 0 g，将此氧化物用酸溶解并使铁还原后，用 $c(KMnO_4)=0.003\ 200\ mol \cdot L^{-1}$ 的 $KMnO_4$ 溶液滴定，用去 25.00 mL。计算土壤中 Al_2O_3 和 Fe_2O_3 的质量分数。

（$w(Al_2O_3)=0.067\ 69$；$\omega(Fe_2O_3)=0.024\ 62$）

二维码 7-1 第 7 章要点

二维码 7-2 氧化还原习题解答

Chapter 8 第 8 章

沉淀滴定法

Precipitation Titration

【教学目标】

- 掌握莫尔法测定的基本原理、滴定条件和适用范围。
- 掌握佛尔哈德法测定的基本原理、滴定条件和适用范围。
- 了解法扬司法测定的基本原理、滴定条件和适用范围。

8.1 沉淀滴定法概述

沉淀滴定法是建立在沉淀反应基础上的一种滴定分析方法。沉淀反应的种类和数量很多，但同时满足滴定分析对化学反应要求的 4 个条件的并不多。这是因为很多的沉淀反应进行不完全，有的沉淀组成不恒定，有的会形成过饱和溶液，有的共沉淀严重，有的沉淀由于吸附能力强而吸附待测离子等。基于滴定分析对化学反应的要求，一般认为，同时具备下列 4 个条件的沉淀反应才能用于建立沉淀滴定法。

(1)生成的沉淀组成一定，反应物之间有确定的计量关系。

(2)沉淀的溶解度小，沉淀反应能定量进行，而且不易形成过饱和溶液。

(3)沉淀反应进行迅速。

(4)能找到适当的方法准确确定滴定终点。

现在应用最多、最具有实际意义的沉淀反应是生成微(难)溶性银盐的反应，常见的是：

$$Ag^+ + X^- \rightleftharpoons AgX\downarrow \quad (X = Cl, Br, I)$$

$$Ag^+ + SCN^- \rightleftharpoons AgSCN\downarrow$$

利用生成难溶性银盐的沉淀滴定法，通常称为银量法，该法可用于测定 Cl^-、Br^-、I^-、CN^-、SCN^- 及 Ag^+ 等离子，还可以测定经过处理而能定量地产生这些离子的有机物。农业上常用此法测定土壤、饲料中的水溶性氯化物和有机氯农药等。

根据确定滴定终点所用的指示剂不同，银量法可分为 3 种：以铬酸钾为指示剂的莫尔法，以铁铵矾为指示剂的佛尔哈德法和以吸附指示剂指示化学计量点的法扬司法。本章主要讨论几种银量法确定滴定终点的原理、滴定条件和应用范围。

8.2 银量法的分类

8.2.1 莫尔法

8.2.1.1 测定原理

莫尔法是用K_2CrO_4作指示剂，用$AgNO_3$标准溶液滴定氯化物、溴化物的方法。滴定反应为(以测定Cl^-为例)：

滴定终点前：$Ag^+ + Cl^- = AgCl\downarrow$(白色)　　$K_{sp}(AgCl) = 1.8\times10^{-10}$

滴定终点时：$2Ag^+ + CrO_4^{2-} = Ag_2CrO_4\downarrow$(砖红色)$K_{sp}(Ag_2CrO_4) = 2.0\times10^{-12}$

由于AgCl的溶解度小于Ag_2CrO_4的溶解度，当Ag^+进入浓度较大的Cl^-的中性或弱碱性溶液中时，根据分步沉淀原理，将首先生成AgCl沉淀，因$c_{r,e}^2(Ag^+)c_{r,e}(CrO_4^{2-}) < K_{sp}(Ag_2CrO_4)$，不能生成$Ag_2CrO_4$沉淀。随着滴定的进行，$Cl^-$浓度不断降低，$Ag^+$浓度不断增大，当$Cl^-$被定量沉淀后，过量的$Ag^+$与$CrO_4^{2-}$生成$Ag_2CrO_4$砖红色沉淀，指示滴定终点的到达。

8.2.1.2 滴定条件

(1)指示剂的用量　用$AgNO_3$标准溶液滴定Cl^-时，为使试液中的Cl^-被定量滴定后，立即析出Ag_2CrO_4沉淀，K_2CrO_4指示剂的用量一定要合适。指示剂用量过多或过少，都会使终点提前或拖后，从而产生较大的滴定误差。那么指示剂的浓度为多少比较合适呢？化学计量点时，Ag^+与Cl^-的量恰好相等，在AgCl的饱和溶液中：

$$c_{r,e}(Ag^+)c_{r,e}(Cl^-) = K_{sp}(AgCl)$$

由于
$$c_{r,e}(Ag^+) = c_{r,e}(Cl^-)$$

所以
$$c_{r,e}^2(Ag^+) = K_{sp}(AgCl)$$

此时要求$c_{r,e}^2(Ag^+)c_{r,e}(CrO_4^{2-}) \geqslant K_{sp}(Ag_2CrO_4)$，方可生成$Ag_2CrO_4$沉淀，将$c_{r,e}^2(Ag^+) = K_{sp}(AgCl)$代入上式，即可算出$CrO_4^{2-}$的浓度：

$$c_{r,e}(CrO_4^{2-}) \geqslant \frac{K_{sp}(Ag_2CrO_4)}{K_{sp}(AgCl)} = \frac{2.0\times10^{-12}}{1.8\times10^{-10}} = 1.1\times10^{-2}(mol\cdot L^{-1})$$

计算可知，被测溶液中CrO_4^{2-}浓度控制为1.1×10^{-2} mol·L^{-1}时，恰好在化学计量点时出现砖红色的Ag_2CrO_4沉淀。但由于此浓度时K_2CrO_4黄色较深，妨碍对终点的观察，所以实际用量比理论量要少。实验证明，当加入K_2CrO_4的浓度为5.0×10^{-3} mol·L^{-1}时，仍然可以获得满意的结果。即K_2CrO_4的浓度小了，终点将在化学计量点后出现，但稍过量的Ag^+所引起的滴定误差一般仍小于+0.1%。

(2)溶液的酸度　用莫尔法测定时，要在中性或弱碱性(pH=6.5～10.5)溶液中进行。若在酸性溶液中进行，CrO_4^{2-}将因下列反应而使浓度降低，影响Ag_2CrO_4沉淀的生成。

$$2H^+ + 2CrO_4^{2-} = 2HCrO_4^- = Cr_2O_7^{2-} + H_2O$$

如果在碱性溶液中进行，则将因下列反应而额外消耗$AgNO_3$标准溶液。

$$2Ag^+ + 2OH^- = Ag_2O\downarrow + H_2O$$

因此在酸性或碱性溶液中，都会带来较大的正误差。所以把 pH 限制在 6.5～10.5 范围内，就是为避免以上两个副反应而确定的。若试液的碱性太强，可用稀 HNO_3 中和；酸性太强，可用 $NaHCO_3$ 或 $Na_2B_4O_7$ 中和。此外，滴定不能在氨性溶液中进行，因为 NH_3 与 Ag^+ 能生成稳定的 $[Ag(NH_3)]^+$ 及 $[Ag(NH_3)_2]^+$ 配离子，而使 AgCl 和 Ag_2CrO_4 沉淀溶解。当溶液中有铵盐存在时，要求试液的酸度范围更窄，pH＝6.5～7.2，以免生成 $[Ag(NH_3)_2]^+$ 而影响准确滴定。

(3)干扰离子的消除　溶液中含有能与 Ag^+ 生成沉淀的阴离子如 PO_4^{3-}、AsO_4^{3-}、S^{2-}、CO_3^{2-} 等，或含有能与 CrO_4^{2-} 生成沉淀的阳离子如 Ba^{2+}、Pb^{2+} 等，或含有大量有色离子如 Cu^{2+}、Co^{2+}、Ni^{2+} 等及在中性或弱碱性溶液中易发生水解的离子如 Fe^{3+}、Al^{3+}、Sn^{4+} 等都干扰测定，应预先分离除去。

(4)滴定顺序莫尔法只能用 $AgNO_3$ 标准溶液滴定 Cl^-，不能用 Cl^- 滴定 Ag^+。因为若用 Cl^- 滴定 Ag^+，终点应是砖红色的 Ag_2CrO_4 沉淀的消失，从热力学计算，沉淀转化是可以进行的，但由于转化速度太慢而不能应用。

$$Ag_2CrO_4\downarrow + 2Cl^- = 2AgCl\downarrow + CrO_4^{2-}$$

用莫尔法测定 Ag^+ 时，宜采用返滴定法。即先在 Ag^+ 试液中加入过量的 NaCl 标准溶液，再用 $AgNO_3$ 标准溶液回滴剩余的 NaCl。

(5)剧烈摇动，防止吸附　为了避免由于先生成的 AgCl 沉淀对溶液中 Cl^- 的吸附，滴定时必须剧烈摇动溶液，以防终点提前到达。测定 Br^- 时，AgBr 沉淀吸附 Br^- 更为严重，所以滴定时更应剧烈摇动，否则会引入更大的误差。

8.2.1.3　适用范围

莫尔法只适于测定氯化物和溴化物，不适宜于测定 I^- 及 SCN^- 的化合物。因为 AgI 和 AgSCN 沉淀吸附溶液中的 I^- 及 SCN^- 更为强烈，造成化学计量点前溶液中被测离子浓度降低，影响测定结果的准确性。可采用返滴定法测定 Ag^+，即向试液中加入一定量过量的 NaCl 标准溶液，反应完全后，加 K_2CrO_4 指示剂，再用 $AgNO_3$ 标准溶液返滴定过量的 Cl^-。

莫尔法操作简便，准确度较高，但应用范围较窄。

8.2.2　佛尔哈德法

8.2.2.1　测定原理

佛尔哈德法是在酸性溶液中，用 NH_4SCN（或 KSCN）为标准溶液，以含有 Fe^{3+} 的铁铵矾 $[NH_4Fe(SO_4)_2\cdot 12H_2O]$ 为指示剂的银量法。主要测定 Ag^+ 及卤素离子。按照滴定方式的不同，佛尔哈德法可分为直接滴定法和返滴定法。

(1)直接滴定法测定　Ag^+ 在 HNO_3 介质中，以铁铵矾作指示剂，用 NH_4SCN（或 KSCN）标准溶液直接滴定 Ag^+，当滴定到化学计量点附近时，Ag^+ 浓度迅速降低，而 SCN^- 浓度迅速增加，于是微过量的 SCN^- 与 Fe^{3+} 反应生成红色的 $[Fe(SCN)]^{2+}$，从而指示滴定终点到达。滴定反应为：

滴定终点前：　$Ag^+ + SCN^- = AgSCN\downarrow$（白色）

滴定终点时：　　　　$Fe^{3+}+SCN^{-}=[Fe(SCN)]^{2+}$（红色）

(2)返滴定法测定卤素离子　在含有卤素离子的 HNO_3 溶液中，加入准确过量的 $AgNO_3$ 标准溶液，使卤化物生成银盐沉淀，再以铁铵矾作指示剂，用 NH_4SCN（或 KSCN）标准溶液回滴剩余的 $AgNO_3$，待溶液出现红色表示滴定终点到达，滴定反应为（以测定 Cl^- 为例）

滴定终点前：　　　　$Ag^{+}+Cl^{-}=AgCl\downarrow$

（准确过量）

$Ag^{+}+SCN^{-}=AgSCN\downarrow$

（剩余量）

滴定终点时：　　　　$Fe^{3+}+SCN^{-}=[Fe(SCN)]^{2+}$（红色）

8.2.2.2　**滴定条件**

(1)指示剂用量　实验结果证明利用高浓度的 Fe^{3+} 指示剂（在滴定终点时使 Fe^{3+} 的浓度达到 0.015 mol·L^{-1}）可使终点误差减小到 0.1%。

(2)溶液的酸度　佛尔哈德法必须在 HNO_3 的强酸性溶液中进行，一方面可防止 Fe^{3+} 水解，以便终点观察；另一方面，溶液中若共存有 Zn^{2+}、Ba^{2+} 及 CO_3^{2-} 等离子，也不会干扰测定。这是此法的最大优点。

(3)干扰离子的消除　试样中若含有强氧化剂、氮的低价氧化物、汞盐等能与 SCN^- 起反应，将干扰测定，必须预先除去。

(4)由于 AgSCN 沉淀易吸附溶液中的 Ag^+，使化学计量点前溶液中的 $c(Ag^+)$ 大为降低，以致终点提前出现。所以在滴定时，必须剧烈摇动，将被吸附的 Ag^+ 释放出来。

8.2.2.3　**应用范围**

佛尔哈德法的直接滴定法可以测定 Ag^+，返滴定法可测 Cl^-、Br^-、I^-、PO_4^{3-}、AsO_4^{3-} 等。生产上常用来测定有机氯化物（如农药六六六、滴滴涕）以及一些有机试剂（如氯仿、碘仿），所以该法比莫尔法应用广泛。

注意：当滴定 Cl^- 到达化学计量点时，溶液中同时有 AgCl 和 AgSCN 两种难溶性银盐存在，若用力振摇，将使生成的 $Fe(SCN)^{2+}$ 配离子的红色消失，终点很难确定。因 $K_{sp}(AgSCN)=1.0\times10^{-12}<K_{sp}(AgCl)=1.8\times10^{-10}$，在化学计量点时，处于 AgCl 的饱和溶液中的 $c_r(Ag^+)$ 与 $c_r(SCN^-)$ 的乘积超过了 $K_{sp}(AgSCN)$，便析出 AgSCN 沉淀，由于 AgSCN 沉淀的析出，溶液中的 $c(SCN^-)$ 降低，$[Fe(SCN)]^{2+}$ 分解，因而红色消失，同时还必然引起 $c(Ag^+)$ 的降低，于是对于 AgCl 沉淀来说便成了不饱和溶液，则 AgCl 沉淀开始溶解，随着 AgCl 沉淀的溶解，$c(Ag^+)$ 增大，当继续加入 NH_4SCN 标准溶液时，AgCl 则不断溶解，AgSCN 将不断生成，其转化反应式如下：

$$AgCl=Ag^{+}+Cl^{-}$$

$$+$$

$$NH_4SCN=SCN^{-}+NH_4^{+}$$

$$\Vert$$

$$AgSCN\downarrow$$

即 $AgCl\downarrow+SCN^{-}=AgSCN\downarrow+Cl^{-}$。

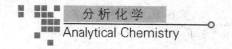

根据平衡移动原理，溶液中存在下列关系时，沉淀转化才会停止：

$$\frac{c_{r,e}(Cl^-)}{c_{r,e}(SCN)}=\frac{K_{sp}(AgCl)}{K_{sp}(AgSCN)}=\frac{1.8\times10^{-10}}{1.0\times10^{-12}}=180$$

这样，在化学计量点之后又消耗较多的 NH_4SCN 标准溶液，造成较大的滴定误差。

为了避免上述转化反应的进行，可以采取下列措施：

(1)在试液中加入过量 $AgNO_3$ 标准溶液后，将溶液煮沸，使 AgCl 沉淀凝聚，以减少 AgCl 沉淀对 Ag^+ 的吸附。滤去 AgCl 沉淀，并用 HNO_3 溶液洗涤沉淀，洗涤液并入滤液中，然后用 NH_4SCN 标准溶液返滴滤液中过量的 Ag^+。此法比较烦琐，但也能得到比较准确的结果。

(2)在试液中加入过量 $AgNO_3$ 标准溶液后，用 NH_4SCN 标准溶液回滴之前，向待测的 Cl^- 溶液中加入 1～3 mL 硝基苯并强力振摇，使硝基苯包在 AgCl 沉淀的表面上，减少 AgCl 与 SCN^- 的接触，防止 AgCl 沉淀转化。此法简便易行，但要注意硝基苯有毒。

(3)化学计量点前用力摇动三角瓶，近化学计量点轻轻摇动三角瓶。

在测定溴化物和碘化物时，由于生成的 AgBr 和 AgI 沉淀的溶度积均小于 AgSCN 的溶度积，不致发生上述转化反应，滴定终点也十分明显，故不必采取上述措施。但须指出，在测定碘化物时，指示剂必须在加入过量的 $AgNO_3$ 标准溶液后才能加入，否则将发生下列反应，产生误差。

$$2Fe^{3+}+2I^-=2Fe^{2+}+I_2$$

8.2.3 法扬司法

8.2.3.1 测定原理

法扬司法是用 $AgNO_3$ 作标准溶液，以吸附指示剂指示终点，测定卤化物的滴定方法。

吸附指示剂是一些有机染料，它们的阴离子在溶液中很容易被带正电荷的胶态沉淀所吸附，而不被带负电荷的胶态沉淀所吸附，并且在吸附后结构发生变化，而引起吸附指示剂颜色的改变。如用 $AgNO_3$ 滴定 Cl^- 时，常用荧光黄作指示剂，荧光黄是一种有机弱酸，可用 HFIn 表示，它在溶液中的离解如下：

$$HFIn=FIn^-+H^+\qquad K_a\approx10^{-8}$$

荧光黄阴离子 FIn^- 呈黄绿色，在化学计量点以前，溶液中存在过量的 Cl^-，AgCl 沉淀吸附 Cl^- 使 AgCl 胶粒带负电荷，荧光黄阴离子不被胶粒所吸附，溶液呈黄绿色。当滴定到达化学计量点时，1 滴过量的 $AgNO_3$，使溶液出现过量的 Ag^+，则 AgCl 沉淀吸附 Ag^+，而使 AgCl 胶粒带正电荷，它强烈地吸附 FIn^-，荧光黄阴离子被吸附后结构发生了变化而呈粉红色，以示滴定终点到达，其变化过程可用下式表示：

	胶粒	被吸附离子溶液颜色
滴定终点前 Cl^- 过量	$(AgCl)Cl^-\ M^+$	黄绿色
滴定终点时 Ag^+ 过量	$(AgCl)Ag^+\ FIn^-$	粉红色

8.2.3.2 滴定条件

为了使终点颜色变化明显，应用吸附指示剂时需要注意以下几个问题：

(1)由于吸附指示剂不是使溶液颜色变化，而是吸附在沉淀表面上而变色，因此应尽可能使卤化银沉淀呈胶体状态，并具有较大的表面。为此，在滴定前应将溶液稀释并加入糊精、淀粉等亲水性高分子化合物以保护胶体。同时，应避免大量中性盐存在，因为它能使胶体凝聚。

(2)溶液的 pH 应适当 常用的吸附指示剂多是有机弱酸，而起指示剂作用的是它们的阴离子，因此，溶液的 pH 应有利于吸附指示剂阴离子的存在。所以，法扬司法必须在中性、弱碱性或很弱的酸性(如 HAc)溶液中进行，否则吸附指示剂就会以不带电荷的分子态存在而不被沉淀胶粒所吸附。溶液的 pH 高低视所用吸附指示剂的离解常数而定，离解常数小的，溶液的 pH 就要偏高些，反之 pH 可偏低些。如荧光黄的 K_a 为 10^{-8}，用它来指示 Cl^- 的测定时，就需要在中性或弱碱性(pH＝7～10)溶液中进行；若用二氯荧光黄($K_a \approx 10^{-4}$)来指示测 Cl^-，溶液的 pH 可在 4～10，一般维持在 5～8 时，终点更为明显。对于酸性稍强的一些吸附指示剂，溶液的酸性也可稍大些，如曙红($K_a \approx 10^{-2}$)在 pH＝2 时仍可使用。表 8-1 列出了几种常用吸附指示剂的 pH 适用范围。

表 8-1 常用的吸附指示剂的使用条件

指示剂名称	待测离子	滴定剂	适用的 pH 范围
荧光黄	Cl^-	Ag^+	7～10(一般为 7～8)
二氯荧光黄	Cl^-	Ag^+	4～10(一般为 5～8)
曙红	Br^-、I^-、SCN^-	Ag^+	2～10(一般为 3～9)
二甲基二碘荧光黄	I^-	Ag^+	中性
氨基苯磺酸	Cl^-、I^- 混合液及生物碱盐类	Ag^+	微酸性
溴酚蓝	Hg^{2+}	Cl^-、Br^-	酸性溶液
甲基紫	$SO_4{}^{2-}$、Ag^+	Ba^{2+}、Cl^-	1.5～3.5 酸性溶液

(3)因带有吸附指示剂的卤化银胶体遇光易分解析出银，故滴定过程中应避免强光照射。

(4)选用吸附指示剂时应考虑到胶粒对指示剂的吸附力要略小于对被测离子的吸附力，否则指示剂将在化学计量点前变色。但对指示剂离子的吸附力也不能太小，否则化学计量点后也不能立即变色。滴定卤化物时，卤化银对卤化物和几种常用的吸附指示剂的吸附力的大小次序如下：

I^-＞二甲基二碘荧光黄＞Br^-＞曙红＞Cl^-＞荧光黄

因此，测定 Cl^- 时不能选用曙红，而应选用荧光黄为指示剂。

8.2.3.3 应用范围

法扬司法是银量法中的一种滴定方法，它可以测定 Cl^-、Br^-、I^-、SCN^-，但操作手续较莫尔法和佛尔哈德法要烦琐且溶液的 pH 范围必须严格控制，因此，日常较少使用。作为吸附指示剂法它不仅可以测卤化物，还可以测定生物碱盐类和其他某些可以生成沉淀的物质，如测 SO_4^{2-} 时就可选用甲基紫作指示剂，在 pH＝1.5～3.5 的溶液中用 Ba^{2+} 作标准溶液来滴

定 SO_4^{2-}，终点颜色变化为由红变紫。滴定法测定生成沉淀的物质比重量法测定要简便得多且省时，因此吸附指示剂法有它的实际意义，不可忽视。

8.3 银量法的应用

8.3.1 标准溶液的配制和标定

银量法中常用的标准溶液是 $AgNO_3$ 和 NH_4SCN 溶液。

(1) $AgNO_3$ 标准溶液　$AgNO_3$ 可以制得很纯，可直接用干燥的基准物质 $AgNO_3$ 来配制标准溶液。但一般的 $AgNO_3$ 往往含有杂质，还应进行标定，即先配成近似浓度的 $AgNO_3$ 溶液，再用基准物质 NaCl 标定。

需注意的是，用于配制 $AgNO_3$ 溶液的蒸馏水应不含 Cl^-，且 $AgNO_3$ 溶液应保存在棕色瓶中。此外，基准物 NaCl 在使用前要放在坩埚中加热至 500～600℃，直至不再有爆裂声为止，然后放入干燥器内冷却备用。

(2) NH_4SCN 标准溶液　NH_4SCN 试剂一般含杂质，易潮解，不能直接配制标准溶液，需要标定。可取一定量已标定好的 $AgNO_3$ 标准溶液，用 NH_4SCN 溶液直接滴定。

8.3.2 银量法滴定曲线

现以 0.100 0 $mol \cdot L^{-1}$ $AgNO_3$ 滴定 20.00 mL 相同浓度的 NaCl 为例来计算滴定过程中溶液银离子浓度的变化(以 pAg 表示)。

(1) 滴定前　未滴入 $AgNO_3$，为 NaCl 溶液，水样中的 $c_r(Ag^+)=0$。

(2) 滴定开始至化学计量点之前

$$Ag^+ + Cl^- \rightleftharpoons AgCl$$

由于 Cl^- 过量，AgCl 沉淀所溶解电离出的 Cl^- 很少，可忽略不计。因此可根据反应后剩余的 Cl^- 和溶度积常数来计算此时的 $c_{r,e}(Cl^-)$ 和 pAg。

例如，当滴入 $AgNO_3$ 标准溶液 19.98 mL 时，

$$c_{r,e}(Cl^-) = \frac{0.100\,0 \times (20.00 - 19.98)}{20.00 + 19.98} = 5.0 \times 10^{-5}(mol \cdot L^{-1})$$

$$c_{r,e}(Ag^+) = \frac{K_{sp}(AgCl)}{c_{r,e}(Cl^-)} = \frac{1.8 \times 10^{-10}}{5.0 \times 10^{-5}} = 3.6 \times 10^{-6}(mol \cdot L^{-1})$$

$$pAg = -\lg c_{r,e}(Ag^+) = 5.44$$

那么，用同样的方法也可以计算出该阶段其他点的 pAg。

(3) 化学计量点时　当达到化学计量点时，滴入的 Ag^+ 与溶液中的 Cl^- 定量反应生成微溶的 AgCl 沉淀，此时溶液中存在的 Ag^+ 和 Cl^- 可以认为完全由 AgCl 溶解所产生，那么

$$c_{r,e}(Ag^+) = c_{r,e}(Cl^-) = \sqrt{K_{sp}(AgCl)} = \sqrt{1.8 \times 10^{-10}} = 1.34 \times 10^{-5}(mol \cdot L^{-1})$$

$$pAg = 4.87$$

(4)化学计量点后 在化学计量点之后，溶液中有 AgCl 沉淀和过量的 $AgNO_3$ 存在。根据同离子效应，AgCl 沉淀所溶解出的 Ag^+ 很少，可以忽略不计，因此可以按照过量的 $AgNO_3$ 的量计算 Ag^+ 的浓度。

例如，当滴入 $AgNO_3$ 标准溶液 20.02 mL 时，

$$c_{r,e}(Ag^+) = \frac{0.1000 \times (20.02 - 20.00)}{20.02 + 20.00} = 5.0 \times 10^{-5}(mol \cdot L^{-1})$$

$$pAg = -\lg cAg^+ = 4.3$$

用同样的方法也可以计算出该阶段其他点的 pAg。

依据以上计算，以 $AgNO_3$ 标准溶液的加入量(或反应的百分数)为横坐标，以对应的 pAg 为纵坐标作图，就得到如图 8-1 所示的沉淀滴定曲线。

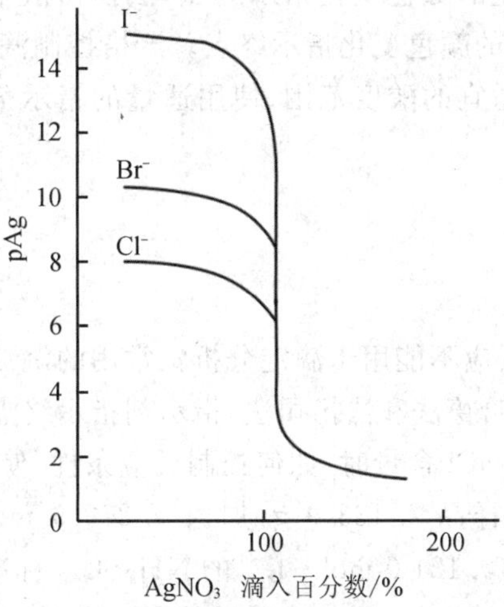

图 8-1 0.100 0 mol · L^{-1} $AgNO_3$ 滴定相同浓度 NaCl、NaBr 和 NaI 的滴定曲线

由图 8-1 可知，用 0.100 0 mol · L^{-1} $AgNO_3$ 滴定相同浓度 NaCl，化学计量点时的 pAg 为 4.87，突跃范围为 pAg=4.3～5.44。

沉淀滴定的突跃范围与滴定剂和被滴定物质的浓度及所生成的沉淀的 K_{sp} 有关。滴定剂的浓度越大，滴定突跃就越大。图 8-1 为 0.100 0 mol · L^{-1} 的 $AgNO_3$ 滴定同浓度的 NaCl、NaBr 和 NaI 的滴定曲线($K_{sp(AgCl)} = 1.8 \times 10^{-10}$，$K_{sp(AgBr)} = 5.0 \times 10^{-13}$，$K_{sp(AgI)} = 9.3 \times 10^{-17}$)。从图 8-1 中可以看出，沉淀的 K_{sp} 值越小，滴定突跃就越大。

8.3.3 应用示例

(1)天然水中 Cl^- 含量的测定 天然水中几乎都含 Cl^-，其含量一般多用莫尔法测定。若水中还含有 SO_3^{2-}、PO_4^{3-}、S^{2-} 等，则采用佛尔哈德法。

(2)有机卤化物中卤素的测定 有机物中所含卤素多为共价键结合，须经过适当处理使其转化为卤离子后才能用银量法测定。以农药“六六六”(六氯环己烷)为例，将试样与 KOH-乙醇溶液一起加热回流，使有机氯转化为 Cl^- 而进入溶液：

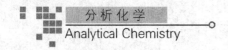

$$C_6H_6Cl_6 + 3OH^- = C_6H_3Cl_3 + 3Cl^- + 3H_2O$$

溶液冷却后，加 HNO_3 调至酸性，用佛尔哈德法测定其中的 Cl^-。

(3)银合金中银的测定　用硝酸溶解试样并除去氮的氧化物后，用佛尔哈德法直接滴定即可测得银的含量。

□ 本章小结

本章主要介绍了莫尔法、佛尔哈德法和法扬司法的滴定原理、各种条件的影响与测定条件的选择和一些简单应用。这 3 种方法都属于银量法，一般都使用 $AgNO_3$ 标准溶液。莫尔法采用铬酸钾作为指示剂，以生成沉淀的颜色变化指示终点；佛尔哈德法采用铁铵矾作为指示剂，以生成有色配合物产生的颜色变化指示终点；法扬司法采用吸附指示剂，以终点吸附指示剂发生吸附作用时产生的颜色变化指示终点。严格控制滴定条件是这 3 种方法正常和准确测定的关键，必须控制适宜的酸度范围、使用适量的指示剂、控制好滴定速度和沉淀生成条件等。

□ 思考题与习题

8-1　为什么很多沉淀反应不能用于滴定分析？常用的沉淀滴定法有哪些？

8-2　对于莫尔法、佛尔哈德法和法扬司法，指示剂指示终点的原理分别是什么？

8-3　应用莫尔法测定 NaCl 含量时，如何控制反应条件，使滴定正常进行？

8-4　称取 KI 和 KNO_3 样品 2.133 9 g，加入 0.239 9 $mol \cdot L^{-1}$ 的 $AgNO_3$ 标准溶液 50.00 mL，然后用 0.121 0 $mol \cdot L^{-1}$ 的 NH_4SCN 标准溶液返滴定剩余的 Ag^+，消耗 NH_4SCN 标准溶液 3.46 mL。请计算样品中 KI 的质量分数。

(0.900 5)

8-5　将 0.500 0 g 纯的 KIO_x 盐还原为 I^- 后，用 0.100 0 $mol \cdot L^{-1}$ 的 $AgNO_3$ 标准溶液滴定，终点时用去 23.36 mL，求该盐的分子式。

(KIO_3)

二维码 8-1　第 8 章要点

二维码 8-2　思考题与习题

Chapter 9 第9章

电势分析法

Potentiometry Analysis Method

【教学目标】

- 了解电势分析法的基本原理，掌握参比电极和指示电极的种类及应用。
- 熟练掌握 Nernst 方程式。
- 了解离子选择性电极的种类、特点和应用。
- 掌握直接电势法测定溶液 pH 与离子活度(浓度)的电势测定方法和原理。
- 了解电势滴定法终点确定的方法和应用。

电势分析法是电化学分析法的一个重要组成部分。电化学分析法(electroanalytical chemistry)是根据物质在溶液中的电化学性质及其变化而建立起来的分析方法。这类方法一般是将试样溶液以适当的形式作为化学电池的一部分，根据被测组分的电化学性质，通过测量电极电势、电流、电阻、电导以及电量等电参量来求得物质的含量。

目前，电化学分析方法已成为生产和科研中广泛应用的一种分析手段。电化学分析法所需仪器简单，具有灵敏度高，准确度好，分析速度快等特点；易与计算机联用，可实现自动化或连续分析；随着微电极的研究成功，也为在生物体内实时监控提供了可能。

根据测量的参数不同，电化学分析法主要有电势分析法、电导分析法、极谱分析法、库仑分析法和电解分析法等。本章重点讨论电势分析法。

9.1 电势分析法概述

根据测定方式，电势分析法又可分为直接电势法(direct potentiometry)和电势滴定法(potentiometric titration)。

直接电势法是通过测量原电池的电动势，然后根据 Nernst 方程求出被测物质的浓度或含量的分析方法，具有简便、快速和灵敏的特点。应用最为普及的是测定溶液的 pH，随着各种类型离子选择性电极的相继出现，使得某些难以测定的离子和化合物的定量分析得以实现。因而，直接电势法在土壤、食品、水质、环保等领域均得到广泛的应用。

电势滴定法是指在滴定过程中，利用电极电势的变化来指示滴定终点的滴定分析方法。

电势滴定法确定的滴定终点比指示剂确定的滴定终点更为准确，但操作相对麻烦，并且需要特制的仪器，所以电势滴定法一般适用于那些缺乏合适的指示剂，或者待测液混浊、有色，不能用指示剂确定终点的滴定分析。

在电势分析法中，构成原电池的两个电极，其中一个电极的电极电势能够指示被测离子活度（或浓度）的变化，称为指示电极（indicator electrode）；而另一个电极的电极电势不受试液组成变化的影响，具有恒定的数值，称为参比电极（reference electrode）。将指示电极和参比电极共同浸入电解质溶液中构成一个原电池，通过测量原电池的电动势，即可求得被测离子的活度（或浓度）。电解质溶液一般由被测试样及其他组分所组成。

电极电势与电活性物质活度之间的关系可用能斯特（W. H. Nernst）方程式表示。例如，某种金属 M 与其金属离子 M^{n+} 组成的电极 M^{n+}/M，根据 Nernst 方程，其电极电势可表示为：

$$\varphi(M^{n+}/M)=\varphi^{\ominus}(M^{n+}/M)+\frac{RT}{nF}\ln a(M^{n+}) \tag{9-1}$$

式 9-1 中：$a(M^{n+})$ 为金属离子 M^{n+} 的活度，溶液浓度很小时可以用 M^{n+} 的浓度代替活度。

由 Nernst 方程可知，电极电势 $\varphi(M^{n+}/M)$ 随着溶液中金属离子 M^{n+} 的活度 $a(M^{n+})$ 变化而变化。因此，若测量出此电极的 $\varphi(M^{n+}/M)$，即可由式(9-1)计算出 $a(M^{n+})$。但由于单一电极的电极电势是无法测量的，因而测量的是该金属电极与参比电极所组成的原电池的电池电动势 ε，即

$$\varepsilon=\varphi(\text{正})-\varphi(\text{负})=\varphi(\text{指示})-\varphi(\text{参比})=\left[\varphi^{\ominus}(M^{n+}/M)+\frac{RT}{nF}\ln a(M^{n+})\right]-\varphi(\text{参比})$$

在一定条件下，φ(参比)和 $\varphi^{\ominus}(M^{n+}/M)$ 为恒定值，可将它们合并为常数 K，则：

$$\varepsilon=K+\frac{RT}{nF}\ln a(M^{n+}) \tag{9-2}$$

式 9-2 表明，由指示电极与参比电极组成原电池的电池电动势是该金属离子活度的函数，因此只要测出原电池的电动势 ε，就可求得 $a(M^{n+})$。这是直接电势分析法的理论依据。

若用滴定分析法测定金属离子 M^{n+}，在滴定过程中，随着滴定剂的滴加，滴定体系的 $a(M^{n+})$ 连续变化，则 $\varphi(M^{n+}/M)$ 随 $a(M^{n+})$ 的变化而变化，ε 也随之变化。在化学计量点附近，由于 $a(M^{n+})$ 发生突变，从而可根据 ε 的突变确定滴定终点。然后根据滴定剂的浓度和消耗的体积求出被测离子的浓度或含量。这是电势滴定分析法的理论依据。

9.2 电极的分类

电势分析法中使用的电极有金属电极和离子选择性电极。它们可以作参比电极或指示电极。

9.2.1 参比电极

在测量原电池电动势的过程中，电极不受试液组成变化的影响，其电势恒定，这一类电极称为参比电极。电势分析法中所使用的参比电极，不仅要求其电极电势与试液组成无关，还要求其性能稳定、重现性好、使用寿命长并且易于制备。标准氢电极是参比电极的一级标准，其标准电极电势规定在任何温度下都是 0 V。但氢电极是一种气体电极，制备较麻烦，

使用时很不方便，而且铂黑易中毒，因此，在电化学分析中，一般不用氢电极作参比电极，常用容易制作的甘汞电极、银-氯化银电极等作为参比电极。

1. 甘汞电极

甘汞电极是常用参比电极的二级标准，其电极电势可以和标准氢电极相比而精确测定，并且容易制备，使用方便。其构造如图 9-1 所示，是由金属 Hg、Hg_2Cl_2 以及 KCl 溶液组成的电极。电极是由两个玻璃套管组成，内管中封接一根铂丝，铂丝插入纯汞中（厚度为 0.5～1 cm），下置一层甘汞（Hg_2Cl_2）和汞的糊状物构成内部电极，内部电极下端与内参比溶液接触的部分是熔结陶瓷芯等多孔物质。玻璃外管中装入的是 KCl 溶液，即内参比溶液，电极下端与被测溶液接触部分也是熔结陶瓷芯或玻璃砂芯等多孔物质。

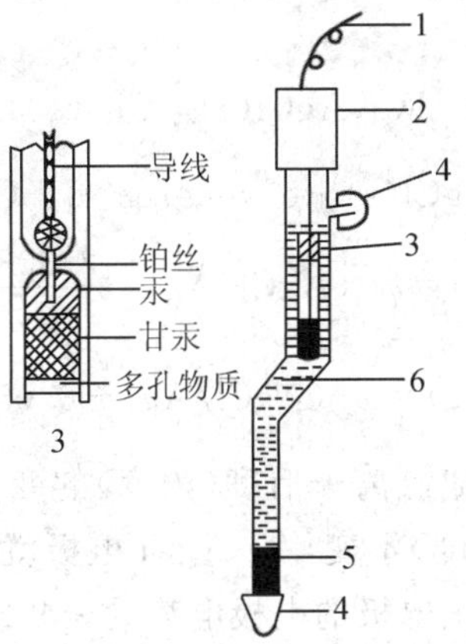

图 9-1 甘汞电极

1. 导线 2. 绝缘体 3. 内部电极 4. 橡皮帽 5. 多孔物质 6. KCl 溶液

甘汞电极的电极符号为

$$\mathrm{Hg, Hg_2Cl_2(s) \mid KCl}(a)$$

电极反应为

$$\mathrm{Hg_2Cl_2(s) + 2e^- \rightleftharpoons 2Hg(l) + 2Cl^-}$$

电极电势为

$$\varphi(\mathrm{Hg_2Cl_2/Hg}) = \varphi^{\ominus}(\mathrm{Hg_2Cl_2/Hg}) - \frac{2.303RT}{F}\lg a(\mathrm{Cl^-})$$

25℃时电极电势为

$$\varphi(\mathrm{Hg_2Cl_2/Hg}) = \varphi^{\ominus}(\mathrm{Hg_2Cl_2/Hg}) - 0.059\ \mathrm{V}\ \lg a(\mathrm{Cl^-}) \tag{9-3}$$

由式(9-3)可知，当温度一定时，甘汞电极的电极电势主要决定于 KCl 溶液的浓度，当 $a(\mathrm{Cl^-})$ 一定时，其电极电势是恒定的。不同浓度 KCl 溶液的甘汞电极的电极电势具有不同的恒定值，见表 9-1。

常用饱和甘汞电极（saturated calomel electrode，SCE）作为参比电极。实际工作中，如果温度不是 25℃，其电极电势值应该按 $\varphi = 0.2438 - 7.6\times10^{-4}(t-25)$（V）进行校正。在

常温或温度变动不大的情况下，由温度变化而产生的误差可以忽略，在高温(80℃以上)时，饱和甘汞电极的电极电势变得不稳定，可用 Ag-AgCl 电极来代替。

表 9-1　不同浓度 KCl 溶液的甘汞电极的电极电势(25℃)

KCl溶液浓度	电极名称	电极电势/V
$0.1\ mol \cdot L^{-1}$	0.1 mol 甘汞电极	+0.336 5
$1\ mol \cdot L^{-1}$	标准甘汞电极(NCE)	+0.282 8
饱和	饱和甘汞电极(SCE)	+0.243 8

2. 银-氯化银电极

银-氯化银电极如图 9-2 所示，是在银丝上覆盖一层氯化银，并浸在一定浓度的 KCl 溶液中构成。其电极符号为

$$Ag, AgCl(s) \mid Cl^-(a)$$

电极反应为　$AgCl(s) + e^- \rightleftharpoons Ag(s) + Cl^-$

电极电势为　$\varphi(AgCl/Ag) = \varphi^{\ominus}(AgCl/Ag) - \frac{2.303RT}{F}\lg a(Cl^-)$

25℃时　$\varphi(AgCl/Ag) = \varphi^{\ominus}(AgCl/Ag) - 0.059\ \lg a(Cl^-)$

在一定温度下，其电极电势随氯离子活度(浓度)的变化而变化。如果把氯离子溶液作为内参比溶液并固定其活度(浓度)不变，Ag-AgCl 电极就可以作为参比电极使用。25℃时不同浓度的 KCl 溶液的银-氯化银电极的电极电势见表 9-2。这里应该指出的是，银-氯化银电极通常用作参比电极，但也可以作为氯离子的指示电极。

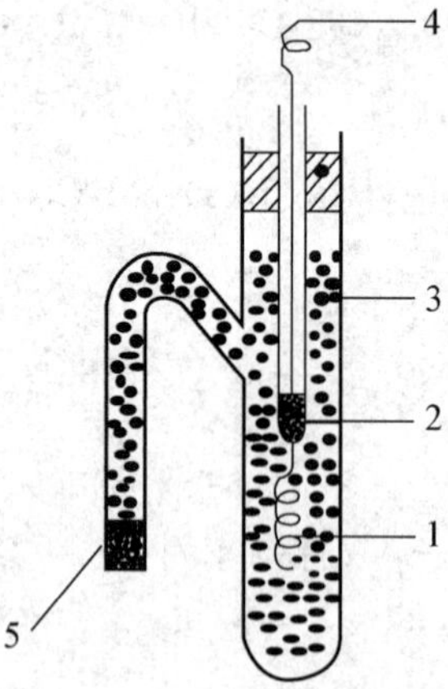

图 9-2　银-氯化银电极

1. 镀 AgCl 的 Ag 丝　2. Hg　3. KCl 溶液　4. 导线　5. 多孔物质

表 9-2　不同浓度 KCl 溶液的银-氯化银电极的电极电势(25℃)

KCl溶液浓度	电极名称	电极电势/V
$0.1\ mol \cdot L^{-1}$	0.1 mol 银-氯化银电极	+0.288 0
$1\ mol \cdot L^{-1}$	标准银-氯化银电极	+0.222 3
饱和	饱和银-氯化银电极	+0.200 0

9.2.2 指示电极

电化学中把测量过程中电极电势能够随着被测离子活度(或浓度)的变化而变化,并能反映出被测离子活度(或浓度)的电极称为指示电极。电势分析法中所使用的指示电极具有灵敏度高、选择性好、重现性好、响应快等特点。常用的指示电极有金属基电极和离子选择性电极两大类。

1. 金属基电极

(1)金属-金属离子电极　将金属浸在含有该种金属离子溶液中,达到平衡后构成的电极即为金属-金属离子电极,属于第一类电极。

电极反应为：　$M^{n+} + ne^- \rightleftharpoons M$

电极电势为：　$\varphi = \varphi^{\ominus} + \frac{2.303RT}{nF} \lg a(M^{n+})$

25℃时电极电势为：　$\varphi = \varphi^{\ominus} + \frac{0.059\ \mathrm{V}}{n} \lg a(M^{n+})$　(9-4)

这类电极的电极电势决定于金属离子的活度(浓度),符合 Nernst 方程式,因此可用作测定该金属离子活度(浓度)的指示电极。这些金属包括 Ag、Cu、Zn、Cd、Pb、Hg 等。

(2)金属-金属难溶盐电极　这类电极是由一种金属涂上该金属的难溶盐,并浸入与难溶盐有相同阴离子的溶液中而构成,属于第二类电极。金属-金属难溶盐电极对相应的阴离子有响应,其电极电势取决于阴离子的活度(浓度),亦符合 Nernst 方程式。因此可用作测定该阴离子活度(浓度)的指示电极。

如 Ag-AgCl 电极可作为测定 $a(Cl^-)$ 的指示电极。这类电极制作容易,电极电势稳定,常用的还有 $Ag\text{-}Ag_2S$ 电极、Ag-AgI 电极等。

(3)惰性金属电极　这类电极是由性质稳定的惰性金属(如铂或金)浸在某电对的氧化态和还原态组成的溶液中所构成的电极,属于零类电极。在溶液中,电极本身并不参与反应,仅作为导体,是物质的氧化态和还原态交换电子的场所,通过它可以指示溶液中氧化还原体系的电极电势。惰性金属电极的电极电势与溶液中对应的离子活度(浓度)之间的关系为:

$$\varphi = \varphi^{\ominus} + \frac{2.303RT}{nF} \lg \frac{a(\text{氧化态})}{a(\text{还原态})}$$

例如,将铂丝插入 Fe^{3+} 和 Fe^{2+} 混合溶液中。

电极反应为　$Fe^{3+} + e^- \rightleftharpoons Fe^{2+}$

电极电势为

$$\varphi(Fe^{3+}/Fe^{2+}) = \varphi^{\ominus}(Fe^{3+}/Fe^{2+}) + \frac{2.303RT}{F} \lg \frac{a(Fe^{3+})}{a(Fe^{2+})}$$

25℃时电极电势为

$$\varphi(Fe^{3+}/Fe^{2+}) = \varphi^{\ominus}(Fe^{3+}/Fe^{2+}) + 0.059\ \mathrm{V} \lg \frac{a(Fe^{3+})}{a(Fe^{2+})} \quad (9\text{-}5)$$

2. 离子选择性电极

离子选择性电极(ion selective electrode,ISE)是以固态或液态敏感膜为传感器,对溶液中某种离子产生选择性的响应的电极,其电极电势与该离子活度(浓度)的对数呈线性关系,因而可以指示该离子的活度(浓度),属于指示电极。离子选择性电极的电极电势产生机理与金属基电极不同,电极上没有电子的转移,是由敏感膜两侧的离子交换和扩散而产生的电势差。目前已制成几十种离子选择性电极,可直接或间接地用于 Na^+、K^+、Ag^+、NH_4^+、Ca^{2+}、Cu^{2+}、Pb^{2+}、F^-、Cl^-、Br^-、I^- 等多种离子的测定。

(1)离子选择性电极的构造　离子选择性电极基本上都由敏感膜、内导体、电极腔体以及带屏蔽的导线等部分组成。其中,敏感膜是离子选择性电极的最重要的组成部分,它起到将溶液中给定离子的活度转变为电势信号的作用;内导体包括内参比溶液和内参比电极,起到将膜电势引出的作用;电极腔体通常用高绝缘的、化学稳定性好的玻璃或塑料制成,起着固定敏感膜的作用;带屏蔽导线主要是将内导体传出的膜电势输送至仪器的输入端,并防止旁路漏电和外界电磁场以及静电感应的干扰。其基本构造如图 9-3 所示。

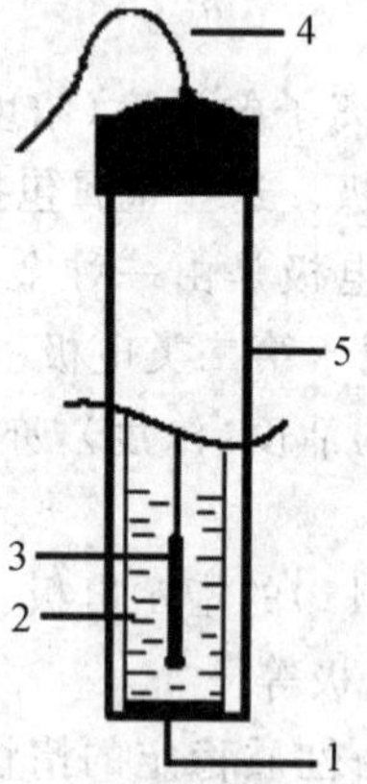

图 9-3　离子选择性电极的基本结构

1. 敏感膜　2. 内参比溶液　3. 内参比电极　4. 带屏蔽的导线　5. 电极腔体

(2)离子选择性电极的分类　根据电极敏感膜的响应机理、膜的组成和结构等,1975 年国际纯粹化学和应用化学联合会(IUPAC)建议将离子选择性电极分为以下几类:

- 离子选择性电极
  - 基本(原)电极
    - 晶体膜电极
      - 均相膜电极
      - 非均相膜电极
    - 非晶体膜电极
      - 刚性基质电极(各种玻璃电极)
      - 流动载体电极(液膜电极)
        - 带正电荷载体电极
        - 带负电荷载体电极
        - 中性载体电极
  - 敏化电极
    - 气敏电极
    - 酶电极

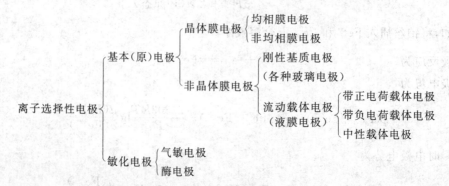

基本电极是指敏感膜直接与试液接触的离子选择性电极,敏化电极是以基本电极为基

础装配成的覆膜电极。

①晶体膜电极　这类电极的敏感膜由具有导电性的难溶盐晶体组成，它对形成难溶盐的阳离子或阴离子有 Nernst 响应。根据活性物质在电极膜中的分布状况，又可分为均相膜电极和非均相膜电极。

均相膜电极包括单晶膜电极和多晶膜电极。

单晶膜电极是由难溶盐的单晶切成薄片，经抛光制成。如用 LaF_3 晶体切片做成的氟离子选择性电极，在 F^- 浓度范围为 $1\sim10^{-6}$ mol·L^{-1}时有 Nernst 响应，若无干扰离子，其测量下限可达 10^{-7} mol·L^{-1}。

多晶膜电极是由难溶盐的沉淀粉末如 AgCl、AgBr、AgI、Ag_2S 等在高温下压制而成，其中 Ag^+ 起传递电荷的作用。为了增加卤化银电极的导电性和机械强度，减少对光的敏感性，常在卤化银中掺入硫化银，用此法可制得对 Cl^-、Br^-、I^- 和 S^{2-} 有响应的离子选择性电极；也可以用 Ag_2S 作为基底，掺入适当的金属硫化物（如 CuS、CdS、PbS 等）压制成阳离子（Cu^{2+}、Cd^{2+}、Pb^{2+} 等）选择性电极。其测定浓度范围一般在 $10^{-6}\sim10^{-1}$ mol·L^{-1}。

非均相膜电极是将难溶盐分布在硅橡胶、聚氯乙烯、聚苯乙烯、石蜡等惰性材料中，制成电极膜。如 I^- 选择性电极是由 AgI 分布在硅橡胶中而制成。

不是所有难溶盐都可以制成离子选择性电极，只有溶解度足够小，室温下有离子导电性，化学稳定性好并且机械强度较大的晶体才可制成电阻不太大，电势稳定的敏感膜。

②非晶体膜电极　这类电极的膜是由一种含有离子型物质或电中性的支持体组成，支持体物质是多孔的塑料膜或无孔的玻璃膜。根据膜的物理状况，又可区分为刚性基质电极和流动载体电极。

刚性基质电极包括各种玻璃膜电极，除了对 H^+ 具有选择性响应的 pH 玻璃电极外，还有 K^+、Na^+、NH_4^+、Ag^+、Li^+ 等玻璃膜电极，其选择性主要决定于玻璃的组成。例如，一种钠电极的玻璃组成是 11% Na_2O、18% Al_2O_3 和 71% SiO_2。

流动载体电极又叫液态膜电极。包括液态离子交换膜电极和中性载体膜电极两种。

液态离子交换膜电极：这类电极是用浸有液体离子交换剂的惰性多孔膜作电极膜制成，通常将含有活性物质的有机溶液浸透在烧结玻璃、聚乙烯、醋酸纤维等惰性材料制成的多孔膜内。钙离子电极是这类电极的代表，它的构造如图 9-4 所示，电极内装有两种溶液，一种

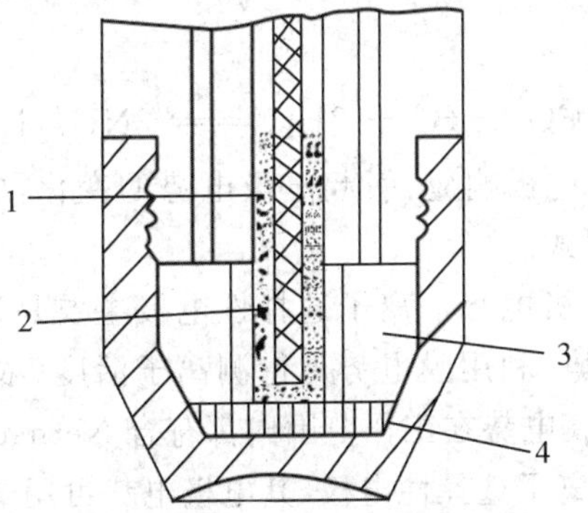

图 9-4　液态离子交换膜电极

1. 内参比液　2. 内参比电极　3. 离子交换剂贮槽　4. 多孔薄膜

是 0.1 $mol \cdot L^{-1}$ $CaCl_2$ 溶液，Ag-AgCl 内参比电极插在此溶液中；另一种是不溶于水的有机交换剂的非水溶液，即 0.1 $mol \cdot L^{-1}$磷酸二癸钙溶于苯基磷酸二辛酯中。浸有液体离子交换剂的多孔性膜与待测试液隔开，这种多孔性膜具有疏水性。在膜两面发生以下离子交换反应：

$$\underset{\text{有机相}}{[(RO)_2PO_2]Ca} \rightleftharpoons \underset{\text{有机相}}{(RO)_2PO_2^{2-}} + \underset{\text{水相}}{Ca^{2+}}$$

反应式中 R 为 $C_8 \sim C_{16}$，若为癸基则 R 为 C_{10}。由于这种液体离子交换剂对钙有选择性，所以在内部溶液与待测试液之间，因钙离子的浓度不同而产生一个电势差(膜电势)。

中性载体膜电极：这种电极的液态膜中，产生离子交换作用的成分是可溶于其中的中性载体。比较重要的中性载体膜电极有钾离子选择性电极和铵离子选择性电极。

③敏化电极　其中的气敏电极是一种气体传感器，可用来分析水溶液中所溶解的气体。气敏电极是利用待测气体与电解质溶液发生化学反应，生成一种对电极有响应的离子，由于所生成离子活度(浓度)与溶解的气体量成正比，因此，电极响应直接与气体的活度(浓度)有关。需要说明的是，气敏电极实质上已经构成了一个电池，这一点是它与一般电极的不同之处。如 CO_2 在水中发生如下化学反应：

$$CO_2 + H_2O \rightleftharpoons HCO_3^- + H^+$$

反应所生成的 H^+ 可以用玻璃电极来检测。CO_2 电极是由透气膜、内参比溶液、指示电极和内参比电极组成。其中透气膜是由聚四氟乙烯、聚丙烯和硅橡胶等制作而成，这样的膜具有疏水性，但是能透过气体，并且将内参比溶液和待测溶液分开。测定时，将 CO_2 电极插入试液，试液中的 CO_2 通过透气膜，与内参比溶液接触并发生反应，当透气膜内外的 CO_2 活度(浓度)相等时，CO_2 所引起的内参比溶液的 pH 变化，可以由 pH 玻璃电极指示出来，从而测定出试样中的 CO_2 的活度(浓度)。

根据同样的原理，可以制成 NH_3、NO_2、H_2S、SO_2 等气敏电极。

酶(底物)电极是利用实验方法在敏感膜上附着某种蛋白酶而制成的。由于试液中的待测物质受到酶的催化作用，产生能为离子选择性电极敏感膜所响应的离子，从而间接测定试液中物质的含量。如将尿素酶固定在凝胶内，涂布在 NH_4^+ 玻璃电极的敏感膜上，便构成了尿素酶电极。当把电极插入含有尿素的溶液时，尿素经扩散进入酶层，受酶催化水解生成 NH_4^+，化学反应为：

$$(NH_2)_2CO + H^+ + 2H_2O \rightleftharpoons 2NH_4^+ + HCO_3^-$$

NH_4^+ 可以被 NH_4^+ 玻璃电极响应，引起电极电势的变化，电势值在一定浓度范围内与尿素的浓度符合 Nernst 方程式。

(3)离子选择性电极的电极电势　离子选择性电极主要是通过膜材料对溶液中某特定离子有选择性响应产生膜电势，利用膜电势与待测离子活度(浓度)之间的关系指示该离子活度(浓度)的。各种电极的膜电势在工作范围内都符合 Nernst 方程式。

对阳离子 M^{n+} 有响应的离子选择性电极，其电极电势可用式(9-6)表示：

$$\varphi(\text{膜}) = K + \frac{2.303RT}{nF} \lg a(M^{n+}) \tag{9-6}$$

对阴离子 R^{n-} 有响应的离子选择性电极，其电极电势可用式(9-7)表示：

$$\varphi(膜)=K-\frac{2.303RT}{nF}\lg a(R^{n-}) \tag{9-7}$$

式(9-6)与式(9-7)分别适用于阳离子(M^{n+})与阴离子(R^{n-})的离子选择性电极。在一定条件下，离子选择性电极的膜电势与被测离子的活度或浓度的对数值呈线性关系，斜率为 $\frac{2.303RT}{nF}$，这是离子选择性电极测定离子活度或浓度的理论基础。

(4)离子选择性电极的性能　离子选择性电极都有以下特性参数，这些参数也是评价电极性能优劣的指标。

①Nernst 响应、线性范围、检测下限　电极电势随离子活度变化的特征称为响应。若这种响应变化服从 Nernst 方程，则称为 Nernst 响应。离子选择性电极的电极电势对响应离子活度浓度的对数作图，所得的曲线称为校准曲线(图 9-5)。曲线中直线部分 AB 段的斜率为实际响应斜率($S_{实}$)，而理论斜率为 $\frac{2.303RT}{nF}$，用 $S_{理}$ 表示，一般用转换系数 K_{tr} 表示实际斜率与理论斜率偏离的大小。

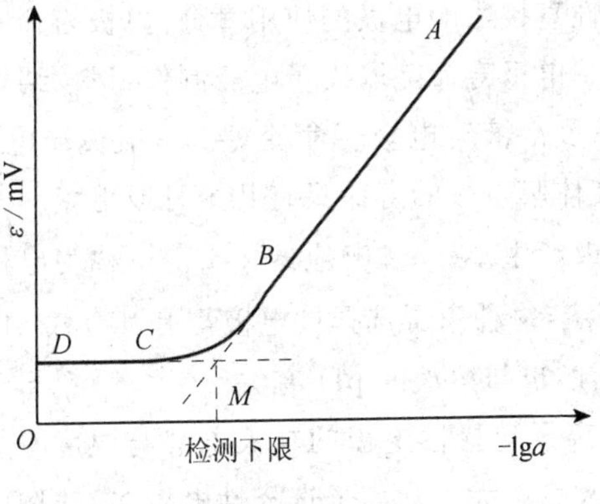

图 9-5　校准曲线

$$K_{tr}=\frac{S_{实}}{S_{理}}\times100\%=\frac{\varepsilon_1-\varepsilon_2}{S_{理}\lg\dfrac{a_1}{a_2}}\times100\% \tag{9-8}$$

式中：ε_1、ε_2 分别为离子活度 a_1、a_2 时的实测电动势。当 $K_{tr}\geqslant90\%$时，电极有较好的 Nernst 响应。

图 9-5 中两直线外推交点 M 所对应的待测离子的活度，为该电极的检测下限；A 点所对应的待测离子的活度，称为该电极的检测上限；检测上、下限之间，即 AB 段，称为电极的线性范围，通常电极的线性范围在 $10^{-6}\sim10^{-1}$ mol·L^{-1}之间。

②离子选择性电极的选择性　理想的离子选择性电极应只对待测离子有 Nernst 响应，但实际上当其他离子共存于待测溶液中时，也会有某种程度的响应，因而产生干扰。常用选择性系数来衡量电极的选择性好坏。选择性系数表示干扰离子 N^{n+} 对于电极敏感离子 M^{m+} 的干扰程度。在干扰离子 N^{n+} 存在时，阳离子选择性电极的电极电势为：

$$\varphi(\text{膜}) = K + \frac{2.303RT}{nF} \lg \{a(M^{m+}) + K_{M,N}\, a(N^{n+})^{m/n}\} \tag{9-9}$$

式(9-9)中：$K_{M,N}$为选择性系数。$K_{M,N}$越小，说明 N^{n+} 对 M^{m+} 的干扰越小。

③响应时间　离子选择性电极的响应时间是指从离子选择性电极和参比电极一起接触试液的瞬间算起，至电势稳定在 1 mV 以内的某一瞬间所经过的时间。电极响应时间的长短主要取决于敏感膜的性质，另外也受待测离子的浓度、共存干扰离子的浓度以及温度等因素的影响。膜越薄，光洁度越好，被测溶液浓度越大，响应时间越短。测定稀溶液时，常用搅拌溶液的办法来缩短达到稳定的时间。

④稳定性、重现性和电极的使用寿命　稳定性是指将电极保持在恒温条件下，电极电势可在多长的时间内保持恒定。电极的稳定性用电极的漂移程度和重现性来衡量。

电极的漂移是指在组成和温度恒定的溶液中，离子选择性电极和参比电极组成原电池的电动势随时间缓慢而有序改变的程度。一般漂移应小于 2 $mV \cdot h^{-1}$。

电极的重现性是指电极在多次重复测定一系列浓度溶液时，电势值重现的程度。重现性不仅和电极的性能有关，而且还和电极的“滞后效应”和“记忆效应”有关。

电极的稳定性和重现性直接影响电极的使用寿命，电极寿命是指电极能符合 Nernst 方程式响应电势的使用期限。电极寿命除取决于电极制作材料、结构和使用保管情况外，还与被测溶液浓度有关，测高浓度溶液时电极寿命变短。一般玻璃电极和固体膜电极的使用寿命较长，可达 1～2 年，而液体膜电极的寿命只有几个月或更短。

⑤有效 pH 范围　电极产生 Nernst 响应的 pH 范围称为电极的有效 pH 范围。H^+ 或 OH^- 能影响某些离子的测定，每种离子选择性电极都有其有效 pH 范围。另外，测定离子的线性范围与共存离子的干扰，也与溶液的 pH 有关。

⑥温度和等电势点　离子选择性电极的电极电势与温度有关，改变温度，可引起 ε-lg$a$ 校准曲线的斜率和截距的改变。大多数离子选择性电极在不同温度下测量所得到的校准曲线会相交于一点，该点称为电极的等电势点。为了减少温度对测量的影响，最好在等电势点浓度及其邻近浓度范围进行测量。

此外，离子选择性电极的内阻、不对称电势、电极的牢固性等，也常作为考虑离子选择性电极性能的因素。

3. 其他指示电极

除上述电极外，还有化学修饰电极和超微电极。

化学修饰电极是利用化学和物理的方法，将具有优良化学性质的分子、离子、聚合物固定在电极表面，从而改变或改善电极原有的性质，实现电极的功能设计。化学修饰电极按修饰的方法不同可分成共价键型、吸附型和聚合物型 3 种。

超微电极的直径在 100 μm 以下，其大小已小于常规电极扩散层的厚度。超微电极的种类很多，按其材料不同，可分为铂、金、汞电极和碳纤维电极；按其形状不同，可分为微盘、微环、微球和组合式微电极。

9.3　直接电势法

9.3.1　pH 的电势测定

用直接电势法测定溶液 pH 时，常用 pH 玻璃电极作指示电极，饱和甘汞电极作参比电极。

1. pH 玻璃电极

pH 玻璃电极的构造如图 9-6 所示。它的核心部分是玻璃膜，pH 玻璃电极是由特种软玻璃（原料组成接近 22% Na_2O、6% CaO 和 72% SiO_2）吹制成球状的电极。玻璃球膜厚度在 0.05～0.15 mm 之间，玻璃球内盛有 0.10 mol·L^{-1} HCl 溶液作为内参比溶液，以 Ag-AgCl 电极为内参比电极，浸在内参比溶液中。

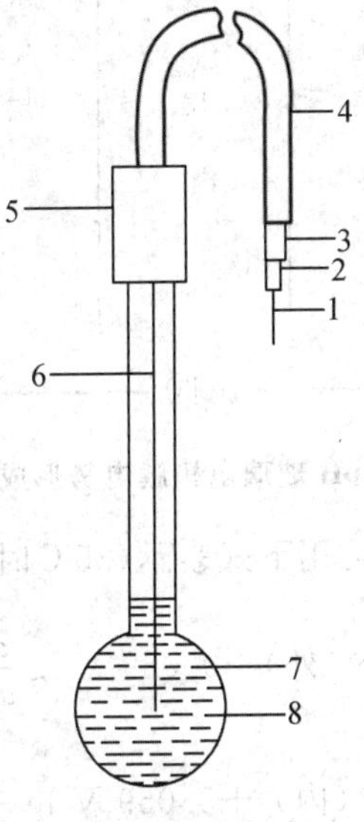

图 9-6　玻璃电极

1. 导线　2. 绝缘体　3. 网状金属屏蔽线　4. 外套管　5. 电极帽　6. Ag/AgCl 内参比电极　7. 内参比溶液　8. 玻璃薄膜

玻璃电极是重要的 H^+ 选择性电极，其电极电势不受溶液中氧化剂或还原剂的影响，也不受有色溶液或混浊溶液的影响，并且在测定过程中响应快，操作简便，不玷污溶液，所以，用玻璃电极测量溶液的 pH 得到广泛应用。

2. pH 玻璃电极的膜电势

pH 玻璃电极在使用之前必须在去离子水中浸泡约 24 h，在浸泡过程中，由于玻璃表面吸水溶胀，使玻璃球的外表面形成很薄的水化凝胶层，图 9-7 是浸泡后玻璃膜的截面示意图。在水化层中，由于硅酸盐结构中的 SiO_3^{2-} 与 H^+ 的键合能力远大于它与 Na^+ 的键合能力（约为 10^{14} 倍），致使水化层中的 Na^+ 会从硅酸盐晶格的结点上向外流动，而水中的 H^+ 又相应地进入水化层，因此在水化层发生如下的离子交换反应：

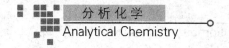

$$H^+ + Na^+Gl^- \rightleftharpoons Na^+ + H^+Gl^-$$

Gl 表示玻璃膜的硅氧结构。此反应的平衡常数极大，交换达到平衡后，玻璃膜表面几乎全由硅酸（H^+Gl^-）组成。

当水化层与待测溶液接触时，水化层中的 H^+ 与溶液中的 H^+ 建立如下平衡：

$$H^+(\text{水化层}) \rightleftharpoons H^+(\text{溶液})$$

由于水化层表面和待测溶液的 H^+ 活度不同，形成活度差，H^+ 便从活度大的一方向活度小的一方迁移，这样改变了固-液两相界面电荷的分布，从而产生了相界电势 φ(外)，同样道理，在玻璃膜内侧由于水化层和内参比溶液的 H^+ 活度不同，也产生了相界电势 φ(内)。玻璃膜两侧溶液产生的电势差即为膜电势 φ(膜)，由此可见，pH 玻璃电极的膜电势的产生不是由于电子的得失，而是离子迁移（或扩散）的结果。

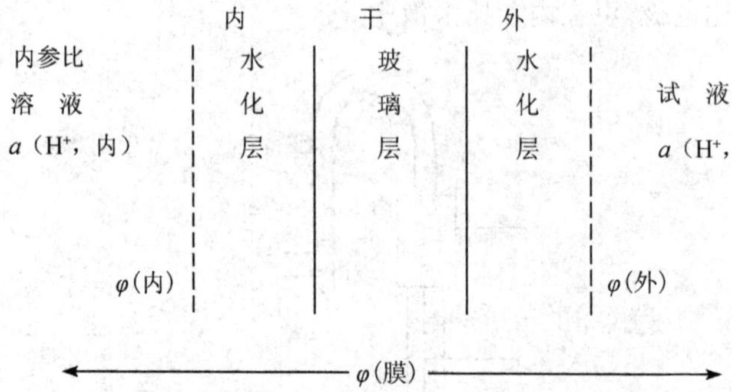

图 9-7　pH 玻璃电极膜电势形成示意图

相界电势 φ 符合 Nernst 方程，可用下式表示（25℃时）：

$$\varphi(\text{外}) = \varphi^{\ominus}(\text{外}) + 0.059\ \text{V}\ \lg \frac{a(H^+,\text{试})}{a'(H^+,\text{外})} \tag{9-10}$$

$$\varphi(\text{内}) = \varphi^{\ominus}(\text{内}) + 0.059\ \text{V}\ \lg \frac{a(H^+,\text{内})}{a'(H^+,\text{内})} \tag{9-11}$$

式中：$a(H^+,\text{试})$ 和 $a(H^+,\text{内})$ 分别表示玻璃膜外部试液和内参比溶液的 H^+ 活度；$a'(H^+,\text{外})$ 和 $a'(H^+,\text{内})$ 分别表示膜外、内侧水化层表面的 H^+ 活度；常数 $\varphi^{\ominus}$(外) 和 $\varphi^{\ominus}$(内) 分别由外侧、内侧水化层的表面性质决定。由于玻璃膜两侧的水化层的性质相同，所以 $\varphi^{\ominus}$(外) 和 $\varphi^{\ominus}$(内) 相等。又由于内外水化层的 Na^+ 几乎完全被 H^+ 取代，故 $a'(H^+,\text{外})$ 和 $a'(H^+,\text{内})$ 相等。所以

$$\varphi(\text{膜}) = \varphi(\text{外}) - \varphi(\text{内}) = 0.059\ \text{V}\ \lg \frac{a(H^+,\text{试})}{a(H^+,\text{内})} \tag{9-12}$$

由于内参比溶液 H^+ 活度是一定的，$a(H^+,\text{内})$ 为一常数，则

$$\varphi(\text{膜}) = K + 0.059\ \text{V}\ \lg a(H^+,\text{试}) \tag{9-13}$$

$$\varphi(\text{膜}) = K - 0.059\ \text{V pH} \tag{9-14}$$

式中：K 为常数，φ(膜)的大小仅与膜外溶液 $a(H^+,试)$有关。可见，在一定温度下，pH 玻璃电极的膜电势与试液的 pH 呈直线关系。

3. pH 玻璃电极的电极电势

根据膜电势产生原理，当 $a(H^+,试) = a(H^+,内)$时，膜电势 φ(膜)应等于零，但实际上玻璃膜两侧仍存在一定的电势差，并不等于零，这种电势差称为不对称电势 φ(不)，它是由于膜内外两个表面情况不同，如组成不均匀、表面张力不同、水化程度不同、由于吸附外界离子而使硅胶层的 H^+ 交换容量改变等引起的。对于同一支玻璃电极，条件一定时，φ(不)也是一个常数。

pH 玻璃电极具有内参比电极，因此整个玻璃电极的电极电势应包括内参比电极的电极电势 φ(内参)、膜电势 φ(膜)和不对称电势 φ(不)3 部分，即

$$\varphi(\text{玻璃电极}) = \varphi(\text{内参}) + \varphi(\text{膜}) + \varphi(\text{不}) = \varphi(\text{内参}) + K - 0.059\ \text{pH} + \varphi(\text{不})$$

令
$$\varphi(\text{内参}) + K + \varphi(\text{不}) = K'$$
则
$$\varphi(\text{玻璃电极}) = K' - 0.059\ \text{V pH}\ (25℃时) \tag{9-15}$$
说明在一定温度下，玻璃电极的电极电势与待测溶液的 pH 呈直线关系。

4. 溶液 pH 的电势测定法

用直接电势法测定溶液 pH 时，指示电极是玻璃电极，参比电极是饱和甘汞电极，两者插入试液中组成原电池，其电池符号可表示为：

(－)Ag | AgCl, 0.1 mol·L^{-1} HCl | 玻璃膜 | 试液 ‖ KCl(饱和), Hg_2Cl_2, Hg(＋)

电池电动势为：　$\varepsilon = \varphi(\text{甘汞电极}) + \varphi(\text{液}) - \varphi(\text{玻璃电极})$

将式(9-15)代入，可得

$$\varepsilon = \varphi(\text{甘汞电极}) + \varphi(\text{液}) - K' + 0.059\ \text{V pH} \tag{9-16}$$

式(9-16)中：φ(液)代表液体接界电势(简称液接电势，liquid junction potential)，是指两种组成不同的电解质溶液相接触时在界面两侧产生的电势差，约数 mV。其中的 φ(甘汞电极)、φ(液)和 K'在一定条件下都是常数，将其合并为常数 K，即得：

$$\varepsilon = K + 0.059\ \text{V pH}\qquad (25℃时) \tag{9-17}$$

可见，在一定温度下，电池电动势与溶液的 pH 呈直线关系。但由于 K 除了包括内、外参比电极的电势外，还包括难以测量和计算的 φ(不)和 φ(液)，所以不能通过测量电动势直接求 pH。在实际工作中，先用已知准确 pH 的缓冲溶液 pH_s 来校准仪器，消除不对称电势等的影响，然后再测定待测液，根据以下原理确定试液的 pH_x。

若测得标准缓冲溶液的电动势为 ε_s，则：$\varepsilon_s = K + 0.059\ \text{V}\ pH_s$

在相同条件下，测得待测溶液的电动势为 ε_x，则：$\varepsilon_x = K + 0.059\ \text{V}\ pH_x$

两式相减得：

$$\varepsilon_x - \varepsilon_s = 0.059\ \text{V}(pH_x - pH_s)$$

即
$$pH_x = \frac{\varepsilon_x - \varepsilon_s}{0.059\ \text{V}} + pH_s \qquad (25℃时) \tag{9-18}$$

以标准缓冲溶液 pH_s 为基准，通过测量 ε_s 和 ε_x 就可以得出 pH_x，酸度计就是根据这一原理设计的。目前使用的酸度计既可测量 pH，又可以测量电极电势 ε。

在使用 pH 标准缓冲溶液校正仪器时，缓冲溶液和被测溶液的 pH 应尽量接近，以减小测定误差。若待测液 pH<7 时，用 pH ＝ 4.003 的标准缓冲溶液（0.05 $mol \cdot L^{-1}$ 邻苯二甲酸氢钾）校正；若待测液 pH>7 时，用 pH ＝ 6.864 的标准缓冲溶液（0.025 $mol \cdot L^{-1}$ KH_2PO_4 和 0.025 $mol \cdot L^{-1}$ Na_2HPO_4）校正，常用的 pH 标准缓冲溶液见表 9-3。

表 9-3 常用 pH 标准缓冲溶液的 pH

温度/℃	0.05 $mol \cdot L^{-1}$ 草酸三氢钾	0.05 $mol \cdot L^{-1}$ 邻苯二甲酸氢钾	饱和酒石酸氢钾	0.025 $mol \cdot L^{-1}$ 磷酸二氢钾 0.025 $mol \cdot L^{-1}$ 磷酸氢二钠	0.01 $mol \cdot L^{-1}$ 硼砂	饱和氢氧化钙
0	1.668	4.006		6.981	9.458	13.416
5	1.669	3.999		6.949	9.391	13.210
10	1.671	3.996		6.921	9.330	13.011
15	1.673	3.996		6.898	9.276	12.820
20	1.676	3.998		6.879	9.226	12.637
25	1.680	4.003	3.559	6.864	9.182	12.460
30	1.684	4.010	3.551	6.852	9.142	12.292
35	1.688	4.019	3.547	6.844	9.105	12.130
40	1.694	4.029	3.547	6.838	9.072	11.975
50	1.706	4.055	3.555	6.833	9.015	11.697
60	1.721	4.087	3.573	6.837	9.968	11.426

5. 溶液 pH 的测量误差

用玻璃电极测定 pH，pH 在 1～9 范围内，电极响应正常。但当溶液 pH>9 或溶液中的 Na^+ 浓度较高时，由于溶液中的 H^+ 浓度较小，在电极和溶液界面间进行离子交换的不仅有 H^+，还有 Na^+。因此，在碱性较强的情况下，测得的 pH 偏低，这种误差称为“碱差”或“钠差”。改变玻璃成分可以减小这种误差，如用 Li_2O 来取代 Na_2O，用这种锂玻璃制成的电极，可测 pH 为 13.5 的溶液。当溶液的 pH<1 时，玻璃电极的响应也有误差，称为“酸差”。这主要是由于在强酸溶液中，水分子活度减小，而 H^+ 是靠 H_2O 传送的，这样达到电极表面的 H^+ 活度就小，所以测得的 pH 偏高。

此外，使用玻璃电极测定 pH 时，溶液的离子强度不能太大，一般不超过 3 $mol \cdot L^{-1}$，否则测定误差较大。

9.3.2 离子活度（浓度）的测定

1. 基本原理

离子选择性电极测定离子活度（浓度），是将离子选择性电极作为指示电极，选择合适的参比电极，与相应的电解质溶液（或试液）组成电池，由高输入阻抗的测量仪器（PH-mV 计）测得电池电动势来确定待测离子含量。

与 pH 玻璃电极相似，离子选择性电极的膜电势随被测离子的活度（浓度）不同而变化。

其电极电势在工作范围内符合 Nernst 方程式，详见本章 9.2.2 的相关内容介绍。

若指示电极为正极，参比电极为负极，当活度系数一定时，根据式(9-6)、式(9-7)和 $\varepsilon=\varphi(正)-\varphi(负)$，可得

$$\varepsilon = K \pm S \lg c_{r,i} \tag{9-19}$$

当测定阳离子时，式(9-19)中取"+"；测定阴离子时，式(9-19)中取"−"。常数项 K 除了包括指示电极电势中的常数项、参比电极电势、液接电势，还包括活度系数和游离的离子分数的对数值。$c_{r,i}$ 为待测离子 i 的相对浓度 $c_i/c^{\ominus}$。若测量时指示电极为负极，参比电极为正极时，对于式(9-19)则测定阳离子时，式中取"−"；测定阴离子时，式中取"+"。

在一定条件下，离子选择性电极的电极电势与被测离子的活度或浓度的对数值呈线性关系，斜率为 $\frac{2.303RT}{nF}$，用 S 表示，25℃时 $S=\frac{0.059\ \mathrm{V}}{n}$。这是离子选择性电极测定离子活度或浓度的基本原理。

应用离子选择性电极测定离子活度或浓度时，将活化并清洗干净的指示电极与参比电极置于待测试液中组成原电池。测定的基本装置见图 9-8。

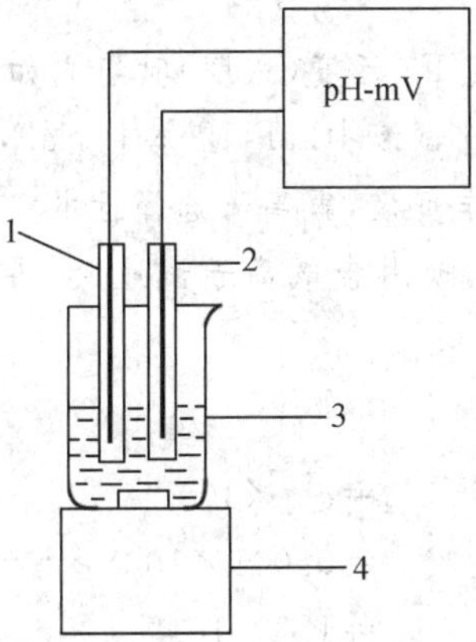

图 9-8 离子选择性电极的测定系统

1. 离子选择性电极 2. 参比电极 3. 试液 4. 电磁搅拌器

离子选择性电极响应的是离子活度而不是离子浓度，但是当溶液中离子活度系数控制不变时，Nernst 方程式中的活度即可用浓度代替。当离子浓度小于 $10^{-3}\ \mathrm{mol\cdot L^{-1}}$ 时，活度系数近似等于 1，浓度与活度相等；当离子浓度较大时，活度系数小于 1，不是一个常数，这时可以把浓度很大的惰性电解质溶液，即总离子强度调节缓冲液(total ionic strength adjustment buffer，简称 TISAB)加到标准溶液与待测溶液中去，使它们的离子强度很高而且近似一致，从而使两者活度系数相接近。总离子强度调节缓冲剂的作用，除固定溶液的离子强度保持活度系数不变外，还能起到缓冲作用和掩蔽干扰离子的作用。

2. *测量方法*

(1)标准比较法　此法的原理与 pH 玻璃电极测量溶液 pH 的原理相似。首先配制一个标准溶液 c_s，接着在标准溶液和待测溶液 c_x 中分别加入一定的 TISAB，然后在相同条件下

测出标准溶液的电动势 ε_s 和待测溶液的电动势 ε_x。

若指示电极作正极，参比电极作负极，由式(9-19)可得

$$\varepsilon_x = K \pm \frac{2.303RT}{nF}\lg c_{r,x}$$

$$\varepsilon_s = K \pm \frac{2.303RT}{nF}\lg c_{r,s}$$

$$\varepsilon_x - \varepsilon_s = \pm \frac{2.303RT}{nF}(\lg c_{r,x} - \lg c_{r,s}) \tag{9-20}$$

将 $S = \frac{2.303RT}{nF}$ 代入，整理得

$$c_{r,x} = c_{r,s} \times 10^{\pm(\varepsilon_x - \varepsilon_s)/S} \tag{9-21}$$

对式(9-20)和式(9-21)中的“±”，若待测离子为阳离子时取“+”；待测离子为阴离子时取“−”。在实际工作中，为了减少测量误差，应尽量使标准溶液和待测溶液的浓度接近，并且测量时，两溶液温度一致。

例 9-1 使用氟离子电极测定 F^- 活度(浓度)时组成如下的电池：

(−)Hg, Hg_2Cl_2 | KCl(饱和)‖试液 | LaF_3 晶体 | NaF, NaCl 溶液 | AgCl, Ag (+)

在 25℃时，以饱和甘汞电极作负极，氟离子选择性电极作正极，放入 0.001 mol·L^{-1} 的 F^- 离子溶液中，测得 ε=0.159 V，换用含氟离子试液，测得 ε= 0.212 V。计算试液中氟离子浓度。

解 由式(9-21)得

$$\begin{aligned} c_{r,x} &= c_{r,s} \times 10^{-(\varepsilon_x - \varepsilon_s)/S} \\ &= 0.001 \times 10^{-(0.212-0.159)/0.059} \\ &= 1.3 \times 10^{-4} \end{aligned}$$

氟离子试液中 F^- 浓度为 1.3×10^{-4} mol·L^{-1}。

(2)标准曲线法　配制一系列标准溶液，在相同条件下测定出各自的电动势，然后在坐标纸上，以电动势 ε 为纵坐标，$\lg a$ 或 $\lg c$ 为横坐标，作 ε-$\lg a$ 或 ε-$\lg c$ 标准曲线，若符合 Nernst 方程式，则曲线呈线性关系。在相同条件下测得待测液的电动势后，从标准曲线上即可查出待测液的浓度，这一方法称为标准曲线法。这里所言“相同条件”重要的是，需要分别在系列标准溶液和待测试液中同样加入总离子强度调节缓冲剂(total ion strength adjustment buffer, TISAB)。例如，采用氟离子选择性电极测定水中的氟时，常加入组成为一定量的 NaCl(用于控制离子强度)，HAc-Ac^-(用于调节 pH 在 5～6 之间)，柠檬酸钠(用于掩蔽 Fe^{3+}、Al^{3+} 等干扰离子)的 TISAB。

标准曲线法的优点是操作简便、快速，适合同时测定大批试样。

(3)标准加入法　采用标准加入法可避免由于活度系数变化而造成的测定误差。所谓标准加入法是将标准溶液加入到待测溶液中进行测定分析的方法。

待测溶液中某离子的浓度为 c_x，测定时溶液的体积为 V_x，测得电动势为 ε_1，然后准确加入一定体积 V_s 浓度为 c_s 的该离子标准溶液，使其浓度增加 Δc 后，测得电动势为 ε_2。若增加的体积为 ΔV，且 $\Delta V \ll V_x$，指示电极作正极，参比电极作负极，对于阳离子，则根据式(9-19)可得：

$$\varepsilon_1 = K + S \lg c_{r,x}$$

$$\varepsilon_2 = K + S \lg \frac{c_{r,x}V_x + c_{r,s}V_s}{V_x + V_s}$$

因为浓度改变量很小，且在相同条件下测定电动势，所以可认为 K 不变。于是

$$\varepsilon_2 - \varepsilon_1 = \Delta\varepsilon = S \lg \frac{c_{r,x}V_x + c_{r,s}V_s}{c_{r,x}(V_x + V_s)}$$

取反对数，经重排可得

$$c_{r,x} = \frac{c_{r,s}V_s}{V_x + V_s}\left(10^{\frac{\Delta\varepsilon}{S}} - \frac{V_x}{V_x + V_s}\right)^{-1} \tag{9-22}$$

式(9-22)是标准加入法的精确计算式。令 $\Delta c_r = \dfrac{c_{r,s}V_s}{V_x + V_s}$，又由于 $\Delta V_s \ll V_x$，即 $V_x + V_s \approx V_x$，因此上式可约简为

$$c_{r,x} = \Delta c_r (10^{\frac{\Delta\varepsilon}{S}} - 1)^{-1} \tag{9-23}$$

同理，对于阴离子进行标准加入法测定，若指示电极为正极，参比电极为负极，可得

$$c_{r,x} = \Delta c_r (10^{\frac{\Delta\varepsilon}{S}} - 1)^{-1} \tag{9-24}$$

标准加入法适用于测定组成不确定或复杂的试样，可以较好地消除试样中的干扰因素。但其操作时间长，不适用于大批试样的分析。

例 9-2 称取土壤样品 6.00 g，用 pH＝7 的 1 mol·L^{-1} 醋酸铵提取，离心，转移澄清液于 100 mL 容量瓶中，并稀释至刻度。取 50.00 mL 该溶液在 25℃时用钙离子选择性电极(正极)和饱和甘汞电极测得电动势为 20.0 mV，然后再加入 0.010 0 mol·L^{-1} 的标准钙溶液 1.00 mL，测得电动势 32.0 mV，电极实测斜率为 29.0 mV，计算土壤样品中 Ca^{2+} 的质量分数。

解 因为 $\Delta\varepsilon = (32.0 - 20.0)\ \text{mV} = 12.0\ \text{mV}$，$S = 29.0\ \text{mV}$

$$\Delta c_r \approx \frac{1.00 \times 0.010\,0}{50.00} = 2.00 \times 10^{-4}$$

所以

$$\begin{aligned} c_{r,Ca} &= \Delta c_r (10^{\frac{\Delta\varepsilon}{S}} - 1)^{-1} \\ &= 2.00 \times 10^{-4} \times (10^{\frac{12.0}{29.0}} - 1)^{-1} \\ &= 1.26 \times 10^{-4} \end{aligned}$$

被测试液 Ca^{2+} 浓度为 1.26×10^{-4} mol·L^{-1}，则土壤样品中 Ca^{2+} 的质量分数为

$$w(Ca^{2+}) = \frac{1.26 \times 10^{-4}\ \text{mol}\cdot\text{L}^{-1} \times 100.0\ \text{mL} \times 10^{-3} \times 40.0\ \text{g}\cdot\text{mol}^{-1}}{6.00\ \text{g}} = 0.840 \times 10^{-4}$$

---

3. 直接电势法的测量误差

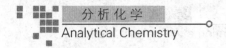

在直接电势法测定过程中能够产生误差的因素包括多个方面，如测量体系的温度、搅拌情况、电极的干扰、玷污、溶液的离子强度、pH 以及偏离能斯特公式等。这些因素最终反映在电动势测量的误差上，影响着分析结果的精密度和准确度。电动势测量误差 $\Delta\varepsilon$ 引起浓度测量的相对误差 $\Delta c/c$，可由下列计算得到

已知 $$\varepsilon = K \pm \frac{2.303RT}{nF}\lg c_r$$

当温度恒定时，对上式求微分

$$d\varepsilon = \frac{RT}{nF}d\ln c_r$$

$$\Delta\varepsilon = \frac{RT}{nF}\frac{\Delta c_r}{c_r}$$

25℃时表示为 $$\Delta\varepsilon = \frac{0.025\ 7}{n}\frac{\Delta c_r}{c_r}$$

那么，测定浓度的相对误差为 $$\frac{\Delta c}{c} \times 100\% = (3\ 891 \times n \times \Delta\varepsilon)\% \tag{9-25}$$

由式(9-25)可以看出，当电池电动势的测量误差 $\Delta\varepsilon = \pm 0.001$ V 时，对于一价离子的浓度测定，则会引入±3.9%的相对误差；二价离子测量的相对误差为±7.8%；三价离子则为±11.7%。表明直接电势法的测定误差相对较大，因此，离子选择性电极一般适用于测定浓度较低的待测组分。

9.3.3 直接电势法的应用

直接电势法是根据测量原电池的电动势，求出被测物质的活度(浓度)。应用最多的是测定溶液的 pH。近年来，各种类型的离子选择性电极相继出现，大大扩展了直接电势分析法的应用范围，使某些阳离子和阴离子的活度(浓度)的测定也像测量溶液的 pH 一样简单。再者，由于电势分析法具有简便、快速和灵敏的特点，特别是它能适用于其他方法难以测定的离子，所以在土壤、食品、药物、水质、环境监测等方面均得到广泛的应用。

1. 卤素离子的测定

商品卤素离子选择性电极有晶体薄膜、硅橡胶薄膜和液态薄膜等类型。通过直接电势法，利用氯离子选择性电极可直接测定试样中的 Cl^-，有人结合化学分离的有关方法原理，在 Br^-、I^- 共存下也可以测定试样中的 Cl^-；另外，溴离子、碘离子、氰离子、硫离子等电极也都在实际中得到应用。例如，利用氰离子选择性电极已制成进行环境污染监测的自动化仪器；硫电极和氯电极还可以用作气相色谱仪的检测器。目前，在农业生产和科学研究中，这些离子选择性电极已用于植物提取物、天然水、土壤、牛奶中 Cl^- 的测定；天然水中 Br^- 的测定；有机物质中 I^- 的测定；水、废料、饲料、生物物质中 CN^- 的测定等。

氟离子选择性电极是目前应用广泛的一种阴离子选择性电极。氟离子选择性电极有固态晶体类型和难溶盐硅橡胶不均态类型。可用来测定自来水中的 F^-，应用时需要控制溶液

的酸度，有人用缓冲溶液控制溶液的 pH 在 5.0～5.5 范围内进行氟离子的测定。另外，氟离子选择性电极可作为气相色谱仪的检测器，能够检测出 5×10^{-11} mol 的氟苯化合物。目前，利用氟离子选择性电极可以测定地质原料、土壤、天然水、饮用水、海水、植物、空气、尿、血清、饮料，以及有机化合物和有机金属化合物等多种物质中的氟离子含量。

2. 硝酸根、高氯酸根、氟硼酸根离子的测定

硝酸根离子选择性电极曾用于植物、土壤、水的分析，以缓冲溶液控制其他阴离子的干扰，有人用此法测定棉花叶柄、土壤、河水中硝态氮的含量，测定结果与还原氮法所测定的结果一致。硝酸根离子选择性电极对其他离子的选择性常数，在上述试样的分析中，$K_{M,N}$ 的排列顺序为 $NO_3^- \approx Br^- > S^{2-} > NO_2^- > CN^- > HCO_3^-$（约 10^{-2}）$> RCOO^- > Cl^- > CO_3^{2-} > SO_4^{2-} > H_2PO_4^- > F^-$（约 10^{-4}）。有的硝酸根离子选择性电极也具有高氯酸根离子的选择性；若将硝酸根离子选择性电极内的液体离子交换剂换成 HBF_4 形式，则可作氟硼酸根（BF_4^-）离子的选择性电极。现在已经知道硝酸根离子选择性电极可以测定植物、土壤、水、食物、奶油等试样，以及空气中 NO_2、NO 的测定等。

3. 金属离子的测定

用钙离子选择性电极作指示电极可允许在 1 000 倍的 Na^+、K^+ 存在下测定海水中的 Ca^{2+}。用 CuS-Ag_2S 不均态电极可直接测量 Cu^{2+} 的含量，其电极响应范围为 10^{-6}～1 mol·L^{-1}。铅离子选择性电极已经用于铅毒的检验和测定。银离子选择性电极可用于感光胶片生产中对 KBr-KI 乳胶液 Ag^+ 变化的观察，电极响应范围 pAg=0～23，可检测到 1.35×10^{-8} mol，平均误差 0.1%，最大误差 0.15%。

应该指出的是，离子选择性电极虽然在分析化学和生产应用方面已显示出一定的特点，但有些方面还不成熟。从现有的离子选择性电极来看，除了个别品种外，离子选择性电极的最大缺点还是选择性不够好和电极的稳定性较差。为了消除某些离子的干扰，或者增加电极性能的稳定性，往往在直接电势测定前仍需对试样进行必要的处理，如调整酸度、加入适当的配位体等。因此，应用直接电势法测定时，一定要注意实验条件的选择。

9.4 电势滴定法

电势滴定法是根据滴定过程中电极电势的突跃来确定滴定终点的分析方法。与普通滴定分析相比较，电势滴定法有以下特点：能用于反应平衡常数较小、滴定突跃不明显的滴定；能用于缺乏合适指示剂的滴定；能用于浑浊或有色溶液的滴定；能用于非水溶液的滴定；能用于连续滴定和自动滴定。有较高的准确度和精密度。基本装置见图 9-9。

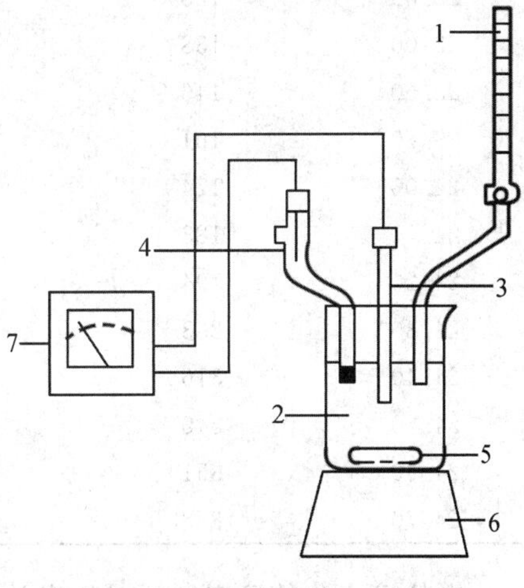

图 9-9 电势滴定的基本装置图

1. 滴定管 2. 被测溶液 3. 离子选择性电极 4. 甘汞电极 5. 搅拌棒 6. 电磁搅拌器 7. 检流计

9.4.1 电势滴定法的仪器装置

电势滴定法是将适当的指示电极和参比电极与待测溶液组成化学电池，进行电势滴定时，溶液用电磁搅拌器进行搅拌，每加入一定量的标准溶液，测量一次电动势。随着标准溶液的加入，待测离子的浓度不断发生变化，在化学计量点附近待测离子的浓度变化倍数最大，指示电极的电极电势也会发生相应的突跃。因此，通过测得滴定过程中电池电动势和加入滴定剂的体积作图或计算，从而确定滴定反应的终点，求出待测试样的含量。电势滴定法的基本装置如图 9-9 所示。如果使用自动电势滴定仪，用计算机处理数据，则可直接得出测定结果。

9.4.2 电势滴定终点的确定方法

在滴定过程中，每加入一定量的滴定剂，测量一次电动势，直到超过化学计量点为止。这样就得到一系列的滴定剂用量(V)和相应的电动势(ε)数据。表 9-4 是用 0.100 0 mol·L^{-1} $AgNO_3$ 滴定同浓度的 NaCl 溶液时所得到的实验数据。指示电极为银电极，参比电极为饱和甘汞电极。滴定反应方程式为：

$$AgNO_3 + NaCl = NaNO_3 + AgCl\downarrow$$

表 9-4 0.100 0 mol·L^{-1} $AgNO_3$ 滴定同浓度的 NaCl 溶液的数据

$V(AgNO_3)$ /mL	ε/mV	$\Delta\varepsilon$/mV	$\Delta V(AgNO_3)$ /mL	$\Delta\varepsilon/\Delta V$ /(mV·mL^{-1})	$\Delta^2\varepsilon/\Delta V^2$ /(mV·mL^{-2})
5.00	62	23	10.00	2.3	
15.00	85	22	5.00	4.4	
20.00	107	16	2.00	8	
22.00	123	15	1.00	15	
23.00	138	8	0.50	16	
23.50	146	15	0.30	50	
23.80	161	13	0.20	65	
24.00	174	9	0.10	90	
24.10	183	11	0.10	110	2 800
24.20	194	39	0.10	390	4 400
24.30*	233	83*	0.10	830	−5 900
24.40	316	24	0.10	240	−1 300
24.50	340	11	0.10	110	
24.60	351	7	0.10	70	−400
24.70	358				

电势滴定法的滴定曲线是以电池电动势对标准溶液的体积作图所得的曲线。确定其滴定终点的方法有以下 3 种。

1. ε-V 曲线法

以加入标准溶液的体积 V 为横坐标，以电动势 ε 为纵坐标，根据表 9-4 中的数据即可绘制出图 9-10(a)所示的 ε-V 曲线，该曲线的转折点即为滴定终点。

2. $\frac{\Delta\varepsilon}{\Delta V}$-$V$ 曲线法

如果滴定曲线比较平坦，突跃不明显，则可绘制一次微商曲线，即 $\frac{\Delta\varepsilon}{\Delta V}$-$V$ 曲线法，也称作一次微商法，其中 $\frac{\Delta\varepsilon}{\Delta V}$ 表示电动势的连续变化($\Delta\varepsilon$)与加入标准溶液体积的变化(ΔV)的比值。绘制 $\frac{\Delta\varepsilon}{\Delta V}$-$V$ 曲线时，首先需要根据实验数据分别计算出 $\Delta\varepsilon$、ΔV 和 $\frac{\Delta\varepsilon}{\Delta V}$，然后以 V 为横坐标，以 $\frac{\Delta\varepsilon}{\Delta V}$ 为纵坐标绘制出如图 9-10(b)所示的一次微商曲线。曲线最高点所对应的体积值即为滴定终点的体积。用此作图法确定滴定终点较为准确，但作图手续麻烦，可以用二次微商法通过简单计算求出滴定终点。

3. $\frac{\Delta^2\varepsilon}{\Delta V^2}$-$V$ 曲线法

也称作二次微商法。既然一次微商曲线的最高点是滴定终点，那么二次微商 $\frac{\Delta^2\varepsilon}{\Delta V^2}=0$ 时即为滴定终点，如图 9-10(c)所示。因此，在二次微商曲线上当 $\frac{\Delta^2\varepsilon}{\Delta V^2}=0$ 时，所对应的标准溶液体积 V 值也就是滴定终点的体积。

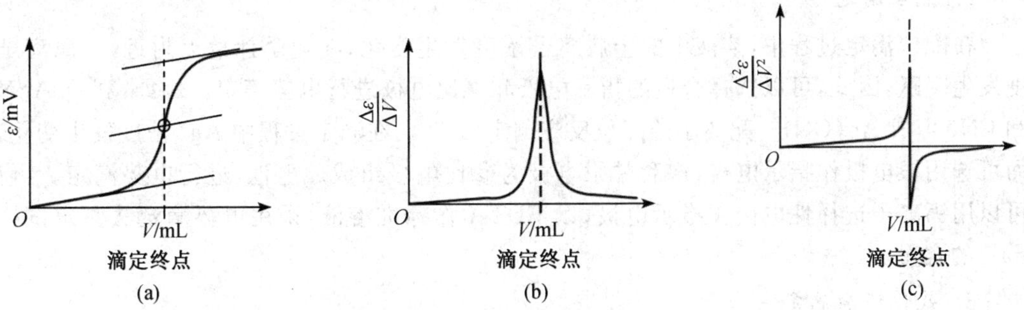

图 9-10 电势滴定法的滴定曲线

从表 9-4 中看出，加入 24.30 mL 标准溶液时，$\frac{\Delta^2\varepsilon}{\Delta V^2}=4\ 400$；加入 24.40 mL 标准溶液时，$\frac{\Delta^2\varepsilon}{\Delta V^2}=-5\ 900$，设 $\frac{\Delta^2\varepsilon}{\Delta V^2}=0$ 时，加入标准溶液的体积为 x，则可按下图进行比例计算：

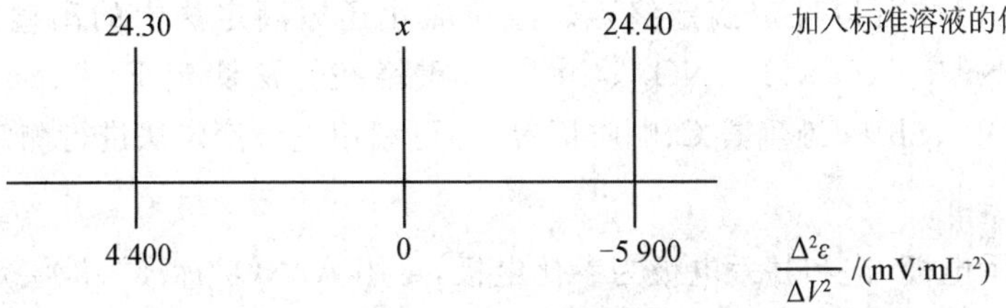

$$\frac{24.40-24.30}{-5\,900-4\,400}=\frac{x-24.30}{0-4\,400}$$

$$x=\frac{-4\,400\times0.10}{-5\,900-4\,400}+24.30=24.34(\text{mL})$$

滴定达到滴定终点时，消耗标准溶液的体积为 24.34 mL。

二次微商法可以不经过绘制滴定曲线，而直接通过内插法来计算滴定终点的体积。

9.4.3 电势滴定法的应用

电势滴定法能应用于各种类型的滴定分析法。对于有颜色、浑浊的试液，或者滴定突跃范围太小以及多组分共存的滴定体系，难以用指示剂确定滴定终点，用电势滴定法都可以较准确地确定滴定终点。

1. 酸碱滴定

一般酸碱滴定都可使用电势滴定法，尤其对于 $cK_a<10^{-8}$ 的弱酸或 $cK_b<10^{-8}$ 的弱碱，以及相邻两级电离平衡常数相差小于 10^4 倍的多元酸、碱或混合酸、碱等。滴定中常用 pH 玻璃电极作指示电极，饱和甘汞电极作参比电极。由于 pH 玻璃电极的电极电势与溶液的 pH 呈线性关系，因此在化学计量点附近，玻璃电极的电极电势随溶液 pH 的大幅度变化而产生"突跃"，从而可以确定滴定终点。

2. 配位滴定

在配位滴定过程中，溶液中的金属离子浓度发生变化，在化学计量点附近，金属离子浓度发生突跃，因此，可以选择合适的指示电极和参比电极进行电势滴定。例如，利用 $AgNO_3$ 和 CN^- 生成 $Ag(CN)_2^-$ 配离子的配位反应测定 CN^-。在滴定过程中 Ag^+ 浓度发生变化，因而可选用银电极作指示电极，饱和甘汞电极为参比电极组成原电池，进行电势滴定。再如，可以用钙离子选择性电极作指示电极，以 EDTA 作标准溶液，采用电势滴定法测定试样中 Ca^{2+} 的含量。

3. 氧化还原滴定

氧化还原反应的电势滴定一般以 Pt 电极作指示电极，甘汞电极作参比电极。滴定过程中，被测物质的氧化态和还原态所组成共轭电对的电极电势：

$$\varphi=\varphi^{\ominus}+\frac{2.303RT}{nF}\lg\frac{c_{r,e}(\text{氧化态})}{c_{r,e}(\text{还原态})}$$

在化学计量点附近，被滴定物质的氧化态和还原态相对平衡浓度发生突变，必然引起指示电极的电极电势突跃，因此可以确定滴定终点。经典氧化还原滴定法中的高锰酸钾法测定 Fe^{2+}、AsO_3^{3-}、V^{4+}、Sn^{2+}、$C_2O_4^{2-}$、I^-、NO_2^-、Cu^{2+} 等，重铬酸钾法测定 Fe^{2+}、Sn^{2+}、I^-、Ce^{3+} 等，碘量法测定 AsO_3^{3-}、Sb^{3+}、维生素 C、咖啡因等，均可利用电势滴定法进行测定。

4. 沉淀滴定

以银电极为指示电极，饱和甘汞电极为参比电极，可用 $AgNO_3$ 标准溶液滴定 Cl^-、Br^-、I^-、CN^- 以及一些有机酸的阴离子等。用铂电极作指示电极，可用六氰合铁(Ⅱ)酸钾标准溶液滴定 Pb^{2+}、Ca^{2+}、Zn^{2+}、Ba^{2+} 等，还可以间接测定 SO_4^{2-}。

□ 本章小结

本章讨论了电势分析法测定溶液 pH 的基本原理、离子选择性电极的电极电势以及应用等问题。

(1)在电势分析法中，构成原电池的两个电极，其中一个电极的电极电势能够指示被测离子活度(或浓度)的变化，称为指示电极；而另一个电极的电极电势不受试液组成变化的影响，具有恒定的数值，称为参比电极。由指示电极与参比电极组成原电池的电池电动势：

$$\varepsilon = \varphi(\text{指示}) - \varphi(\text{参比}) = K + \frac{RT}{nF}\ln a(M^{n+})$$

只要测出原电池的电动势 ε，就可求得 $a(M^{n+})$。

(2)离子选择性电极的电极电势与特定的离子活度之间的关系为

$$\varphi = K \pm \frac{2.303RT}{nF}\lg a\,(M^{n+})$$

式中 z 为特定离子所带的电荷数，指示电极为正极时，公式中符号对于阳离子取“+”，对于阴离子取“−”。

(3)pH 玻璃电极的膜电势是由于氢离子在玻璃膜表面进行离子交换和扩散形成的，不同于一般的金属基电极。在一定温度下，pH 玻璃电极的膜电势与试液的 pH 成直线关系

$$\varphi(\text{膜}) = K - 0.059\ \text{V pH}$$

(4)直接电势法测定溶液 pH，指示电极是玻璃电极，参比电极是饱和甘汞电极，两者插入试液中组成原电池：

(−)Ag | AgCl，0.1 mol·L^{-1} HCl | 玻璃膜 | 试液 ‖ KCl(饱和)，Hg_2Cl_2，Hg(+)

电池电动势为：　　$\varepsilon = K + 0.059\ \text{V pH}$ (25℃时)

在一定温度下，电池电动势与溶液的 pH 呈直线关系。K 包括内、外参比电极的电势、φ(不)和 φ(液)。在实际工作中，先用标准缓冲溶液校准仪器，然后再测定待测液。

(5)离子活度(浓度)测定，为了消除液接电势和不对称电势等，一般不根据电池电动势直接计算被测离子活度(浓度)，其活度(浓度)需通过标准比较法、标准曲线法、标准加入法来测定。

(6)电势滴定法是电势分析法中的另一种定量分析方法。在滴定过程中记录电动势与标准溶液体积，可通过 ε-V 曲线法、$\frac{\Delta\varepsilon}{\Delta V}$-$V$ 曲线法与 $\frac{\Delta^2\varepsilon}{\Delta V^2}$-$V$ 曲线法确定其滴定终点。

□ 思考题

9-1　什么是直接电势法和电势滴定法？

9-2　电势分析法的基本原理是什么？

9-3　什么是指示电极和参比电极？常用的指示电极和参比电极有哪些？举例说明。

9-4 为何用直接电势法测定溶液 pH 时，必须使用标准缓冲溶液进行校正？

9-5 简述一般玻璃电极和饱和甘汞电极的基本构造、电极反应、电极符号以及电极电势的计算式。

9-6 对于 pH 玻璃电极的适用 pH 范围有什么要求？什么是碱差？什么是酸差？

9-7 简述离子选择性电极的一般工作原理、种类、性能和应用。

9-8 电势滴定法是如何确定终点的，有何优点？举例说明。

□ 习题

9-1 下列原电池（25℃）

(－)玻璃电极｜标准溶液或未知液‖饱和甘汞电极(＋)

当标准缓冲溶液的 pH＝4.00 时电动势为 0.209 V，当缓冲溶液由未知溶液代替时，测得下列电动势值(1)0.088 V；(2)0.312 V。求未知溶液的 pH。

((1) pH＝1.95；(2) pH＝5.75)

9-2 25℃时下列电池的电动势为 0.518 V(忽略液接电势)

$$Pt \mid H_2(10^5\,Pa),\ HA(0.01\ mol \cdot L^{-1}),\ A^-(0.01\ mol \cdot L^{-1}) \parallel SCE$$

计算弱酸 HA 的 K_a 值。

($K_a=2.29\times10^{-5}$)

9-3 25℃时，用 F^- 电极测定水中 F^-，取 25.00 mL 水样，加入 10 mL TISAB，定容到 50.00 mL，测得电极电势为 0.137 0 V，加入 1.00×10^{-3} mol·L^{-1} 标准 F^- 溶液 1.0 mL 后，测得电极电势为 0.117 0 V，计算水样中 F^- 含量。

(3.22×10^{-5} mol·L^{-1})

9-4 用 pH 玻璃电极测定 pH＝5.0 的溶液，其电极电势为 43.5 mV，测定另一未知溶液时，其电极电势为 14.5 mV，若该电极的响应斜率 S 为 58.0 mV，试求未知溶液的 pH。

(pH ＝ 5.5)

9-5 将钙离子选择性电极和饱和甘汞电极插入 100.00 mL 水样中，用直接电势法测定水样中的 Ca^{2+}。25℃时，测得钙离子电极电势为－0.061 9 V(对 SCE)，加入 0.073 1 mol·L^{-1}的 $Ca(NO_3)_2$ 标准溶液 1.00 mL，搅拌平衡后，测得钙离子电极电势为－0.048 3 V(对 SCE)。试计算原水样中 Ca^{2+} 的浓度？

(3.87×10^{-4} mol·L^{-1})

9-6 在 0.100 0 mol·L^{-1} Fe^{2+} 溶液中，插入 Pt 电极(＋)和 SCE(－)，在 25℃测得电池电动势 0.395 V，问有多少 Fe^{2+} 被氧化成 Fe^{3+}？

(0.59%)

二维码 9-1　第 9 章要点

二维码 9-2　习题与答案

Chapter 10 第10章

吸光光度法

Absorptiometry

【教学目标】

- 掌握朗伯-比耳定律及分光光度法的测定原理和方法。
- 理解并掌握物质对光的吸收和吸收光谱的基本特征、显色反应的条件、测量条件的选择。
- 了解分光光度计的基本部件。

本章讨论的吸光光度法包括可见分光光度法(400～750 nm)和紫外分光光度法(200～400 nm)。它们都是利用被测物质的吸光性质,使一定波长(或一个较窄波段)的光通过被测溶液,测量光强度减弱的程度,即根据溶液的吸光度确定该物质的浓度。

许多化合物具有颜色,如高锰酸钾、重铬酸钾,这些物质浓度越高,颜色越深,因此可以通过比较颜色的深浅来测定物质的浓度,这种方法就是比色分析法。随着现代分析技术的发展,目前已广泛使用分光光度计测量物质的吸光程度。应用分光光度计的分析方法称为分光光度法(spectrophotometry)。

吸光光度法是一种灵敏度较高的分析方法,适用于微量组分的测定。吸光光度法测定物质浓度的下限通常为 $10^{-6}\sim10^{-5}$ mol·L^{-1}。个别灵敏度更高的反应,测定下限可低至 10^{-7} mol·L^{-1}。如果利用适宜的富集方法,测定下限还可以进一步降低。

吸光光度法的相对误差为2%～5%,可以满足微量组分测定的要求。吸光光度法仪器简单、操作方便、价格便宜,几乎所有的无机物和许多有机物的微量成分都可采用吸光光度法测定,因此在冶金、环境监测、化工、医药、生命科学、农业以及食品卫生等行业应用广泛。

10.1 吸光光度法的基本原理

10.1.1 物质与光的作用

当一束光(紫外或可见光)照射到某物质的透明层或其溶液时,物质的分子(或离子)与光子发生"碰撞"。如果这次碰撞是有效的,光子的能量就转移到分子(或离子)上。物质的

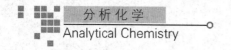

分子(或离子)就由能量较低的基态激发至能量较高的激发态。

$$M(\text{基态})+h\nu=M^*(\text{激发态})$$

这个过程叫做光的吸收,相反的过程叫做光的发射。

分子中的电子能级是量子化的。在基态时,电子处于能量较低的能级(轨道)。物质吸收光的过程,实质上是物质分子中的外层价电子吸收了光子的能量,从能量较低的轨道跃迁至能量较高的轨道的过程。这时分子处于激发态。处于激发态的分子是不稳定的,它力求放出其吸收的能量而回到基态,处于激发态的分子主要通过热或荧光的形式放出吸收的能量。

电子能级跃迁对应的能量一般为1～20 eV(电子伏特)。因此,由电子能级跃迁而产生的吸收光谱,位于紫外及可见光部分,这种由价电子跃迁而产生的分子光谱也称为电子光谱。

10.1.2 溶液的颜色

不同物质具有不同的内部结构,其价电子向更高能量的轨道跃迁所需的能量也不同。需要能量高的,吸收紫外光或波长更短的电磁波。需要能量低的,吸收可见光。当溶液吸收可见光时,溶液产生颜色。

白光,如日光、白炽灯光等,实际上是由波长从400～750 nm的可见光,按一定比例混合而成的混合光。不同波长的可见光,引起人不同的视觉。由于人的视觉分辨能力的限制,引起人的每一种颜色感觉,实际上都是一个特定波段的可见光。如果将表中两种对应颜色的光,按一定强度比例混合,就可以得到白光。这两种光通常称为互补色光。表10-1列出了物质颜色与吸收光颜色的互补关系。

表10-1 物质颜色(透过光)与吸收颜色的互补关系

物质颜色	黄绿	黄	橙	红	紫红	紫	蓝	绿蓝	蓝绿
吸收光颜色	紫	蓝	绿蓝	蓝绿	绿	黄绿	黄	橙	红
波长/nm	400～450	450～480	480～490	490～500	500～560	560～580	580～600	600～650	650～750

当一束白光通过某物质的溶液时,如果溶液选择性地吸收了白光中某波段的光,透过光中引起我们视觉的就是被吸收波段的互补色光,这也就是溶液所呈现的颜色。例如$KMnO_4$溶液选择地吸收绿光,故溶液呈紫红色。而$K_2Cr_2O_7$溶液对可见光中蓝紫光有最大吸收,溶液呈黄色。

如果溶液对于可见光区各波段的光都没有吸收,则该溶液透明无色。

10.1.3 吸收光谱

将某物质的溶液放入吸收池,置于分光光度计中。连续改变入射光波长,测定溶液对不同波长光的吸收程度(透光率或吸光度),就得到该物质的吸收光谱(adsorption spectrum)。典型的吸收光谱见图10-1。可以看出分子光谱为连续带状光谱。

分子光谱的形状与电子跃迁的复杂性有关。每个电子能级(电子能级差一般为1～20 eV)包含若干个不连续的振动能级(能级差0.05～1 eV),每个振动能级还包含若干个分子转动能级(能级差小于 0.05 eV)。因此在电子能级变化时,不可避免地伴随着分子振动和转动能级的变化(能级差小),于是,分子的电子光谱通常比原子的线状光谱复杂得多,呈带状光谱。

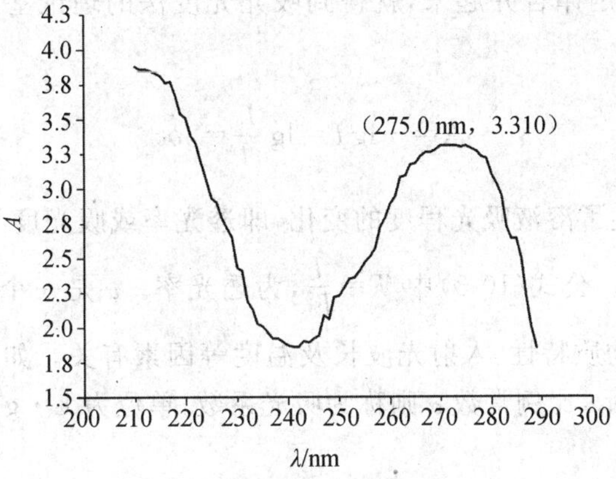

图 10-1 某有机物的吸收曲线,纵坐标 A 为吸光度,横坐标为波长 λ

分子、原子或离子具有不连续的量子化能级。仅当照射光的光子能量($h\nu$)与被照射物质粒子的基态和激发态能量之差 ΔE 相当时才能发生吸收。不同的物质微粒由于结构不同而具有不同的量子化能级,其能量差也不相同,所以物质对光的吸收具有选择性。

不同物质其吸收曲线的形状和最大吸收波长 λ_{max} 各不相同,如图 10-1 所示,其吸收峰 λ_{max} 为 275 nm,根据这个特性可作物质的初步定性分析。不同浓度的同一物质,其 λ_{max} 不变,在吸收峰及其附近的吸光度随被测物浓度的增加而增大。若在 λ_{max} 处测定吸光度,则灵敏度最高。因此,吸收曲线是吸光光度法定量分析时选择测量波长的重要依据。

10.2 吸光光度法的基本定律——朗伯-比耳定律

在紫外-可见区域,溶液中待测物质的浓度与其吸光强度之间存在某种定量关系,这是紫外-可见吸收光谱用于定量分析的理论基础,该定量关系可用朗伯-比耳定律(Lambert-Beer Law)描叙。

10.2.1 朗伯-比耳定律

1760 年,朗伯(J. H. Lambert)发现一束单色光通过吸光物质后,光的吸收程度与溶液液层厚度成正比的关系,该关系被称为朗伯定律。即

$$A=\lg\frac{I_0}{I}=kb \tag{10-1}$$

式 10-1 中:A 为吸光度;I 为透射光强度;I_0 为入射光强度;k 为比例常数;b 为液层厚度(光程长度)。

1852 年,比耳(A. Beer)提出一束单色光通过吸光物质后,光的吸收程度还与吸光物质微粒的数目(溶液的浓度)成正比,该关系称为比耳定律。即

$$A=\lg \frac{I_0}{I}=k'c \qquad (10\text{-}2)$$

式 10-2 中：k'为比例常数；c 为溶液浓度。

将朗伯定律和比耳定律合并起来，就得到吸光光度法的理论基础：朗伯-比耳定律。数学表达式如下：

$$A=-\lg T=\lg \frac{I_0}{I}=\alpha bc \qquad (10\text{-}3)$$

朗伯-比耳定律描述了溶液吸光程度的变化，即透光率或吸光度与溶液浓度及厚度的关系，图 10-2 为其示意图。公式(10-3)中 $T=\frac{I}{I_0}$，为透光率。α 是一个比例常数，其值与使用单位有关，主要与吸光物质特性、入射光波长及温度等因素有关。如果液层厚度 b 用 cm 表示，浓度 c 用 $g \cdot L^{-1}$表示，比例常数 α 则称为吸光系数，单位为 $L \cdot g^{-1} \cdot cm^{-1}$。

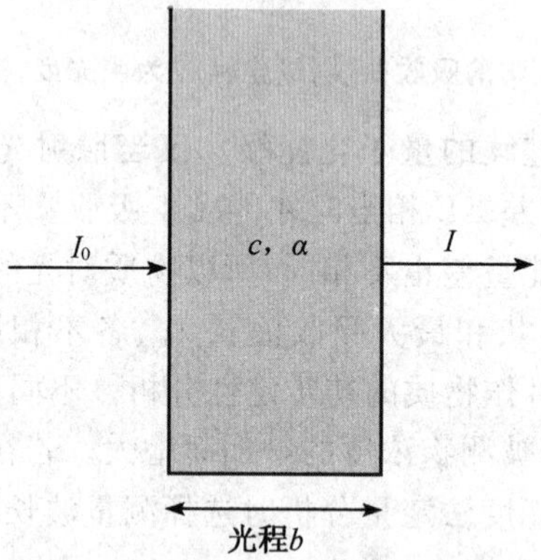

图 10-2　朗伯-比耳定律示意图

当浓度以 $mol \cdot L^{-1}$为单位，厚度以 cm 为单位时，α 这个常数叫做摩尔吸光系数（molar absorption coefficient），通常用 ε 表示，单位为 $L \cdot mol^{-1} \cdot cm^{-1}$，公式(10-3)相应表示为

$$A=\varepsilon bc \qquad (10\text{-}4)$$

吸光系数 α 与摩尔吸光系数 ε 之间存在如下换算关系：

$$\varepsilon=Ma \qquad (10\text{-}5)$$

M 为吸收分子的摩尔质量。

摩尔吸光系数 ε 是吸光物质的重要参数，表示吸光物质浓度为 1 $mol \cdot L^{-1}$，液层厚度为 1 cm 时，在测定波长下溶液的吸光度，通常经计算求得。

由实验结果计算 ε 时，我们常以被测物质的总浓度代替吸光物质的实际浓度，这样得到的 ε 值实际上是表观摩尔吸光系数。

比例常数 α 或 ε 可以用来反映用吸光光度法测定某吸光物质的灵敏度。例如，用二乙基二硫代氨基甲酸钠测定铜，其 $\varepsilon^{436}=12\ 800\ L \cdot mol^{-1} \cdot cm^{-1}$；而用双硫腙吸光光度法测定铜，$\varepsilon^{496}=158\ 000\ L \cdot mol^{-1} \cdot cm^{-1}$，可见后者灵敏度要高很多。

一般认为，如果 $\varepsilon < 10^4$ L·mol^{-1}·cm^{-1}，灵敏度是低的；ε 介于 $10^4 \sim (5\times10^4)$ L·mol^{-1}·cm^{-1}时，属于中等灵敏度；ε 介于 $6\times(10^4\sim10^5)$ L·mol^{-1}·cm^{-1}时，属于高灵敏度；$\varepsilon > 10^5$ L·mol^{-1}·cm^{-1}，属超高灵敏度。

例 10-1 在 372 nm 下用 1 cm 吸光池测定铬酸钾溶液的透光率。铬酸钾浓度为 3.0×10^{-5} mol·L^{-1}，测得透光率为 71.6%，浓度为 6.0×10^{-5} mol·L^{-1}，透光率为 51.3%。计算吸光度及摩尔吸光系数。

(1)当 $c=3.0\times10^{-5}$ mol·L^{-1}时 $T=0.716$

$$A=\lg\frac{1}{T}=0.145$$

(2)当 $c=6.0\times10^{-5}$ mol·L^{-1}时 $T=0.513$

$$A=\lg\frac{1}{T}=0.290$$

(3)用(1)测得的吸光度计算 ε

$$\varepsilon=\frac{A}{bc}=\frac{0.145}{1\times3\times10^{-5}}=4.8\times10^3(\mathrm{L\cdot mol^{-1}\cdot cm^{-1}})$$

例 10-2 50 mL 比色管中，加入含有 0.025 mg 的 Fe^{2+} 溶液，加入邻二氮菲显色剂，用水稀释至 50 mL，用 2 cm 比色池，在分光光度计上测得吸光度 $A=0.190$，计算摩尔吸光系数 ε？

解

$$\varepsilon=\frac{A}{bc}=\frac{0.190}{2\times\dfrac{0.025}{55.85\times50}}=1.1\times10^4(\mathrm{L\cdot mol^{-1}\cdot cm^{-1}})$$

吸光光度法的灵敏度除用摩尔吸收系数 ε 表示外，还常用桑德尔(Sandell)灵敏度 S 表示，定义为当光度仪器的检测下限为 $A=0.001$ 时，单位截面积光程内所能检出的吸光物质的最低质量，用 μg·cm^{-2}单位表示。摩尔吸收系数 ε 与桑德尔灵敏度 S 之间的换算关系如下。

$$S=M/\varepsilon\ (\mu\mathrm{g\cdot cm^{-2}}) \qquad (10\text{-}6)$$

M 为吸光物质的摩尔质量。

10.2.2 对朗伯-比耳定律的偏离

朗伯-比耳定律表明，在特定波长下，吸光物质溶液的浓度与其吸光度呈线性关系。配制不同浓度的标准溶液，在特定波长下测定其吸光度。以吸光度对浓度作图，应得到一条直线，称为标准曲线。在相同条件下，用相同步骤测定待测试液吸光度。根据测得吸光度在标准曲线上查得其相应的浓度或含量，这是吸光光度法中最常用的定量方法——标准曲线法。

但在实际工作中，特别是在溶液浓度增高时，标准曲线会发生弯曲(正偏离或负偏离)。这种现象称为对朗伯-比耳定律的偏离，见图 10-3。如果待测溶液浓度落在标准曲线弯曲部分，则根据朗伯-比耳定律计算得到的试样浓度会有较大的误差。

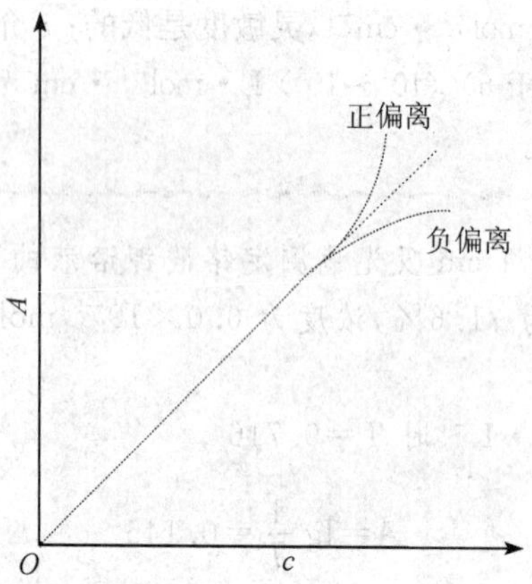

图 10-3　对朗伯-比耳定律的偏离

朗伯定律是严格的定律，没有什么先决条件，也没有偏离现象。而比耳定律用于溶液，需要两个基本条件：入射光必须是单色光以及吸光物质的分子或离子之间及与溶剂分子之间没有发生相互作用。比耳定律只有在稀溶液时才适用。

如果没有满足这两个条件，就会产生偏离。所以偏离现象是对于比耳定律的偏离。在实际工作中，造成偏离比耳定律的原因有各种物理和化学因素，现简要讨论如下。

1. 非单色光的影响

应用分光光度计测定溶液的吸光度时，由于单色器色散能力的限制及出射狭缝需要一定的宽度，分出的入射光实际是一个波段的光。即含有波长在测定波长附近的复合光，这些杂色光会引起对比耳定律不同程度的偏离。

假设入射光由 λ_1 和 λ_2 两种波长的光组成，其强度分别为 I_{01}、I_{02}，当其通过浓度为 c、厚度为 b 的吸光物质后，透射光的强度分别为 I_1、I_2，对应的吸光度分别为 A_1 和 A_2。根据朗伯-比耳定律：

$$A_1 = \lg \frac{I_{01}}{I_1} = \varepsilon_1 bc, I_1 = I_{01} \times 10^{-\varepsilon_1 bc} \tag{10-7}$$

$$A_2 = \lg \frac{I_{02}}{I_2} = \varepsilon_2 bc, I_2 = I_{02} \times 10^{-\varepsilon_2 bc} \tag{10-8}$$

测定时，总的入射光强为 $I_{01}+I_{02}$，通过光强为 I_1+I_2，因此，该光通过溶液后的吸光度为：

$$A_{总} = \lg \frac{I_{01}+I_{02}}{I_1+I_2} = \lg \frac{I_{01}+I_{02}}{I_{01}10^{-\varepsilon_1 bc}+I_{02}10^{-\varepsilon_2 bc}} \tag{10-9}$$

如果吸光物质对于入射光 λ_1 和 λ_2，有 $\varepsilon_1=\varepsilon_2=\varepsilon$，则 $A=\varepsilon bc$，A 与浓度 c 之间为线性关系。反之，如果 $\varepsilon_1 \neq \varepsilon_2 \neq \varepsilon$，则 A 与浓度 c 之间不成线性关系。ε_1 和 ε_2 之间相差越大，偏离比耳定律越严重。

为克服非单色光的影响，可使用比较好的单色器，从而获得比较纯的单色光；此外，应尽可能将测量波长选在最大吸收波长处，因为在此处吸收曲线较为平坦，在最大吸收波长处附近各波长的光的 ε 值相差不大。

2. 杂散光的影响

杂散光指与测量波长相同，在仪器内部不通过试样到达检测器的那部分辐射，以及单色器通带范围以外的额外辐射。

杂散光主要来自仪器制造过程、使用和保养不良及光学组件受尘染和霉蚀。一台质量较好的紫外可见分光光度计，大部分波长区域的杂散光一般小于0.01%。通常情况可以不考虑。

3. 介质不均匀的影响

如果待测溶液的组成不均匀，比如属于胶体溶液、乳浊液或悬浮液时，入射光通过溶液后，有一部分被吸收，还有一部分因散射现象而损失，使实测吸光度增加，使标准曲线偏离直线向吸光度轴弯曲。

4. 化学因素的影响

(1)离解　很多有色物质是弱离解化合物，当浓度改变时离解度会发生变化，引起对比耳定律的偏离。比如苯甲酸在水溶液中会部分离解，其电离方程式如下：

$$C_6H_5COOH + H_2O \rightleftharpoons C_6H_5COO^- + H_3O^+$$

C_6H_5COOH 的 λ_{max} 为 273 nm，ε 为 970 L·mol^{-1}·cm^{-1}；$C_6H_5COO^-$ 的 λ_{max} 为 268 nm，ε 为 560 L·mol^{-1}·cm^{-1}。因此在 273 nm 处实际摩尔吸光系数将随溶液的稀释和 pH 的增大而减小。

(2)配合物的逐级生成　在溶液中，SCN^- 与 Fe^{3+} 反应生成一系列有色配合物：

$$Fe^{3+} + SCN^- \rightleftharpoons Fe(SCN)^{2+},\ Fe(SCH)_2^+,\cdots,Fe(SCN)_n^{3-n}$$

它们具有相近的吸收峰及不同的摩尔吸光系数。即使存在过量的试剂，也不能保证溶液中只存在一种配合物，因而产生对比耳定律的偏离。在以 KSCN 光度测定铁时，为了得到正确的结果，必须加入过量试剂，且使 SCN^- 浓度保持固定。

(3)聚合作用　在铬酸盐或重铬酸盐溶液中存在下列平衡：

$$2CrO_4^{2-} + 2H^+ \rightleftharpoons Cr_2O_7^{2-} + H_2O$$

溶液中 CrO_4^{2-} 和 $Cr_2O_7^{2-}$ 的浓度决定于 Cr(Ⅵ)的总浓度及溶液的酸度。当用光度法测量 CrO_4^{2-} 或 $Cr_2O_7^{2-}$ 浓度时，溶液浓度及酸度的改变都会导致对比耳定律的偏离。

对于化学因素引起的偏离，可以在分析测定中控制溶液条件，使被测组分只以一种形态存在。

10.3　分光光度计及其基本部件

吸光光度法的仪器主要是分光光度计(spectrophotometer，包括光电比色计)，用于测量溶液的透光率及吸光度。它以光电效应为基础，光线透过吸收池射至检测器上，产生的光电流的大小与透射光的强度成正比，通过测量光电流强度，可以得到溶液的透光率和吸光度。

按测量区间，分光光度计可分为紫外-可见分光光度计、可见分光光度计；按结构，可分为单波长单光束分光光度计、单波长双光束分光光度计、双波长分光光度计。其中双光束和单光束指的是光学系统上的差异，单波长和双波长指的是测量过程中同时提供的波长数。

在以上类型的光度计中，单波长单光束分光光度计最为常见。单波长单光束分光光度计采用一个单色器，获得所需波长的一束单色光，该单色光轮流通过参比溶液和样品溶液，以进行光强度测量。这种分光光度计的特点是：对参比和样品的测量不是同时进行的；结构简单；价格便宜；适于做常规定量分析。单波长双光束分光光度计是将单色器色散后的单色光分成两束，一束通过参比池，一束通过样品池，一次测量即可得到样品溶液的吸光度，这种方式可以克服光源不稳定等因素的影响。

下面介绍分光光度计的基本组成。

10.3.1 光源

在光度测量中，要求光源必须具有稳定的性能、有足够的输出功率、能提供仪器使用波段的连续光谱，如钨灯、卤钨灯(波长范围 350～2 500 nm)，氘灯或氢灯(180～460 nm)，或可调谐染料激光光源等。理想光源在很广的光谱区域内都应该是连续的，具有较高强度，且不随波长而改变。但实际上大多数光源都是在一定波长范围内有较高的强度，而且其强度随波长而改变。

分光光度计在可见区测量时，一般用钨灯作为光源。钨丝灯加热到白炽后，发射波长范围在 320～2 500 nm 的连续光谱。温度增高时，总强度增大，但高温会缩短灯的使用寿命。此外，钨灯丝的温度决定于电源电压，电源电压的微小波动会引起钨灯发光强度的很大变化，因此必须使用稳压电源，使光源光强度保持不变。

在紫外区测量时，应用氢灯或氘灯作为光源，发射出波长范围在 180～375 nm 的光。

10.3.2 单色器

只有在单色光的条件下，测得的吸光度才与浓度呈直线关系。因此分光光度计都要通过单色器把复合光分解为单色光。

单色器是将光源发射的复合光分解成单色光并可从中选出任一波长单色光的光学系统。它包括入射狭缝、准光装置、色散组件、聚焦装置以及出射狭缝。来自光源的光由入射狭缝进入单色器；准光装置使入射光成为平行光束；色散组件将复合光分解成单色光；聚焦装置将分光后所得单色光聚焦至出射狭缝。

色散组件是单色器的核心部件。常用的色散组件有棱镜以及光栅。

1. 棱镜

当含有不同波长的混合光通过棱镜时，由于不同波长的光在棱镜中的折射率不同而被分开。光束通过入射狭缝，经准直透镜使其成为平行光，平行光通过棱镜时发生折射而色散，从而将复合光按波长顺序分解为单色光，然后通过聚焦透镜及出射狭缝。移动棱镜或出射狭缝的位置，就可以使所需波长的光经过出射狭缝而到达被测溶液。

棱镜由于其构成材料不同，透光范围也就不同。玻璃棱镜由于能吸收紫外线，因此只能用于可见光分光光度计，但玻璃棱镜有色散能力大，分辨率高的优点。石英棱镜可用于紫外光区、可见光区和近红外光区。

棱镜单色器提供的单色光纯度决定于棱镜的色散率和出射狭缝的宽度。

2. 光栅

光栅指许多等宽的狭缝等距离地排列起来而形成的光学器件。光栅分光的原理是由于光栅上每个刻槽产生衍射的结果。由于光的衍射使光经过光栅后不同波长的光沿不同方向衍射出去。每个刻槽衍射的光彼此之间是互相干涉的。波长不同的光干涉的极大值出现的方向不同，因而复合光经过光栅后发生色散而成光谱。

光栅与棱镜比较具有一系列优点。首先棱镜的工作光谱区受到材料透光率的限制；在小于 120 nm 真空紫外区和大于 50 μm 的远红外区是不能采用的，而光栅不受材料透光率的限制，它可以在整个光谱区中应用。棱镜单色器一般可以获得半宽度为 5～10 nm 的单色光，而光栅单色器可以获得半宽度小至 0.1 nm 的单色光，且可方便地改变测定波长。

光栅制造技术的不断提高和制造成本的不断下降，为光栅的推广使用提供了有利条件。目前多数精密分光光度计已采用全息光栅代替机械刻制和复制光栅。

入射和出射狭缝在单色器中作用很大，狭缝过大，谱带单色性差，不利于定性分析，也影响定量分析的线性范围；狭缝过小，光通量减弱，信噪比降低，影响结果精密度。

10.3.3 样品室

样品室放置各种类型的吸收池（亦称比色皿、比色杯）和相应的池架附件。吸收池主要有石英池和玻璃池两种。在紫外区须采用石英池，可见区玻璃池和石英池皆可。在测定中同时配套使用的吸收池应相互匹配，即有相同的厚度和相同的透光性。常用的吸收池厚度有0.5 cm，1 cm，2 cm，3 cm 和 5 cm。

10.3.4 检测系统

检测系统是利用光电效应将透过吸收池的光信号转变成可测的电信号，常用的有光电池、光电管或光电倍增管，此外还有新近发展起来的光电二极管阵列。其中光电池一般只用于光电比色计或简易型可见分光光度计。

1. 光电管

光电管是一个真空或充有少量惰性气体的二极管（图 10-4）。阴极是金属做成的半圆筒，内侧涂有光敏物质，阳极为一金属丝。光电管依其对光敏感的波长范围不同分为红敏和紫敏两种。红敏光电管是在阴极表面涂银和氧化铯，适用波长范围为 625～1 000 nm；紫敏光电管是在阴极表面涂锑和铯，适用波长范围为 200～625 nm。

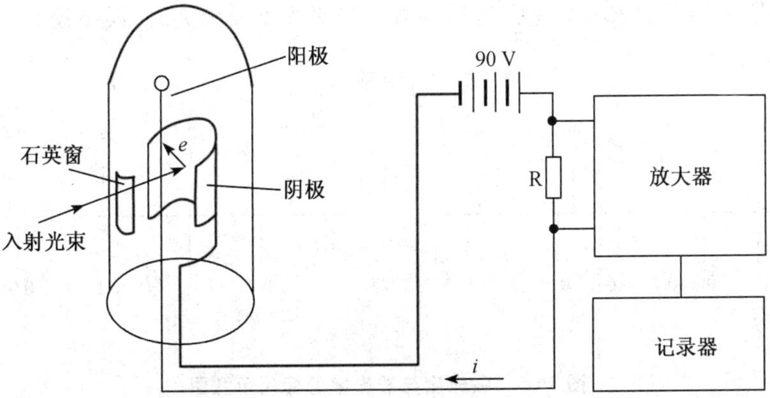

图 10-4 光电管示意图

光电管具有灵敏度高、光敏范围广和不易疲劳的特点。光电二极管是在反向电压作用之下工作的。没有光照时，反向电流很小(一般小于 0.1 μA)，称为暗电流。当有光照时，携带能量的光子进入 PN 结后，把能量传给共价键上的束缚电子，使部分电子挣脱共价键，从而产生电子-空穴对，称为光生载流子。它们在反向电压作用下参加漂移运动，使反向电流明显变大，光的强度越大，反向电流也越大。这种特性称为光电导。

光电二极管在一般照度的光线照射下，所产生的电流叫光电流。如果在外电路上接上负载，负载上就获得了电信号，而且这个电信号随着光强的变化而相应变化。

2. 光电倍增管

光电倍增管由光电管改进而来，光电倍增管是一种高灵敏度和短时间响应的光探测器件。典型的光电倍增管是由光阴极、聚焦电极、电子倍增极和阳极装在真空管中组成。光电倍增管在现代的分光光度计中被广泛采用。光电倍增管的灵敏度比普通光电管要 200 多倍，可用来检测微弱光信号。适用波长为 160～700 nm。

3. 光电二极管阵列

二极管阵列是指在晶体硅上紧密排列的一系列光电二极管。由于电子与计算机技术的飞速发展，目前使用光电二极管的二极管阵列分光光度计有了很大的发展。这种新型分光光度计的特点是“后分光”，即复合光经透镜聚焦后首先穿过样品吸收池，再经过单色器色散后被二极管阵列的各个二极管接收，信号由计算机进行处理和存储，因而扫描速度极快，约 10 ms 就可完成全波段扫描。

光电二极管体积很小，单色器的谱带宽接近于光电二极管的间距，每个谱带宽度的光信号由一个光电二极管接收，硅材料的光电二极管波长响应范围可达 170～1 100 nm。

不管是什么类型的检测器，有一个基本要求：检测器对测定波长范围内的光有快速、灵敏的响应，产生的光电流应与照射于检测器上的光强度成正比。

10.3.5 显示记录系统

指示器的作用是把放大的信号以适当的方式显示或记录下来，早期的单光束分光光度计常采用悬镜式光点反射检流计测量光电流，其灵敏度约为 10^{-9} A/格。其读数标尺上有两种刻度(图 10-5)，等刻度的是透光率 $T\%$(0%～100%)，不等刻度的是吸光度(∞→0)。从标尺上读数，所得结果的末位数是目测估计数。当吸光度值较大时，误差较大。

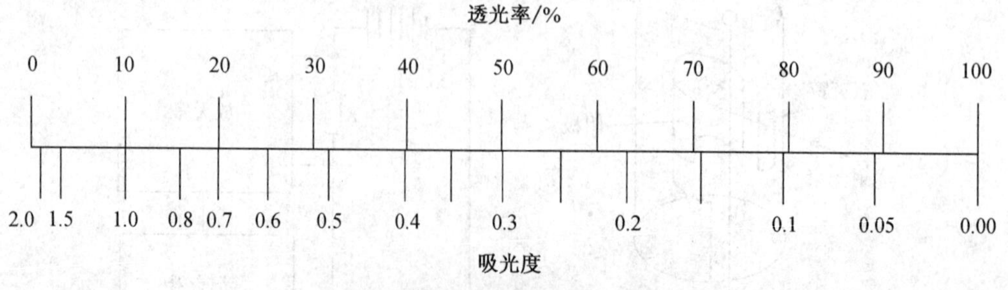

图 10-5　吸光度与透光率的标尺示意图

20 世纪 80 年代后，开始采用屏幕显示（可显示吸收曲线、操作条件等），并利用微机实现对光谱仪的控制和操作。简单的屏幕显示可显示测量参数和测量结果，复杂屏幕显示可完整显示测量参数，测量结果，数据谱图和操作提示。PC 微机控制则可提高测量软件的强大功能，全面控制仪器操作状态，对数据结果进行详细分析处理。

10.3.6 常用分光光度计简介

1. 721 型

721 型分光光度计是一种基本型单波长单光束可见分光光度计，波长范围为 360～800 nm。该型号仪器采用钨灯作为光源，玻璃棱镜作为单色器。单色光经比色皿内溶液入射到真空光电管上，产生光电流，经放大器放大后，可直接在微安表上读出透光率或吸光度。

在 721 基础上经进一步改进而成的 722 型可见分光光度计，采用复制光栅、4 位数显装置，波长范围为 330～800 nm。

2. 751 型

751 型分光光度计波长范围比较宽，可测定各种物质在紫外、可见及近红外区间的吸收光谱，在结构上也是单波长单光束分光光度计。它配有钨灯、氢弧灯两种光源，紫敏光电管（用于 200～625 nm 区间）、红敏光电管（用于 625～1 000 nm 区间）两种接收组件，其狭缝可在 0～2 mm 内连续可调，比色皿光程最长可达 10 cm。751 型分光光度计结构比较复杂。其波长精度、稳定性和重现性都较好。

10.4 显色反应与显色条件的选择

应用吸光光度法测定的无机离子中，以离子本身的颜色进行测定的情况很少。一般都是将待测离子通过一个反应，转变成一种有色化合物进行测定。这种将试样中被测组分转变成有色化合物的化学反应，叫显色反应，所使用的试剂叫显色剂。显色反应主要有氧化还原反应和配位反应，其中配位反应是最常见的。

对于分光光度法，为了得到准确的分析结果，除了选择合适的测量仪器，还必须使被测离子能生成一个灵敏度和选择性较高的有色化合物。

对于显色反应，一般应满足下列要求。

(1)选择性好　一种显色剂最好只与被测组分起显色反应。溶液中其他共存组分对显色反应的干扰少，或干扰容易消除。

(2)灵敏度高　分光光度法一般用于微量组分的测定，故一般选择灵敏度高的显色反应。但灵敏度高后，反应的选择性不一定好，故应加以全面考虑。对于高含量组分的测定，不一定要选用最灵敏的显色反应，应同时考虑选择性。一般来说，当摩尔吸光系数 ε 值为 $10^4 \sim 10^5$ $L \cdot mol^{-1} \cdot cm^{-1}$时，可认为该显色反应灵敏度较高。

(3)有色化合物的组成要恒定　比如对于形成不同配位比的配位显色反应，必须注意控制实验条件，使生成组成一定的配合物，以免引起误差。

(4)有色化合物与显色剂之间的颜色差别要大　这样显色时的颜色变化鲜明，而且在这种情况下，试剂空白一般较小。一般要求有色化合物 λ_{max} 与显色剂 λ_{max} 之差在 60 nm

以上。

(5)显色反应的条件要易于控制　如果要求过于严格，难以控制，则测定结果的重现性差。

10.4.1　显色条件的选择

在实际工作中，为了提高准确度，在选定显色剂后，必须了解影响显色反应的各种因素，这是因为吸光光度法是测定显色反应达到平衡后的吸光度。因此要得到准确的结果，必须选择适当的显色条件，使显色反应完全和稳定。

1. 显色剂用量

在光度分析中，为了使金属离子定量地转化成配合物，通常加入过量的试剂(反应中消耗的试剂可忽略不计)，同时保持固定的浓度。在此条件下，即使有色配合物的稳定常数很小或配合物分步形成时，待测离子并没有全部转化成配合物，但转化率是一定的。这样仍可以得到吸光度与金属离子浓度的线性关系。

但显色剂如果过量太多，有时会引起副反应，对测定反而不利。通常通过实验来确定适宜的显色剂用量，取一组金属离子浓度相同的溶液，分别加入不同量的显色剂，在其他条件都相同的情况下，在有色配合物 λ_{max} 处测定吸光度，以吸光度对加入显色剂量作图。可能出现 3 种情况，如图 10-6 所示。

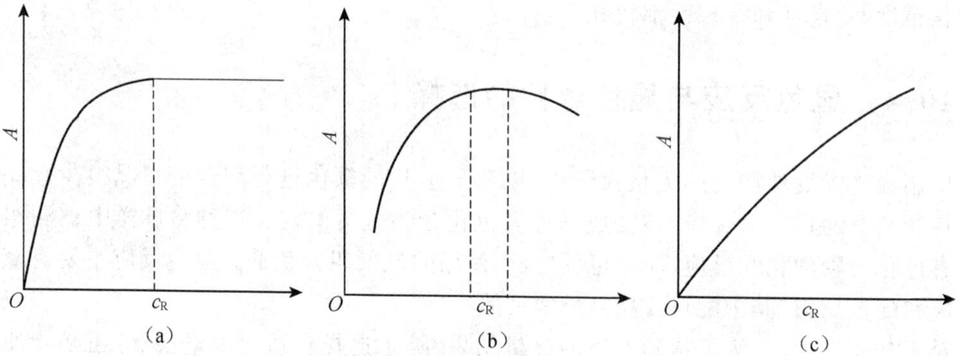

图 10-6　显色剂浓度与吸光度的关系图

情况(a)是最常见的，刚开始吸光度值随着显色剂浓度的增加而增大，但是当显色剂浓度增高到一定值后，吸光度不再增加，曲线上出现平坦区，这就意味着试剂浓度已经足够了，可在平坦区选择适宜的显色剂浓度。这类反应生成的显色物质比较稳定，对显色剂浓度控制要求不太严格。

情况(b)与情况(a)的不同之处在于平坦区比较狭窄，当显色剂浓度进一步增高时，吸光度反而下降，以硫氰酸盐光度法测定钼(Ⅴ)就是这种情况。这是由于显色剂浓度进一步升高时，生成了颜色较浅的更高配位的配合物。所以显色剂浓度过大，有时会发生副反应。对于该类型的显色反应，必须严格掌握显色剂用量。

$$Mo(SCN)_5\text{(橙红)} + SCN^- \rightleftharpoons Mo(SCN)_6^-\text{(浅红)}$$

情况(c)与前两种情况完全不一样，当显色剂浓度增大时，吸光度不断增大，始终没有平坦区出现。以硫氰酸盐光度测 Fe^{3+} 就是这种情况，当显色剂浓度增大时，逐级生成颜色不同的配合物 $Fe(SCN)^{2+}$，…，$Fe(SCN)_3$，$Fe(SCN)_4^-$，$Fe(SCN)_5^{2-}$ 等，溶液颜色逐渐由橙变成红色。在这种情况下，只有十分严格控制显色剂浓度（过量并固定）才能准确地进行测定。

2. 显色时间

各种显色反应的反应速率各不相同，因此反应完全所需时间不同。有些显色化合物在一定的时间内稳定；有的显色物质在放置后，会发生一些副反应，比如受到空气的氧化或发生光化学反应，会使颜色减弱。对此，可以通过实验，绘制吸光度-时间曲线，选择在吸光度较大且稳定的时间段内进行。

3. 显色温度

显色反应一般在室温下进行，但反应速度太慢或常温下不易进行的显色反应需要升温或降温。例如有些反应如果温度过高，会使显色物质分解。对此，可以通过实验绘制吸光度-温度曲线，选择在吸光度较大且稳定的温度区间进行反应。

4. 酸度

对于显色反应而言，溶液酸度是非常重要的条件。溶液酸度影响显色剂（大多是有机弱酸）的质子化及离解，影响金属离子的水解及其存在形式，影响配合物的组成，最终影响反应进行的完全程度。

反应的最适酸度范围通常不是由计算确定的，这是因为很多相关常数都没有准确的测定值。最适宜酸度可以由实验确定，也就是将溶液中金属离子的浓度与过量显色剂浓度都固定不变，调节溶液酸度，在 λ_{max} 处测定吸光度，以吸光度对溶液 pH 作图，可以确定最适酸度区间。

5. 溶剂

选择合适的溶剂（常为有机溶剂），可以提高反应的灵敏度及加快反应速度。与水混溶的有机溶剂的加入，会显著改变水溶液的性质。水溶液中加入有机溶剂会减小水的介电常数，从而降低配合物的离解度并提高显色反应的灵敏度。如以硫氰酸盐光度法测定钴。

$$Co^{2+} + 4SCN^- \rightleftharpoons [Co(SCN)_4]^{2-}$$

水溶液中配合物大部分离解，加入等体积丙酮后，溶液显示配合物的天蓝色。有时加入有机溶剂还可加快反应速度。

10.4.2 干扰物质的影响及消除

试样中干扰物质的存在会影响被测组分的测定。例如，干扰物质本身有颜色或与显色剂反应，在测量条件下也有吸收，就会造成正干扰。干扰物质与被测组分反应或与显色剂反应，使显色反应进行不完全，也会造成干扰。如果干扰物质在测量条件下从溶液中析出，使溶液变混浊，将无法准确测定溶液的吸光度。

干扰的消除可以加入掩蔽剂，比如测定 Ti^{4+}，可加入 H_3PO_4 掩蔽剂使 Fe^{3+}（黄色）成为 $Fe(PO_4)_2^{3-}$（无色），消除 Fe^{3+} 的干扰；又如用铬天青 S 光度法测定 Al^{3+} 时，加入抗坏血酸作掩蔽剂将 Fe^{3+} 还原为 Fe^{2+}，消除 Fe^{3+} 的干扰。

选择掩蔽剂应注意掩蔽剂不与待测组分反应；掩蔽剂本身及掩蔽剂与干扰组分的反应

产物不会干扰待测组分的测定。此外还可以选择适当的测量条件，如利用两者的最大吸收波长不同，选择适当波长进行测定；采用萃取或其他分离方法，预先分离干扰离子；选择合适的参比溶液等都可以在一定程度上消除干扰离子的影响。

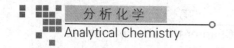

10.4.3 显色剂

1. 无机显色剂

许多无机试剂能与金属离子起显色反应，如与氨水与 Cu^{2+} 反应生成深蓝色的配离子，但多数无机显色剂的显色灵敏度和选择性都不高。其中性能较好、有实用价值的无机显色剂主要有硫氰酸盐（测定 Fe^{3+}、Mo(Ⅵ)、W(Ⅴ)、Nb^{5+} 等），钼酸铵（测定 P、Si、W 等）及过氧化氢（测定 V^{5+}、Ti^{4+} 等）等数种。

2. 有机显色剂

大多数有机显色剂常与金属离子生成稳定螯合物，有机显色剂中一般都含有生色团和助色团。有机化合物中的不饱和键基团能吸收波长大于 200 nm 的光。这种基团称为广义的生色团，例如偶氮基（—N=N—），醌基（）等。某些含有非键电子对的基团，它们与生色团上的不饱和键相互作用，可以影响有机化合物对光的吸收，使颜色加深，这些基团称为助色团，例如胺基（$—NH_2$）、羟基（—OH）以及卤代基（—X）等，它们能与生色团上的不饱和键相互作用，减小了分子的激发能，促使试剂对光的最大吸收向长波方向移动。

有机显色剂是一般分析工作中常用的显色剂，具有以下优点：颜色鲜明，一般摩尔吸光系数 $\varepsilon > 10^4\ L \cdot mol^{-1} \cdot cm^{-1}$，灵敏度高；稳定，离解常数小；选择性高，专属性强；可被有机溶剂萃取，广泛应用于萃取光度法。

有机显色剂种类很多，下面简单介绍几种。

(1)邻二氮菲　属于NN型螯合显色剂，是目前测定微量 Fe^{2+} 的较好显色剂。显色灵敏度高，$\varepsilon = 1.1 \times 10^4\ L \cdot mol^{-1} \cdot cm^{-1}$，$\lambda_{max} = 508$ nm 可直接测定 Fe^{2+}。反应是特效的，用还原剂（如盐酸羟氨）将 Fe^{3+} 还原为 Fe^{2+}，然后控制 pH=5～6 条件下，Fe^{2+} 与试剂作用，生成稳定的红色配合物。

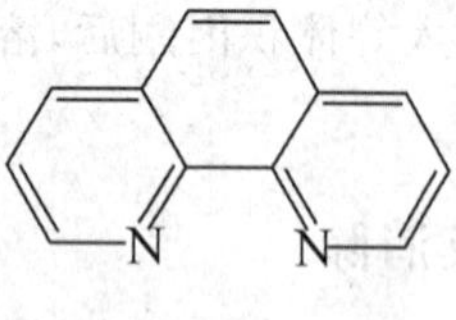

(2)二苯硫腙（双硫腙）　属于含硫显色剂，能用于测定 Cu^{2+}、Pb^{2+}、Zn^{2+}、Cd^{2+}、Hg^{2+} 等多种重金属离子。采用一致的酸度及加入掩蔽剂的办法，可以消除重金属离子之间的干扰，提高反应的选择性，反应灵敏度很高。如 Pb^{2+} 的双硫腙配合物 λ_{max} 为 520 nm，$\varepsilon = 6.6 \times 10^4\ L \cdot mol^{-1} \cdot cm^{-1}$。

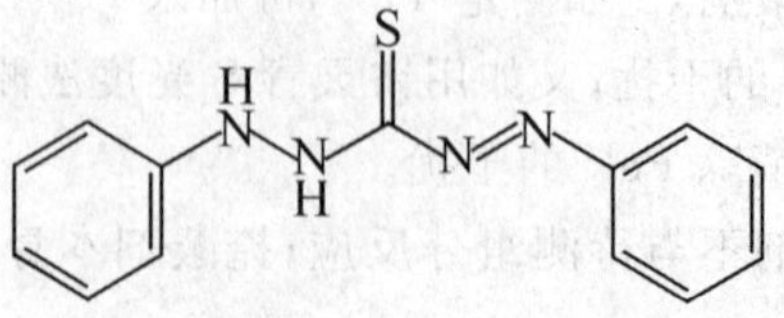

(3)偶氮胂Ⅲ(铀试剂Ⅲ) 属偶氮类螯合显色剂,可在强酸性溶液中与Th(Ⅳ)、Zr(Ⅳ)、U(Ⅳ)等生成稳定的有色配合物。也可以在弱酸性溶液中与稀土金属离子生成稳定的有色配合物。可用于测定稀土的总量。

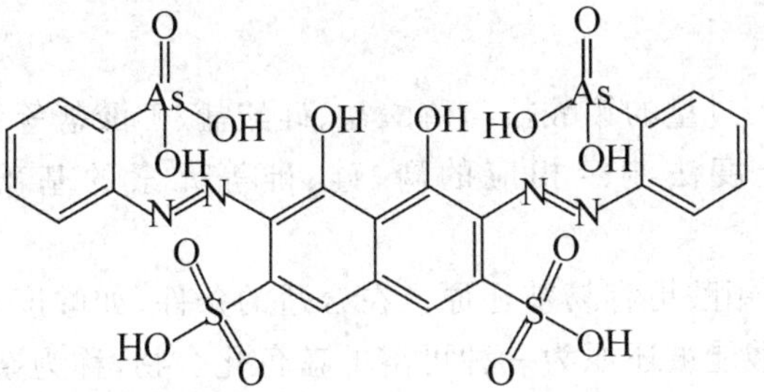

10.4.4 三元配合物在吸光光度分析中的应用

多元配合物是由3种或3种以上的组分形成的配合物。目前应用较多的是由一种金属离子与两种配位体所组成的配合物。一般称为"三元配合物"。三元配合物在分析化学中,尤其在吸光光度分析中应用相当普遍。多元配合物显色反应具有很高的灵敏度。

三元配合物主要类型有:三元混配配合物、三元离子缔合物、三元胶束(增溶)配合物。下面简要介绍其中的两种,即三元混配配合物、三元离子缔合物。

1. 三元混配配合物

由一种中心离子和两种(或3种)配位体形成的配合物称为三元混配配合物。混配配合物形成的条件首先是中心离子应能分别与这两种配位体单独发生配位反应,其次是中心离子与一种配位体形成的配合物必须是配位不饱和的,只有再与另一种配位体配位后,才能满足其配位数的要求。

混配配合物的特点是极为稳定,并且具有不同于单一配位体配合物的性质,不仅能提供具有分析价值的特殊灵敏度和选择性,并且常常能改善其可萃性和溶解度。例如,用H_2O_2测定V(Ⅴ),灵敏度太低($\varepsilon_{450\ nm}=2.7\times10^2\ L\cdot mol^{-1}\cdot cm^{-1}$),用PAR显色灵敏度虽较高($\varepsilon_{550\ nm}=3.6\times10^4\ L\cdot mol^{-1}\cdot cm^{-1}$),但选择性很差。如果在一定条件下使之形成V(Ⅴ)—H_2O_2—PAR三元配合物,不仅灵敏度较高($\varepsilon_{540\ nm}=1.4\times10^4\ L\cdot mol^{-1}\cdot cm^{-1}$),选择性亦较好。

2. 三元离子缔合物

离子缔合物型三元配合物与三元混配配合物的区别是一种配位体已满足中心离子配位数的要求,但彼此间的电性并未中和,因此,形成的是带有电荷的二元配离子,当带有相反电荷的第2种配位体离子参与反应时,便可通过电价键结合成离子缔合物型的三元配合物。这类配合物体系多属M-B-R型。M为金属离子,B为有机碱,如吡啶、喹啉、安替比林类、邻二氮菲及其衍生物、二苯胍和有机染料等阳离子,R为电负性配位体,如卤素离子X^-、SCN^-、SO_4^{2-}、ClO_4^-、HgI_4^{2-}、水杨酸、邻苯二酚等。

离子缔合物型三元配合物在金属离子的萃取分离和萃取光度法中占有重要地位。由于在光度测定之前需要经萃取法分离、富集，因此，提高了测定的灵敏度和选择性。例如，在硫酸溶液中，InI_4^-配阴离子可与孔雀绿阳离子(B^+)形成离子缔合物$B^+[InI_4]^-$，用苯萃取，测定吸光度，$\varepsilon=1.05\times10^5\ L\cdot mol^{-1}\cdot cm^{-1}$，用来测铟非常灵敏。

10.4.5 杂多蓝

溶液在酸性条件下，过量的钼酸盐与磷酸盐、硅酸盐、砷酸盐等含氧的阴离子作用生成杂多酸，可作为吸光光度法测定相应的磷、硅、砷等元素的基础。如$[PMo_{12}O_{40}]^{3-}$或$[P(Mo_3O_{10})_4]^{3-}$。

杂多钼酸比原来的钼酸更容易被还原。在合适的条件(如酸度)下，使用适当的还原剂(如抗坏血酸)，杂多钼酸能被还原为一种可溶的蓝色化合物，称为杂多蓝，而过量的钼酸不被还原。

但是如果还原剂过强或酸度过低，未化合的钼酸也会被还原成蓝色化合物，简称为钼蓝。因此，杂多蓝法应用时需要小心控制反应条件。

10.5 吸光度测量条件的选择

在吸光光度分析中，除了各种化学因素引起的误差之外，仪器测量的不准确度也是误差的主要来源。任何分光光度计都会有一定的测量误差，比如光源不稳定，实验条件的偶然变动，比色皿厚度不均匀等。因此，为使分光光度法有较高的灵敏度与准确度，除了选择适当的显色条件，还必须选择适当的测量条件。

10.5.1 入射光波长的选择

入射光波长应根据吸收曲线，选择溶液最大吸收波长为宜。因为最大吸收波长λ_{max}处ε最大，灵敏度较高，且在此波长附近的一个较小范围内，吸光度变化不大，不会造成对吸收定律的偏离，使得测定准确度较高。若λ_{max}不在仪器可测范围内，或干扰物质在此波长处有强烈吸收(图10-7)，那么入射波长应选择在ε随波长的改变变化不太大且吸光度较大的区域。如图10-7所示，测Ⅰ时应选500 nm，而不选420 nm。即选接近平台且吸光度较大区域对应的波长。

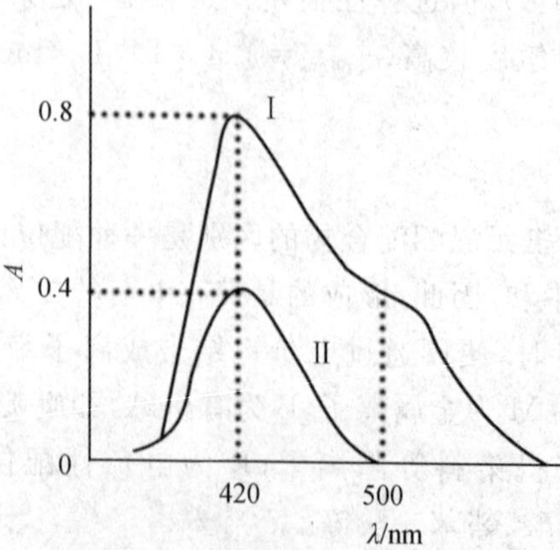

图10-7 吸收曲线及入射光波长的选择

10.5.2 参比溶液的选择

在光度分析中，参比溶液非常重要。这是因为，为了获得准确的吸光度值，我们还必须考虑以下干扰因素：

(1)吸收池壁及溶剂对入射光的反射。

(2)吸收池材料及试液中除被测物质(或被测物质与显色剂的反应产物)外的其他试剂(如溶剂、显色剂、缓冲剂等)对入射光的吸收。

为了消除上述干扰因素，必须采用合适的参比溶液来进行仪器校正。利用参比溶液校正时，应采用光学性质相同，厚度相同的比色皿装参比溶液，调节仪器使透过吸收池的吸光度为零，然后让光束通过样品池，测得试液的吸光度为

$$A=\lg\frac{I_0}{I}\approx\lg\frac{I_{参比}}{I_{试液}}$$

即实际上是以通过参比池的光强度作为样品池的入射光强度，这样得到的吸光度比较真实地反映了待测物质对光的吸收。参比溶液的选择原则是使试液的吸光度真正反映待测物的浓度，一般遵循以下原则。

(1)在测量波长处，只有被测定的化合物有吸收，显色剂、试剂等无吸收，也不与共存的其他组分显色时，用纯溶剂(如水)为参比，称为“溶剂空白”。

(2)显色剂或其他试剂对测量波长也有一些吸收，用“试剂空白”作参比，即采用不加试样的溶液。

(3)在测量波长处，显色剂无吸收，而被测试液基体中其他共存离子有吸收，且与显色剂不起反应，可用不加显色剂的被测试液作参比，称为“样品空白”。

(4)如果显色剂、试样基体都有颜色，可在试液中加掩蔽剂，将待测组分掩蔽后，再加显色剂，以此溶液作为参比溶液。

10.5.3 吸光度读数范围的选择

吸光度的测量值总存在误差，而且在不同吸光度范围内，读数对测定带来不同的误差，推证如下。

首先假设试液服从吸收定律。

$$-\lg T=\varepsilon bc \qquad 微分得到 \tag{10-10}$$

$$-\mathrm{d}\lg T=-0.434\,\mathrm{d}\ln T=-0.434\,\frac{\mathrm{d}T}{T}=\varepsilon b\mathrm{d}c \tag{10-11}$$

式(10-10)与式(10-11)相比

$$\frac{\mathrm{d}c}{c}=\frac{0.434}{T\lg T}\mathrm{d}T \tag{10-12}$$

即

$$E_r=\frac{\Delta c}{c}=0.434\,\frac{\Delta T}{T\lg T} \tag{10-13}$$

E_r 为浓度 c 的测量相对误差，ΔT 为透光率的绝对误差，对于普通的分光光度计，一般 $\Delta T=(\pm 0.2\%)\sim(\pm 2\%)$，对于同一台仪器，$\Delta T$ 为定值。因此，要使 E_r 最小，需 $T\lg T$ 最大。

对 $T\lg T$ 微分，其微分值为零时，$T\lg T$ 最大。

$$\frac{\mathrm{d}(T\ln T)}{\mathrm{d}T}=0$$

$$\text{得到 } T=0.368 \qquad A=0.434$$

也就是说，透光率为 36.8%时，测量相对误差最小。假设 $\Delta T=\pm 1\%$，根据式(10-13)可以计算不同 T 时相对误差的绝对值 $|E_r|$，然后以 $|E_r|$ 对 T 作图，如图 10-8 所示。从图 10-8 可知：当 $A=0.2\sim0.8$ 或 $T=15\%\sim65\%$，测量的相对误差较小。因此在测定时，一般应使 A 在 0.2～0.8 之内。测量的吸光度过低或过高，误差都是非常大的，因而普通分光光度法不适用于高含量或极低含量物质的测定。

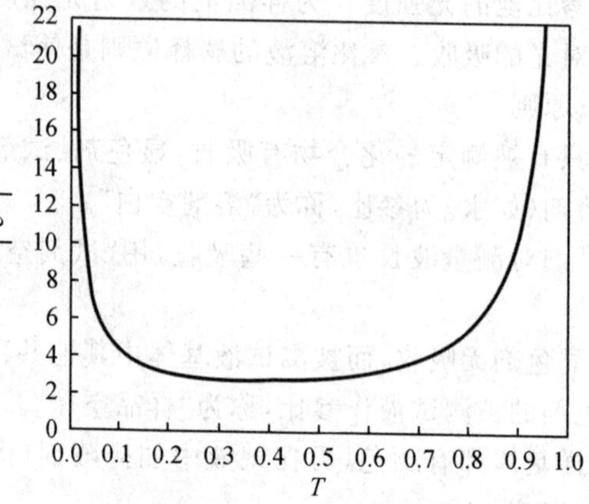

图 10-8 $\left|\frac{\Delta c}{c}\right|$-$T$ 关系图

在实际工作中，可参考仪器说明书，使测定在适宜的吸光度范围内进行，比如可以通过控制溶液浓度或比色皿厚度的办法达到。

10.6 吸光光度法的应用

10.6.1 单组分分析

1. 标准曲线法

分光光度法进行定量分析时，一般采用标准曲线法，通常是配制一系列已知准确浓度的标准溶液，在测量波长下以空白溶液作为参比，分别测定标准系列的吸光度，以吸光度对浓度作图，即吸光度-浓度曲线，得到标准曲线。再在相同的条件下，测得待测溶液的吸光度，然后从标准曲线上查得相应的浓度，并计算待测组分的含量。

例 10-3 称取钢样 1.000 g，溶解后将其中的锰氧化为 MnO_4^-，准确配制 100 mL 溶液，于 $\lambda=520$ nm，$b=1.0$ cm 时测得 $A=0.50$。已知 $\varepsilon=2.2\times10^3\ L\cdot mol^{-1}\cdot cm^{-1}$，计算钢样中 Mn 含量。已知摩尔质量 $M_{Mn}=54.94\ g\cdot mol^{-1}$。

解 根据朗伯-比耳定律

$$c_{Mn}=\frac{0.50}{2.2\times10^3\times1.0}=\frac{w_{Mn}\times1.000}{54.94\times100\times10^{-3}}$$

$$w_{Mn}=0.12\%$$

2. 示差分光光度法

示差分光光度法又称差示分光光度法，是在经典分光光度法的基础上派生出来的一种方法。它是利用接近样品试液浓度（稍低或稍高）的参比溶液来调节分光光度计的 0% 和 100% 透射比以进行光度测量的方法。

在一般光度测量中，吸光度值在 0.2～0.8 范围之内，读数误差较小，但有时由于待测组分含量过高或过低，尽管采取了其他措施，如改变试样称样量、改变稀释倍数等，仍不能满足上述要求，为提高分析的准确度和精密度，可以采用示差法。

示差法可分为高浓度示差光度法、低浓度示差光度法、使用两个参比溶液的精密示差法。它们的基本原理相同，且以高浓度示差吸光光度法应用最多，下面只讨论高浓度示差光度法。

高浓度示差光度法用稍低于待测液浓度的标准溶液作参比（即参比溶液浓度 c_0 小于待测液浓度 c_x），调吸光度 $A=0$，然后测量试液的吸光度，从而求得 c_x。

$$A_x=\varepsilon bc_x$$

$$A_0=\varepsilon bc_0$$

$$A_{相对}=\Delta A=A_x-A_0=\varepsilon b(c_x-c_0)=\varepsilon b\Delta c \tag{10-14}$$

式(10-14)表明在符合朗伯-比耳定律的范围内，示差法得到的相对吸光度与被测溶液和参比溶液的浓度差 Δc 成正比。测定一系列 Δc 已知的标准溶液的相对吸光度，绘制 A-Δc 标准曲线，再由待测试液的相对吸光度 A 从标准曲线上得到 Δc，然后求 c_x。

$$c_x=c_0+\Delta c \tag{10-15}$$

那么示差法为什么能提高测量结果的准确度呢，原因是提高了测量吸光度的准确度。设按一般分光光度法，用试剂空白作参比溶液，测得试液的透光率为 5%，根据前面的讨论，此时误差很大。采用示差法时，假设采用一般分光光度法测得的透光率 $T=10\%$ 的标准溶液做参比溶液，即使其透过率从标尺上的 $T_1=10\%$ 处调至 $T_2=100\%$，相当于把检流计上的标尺扩展了 10 倍（$T_2/T_1=10$），这样待测试液改用示差法后，透过率提高到 50%（图 10-9），没有采用示差法前，读数落在光度计标尺刻度很密、误差较大的区域，采用示差法后，读数落在测量误差较小的区域，从而提高了准确度。

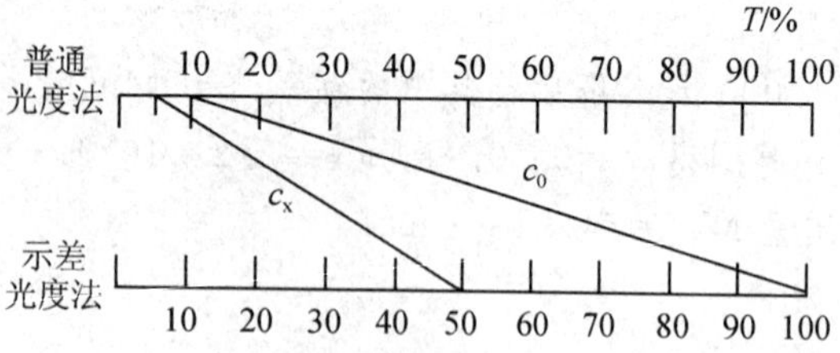

图 10-9　示差分光光度法标尺放大原理

示差法测定的 Δc 即使很小，如果测量误差为 dc，虽然 $dc/\Delta c$ 可能会较大，但最后测定结果的相对误差是 $dc/(c_0+\Delta c)$，而 c_0 相对 Δc 而言是一个很大的数，而且很准确，因此相对误差会大为降低，导致最后测定结果的准确度必然较高。

虽然高吸光度的参比溶液能降低测量误差，但是浓度越高，透过光线越弱，产生的光电流就越小，以至调节仪器的满标有困难。为此，要求仪器必须能增强入射光的强度，或能够增加光电流的放大倍数，以便在使用高吸光度参比溶液时，仍能调节仪器的满标度（$T=100\%$）。此外，要求盛试液和参比溶液的两个比色皿厚度和光学性能相同，即用这两个比色皿盛参比溶液相互测定时，测得的吸光度应一样。总之，对示差分光光度计灵敏度和稳定性的要求比一般的分光光度计高。

例 10-4　用硅钼蓝法测 SiO_2，以一含 SiO_2 0.016 $mg \cdot mL^{-1}$ 的标准溶液作参比，测定另一含有 0.100 $mg \cdot mL^{-1}$ SiO_2 的溶液，得 $T=14.4\%$，现有一未知浓度的 SiO_2 试液，在相同条件下，测得 $T=31.8\%$，求试液中 SiO_2 含量。

解　设试液中 SiO_2 的含量为 $x(mg \cdot mL^{-1})$

$$\Delta A_1 = ab(0.100-0.016) = -\lg T_1 = -\lg 14.4\%$$

$$\Delta A_2 = ab(x-0.016) = -\lg T_2 = -\lg 31.8\%$$

两式相除：

$$\frac{0.100-0.016}{x-0.016} = \frac{\lg 14.4\%}{\lg 31.8\%} = 1.691$$

$$x = 0.066\ (mg \cdot mL^{-1})$$

10.6.2　多组分的测定

对于多组分，如果各吸光物质之间没有相互作用，且服从比耳定律，这时体系的总吸光度等于各组分吸光度之和，即吸光度具有加和性。假设体系中存在两种吸光物质，那么可能出现以下情形。

(1)若各组分的吸收曲线互不重叠，则可在各自最大吸收波长处分别进行测定。这本质上与单组分测定没有区别，如图 10-10 所示。

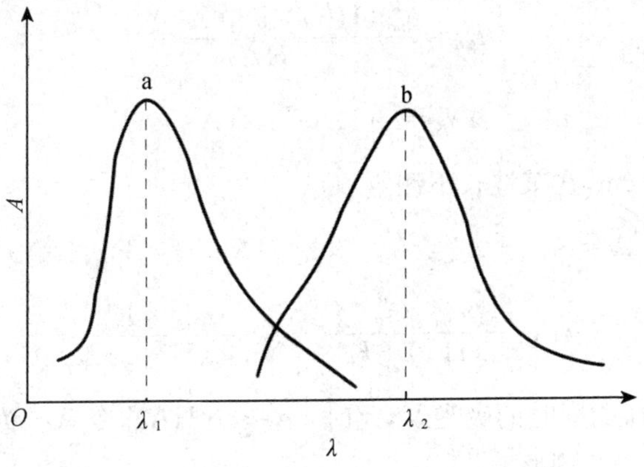

图 10-10 各组分的吸收曲线互不重叠

(2)若各组分的吸收曲线互有重叠,则可根据吸光度的加合性求解联立方程组得出各组分的含量,如图 10-11 所示。

$$A_{\lambda_1}=\varepsilon_{a\lambda_1}bc_a+\varepsilon_{b\lambda_1}bc_b$$
$$A_{\lambda_2}=\varepsilon_{a\lambda_2}bc_a+\varepsilon_{b\lambda_2}bc_b$$

$\varepsilon_{a\lambda_1}$、$\varepsilon_{b\lambda_1}$、$\varepsilon_{a\lambda_2}$以及$\varepsilon_{b\lambda_2}$分别由纯 A、纯 B 在 λ_1 和 λ_2 处测量各自吸光度后计算求出。通过解联立方程组,可以得到组分 a 和组分 b 的浓度。

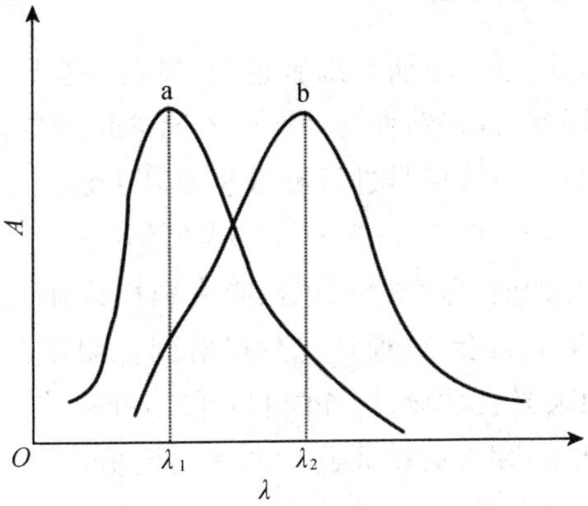

图 10-11 各组分的吸收曲线互有重叠

对于多组分分析,在应用时一般局限于 2 个或 3 个组分的体系。目前对于复杂多组分体系,可以采用化学计量学的方法进行解析。

10.6.3 酸碱离解常数的测定

分光光度法还可用于测定对光有吸收的酸(碱)的离解常数。它是研究酸碱指示剂及金属指示剂的重要方法之一。

设有一元弱酸 HA,浓度为 c_{HA}

$$HA \rightleftharpoons H^+ + A^-$$

$$K_a = \frac{c_{r,e}(H^+) \times c_{r,e}(A^-)}{c_{r,e}(HA)}$$

$$c_{HA} = c_e(HA) + c_e(A^-)$$

设液层厚度 $b=1$ cm，在某波长下测定

$$A = A_{HA} + A_{A^-} = \varepsilon_{HA} \times c_e(HA) + \varepsilon_{A^-} \times c_e(A^-)$$

$$= \varepsilon_{HA} \frac{c_{HA} \times c_{r,e}(H^+)}{c_{r,e}(H^+) + K_a} + \varepsilon_{A^-} \frac{c_{HA} \times K_a}{c_{r,e}(H^+) + K_a} \quad (10\text{-}16)$$

令 A_{HA} 为 HA 在高酸度时的吸光度，此时 $c_{HA} \approx c_e(HA)$，令 A_{A^-} 为 HA 在强碱性时的吸光度，此时 $c_{HA} \approx c_e(A^-)$。因此

$$A_{HA} = \varepsilon_{HA} c_{HA}, A_{A^-} = \varepsilon_{A^-} c_{HA}$$

代入上式整理得

$$pK_a = pH + \lg \frac{A - A_{A^-}}{A_{HA} - A} \quad (10\text{-}17)$$

利用实验数据，可由此公式用代数法计算 pK_a。其中 A 表示某一确定的 pH 时溶液的吸光度。

10.6.4 双波长吸光光度法

1951 年 B. Chance 及其同事为了研究细胞色素，摸索了双波长法，试制了第一台双波长分光光度计。双波长法不用参考溶液，而是使两个不同波长的单色光交替通过待测样品，然后对通过此样品的两个波长的吸收信号进行测量并加以比较。

对于双波长分光光度计(图 10-12)，其光源发出的辐射通过一特制的单色器，此单色器中设有两个可以单独调节的光栅，每个光栅色散半束辐射线而不遮断或截取另外半束。在离开单色器后此两半束光又重新会合，通过比色皿射到检测器上。在出射狭缝和比色皿间插入一机械切光器，以使两束光交替通过，并配有一同步开关装置以区别接通相应于各光束的电信号。然后通过放大单元和检测单元测量两者的比值，由显示器和记录仪直接显示和记录。

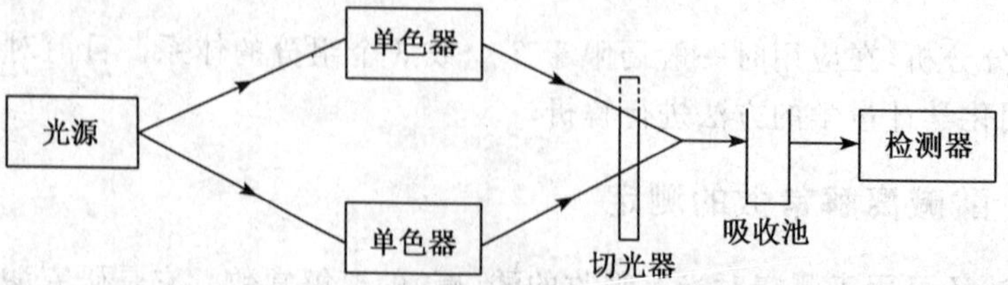

图 10-12　双波长分光光度计示意图，两束波长不同的单色光交替通过吸收池

双波长分光光度计得到的信号是两波长吸光度之差 $\Delta A = A_{\lambda_p} - A_{\lambda_s}$。式中 λ_p 为测量波长(又叫主波长，primary wavelength)，λ_s 为参比波长(又叫次波长，second wavelength)。

下面讨论一下双波长分光光度计的基本原理，设波长为 λ_p 和 λ_s 的两束单色光强度相等，则：

$$A_{\lambda_p}=\varepsilon_{\lambda_p}bc+A_p \tag{10-18}$$

$$A_{\lambda_s}=\varepsilon_{\lambda_s}bc+A_s \tag{10-19}$$

λ_s 作为参比波长。A_p、A_s 分别为待测溶液在主波长和次波长处的散射或背景吸收。当 λ_p、λ_s 相差不太大时，由同一待测溶液产生的光散射吸光度和背景吸光度大致相等，即 $A_p=A_s$。将式(10-18)减去式(10-19)得：

$$\Delta A=A_{\lambda_p}-A_{\lambda_s}=(\varepsilon_{\lambda_p}-\varepsilon_{\lambda_s})bc \tag{10-20}$$

因此 $\Delta A\infty c$，具有正相关性，因只用一个吸收池，不用参比液，故消除了背景吸收、光散射及两个吸收池不匹配引起的测量误差，提高了测量的选择性和准确度。

双波长分光光度法的常见应用如下：

1. 多组分混合物的测定

以两组分 x 和 y 的双波长法测定为例，需要解决的关键问题是测量波长 λ_p 和参比波长 λ_s 的选择与组合。设 x 为待测组分，y 为干扰组分，二者的吸光度差分别为 ΔA_x 和 ΔA_y，则该体系的总吸光度差 ΔA_{x+y} 为：$\Delta A_{x+y}=\Delta A_x+\Delta A_y$。选择波长 λ_p、λ_s 时，$\Delta\lambda$ 要尽量小，以提高测量准确度。

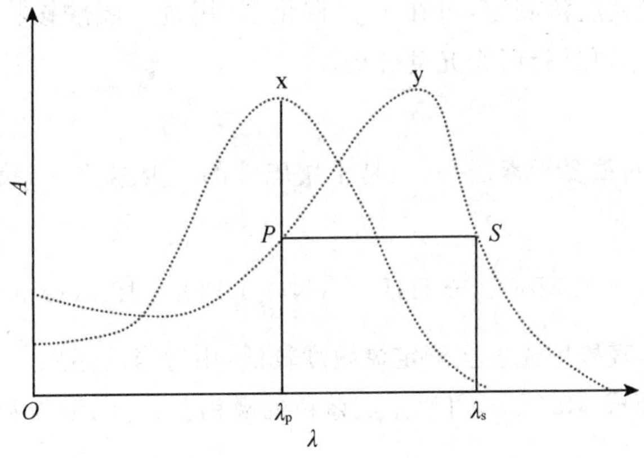

图 10-13 双波长分光光度法，x 为待测组分，y 为干扰组分

为了消除干扰组分的吸收，一般用等吸收点法。该方法需满足下列条件：在所选的 λ_p、λ_s 处：

①待测组分的 ΔA 应足够大。

②干扰组分有相同的吸收(在 λ_p、λ_s 处)

即 $$\Delta A_y=A_{\lambda_p}^y-A_{\lambda_s}^y=0$$

故 $$\Delta A_{x+y}=\Delta A_x=(\varepsilon_{\lambda_p}^x-\varepsilon_{\lambda_s}^x)bc_x$$

此时测得的吸光度差 ΔA 只与待测组分 x 的浓度呈线性关系，而与干扰组分 y 无关。

若 x 为干扰组分，则也可用同样的方法测定 y 组分。如图 10-13，λ_P 选在 P 点对应波长处，λ_S 选在 S 点对应波长处，此处干扰组分有相同的吸收。P、S 两点可以通过作图得到。

2. 浑浊试液中组分的测定

对于混浊试液，一般的分光光度法无能为力，主要是找不到合适的已知浊度的参比溶液。如果选取的两个波长相近，可以认为来自混浊试液的背景散射相近，这样可以使背景吸收被抵消掉。这就使双波长分光光度法很适合混浊样品，如生物医学样品的分析。

但是，研究表明光散射的程度随波长的减小而迅速增大，所以在紫外区间测定混浊液时，误差可能相当大。在可见光区，两个测量波长的差值也最好控制在 40～60 nm 或以下。

10.7　吸光光度法的应用示例

吸光光度法具有灵敏度高、重现性好和操作简便等优点，应用十分广泛，下面举例说明。

1. 痕量金属分析

几乎所有的金属离子都能与特定的化学试剂形成有色化合物，从而可以利用吸光光度法对金属离子进行测定。对于不同的待测离子，可以针对性地选择适当的显色剂，控制显色条件，确定测定波长和恰当的测定条件，然后利用标准曲线法，即可对金属离子进行定量测定。

例如，测定铝合金中微量锰时，首先通过溶样将试样中锰转化为 Mn^{2+}，因为 Mn^{2+} 颜色太浅，无法直接用吸光光度法测定，可在 Ag^+ 催化下，用过二硫酸铵将 Mn^{2+} 氧化为紫红色 MnO_4^-（$\lambda_{max}=525$ nm），再进行吸光光度分析。

2. 磷的测定

磷是构成生物体的重要元素之一，也是土壤肥效的三要素之一，磷的测定常用光度法，该法基于如下反应：

$$H_3PO_4+3NH_4^++12MoO_4^{2-}+21H^+=(NH_4)_3PO_4\cdot 12MoO_3\cdot 6H_2O+6H_2O$$

反应产物为黄色，直接用光度法测定灵敏度较低，用适当的还原剂（如抗坏血酸）将该杂多酸中的 Mo(Ⅵ)还原成 Mo(Ⅴ)，可以生成蓝色的磷钼蓝，它的最大吸收波长在 660 nm 左右，适合光度法分析。

□ 本章小结

(1)物质分子选择性地吸收一定波长的电磁辐射，由价电子跃迁产生紫外-可见光谱。

(2)朗伯-比耳定律是本章的理论基础：$A=\varepsilon bc=-\lg T$，A 为吸光度，T 为透光率，ε 为摩尔吸光系数。

(3)分光光度计的基本部件包括光源、单色器、吸收池、检测器、显示记录系统。

(4)选择显色体系时应注意其灵敏度、选择性是否符合需要。显色条件的选择包括酸度、温度、pH、显色时间、显色剂浓度等因素的控制。

(5)对于光度测量条件的选择，无干扰时，选择 λ_{max} 处；有干扰时，遵循吸收最大，干扰最小的原则。要注意选择合适的参比溶液以及适宜的吸光度范围。当 $T=36.8\%$，或 $A=0.434$ 时，浓度测量相对误差最小。

(6)高浓度示差法对高浓度样品能提高测量结果的准确度，该方法采用比试样浓度稍低的标准溶液作为参比溶液。

(7)双波长光度法只用一个吸收池，不用参比溶液，可以消除背景吸收、光散射及两个吸收池不匹配引起的测量误差。适用于多组分、混浊试样的分析。

□ 思考题

10-1 解释下列名词：

(1)光吸收曲线；(2)互补色光；(3)标准曲线；(4)摩尔吸光系数。

10-2 符合朗伯-比耳定律的某一吸光物质溶液，其最大吸收波长和吸光度随吸光物质浓度的增加其变化情况如何？

10-3 电磁波能量为 6.5 eV 的紫外线波长是多少纳米？

10-4 什么是物质对光的选择性吸收？

10-5 在吸光光度分析中，影响显色反应的因素有哪些？

10-6 酸度对显色反应的影响主要表现在哪些方面？

10-7 在吸光光度分析中，选择入射光波长的原则是什么？

10-8 测量吸光度时，应如何选择参比溶液？

10-9 计算并绘出吸光度和百分透光率的关系标尺。

10-10 有一瓶看不到明显颜色的溶液，能否判断是否存在紫外-可见吸收光谱，如何判断？

10-11 与普通分光光度法相比，示差分光光度法和双波长光度法各有什么特点？

10-12 什么是吸光度可加性原理？如何用它来进行混合物的测定？

□ 习题

10-1 计算与电磁波频率 $1.50\times10^{15}\sim7.50\times10^{14}\sim3.95\times10^{14}$ Hz 相应的波长，确定其所属光谱区。

(200～400～759 nm)

10-2 为测定含铁试样，吸取铁标准溶液[$\rho(Fe)=5.00\times10^{-4}\ g\cdot mL^{-1}$]10.00 mL。稀释至 100.00 mL。从中移取 5.00 mL 进行显色并定容为 50 mL，测其吸光度(A)为 0.230。称取含铁试样 1.50 g，溶解，稀释并定容为 250 mL，取 5.00 mL 进行显色，并定容为 50 mL，同条件下测得其吸光度(A)为 0.200。试求试样中铁的质量百分数。

(Fe%=0.72)

10-3 用双硫腙分光光度法测 Pb^{2+}，已知 Pb^{2+} 的质量浓度为 0.080 mg/50 mL，用 2 cm 比色皿于 520 nm 处测得 $T=53.0\%$，计算吸光系数和摩尔吸光系数。[$M(\text{Pb})=207.2$]

($\alpha=86.2\ \text{L}\cdot\text{g}^{-1}\cdot\text{cm}^{-1}$，$\varepsilon=1.8\times10^{4}\ \text{L}\cdot\text{mol}^{-1}\cdot\text{cm}^{-1}$)

10-4 强心药托巴丁胺($M=270$)在 260 nm 波长处有最大吸收，$\varepsilon=703\ \text{L}\cdot\text{mol}^{-1}\cdot\text{cm}^{-1}$。取一片该药溶于水并稀释至 2.00 L，静置后取上层清液用 1.00 cm 吸收池于 260 nm 波长处测得吸光度为 0.687，计算药片中含托巴丁胺多少克？

(0.528 g)

10-5 有一单色光通过厚度为 1 cm 的有色溶液，其强度减弱 20%。若通过 5 cm 厚度的相同溶液，其强度减弱百分之几？

(67.3%)

10-6 尿中磷可用钼酸铵处理，再与氨基萘酚磺酸形成钼蓝，$\lambda_{max}=690$ nm。一病人 24 h 排尿 1 270 mL，尿的 pH=6.5。取 1.00 mL 尿样，用上法显色后稀释至 50.00 mL，另取一系列磷标准溶液同样处理，在 690 nm 波长处以试剂空白为参比测得吸光度如下：

溶液 $\rho(\text{P})/(1.0\times10^{-8}\ \text{g}\cdot\text{mL}^{-1})$	2.00	4.00	6.00	8.00	尿样
A	0.205	0.410	0.615	0.820	0.625

计算该病人每天排出的磷有多少克？

(3.87×10^{-3} g)

10-7 称取含镍试样 0.400 g，采用萃取分光光度法测定镍含量。样品溶解后定容至 100 mL，移取 10.00 mL 显色并定容至 25.00 mL。用等体积正丁醇萃取，假定萃取率为 95%，有机相在 470 nm 处用 1 cm 比色皿测得吸光度为 0.250，计算样品中镍的质量百分数。[$\varepsilon=1.3\times10^{4}\ \text{L}\cdot\text{mol}^{-1}\cdot\text{cm}^{-1}$，$M(\text{Ni})=58.69$]

(Ni%=0.74)

10-8 某一有色溶液的浓度为 c，对某一波长的入射光吸收了 25%。

(1)计算在同一条件下该溶液浓度为 $4c$ 时的透光率(T)和吸光度(A)；

(2)已知测定时仪器透光率读数误差 $\Delta T=\pm0.01$，计算浓度为 $4c$ 时，因读数误差引起的测定结果的相对误差是多少？

((1)$T=32\%$　$A=0.49$；(2)$\Delta c/c=2.7\%$)

10-9 称取 0.800 g 土壤样品测定钴和镍的含量。样品溶解后定容至 50 mL。移取此溶液 10.00 mL，加入掩蔽剂和显色剂，定容至 50 mL。用 1 cm 比色皿测得此溶液在 510 nm 处吸光度为 0.250 nm，650 nm 处吸光度为 0.420。另取含 Ni^{2+} 1.00 $\text{mg}\cdot\text{mL}^{-1}$ 标准溶液 2.00 mL，含 Co^{2+} 1.00 $\text{mg}\cdot\text{mL}^{-1}$ 标准溶液 5.00 mL，同样方法显色并定容至 50 mL，同样条件下测得显色溶液的吸光度如下表，计算土壤样品中钴和镍的质量百分数。

溶液	c(mg/50 mL)	A_1(510 nm)	A_2(650 nm)
Ni^{2+}	2.00	0.080	0.560
Co^{2+}	5.00	0.400	0.140
样品		0.250	0.420

(Ni%=0.78;Co%=1.56)

10-10 某样品含铁约 0.05%,用邻菲罗啉法测定,已知 ε 为 1.1×10^4 $L\cdot mol^{-1}\cdot cm^{-1}$。今欲配制 100 mL 试样溶液,取其 1/10 显色后稀释至 50 mL,用 2 cm 比色皿测定其吸光度。为使浓度测定相对误差最小,铁样应称取多少克?

(1.1 g)

10-11 用普通分光光度法测定 1.00×10^{-3} $mol\cdot L^{-1}$ 锌标液和锌试样,吸光度分别为 0.700 和 1.00,二者透光率相差多少?若用示差分光光度法,以 1.00×10^{-3} $mol\cdot L^{-1}$ 的锌标液作参比,此时二者的透光率相差多少?示差法的透光率之差比普通法大多少倍?

(普通法 $\Delta T=10\%$;示差法吸光度 $\Delta T'=50\%$;5 倍)

10-12 B 化合物溶液的浓度是 1×10^{-3} $mol\cdot L^{-1}$,以蒸馏水作空白试验时测得的吸光度为 0.699,B 化合物的未知溶液在同样条件下的吸光度为 1.00。今以 1×10^{-3} $mol\cdot L^{-1}$ B 化合物的溶液作为参比($A=0.000$),则未知浓度的 B 化合物的吸光度是多少?

(A=0.301)

10-13 某试液用 2 cm 比色皿测量时,$T=60\%$,若改用 1 或 3 cm 比色皿,$T\%$及 A 分别等于多少?

(77%,0.11;46%,0.33)

10-14 某有色络合物的 0.001 0%水溶液在 510 nm 处,用 2 cm 比色皿测得透光率为 42.0%。已知其摩尔吸光系数为 2.5×10^3 $L\cdot mol^{-1}\cdot cm^{-1}$。试求此有色络合物的摩尔质量。

(131.5 $g\cdot mol^{-1}$)

10-15 某酸碱指示剂的酸式(HIn)在 610 nm 处有最大吸收,在 450 nm 处稍有吸收。其碱式(In)在 450 nm 处有最大吸收,在 610 nm 处稍有吸收。今配制该指示剂 1.2×10^{-3} $mol\cdot L^{-1}$ 的溶液,分别在 pH 1.00 和 9.00 的缓冲溶液中,用 1 cm 比色皿测量吸光度如下:

pH	1.00	9.00
A_{610}	1.46	0.051
A_{450}	0.070	0.760

现有该指示剂的稀溶液,将其 pH 调至 5.00,在相同条件下测得 $A_{610}=0.700$,$A_{450}=0.311$,求该指示剂的理论变色点 pH。

(5.06)

10-16 为测定含 A 与 B 两种有色物质试液中 A 与 B 的浓度,先以纯 A 物质作校正曲线，求得 A 在 λ_1 和 λ_2 时 $\varepsilon_{A(\lambda_1)}=4\ 800$ 和 $\varepsilon_{A(\lambda_2)}=700$，再以纯 B 物质作校正曲线，求得 $\varepsilon_{B(\lambda_1)}=800$ 和 $\varepsilon_{B(\lambda_2)}=4\ 200$；对试液进行测定，得 $A_{\lambda_1}=0.580$ 与 $A_{\lambda_2}=1.10$。求试液中 A 与 B 的浓度，在上述测定时均用 1 cm 比色皿。

（7.94×10^{-5} mol·L^{-1}，2.48×10^{-4} mol·L^{-1}）

二维码 10-1　第 10 章要点

二维码 10-2　课堂自测题

二维码 10-3　课堂自测题参考答案

二维码 10-4　紫外可见分光光度计的发展历史及仪器结构简介

Chapter 11 第11章

原子吸收光谱法

Atomic Absorption Spectrometry

【教学目标】

- 了解影响原子吸收谱线轮廓的因素。
- 理解火焰原子化法和石墨炉原子化法的基本过程。
- 了解原子吸收光谱仪的主要部件及其类型。
- 了解原子吸收光谱法的干扰及其抑制方法。
- 掌握原子吸收光谱法的定量分析方法及实验条件的选择原则。

11.1 概述

原子吸收光谱法(atomic absorption spectrometry,AAS)也称为原子吸收分光光度法(atomic absorption spectrophotometry,AAS),是根据物质的基态原子蒸气对特征辐射的吸收来进行元素定量分析的方法。原子吸收光谱的研究起源于对太阳光的观测,1802 年 W. H. Wollaston 发现太阳光谱中存在许多暗线。15 年后,J. Fraunhofer 对太阳光谱中的暗线进行了标定,被称为 Fraunhofer 暗线。1859 年和 1860 年,物理学家 G. Kirchhoff 和化学家 R. Bunsen 解释了 Fraunhofer 暗线是由于大气层中的蒸气组分吸收了太阳辐射的某些波长的电磁波所造成的。1955 年,澳大利亚的 A. Walsh 和荷兰的 J. T. J. Alkemade 等分别发表了原子吸收光谱分析的论文,开创了火焰原子吸收光谱法。1959 年俄罗斯光谱学家 L'vov 开创了石墨炉电热原子吸收光谱法。经过 20 世纪 70 年代的发展,火焰原子吸收光谱法已日臻完善。20 世纪 90 年代以后,石墨炉原子吸收光谱法也进入成熟时期。特别是随着计算机技术的引入和整个科学技术的发展,原子吸收光谱仪器的发展非常迅速,现已成为一种测定微量或痕量元素灵敏而可靠的分析方法。

原子吸收光谱法有如下特点:

(1)检出限低　对于火焰原子化法,雾化器的雾化效率一般是 10%～15%,分析原子受到火焰气体的稀释,燃烧气体不断流动,使分析原子在吸收区的平均停留时间很短,约 10^{-4} s,火焰原子吸收光谱法的检出限为 $ng \cdot mL^{-1}$ 级。在石墨炉原子化器内,样品几乎全部原子化，分析原子的平均停留时间达到秒级，比火焰中的平均停留时间长 3 个数量级以上，石墨炉原子吸收光谱法的检出限可达 $10^{-14}\sim10^{-13}$ g。这是石墨炉原子化法比火焰原子化法检出限低、灵敏度高的主要原因。

微量进样技术的引入，使火焰原子吸收的需样量降至 20～30 μL，石墨炉原子吸收分析的需样量仅为 5～100 μL，固体直接进样石墨炉原子吸收仅需 0.05～30 mg。这对于样品来源困难的分析是极为有利的。

(2)选择性好　原子吸收光谱是元素的固有特征。由于原子吸收光谱仅发生在主线系，谱线很窄，谱线重叠概率较发射光谱要小得多，所以光谱干扰较小，选择性强，而且光谱干扰容易克服。在大多数情况下，共存元素不对原子吸收光谱分析产生干扰。

(3)精密度高　原子吸收光谱的强度取决于自由基态原子数 N_0，N_0 受温度变化的影响很小，原子吸收系数 K_ν 随温度 $T^{1/2}$ 的变化而变化，这是原子吸收光谱法的精密度优于原子发射光谱法的一个重要原因。火焰原子吸收光谱法测定的相对标准偏差一般可达到 1%，甚至可以达到 0.3%或更好。在石墨炉电热原子化过程中，原子浓度分布受制于石墨管内的时间、空间温度分布特性，使分析信号具有瞬态特性，波动较大，如果采用积分测量方式，仍可以获得较高的精密度。

(4)抗干扰能力强　原子吸收线数目少，一般不存在共存元素的光谱重叠干扰。在仪器自动控制日益改善的条件下，可以最大限度地保持火焰的稳定性。采用多步灰化程序、合理设定灰化温度和灰化时间，选择性蒸发样品中某些组分，可以将基体干扰减至最低限度。

(5)应用范围广　直接原子吸收光谱法可分析元素周期表中绝大多数的金属和准金属元素，间接原子吸收光谱法可用于非金属元素、有机化合物的成分分析，采用联用技术可以进行元素的形态分析。目前，AAS 能够直接测定 70 多种元素，已经成为应用广泛的金属-单元素分析技术。

(6)原子吸收光谱的局限性　原子吸收光谱法的工作曲线线性范围较窄，通常小于 2 个数量级；通常每测一种元素需要更换一种元素灯，使用不便；对难熔元素，如 W、Nb、Ta、稀土等，非金属元素及多种元素同时测量，尚有一定的困难。

11.2　原子吸收光谱法的定量依据

原子中的电子处于不同的轨道，各个轨道具有恒定的能量，电子所处的能量状态(能级)不同，使原子所处的能级不同。当原子中电子都处于最低能级时，原子处于最低的能量状态(最稳定态)，称为基态($E_0=0$)。当原子吸收外界能量，其最外层电子可能跃迁到较高的不同能级上，原子的这种状态称为激发态。而能量最低的激发态则称为第一激发态。正常情况下，原子处于基态，核外电子在各自能量最低的轨道上运动。如果将一定的外界能量提供给基态原子，如光能，当光能量 E 恰好等于基态原子中基态和某一较高能级之间的能级差 ΔE 时，原子将吸收这一特征波长的光，外层电子由基态跃迁到相应的激发态，产生原子吸收光谱。电子跃迁到较高能级后处于激发态，而激发态电子是不稳定的，大约经过 10^{-8} s 后，激发态电子将返回基态或其他较低的能级，并将电子跃迁时所吸收的能量以光的形式释放出来，产生原子发射光谱。

11.2.1 热激发时基态原子和激发态原子的分布

在通常的原子吸收测定条件下，样品在高温下挥发并解离成原子蒸气-原子化过程，其中有一部分基态原子进一步被激发成激发态原子。根据热力学原理，在一定温度下达到热力学平衡时，激发态原子数 N_j 与基态原子数 N_0 之比遵循 Boltzmann 分布定律：

$$\frac{N_j}{N_0}=\frac{g_j}{g_0}e^{-\frac{\Delta E_j}{kT}}$$

式中：g_j、g_0 分别为激发态和基态原子的统计权重（表示能级的简并度，即相同能量能级的状态的数目）；ΔE_j 为激发态与基态的能量差（激发能）；k 为玻耳兹曼常数（1.83×10^{-23} J·K^{-1}）；T 为热力学温度。

在原子光谱中，一定波长谱线的 g_j/g_0 和 ΔE_j 都已知，由上式可知，温度越高，N_j/N_0 值越大，即激发态原子数随温度升高而增加，且按指数关系变化；在相同的温度条件下，激发能越小，吸收线波长越长，N_j/N_0 值越大。尽管如此，在原子吸收光谱中，原子化温度一般小于 3 000 K，大多数元素的最强共振线都低于 600 nm，N_j/N_0 值绝大部分在 10^{-3} 以下，激发态原子数和基态原子数之比小于千分之一，即基态原子数 N_0 比 N_j 大得多，占总原子数 N 的 99.9%以上，通常情况下激发态原子可忽略不计，则 $N_0\approx N$。

11.2.2 共振线和吸收线

为实现原子吸收光谱分析，必须把分析物转变为基态原子蒸气，这一过程叫做原子化。基态原子吸收来自光源的共振辐射后，外层电子由基态跃迁至激发态而产生原子吸收线。如果吸收的辐射能使基态原子跃迁到能量最低的第一激发态时，产生的吸收线称为共振吸收线，简称共振线。由于基态与第一激发态之间的能级差最小，电子跃迁概率最大，故共振吸收线最易产生，称为第一共振线或主共振线。各种元素的原子结构和外层电子排布不同，不同元素的原子从基态激发至第一激发态时，吸收的能量不同，因而各种元素的共振线不同而各有其特征性，所以这种共振线是元素的特征谱线。对大多数元素来说，共振线是元素所有吸收线中最灵敏的，在原子吸收光谱分析中，常用元素最灵敏的第一共振线作为分析线。

11.2.3 谱线轮廓与谱线变宽

原子吸收光谱线并不是严格几何意义上的线，而是占据着相当窄的频率或波长范围，即有一定的宽度（图 11-1），用中心波长和半宽度来表征。

影响原子吸收谱线轮廓宽度的因素有：

1. 自然宽度

在无外界条件影响时，谱线的固有宽度称为自然宽度，它是由原子处于激发态的寿命来决定，平均寿命越长，谱线宽度越窄。

根据量子力学的 Heisenberg 测不准原理，能级的能量有不确定量 ΔE，可由下式估算：

$$\Delta E=\frac{h}{2\pi\tau} \tag{11-1}$$

式中：τ 为激发态原子的寿命，当 τ 为有限值时，则能级能量的不确定量 ΔE 为有限值，此能级不是一条直线，而是一个“带”。τ 越小，谱线越宽。

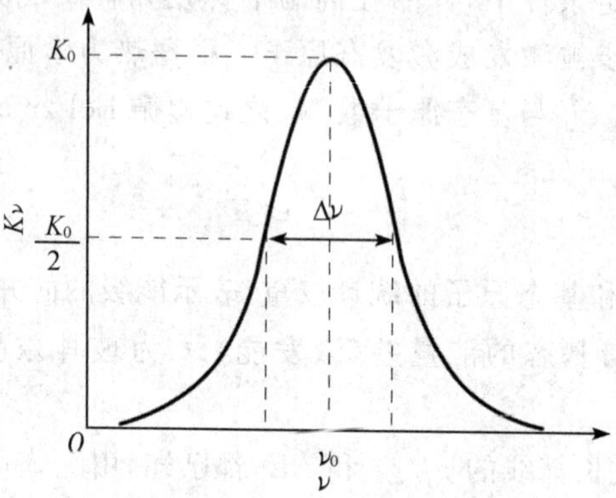

图 11-1　原子吸收线的轮廓

ν_0 为吸收线的中心频率，$\Delta\nu$ 为半宽度，K_ν 称为吸收系数，K_0 为峰值吸收系数。

2. 多普勒(Doppler)变宽

一个运动原子发射的光，如果运动方向离开观察者，在观察者看来，其发射频率较静止原子发射频率低；反之，如果向观察者运动时，则其发射光的频率较静止原子发射光的频率高，这一现象称为 Doppler 效应。

由于辐射原子处于无规则的热运动状态，这一不规则的热运动与观测器两者间形成相对位移运动，从而发生多普勒效应，使谱线变宽。多普勒变宽是由于原子在空间作相对热运动产生的，所以又称为热变宽。热变宽对吸收线和发射线都存在。当处于热力学平衡时，Doppler 变宽可用下式表示：

$$\Delta\nu_D = \frac{2\nu_0}{c}\sqrt{\frac{2RT\ln 2}{A}} = 7.16\times10^{-7}\nu_0\sqrt{\frac{T}{A}} \qquad (11\text{-}2)$$

式中：$\Delta\nu_D$ 为多普勒半宽度；ν_0 为中心频率；c 为光速；R 为气体常数；T 为吸收介质的热力学温度；A 为发光或吸光原子相对原子质量。对多数谱线，$\Delta\nu_D$ 为 $10^{-4}\sim10^{-3}$ nm，$\Delta\nu_D$ 比自然变宽大 1～2 个数量级，是谱线变宽的主要原因。

3. 碰撞变宽

碰撞变宽是由同种辐射原子间或辐射原子与其他粒子间相互碰撞而产生的。根据与之碰撞的粒子不同，可分为两类：前者引起的变宽称为赫尔兹马克(Holtzmark)变宽，或称为共振变宽；后者引起的变宽称为洛伦兹(Lorentz)变宽，以 $\Delta\nu_L$ 表示。

$$\Delta\nu_L = 2N_A\sigma^2 p\sqrt{\frac{2}{\pi RT}\left(\frac{1}{A}+\frac{1}{M}\right)} \qquad (11\text{-}3)$$

式中：p 为气体压力；A 为发光或吸光原子相对原子质量；M 为气体相对分子量；N_A 为阿伏伽德罗常数；σ^2 为原子和分子间碰撞的有效截面积。洛伦兹宽度与多普勒宽度有相近的数量级，为 $10^{-4}\sim10^{-3}$ nm。碰撞变宽都与气体压力有关，压力升高，粒子间相互碰撞越频繁，碰撞变宽越严重,因此碰撞变宽又称为压力变宽。

除上述因素外,影响谱线变宽的还有其他一些因素,例如场致变宽、自吸效应等。但在通常的原子吸收分析实验条件下,吸收线的轮廓主要受多普勒变宽和洛伦兹变宽的影响。在分析测试工作中,谱线的变宽往往会导致原子吸收分析的灵敏度下降。

11.2.4 原子吸收的测量

在原子吸收分析中常将原子蒸气所吸收的全部能量称为积分吸收,即吸收曲线下的总面积。积分吸收与单位体积原子蒸气中吸收辐射的原子数成正比,这是原子吸收分析方法的一个重要理论基础。若能测得积分吸收值,则可求得待测元素的浓度。但要测量出半宽度 $\Delta\nu$ 只有 0.001～0.005 nm 的原子吸收线轮廓的积分值(吸收值),所需单色器的分辨率高达 50 万的光谱仪,这实际上是很难达到的;同时若采用连续光源时,把半宽度如此窄的原子吸收轮廓叠加在半宽度很宽的光源发射线上,实际被吸收的能量相对于发射线的总能量来说极其微小,在这种条件下要准确记录信噪比十分困难。

1955 年,澳大利亚物理学家 A. Walsh 提出以锐线光源为激发光源,用测量峰值吸收系数(K_0)代替吸收系数积分值的方法,成功地解决了这一吸收测量的难题(图 11-2)。

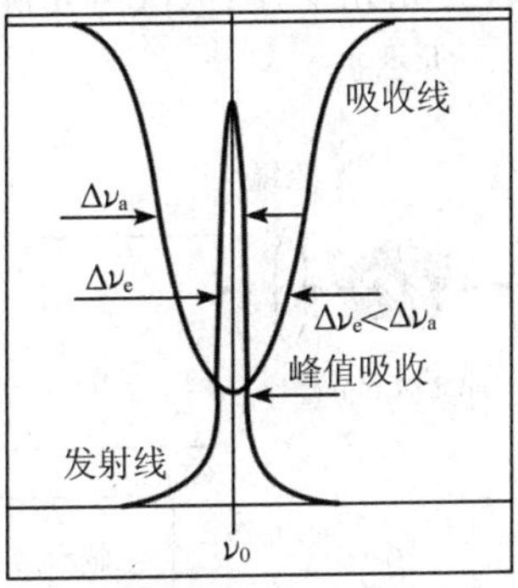

图 11-2 峰值吸收($\Delta\nu_e$ 为发射线半峰宽,$\Delta\nu_a$ 为吸收线半峰宽)

锐线光源是指发射线的半宽度比吸收线的半宽度窄得多的光源,且二者的中心频率或波长一致。用锐线光源进行峰值吸收测量时,遵守 Lamber-Beer 定律:

$$A=\lg\frac{I_o}{I_v}=0.434K_0 l$$

式中:A 是吸光度,I_o、I_v 分别是入射光和透射光的强度,l 为吸收层的厚度,K_0 为峰值吸收系数,与谱线宽度有关。

若仅考虑多普勒宽度 $\Delta\nu_D$:

$$K_0=\frac{2}{\Delta\nu_D}\sqrt{\frac{\ln 2}{\pi}}\cdot\frac{\pi e^2}{mc}\cdot N_0 f$$

式中:e 为电子电荷,m 为一个电子的质量,c 为光速,f 为振子强度(无量纲因子)。

峰值吸收系数 K_0与单位体积原子蒸气中待测元素的基态原子数 N_0成正比:

$$A=\left(0.434\times\frac{2\sqrt{\pi\ln 2}}{\Delta\nu_D}\cdot\frac{e^2}{mc}\cdot fl\right)N_0$$

在一定条件下，上式中括号内的参数为定值，则

$$A=K'\cdot N_0 \tag{11-4}$$

此式表明：在一定条件下，当使用锐线光源时，吸光度 A 与单位体积原子蒸气中待测元素的基态原子数 N_0 成正比。

在原子吸收光谱中，单位体积内被测元素的基态原子数 N_0 近似等于总原子数 N，而总原子数 N 与被测元素的浓度 c 成正比，综合式(11-4)得：

$$A=K\cdot c \tag{11-5}$$

此式说明：在一定实验条件下，通过测定基态原子(N_0)的吸光度(A)，就可求得试样中待测元素的浓度(c)，此为原子吸收光谱法的定量依据。

11.3 原子吸收光谱仪

原子吸收光谱仪又称原子吸收分光光度计，依次由光源、原子化系统、分光系统、检测系统等 4 个主要部分组成。如图 11-3 所示。

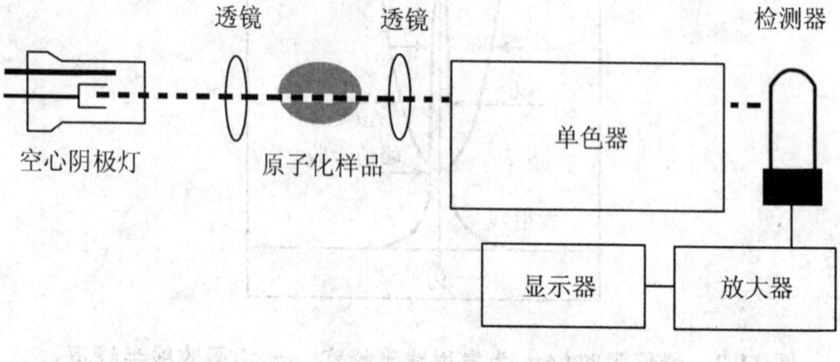

图 11-3 原子吸收光谱仪结构示意图

由光源发射的待测元素的锐线光束，通过原子化系统，被原子化系统中的基态原子吸收，再射入单色器中进行分光后，被检测器接收，即可测得其吸收信号。

11.3.1 光源

原子吸收光谱仪对辐射光源的基本要求是：辐射谱线宽度要窄，有利于提高分析的灵敏度和改善校正曲线的线性关系；辐射强度大、背景小，并且在光谱通带内无其他干扰谱线，提高信噪比，改善仪器的检出限；辐射强度稳定，以保证测定具有足够的精度；结构牢固，操作方便，经久耐用。空心阴极灯(hollow cathodelame，HCL)是能满足上述各项要求的理想锐线光源，应用最广。

(1)空心阴极灯　它的结构如图 11-4 所示。灯管由硬质玻璃制成，一端有由石英或玻璃做成的光学窗口。两根钨棒封入管内，一根连有钛、锆、钽等有吸气性能金属制成的阳极；

另一根上镶有一个圆筒形的空心阴极，在空心阴极圆筒内衬上或熔入被测元素。管内充有几百帕低压的惰性气体氖或氩。

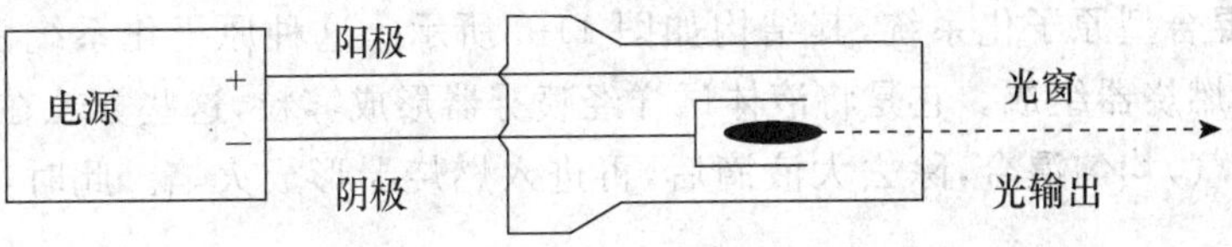

图 11-4 空心阴极灯结构示意图

在阴、阳两极间施加适当的直流电压(通常是 300～500 V)，两极间气体中自然存在的、极少数的阳离子向阴极运动，并轰击阴极表面，使阴极表面的电子获得外加能量而逸出。逸出的电子在电场作用下加速向阳极运动，在运动中与所遇到的惰性气体原子碰撞使之电离产生电子和阳离子，这些阳离子在电场作用下猛烈轰击阴极内壁，使阴极表面的金属原子溅射出来。溅射出的金属原子再与电子、惰性气体原子及离子发生碰撞而被激发，激发态原子的寿命很短(10^{-9}～10^{-8} s)，当它回到基态时，发射出阴极元素的特征谱线，且为锐线。

由于空心阴极灯的工作电流一般在几毫安至几十毫安，阴极温度不高，所以 Doppler 变宽效应不明显，自吸现象小。灯内的气体压力很低，Lorentz 变宽也可忽略。因此，在正常工作条件下，空心阴极灯发射出宽度很窄的特征谱线。由于原子吸收分析中每测一种元素需更换一个灯，很不方便，亦可制成多元素空心阴极灯，但发射强度低于单元素灯，且如果金属组合不当，易产生光谱干扰，使用尚不普遍。

(2)高强度空心阴极灯　高强度空心阴极灯特点是在普通空心阴极灯中，加上一对辅助电极，使阳极与阴极之间形成正辉区，这样来不及被碰撞激发的原子会在正辉区内激发，产生二次放电，不仅减少了自吸，还大大提高金属元素的共振线强度(对其他谱线的强度增加不大)。但高强度空心阴极灯为了发射稳定而需要更长时间的预热；阴极材料溅射量较大，灯的寿命也会相应缩短；由于结构复杂，价格也比较高。所以现在这种灯一般用于一些研究项目或者原子荧光光谱法。

(3)无极放电灯　无极放电灯主要由射频线圈与石英管组成，由高频电场的能量使石英管内填充的惰性气体产生放电现象，并将封闭在管内的惰性气体原子激发。随着放电的进行，石英管温度升高，管内的金属卤化物蒸发并离解。元素原子与被激发的气体原子发生碰撞从而发射出辐射光谱。它比高强度空心阴极灯的亮度高，自吸小，寿命长，特别适用于在短波区内有共振线的易挥发元素的测定。像砷、硒、镉、锡等易挥发、低熔点的元素，往往易溅射但难激发，结果不仅谱线强度低，使用寿命也短，这些元素的空心阴极灯的光谱特性不令人满意。无极放电灯恰好针对这些元素显示出优良的性能，强度大、光谱纯度高、谱线窄。这种灯操作简单，预热时间短，并且有很好的稳定性。但是难挥发的金属不便于制造无极放电灯，能与石英管反应的碱金属也不适于制造无极放电灯。

11.3.2 原子化系统

原子化系统的作用是使试样干燥、蒸发、原子化，是直接决定仪器灵敏度的关键因素。要求必须具有足够高的原子化效率；具有良好的稳定性和重现性；操作简单及低的干扰水平等。原子化的方式有火焰原子化法、非火焰原子化法和低温原子化法三种方法。

1. 火焰原子化系统

常用的预混合型原子化系统，其结构如图 11-5 所示。这种原子化系统由喷雾器、雾化室、供气系统和燃烧器组成。它是将液体试样经喷雾器形成雾粒，这些雾粒在雾化室中与气体（燃气与助燃气）均匀混合，除去大液滴后，再进入燃烧器形成火焰。此时，试液在火焰中产生原子蒸气。

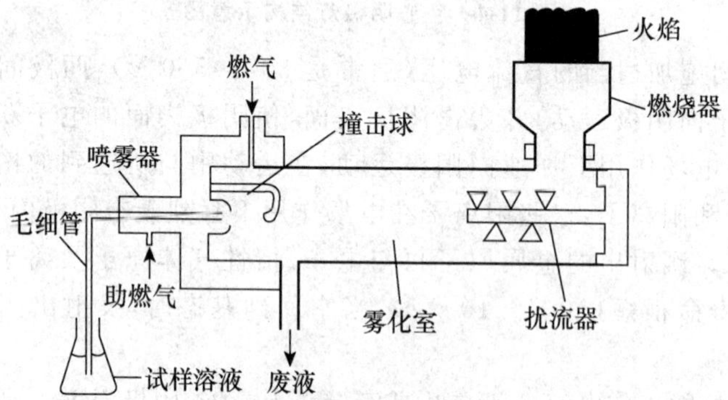

图 11-5　预混合型火焰原子化系统示意图

喷雾器的作用是将试液雾化，使之形成直径为微米级的气溶胶。雾粒越细、越多，在火焰中生成的基态自由原子就越多。喷雾器喷出的雾滴碰撞到撞击球上，可产生进一步细化作用。生成的雾滴粒度和试液的吸入率，影响测定的精密度和化学干扰的大小。

雾化室的作用是使较大的气溶胶在室内凝聚为大的液珠沿室壁流入泄液管排走，使进入火焰的气溶胶在混合室内充分混合均匀，以减少它们进入火焰时对火焰的扰动，并让气溶胶在室内部分蒸发脱溶剂。雾化室的结构见图 11-5。其中的扰流器可使雾粒变细，同时阻挡大的雾滴进入火焰。一般的喷雾装置的雾化效率为 10%～15%。

燃烧器的作用是产生火焰，使进入火焰的气溶胶蒸发和原子化。试液的细雾滴进入燃烧器，在火焰中经过干燥、蒸发和离解等过程产生大量的基态自由原子及少量的激发态原子、离子和分子。通常，要求燃烧器的原子化程度高、火焰稳定、吸收光程长、噪声小等。

燃烧器有单缝和三缝两种。燃烧器的缝长和缝宽应根据所用燃料确定。目前，单缝燃烧器应用最广。单缝燃烧器产生的火焰较窄，部分光束在火焰周围通过而未被吸收，从而使测量灵敏度降低。采用三缝燃烧器，由于缝宽较大，产生的原子蒸气能将光源发出的光束完全包围，外侧缝隙还可以起到屏蔽火焰作用，并避免来自大气的污染物。因此，三缝燃烧器比单缝燃烧器稳定。燃烧器多为不锈钢制造，其高度能上下调节，便于选取适宜的火焰部位测量。为了改变吸收光程，扩大测量浓度范围，燃烧器可旋转一定角度，改变吸收光程。燃烧器喷口一般做成狭缝式，这种形状既可获得原子蒸气较长的吸收光程，又可防止回火。

火焰是由燃气（还原剂）和助燃气（氧化剂）在一起发生激烈的化学反应（燃烧）而形成。按照燃气与助燃气的不同比例，可将火焰分为 3 类。

化学计量火焰：燃气与助燃气的比例与它们之间化学反应计量关系相近。具有温度高、干扰小、背景低及稳定等特点，适用于许多元素的测定。

富燃火焰：燃气与助燃气比例大于化学计量关系。火焰燃烧不完全、温度低、火焰呈黄色，背景高、干扰较多、不如中性火焰稳定。火焰有强还原性，即火焰中含有大量的 CH、C、CO、CN、NH 等成分，适合于 Al、Ba、Cr 等易形成难离解氧化物元素的测定。

贫燃火焰：燃气与助燃气比例小于化学计量关系。火焰的氧化性较强，温度较低，有利于测定易解离、易电离的元素，如碱金属等，一些高熔点和惰性金属，如 Ag、Au、Pd、Pt、Rb 等，燃烧不稳定，测定的重现性较差。

原子吸收所用的火焰只要其温度能使待测元素离解成游离的基态原子即可。若超过所需温度，则激发态原子增加，电离度加大，基态原子减小，不利于原子吸收；但温度过低，则盐类不能离解，降低灵敏度，并且还会发生分子吸收，增大干扰。选择火焰时，还应考虑火焰本身对光的吸收。

原子吸收测定中最常用的火焰是空气-乙炔火焰，其燃烧稳定，重现性好，噪声低，燃烧速度不是很大，温度足够高（约 2 300℃），它能用于测定 30 多种元素，但在短波紫外区有较强吸收。此外，应用较多的是氢气-空气火焰和一氧化二氮-乙炔火焰。其中，一氧化二氮-乙炔火焰比空气-乙炔火焰温度高，适用于难原子化元素的测定，使火焰原子吸收光谱法可测定的元素增加到 70 多种。表 11-1 列出了几种常用火焰的燃烧特性。

表 11-1 几种常用的火焰的燃烧特性

燃气	助燃气	理论温度/℃	实验温度/℃	燃烧速度/($cm \cdot s^{-1}$)
乙炔	空气	2 573	2 300	160
乙炔	氧气	3 333	3 060	1 130
乙炔	一氧化二氮	3 228	2 955	180
氢气	空气	2 318	2 050	320
氢气	氧气	2 973	2 700	900
丙烷	空气	2 198	1 935	82

2. 非火焰原子化系统

非火焰原子化系统是利用电热、阴极溅射、高频感应或激光等方法使试样中待测元素原子化，应用最广泛的是石墨炉原子化系统，其结构示意图见图 11-6。石墨炉原子吸收光谱法(GF-AAS)试样用量少；原子化效率几乎达到 100%；基态原子在吸收区停留时间长，约为 10^{-1} s。绝对灵敏度高，但精密度较差，不如火焰原子化法，操作也比较复杂。石墨炉原子化法的过程是将试样注入石墨管中间位置，用大电流通过石墨管以产生高达 2 000～3 000℃的高温使试样经过干燥、蒸发和原子化。

(1)石墨炉原子化系统结构　石墨炉原子化系统由电源、石墨管、炉体(保护气系统)3 部分组成。

电源是一种低压(8～12 V)、大电流(300～600 A)、稳定的交流电源。石墨管温度取决于流过的电流强度。石墨管在使用过程中，石墨管本身的电阻和接触电阻会发生改变，从而导致石墨管温度的变化。因此电路结构应有“稳流”装置。

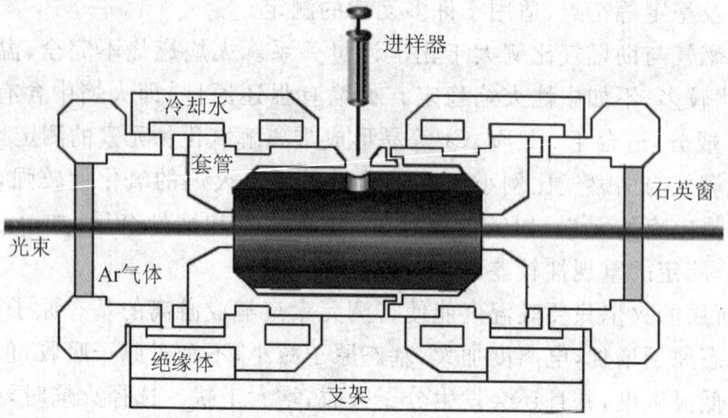

图 11-6 石墨炉原子化系统示意图

石墨管:有两种形状,一种是沟纹型,用于有机溶剂,取样量可达 50 μL,但最高温度较低,不适于测定钒、钼等高沸点元素;另一种是广泛使用的标准型,长约 28 mm,内径 8 mm,管中央有一小孔,用以加入试样。热解石墨涂层的石墨管具有使用寿命长和使难熔元素的分析灵敏度提高等优点,这种石墨管通常使用含 10%甲烷与 90%氩气的混合气体。

炉体:炉体具有水冷却套管,内部可通入惰性气体,两端装有石英窗,中间有进样孔,其结构见图 11-6。石墨炉中的水冷却装置,用于保护炉体。当电源切断后,炉子能很快地冷却至室温。惰性气体(氩或氮气)的作用,在于防止石墨管在高温中被氧化,防止或减少被测元素形成氧化物,并排除在分析过程中形成的烟气。

(2)石墨炉原子化系统操作程序　石墨炉原子化系统的操作分为干燥、灰化、原子化和净化 4 步,由微机控制实行程序升温。

干燥:干燥阶段是一个低温加热的过程,蒸发样品的溶剂或含水组分,以避免溶剂存在时导致灰化和原子化过程飞溅。干燥温度应根据溶剂沸点和含水情况来决定,一般干燥温度稍高于溶剂的沸点,如水溶液选择在 100～125℃。如果分析含有多种溶剂的复杂样品,采用斜坡升温更为有利。干燥的时间视进样量的不同而有所不同,一般每微升试液需 1.5～2 s,同时与石墨炉结构有关。

灰化:蒸发共存有机物和低沸点无机物,降低原子化阶段的基体及背景吸收的干扰,并保证待测元素没有损失。灰化温度与时间的选择应考虑两个方面,一方面使用足够高的灰化温度和足够长的时间以有利于灰化完全和降低背景吸收;另一方面使用尽可能低的灰化温度和尽可能短的灰化时间以保证待测元素不损失。

原子化:原子化是使试样解离为中性原子。原子化的温度随被测元素的不同而异,原子化时间也不尽相同,原子化温度一般为 1 800～3 200℃,时间为 5～8 s。在实际工作中通过绘制吸收-原子化温度关系曲线,选择最佳原子化温度;通过绘制吸收-原子化时间关系曲线,选择最佳原子化时间。在原子化过程,应停止载气通过,以延长基态原子在石墨炉中的停留时间,提高分析方法的灵敏度。

除残:也称净化,它是在一个样品测定结束后,把温度提高,并保持一段时间,以除去石墨管中的残留物,净化石墨管,减少因样品残留所产生的记忆效应。除残温度一般高于原子化温度10%左右，即在2 500～3 200℃，除残时间通过实验而定。

3.低温原子化法

低温原子化法又叫化学原子化法，是利用化学反应，使待测元素转变成易挥发的金属氢化物或低沸点纯金属，从而可在室温至数百摄氏度下进行原子化的方法。常用的有汞低温原子化和氢化物原子化法。低温原子化技术本身就是一个分离富集过程，灵敏度比火焰法高1～3个数量级，且选择性好，干扰少。

(1)汞低温原子化法又叫冷原子化法，只限于汞的测定。其原理是在常温下用$SnCl_2$等还原剂将酸性试液中的无机汞化合物直接还原为气态的汞原子，由载气(Ar或N_2)将汞蒸气送入吸收池内测定，是测量痕量汞的较好方法。

(2)氢化物原子化法适用于Ge、Sn、Pb、As、Sb、Bi、Se等元素。在常温酸性介质中，用锌粒、$NaBH_4$等强还原剂将被测元素还原成极易挥发与分解的氢化物，经载气送入石英管后，进行低温原子化与测定。氢化物原子化法的待测元素还原效率高(接近100%)，试液中的基体不被还原，对测定的影响小。

11.3.3 分光系统

原子吸收光谱仪分光系统的作用和组成元件与紫外-可见分光光度计分光系统的基本相同，只是紫外-可见分光光度计的分光系统设置在光源发射光被吸收之前(即置于吸收池前)；而原子吸收光谱仪的分光系统设置在光源辐射光被原子吸收之后(即置于吸收火焰之后)。原子吸收光谱仪的分光系统可分为外光路和单色器两部分。

外光路也称照明系统，由锐线光源和两个透镜组成。使锐线光源辐射的共振发射线能准确地通过或聚焦于原子化区，并把透过光聚焦于单色器的入射狭缝。

单色器也称为内光路，由入射和出射狭缝、反射镜和色散元件组成，其性能由色散率、分辨率和集光本领决定。色散元件一般常用光栅。单色器可将被测元素的共振吸收线与邻近谱线分开。

11.3.4 检测系统

检测系统主要由检测器、放大器、读数和记录系统等组成。在原子吸收光谱仪中，通常采用光电倍增管为检测器。为了提高测量灵敏度，消除被测元素火焰发射的干扰，需要使用交流放大器。电信号经放大后，即可用读数装置显示出来。在非火焰原子吸收法中，由于测量信号具有峰形，宜用峰高法和积分法进行测量，通常使用记录仪来记录测量信号。

光电倍增管：将单色器分出的光信号进行光电转换。灵敏度高，随工作电压的增加而增加，输入电压的微小变化，都能引起光电流的巨大变化。

放大器：将光电倍增管输出的电信号放大。由光源发出的光经原子蒸气、单色器后已经很弱，尽管光电倍增管已经放大了接收信号，但它发出的信号仍然不够强，须进一步放大。

读出装置：对放大器输出的信号进行对数变换，以得到与溶液浓度成正比的测量信号，读得吸光度值。

11.3.5 仪器类型

原子吸收光谱仪的型号繁多。按光束分为单光束与双光束型;按调制方法分为直流和交流型;按波道分为单道、双道和多道型。

1. 单光束原子吸收光谱仪

只有一个光束。由空心阴极灯发出待测元素的特征谱线,经过待测元素的原子蒸气吸收后,未被吸收部分辐射进入单色器,经过分光后,再照射到检测器,光信号经转换、放大,最后在读数装置上显示出来,示意图见图 11-7。单光束型仪器结构比较简单、价廉,共振线在外光路损失少,灵敏度较高,能满足日常分析需要。但易受光源强度变化的影响而导致基线漂移,使用前要预热光源,并在测量时经常校正零点。

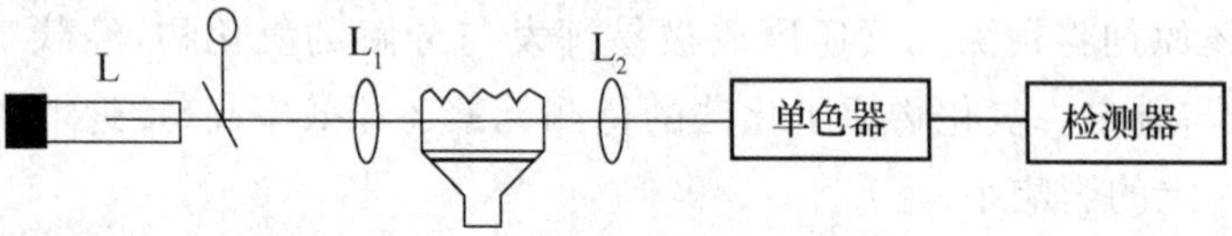

图 11-7 单光束原子吸收光谱仪示意图

2. 双光束原子吸收光谱仪

光源发射的共振线,被切光器分成两束光,一束通过试样被吸收,另一束作为参比,两束光在半透反射镜处,交替地进入单色器和检测器,示意图见图 11-8。由于两光束由同一光源发出,并且所用检测器相同,可以消除光源强度变化和检测器不稳定的影响,但不能消除火焰不稳定的影响。双光束型仪器的稳定性和检测限均优于单光束型。

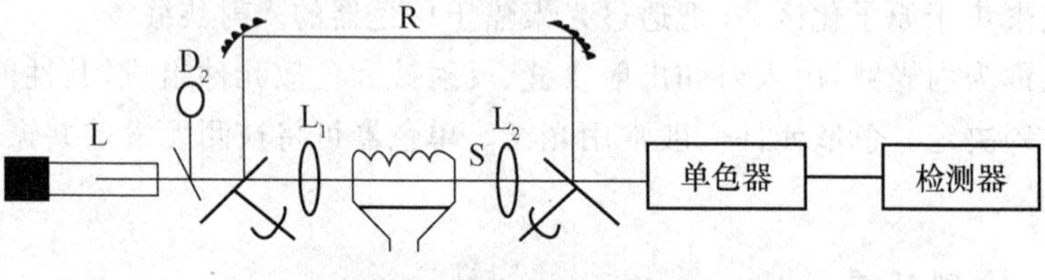

图 11-8 双光束原子吸收光谱仪示意图

3. 双波道或多波道原子吸收光谱仪

使用两种或多种空心阴极灯,使光辐射同时通过原子蒸气而被吸收,然后再分别引到不同的分光和检测系统,测定各元素的吸光度。仪器准确度高,可采用内标法,并可同时测定两种以上元素。但装置复杂,价格昂贵。

11.4 灵敏度、检出限和测定条件的选择

11.4.1 灵敏度(*S*)

灵敏度包括相对灵敏度和绝对灵敏度。在火焰原子吸收法中,用相对灵敏度比较方便,指产生 1%净吸收,即吸光度值 A 为 0.004 4(99%T)时所需被测元素的浓度,以 μg/(mL·

1%)表示：

$$S=\frac{0.0044\times c}{A} \tag{11-6}$$

在石墨炉原子吸收法中，灵敏度取决于石墨炉原子化器中试样的加入量，常用绝对灵敏度来表示。绝对灵敏度指产生 1% 净吸收时所需元素的质量，以 μg/1%表示：

$$S=\frac{0.0044\times c\times V}{A} \tag{11-7}$$

测定时，被测溶液的最适宜浓度应选在灵敏度的 15～100 倍的范围内。

11.4.2 检出限(detection limit, D.L.)

检出限(检测下限)意味着仪器所能检出的最低(极限)浓度。按 IUPAC 1975 年规定，元素的检出限定义为能够给出 3 倍于标准偏差的吸光度时所对应的待测元素的浓度或质量：

$$\text{D. L.}=\frac{c\times 3s}{\bar{A}}\ (\mu g\cdot mL^{-1}) \tag{11-8}$$

式 11-8 中：c 为试液浓度($\mu g\cdot mL^{-1}$)；$\bar{A}$ 为吸光度平均值；s 为空白溶液吸光度的标准偏差，对空白溶液，至少连续测定 10 次，从所得吸光度值来求标准偏差。

检出限取决于仪器稳定性，并随样品基体的类型和溶剂的种类不同而变化，信号的波动来源于光源、火焰及检测器噪声。两种不同元素可能有相同的灵敏度，但由于每种元素光源噪声、火焰噪声及检测器噪声等不同，检出限就可能不一样。因此，待测元素的存在量只有高出检出限，才有可能将有效信号与噪声信号分开，“未检出”就是待测元素的量低于检出限。

“灵敏度”和“检出限”是衡量分析方法和仪器性能的重要指标，“检出限”考虑了噪声的影响，其意义比灵敏度更明确。同一元素在不同仪器上有时“灵敏度”相同，但由于两台仪器的噪声水平不同，检出限可能相差一个数量级以上。因此，降低噪声，如将仪器预热及选择合适的空心阴极灯的工作电流、光电倍增管的工作电压等，有利于改善“检出限”。

11.4.3 测定条件的选择

在原子吸收光谱法中，测定条件是否得当，影响到测定的灵敏度、准确度和干扰情况。因此，适当地选择并严格控制测量条件是非常重要的。

1. 分析线的选择

为获得较高的灵敏度、稳定性、宽的线性范围和无干扰测定，须选择合适的吸收线。最适宜的分析线，可由实验确定。首先扫描记录空心阴极灯的发射光谱，然后喷入试液，察看这些谱线的吸收情况，选择不受干扰且吸收值适度的谱线作为分析线。

通常选择元素的共振线作分析线，可使测定具有较高的灵敏度。但当有其他组分干扰或待测组分含量较高时，可以选择元素的次灵敏线作为分析线。

最适宜的分析线，既可根据具体情况确定，也可查阅有关文献。

2.空心阴极灯电流

空心阴极灯的发射特性取决于工作电流。灯电流过小，发射强度不够，且稳定性差；灯电流过大，谱线轮廓变宽，灵敏度降低，且灯的寿命缩短。灯电流的选择原则是在保证有稳定放电和足够光强的前提下，选用尽量低的工作电流。

在商品空心阴极灯的标签上一般都标有允许的最大电流值和建议使用的工作电流值。在实际工作中，可根据实验确定最适宜的灯电流，其方法是：在不同的灯电流下测量一个标准溶液的吸光度，通过绘制灯电流和吸光度的关系曲线确定。通常是选用灵敏度较高，稳定性较好的灯电流。

在使用空心阴极灯时，要在工作电流条件下通电预热 20～30 min，发射强度才能稳定。

3.火焰种类及其条件的选择

火焰种类的选择，取决于待测元素的性质。对于易生成难离解化合物的元素，应选择温度高的种类，如空气-乙炔、氧化亚氮-乙炔火焰等。对于易电离的元素，应选用温度较低的火焰，如空气-煤气、空气-丙烷火焰等。火焰类型选定后，通过实验确定燃气和助燃气的流量比(燃助比)。

4.燃烧器高度

燃烧器高度又称吸收高度，是指光源谱线距燃烧器口的距离。在火焰中进行原子化的过程，是一个极为复杂的过程，它受许多因素的影响。在火焰的不同部位(高度)，基态原子的密度不同。对于不同元素，自由原子浓度随火焰高度的分布是不同的。在测定时必须仔细调节燃烧器的高度，使测量光束从自由原子浓度最大的火焰区通过，以期得到最佳的灵敏度。燃烧器高度的选择应根据具体情况用实验方法确定。

5.狭缝宽度

狭缝宽度的选择首先应考虑单色器的分辨能力。选择原则是：使邻近谱线能分开(有足够的分辨率)的前提下，选用宽的狭缝。合适的狭缝宽度由实验确定：喷入试液，改变狭缝宽度，分别测其吸收值，选择不引起吸收值明显下降的最大狭缝宽度作为实验的最佳狭缝宽度。

6.单色器光谱通带的选择

光谱通带的宽窄直接影响测定的灵敏度与标准曲线的线性范围。

$$W = D \cdot S \tag{11-9}$$

式中：W 为光谱通带(Å，$1\text{Å}=10^{-10}\text{m}$)；$D$ 为倒线色散率($\text{Å}\cdot\text{mm}^{-1}$)；$S$ 为狭缝宽度(mm)。它可理解为“仪器出射狭缝所能通过的谱线宽度”。两相邻干扰线间距离小时，光谱通带要小；反之，光谱通带可增大。由于不同元素谱线复杂程度不同，选用的光谱通带亦各不相同，如碱金属、碱土金属谱线简单、背景干扰小可选较大的光谱通带，而过渡元素、稀土元素谱线复杂，则应采用较小的光谱通带。一般在原子吸收光谱法中，光谱通带为 0.2 nm 已可满足要求，故采用中等色散率的单色器。当单色器的色散率一定时，则应选择合适的狭缝宽度来达到谱线既不干扰，吸收又处于最大值的最佳工作条件。

11.5　定量分析方法

常用的定量分析方法有标准曲线法和标准加入法。

11.5.1　标准曲线法

配制一组含有不同浓度被测元素的标准溶液，在与待测试样测定完全相同的条件下，以空白溶液调零，按浓度由低到高的顺序测定吸光度，绘制吸光度 A 对浓度 c 的标准曲线。测定待测试样的吸光度值，在标准曲线上查出待测元素的含量。

标准曲线法简单、快速，适于大批量组成简单和相似的试样分析。但应注意以下几点：

(1)标准系列的组成与待测定试样组成尽可能相似，配制标准系列时，应加入与试样相同的基体成分。

(2)所配制的试样浓度应该在 A-c 标准曲线的线性范围内。

(3)在整个分析过程中，测定条件始终保持不变。

11.5.2　标准加入法

当试样组成复杂，且基体成分对测定又有明显干扰时，可采用标准加入法进行测定。设 c_x、c_s 分别表示试样中待测元素的浓度和试液中加入的标准溶液的浓度，则 c_x+c_s 为加入标准溶液后的浓度；A_x、A_s 分别表示试液和加入标准溶液后的吸光度，由比尔定律：

$$A_x=K\cdot c_x;\ A_s=K\cdot(c_x+c_s)$$

整理以上两式得：

$$c_x=\frac{A_x}{A_s-A_x}\cdot c_s \qquad (11\text{-}10)$$

在实际工作中常采用作图法，又称为直线外推法(图 11-9)。取若干份相同体积的试样溶液，依次加入浓度分别为 0，c_s，$2c_s$，$3c_s$，$4c_s$，…的标准溶液，用溶剂定容，摇匀后在相同测定条件下测量其吸光度，以吸光度对加入标准溶液的浓度作图，即作 A-c 标准曲线，延长曲线与浓度轴相交，交点与原点的距离即为试样中被测元素的浓度 c_x。

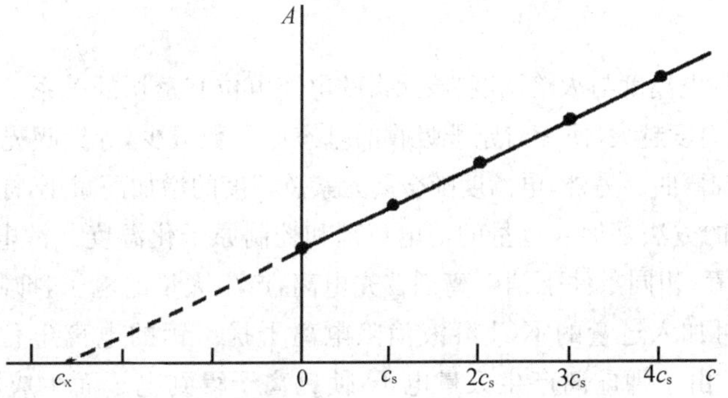

图 11-9　标准加入法

应用标准加入法应注意以下几点：

(1)测量应在 A-c 标准曲线的线性范围内进行。

(2)至少应采用4个工作点制作标准曲线后外推。首次加入的元素标准溶液的浓度(c_s)应大致和试样中被测定元素浓度(c_x)接近。

(3)标准加入法只能消除基体干扰和某些化学干扰，但不能消除背景吸收干扰。相同的信号既加到试样测定值上，也加到增量后的试样测定值上，因此只有扣除了背景之后，才能得到待测元素的真实含量，否则测定结果偏高。

(4)对于斜率太小的曲线，灵敏度差，容易引起较大的误差。

11.6 原子吸收光谱法中的干扰及其抑制

原子吸收光谱法的优点是干扰小，选择性较好，但在许多情况下干扰是不容忽视的。应当了解产生干扰的原因及其抑制方法，以便在实际分析工作中采取适当措施来消减干扰。原子吸收光谱法的主要干扰有光谱干扰、电离干扰、化学干扰、物理干扰和背景干扰等。

1. 光谱干扰

原子吸收光谱分析中的光谱干扰较原子发射光谱要少得多，因为使用的是锐线光源，应用的是共振吸收线，吸收线的数目比发射线数目少得多，谱线相互重叠的几率较小。理想的原子吸收，应该是在所选用的光谱通带内仅有光源的一条共振发射线和波长与之对应的一条吸收线。但当光谱通带内多于一条吸收线或光谱通带内存在光源发射非吸收线时，灵敏度降低且工作曲线线性范围变窄。当被测试液中含有吸收线相重叠的两种元素时，无论测哪一种都将产生干扰。

消除光谱干扰的方法根据产生原因的不同，可以采取相应的方法加以改善和消除：在测定波长附近有单色器不能分离的待测元素的邻近线，可利用减小狭缝宽度的方法得到改善或消除；灯内有单色器不能分离的非待测元素的辐射，可选用合适的惰性气体及使用高纯元素灯即可消除干扰；空心阴极灯中有连续背景发射，若试样中共存元素吸收线处于该发射区，产生假吸收，可纯化灯内气体或换灯方式消除干扰；待测元素分析线可能与共存元素吸收线十分接近，另选分析线或用化学分离干扰元素的方法加以消除。

2. 电离干扰

元素在火焰中的电离度与火焰温度、该元素的电离电位有密切的关系。火焰温度越高，元素的电离电位越低，电离度越大，使参与原子吸收的基态原子数减少，导致吸光度下降，使标准曲线随浓度的增加向横轴弯曲。另外，电离度随金属元素总浓度的增加而减小，标准曲线向纵轴弯曲。

消除电离干扰的方法是加入过量的消电离剂和控制原子化温度。消电离剂是指比被测元素电离电位低的元素，相同条件下消电离剂首先电离，产生大量的电子，抑制被测元素的电离。

例如，测钙时可加入过量的KCl溶液消除电离干扰。钙的电离电位为6.1 eV，钾的电离电位为4.3 eV。由于钾电离产生大量电子，使钙离子得到电子而生成原子。

3. 化学干扰

化学干扰是指试样溶液转化为自由基态原子的过程中，待测元素和其他组分之间发生化学作用而引起的干扰。主要影响待测元素化合物的熔融、蒸发和解离，这种效应可以是正效应，增强原子吸收信号，也可以是负效应，降低原子吸收信号。

消除化学干扰的方法主要有：选择合适的原子化方法；加入释放剂，使待测元素从干扰元素的化合物中释放出来；加入保护剂，使被测元素生成易分解的或更稳定的配合物；加入基体改进剂，增加基体的挥发性或改变被测元素的挥发性；加入缓冲剂，抑制或消除干扰元素对测定结果的影响。

4. 物理干扰

物理干扰是指试样在转移、蒸发和原子化过程中，由于溶质或溶剂的性质（黏度、表面张力、蒸汽压等）发生变化而引起的原子吸收信号强度变化的效应。如试样的黏度发生变化时，影响吸喷速率，进而影响雾量和雾化效率。毛细管的内径和长度以及空气的流量同样影响吸喷速率。试样的表面张力和黏度的变化，将影响雾滴的粒度、脱溶剂效率和蒸发效率，最终影响到原子化效率。

为消除物理干扰，保证分析的准确度，最常配制与被测试样组成相近的标准溶液，也可采用标准加入法、稀释溶液、加入表面活性剂等方法。

5. 背景干扰

分子吸收与光散射是形成光谱背景的主要因素。分子吸收是指在原子化过程中生成的气体分子、氧化物、氢氧化物和盐类对辐射的吸收。分子吸收是带状光谱，会在一定的波长范围内形成干扰。光散射是指原子化过程中产生的微小的固体颗粒使光发生散射，造成透过光减小，吸收值增加。

背景校正方法常采用氘灯背景扣除、塞曼效应校正和自吸收效应背景校正等方法。

(1)氘灯背景扣除(190～350 nm)　氘灯自动背景校正原理：氘灯发射的连续光谱经过单色器的出光狭缝后，出射带宽约为 0.2nm 的光谱通带（带宽取决于狭缝宽度和色散率）；空心阴极灯发射线的宽度一般约为 0.002 nm；测量前调至：$I_D = I_{空}$（此时 $\Delta A = 0$）。

在测定时，如果待测元素原子产生一正常吸收，则：

$$A_{空} = A_{背景吸收} + A_{原子吸收}$$

从连续光源氘灯发出的辐射 I_D 在共振线波长处也被吸收，但由于所观察的谱带宽度至少有 0.2 nm，因此，在相应吸收线处宽度约为 0.002 nm 的辐射即使被 100% 吸收最多也只占辐射强度的 1% 左右，故可忽略不计；因此：

$$A_{原子吸收} = A_{空} - A_{背景吸收} = \Delta A = K \cdot c$$

局限性：氘灯与空心阴极灯光源二束光在原子化器中的严格重叠（平行）很难调整；氘灯测得的是光谱通带内的平均背景，与分析线真实背景有差异。

(2)塞曼效应校正法　塞曼效应——将光源置于强大的磁场中时，光源发射的谱线在强磁场作用下，因原子中能级发生分裂而引起光谱线分裂的磁光效应。塞曼效应背景校正比氘灯连续光源背景校正优越，可在各波长范围内进行，背景校正的准确度高。但仅限于石墨炉法，结果较理想，且测定灵敏度低。

(3)自吸收效应背景校正　普通空心阴极灯以两个电源脉冲，交替通过两个不同强度的电流。在低电流下，测定的是原子吸收信号和背景吸收信号。当在高电流下，吸收谱线产生自吸效应，其辐射能量由于自吸变宽而分布于中心波长的两侧，测定的是背景吸收信号。两者相减即为校正后的原子吸收信号。

6. 有机溶剂的影响

有机溶剂会改变火焰温度和组成，影响原子化效率；溶剂的燃烧产物会引起发射及吸收；有机溶剂燃烧不完全将产生微粒炭而引致散射，影响背景等。有机溶剂既是干扰因素之一，又可用来有效地提高测定灵敏度。

11.7 应用示例

原子吸收光谱法开始是用于无机元素测定，随着“间接”原子吸收光谱分析法的发展，又用于非金属元素与有机化合物的测定，可测定 70 多种元素，如图 11-10 所示。20 世纪 60—80 年代，环境科学和生命科学的发展对分析灵敏度提出了更高的要求。分析内容更加多样化，不仅要分析物质的元素组成，还要分析元素形态。随着原子吸收光谱的各种联用技术、在线预处理技术、原位富集技术、程序升温和控温技术等的发展，原子吸收光谱法在分析科学、环境科学、生命科学等领域越来越发挥着举足轻重的作用。

Li 670.8 1.2	Be 234.9 1+.3											B 249.7 3					
Na 589.0 589.6 1.2	Mg 285.2 1+											Al 309.3 1+.3	Si 251.6 1+.3				
K 766.5 1+.2	Ca 422.7 1	Sc 391.2 3	Ti 364.3 3	V 318.4 3	Cr 357.9 1+	Mn 279.5 1.2	Fe 248.3 1	Co 240.7 1	Ni 232.0 1.2	Cu 324.8 1.2	Zn 213.9 2	Ga 287.4 1	Ge 265.2 3	As 193.7 1	Se 196.0 1		
Rb 780.0 1.2	Sr 460.7 1+	Y 407.7 3	Zr 360.1 3	Nb 405.9 3	Mo 313.3 1+		Ru 349.9 1	Rh 343.5 1.2	Pd 244.8 247.6 1.2	Ag 328.1 2	Cd 228.8 2	In 303.9 1.2	Sn 286.3 224.6 1	Sb 217.6 1.2	Te 214.3 1		
Cs 852.1 1	Ba 553.6 1+.3	La 392.8 3	Hf 307.2 3	Ta 271.5 3	W 400.8 3	Re 316.0 3		Ir 264.0 1	Pt 265.9 1.2	Au 242.8 1+.2	Hg 185.0 253.7 0.1.2	Tl 377.6 276.8 1.2	Pb 217.0 283.3 1.2	Bi 223.1 1.2			

	Pr 495.1 3	Nb 463.4 3		Sm 429.7 3	Eu 459.4 3	Gd 368.4 3	Tb 432.0 3	Dy 421.2 3	Ho 410.3 3	Er 400.8 3	Tm 410.6 3	Yb 398.8 3	Lu 331.2 3
		U 351.4 3											

图 11-10　周期表中能用原子吸收光谱法分析的元素

元素符号下面的数字为分析线的波长(nm)，最低一排数字表示火焰的类别：0. 冷原子化法
1. 空气-乙炔火焰　1+. 富燃空气-乙炔火焰　2. 空气-丙烷或空气-天然气
3. 乙炔火焰大部分元素均可用石墨炉原子化法进行分析

11.7.1 样品处理

原子吸收分析方法是微量、痕量组分的分析法，测定前需要将试样处理成溶液，以便于喷雾和进样分析。试样预处理的原则是溶解过程待测元素不损失，待测元素完全进入溶液，不引入或尽可能少引入影响测定的成分，易于获得具有较高纯度的试样，且操作简便快速。目前，原子吸收法中常用的样品处理方法有干法消解、湿法消解和微波消解。

(1)干法消解　干法消解通常是将试样置于铂坩埚或瓷坩埚内，先在低温电炉上使试样炭化，然后放入马弗炉内灰化，以除去样品中的有机物，然后将灰分用适当的溶剂溶解，用于原子吸收测定。这种方法往往造成被测元素的挥发损失，尤其是样品中的被测元素如碱金属、碱土金属以氯化物的形式存在时，损失更为显著，实际工作中多采用湿法消解。

(2)湿法消解　普通的湿法消解是在敞开的容器中进行，用强酸或者混合酸在电热板上加热消解，为了避免挥发损失，可以使用冷凝回流装置。消解中产生的酸雾会污染环境，如果用酸量太大，试液中的盐类多，会使燃烧器狭缝堵塞并产生一系列的干扰。因此，近年来采用压力密闭消解法，此法需采用高压密封罐，由聚四氟乙烯密封罐和不锈钢套筒构成。试样和酸放到聚四氟乙烯罐中，将其放入不锈钢套筒中，用不锈钢套筒的盖子压紧聚四氟乙烯罐的盖子，放入烘箱中加热。聚四氟乙烯内罐具有耐强酸、强碱、耐高温的良好特性，且此法酸消耗量小，试剂空白低，试样消解效果好，金属元素几乎不损失，环境污染小，但分解周期长。

(3)微波消解　微波消解法是在全封闭状态下进行，用纯质的全聚四氟乙烯压力釜密闭消解样品，利用微波加热技术，快速消解样品，消解速度比高压密封罐法快得多，一般几分钟就能消化完全，几乎可以消化所有的有机物。此法具有高压密封罐法所有的优点，避免了易挥发元素的损失，回收率高、准确性好，也减少了样品的玷污和环境污染，有可能发展成为分析化学中消解试样的最主要方法之一。可用于测定多种样品，如烟叶、蔬菜、头发、花生、中成药品的处理均可采用此法，尤其对于易挥发元素最适合用此法。

11.7.2 测定金属元素

原子吸收光谱法凭借其本身的特点，现已广泛地应用于工业、农业、制药、地质、冶金、食品检验和环保等领域。该法已成为金属元素分析的最有力手段之一，而且在许多领域已作为标准分析方法，如化学工业中的石油分析、电镀液分析、食盐电解液中杂质分析、煤灰分析及聚合物中无机元素分析；农业中的植物分析、肥料分析、饲料分析；空气、水、土壤等样品中Pb、Hg、Cd 等各种有害微量元素的检测；药物学中的体液成分分析、内脏及试样分析、药物分析；冶金中的钢铁分析、合金分析；地球化学中的水质分析、大气污染物分析、土壤分析、岩石矿物分析；食品中微量元素分析。

人体中含有 30 多种金属元素，如 K、Na、Mg、Ca、Cr、Mo、Fe、Pb、Co、Ni、Cu、Zn、Cd、Mn、Se 等，其中大部分为痕量，可用原子吸收光谱法测定。例如，头发中锌的火焰原子吸收法测定步骤如下。

取枕部距发根 1 cm 的发样约 200 mg→洗涤剂水液浸约 0.5 h→自来水冲洗→去离子

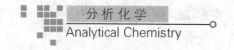

水冲洗→烘干→准确称量 20 mg→石英消化管中→$HClO_4$ ∶ HNO_3＝1∶5(1 mL)→ 消化后用0.5% HNO_3 定容→测定 A。

11.7.3 有机物分析方面的应用

使用原子吸收光谱仪，利用间接法可以测定多种有机物，如 8-羟基喹啉(Cu)、醇类(Cr)、醛类(Ag)、酯类(Fe)、酚类(Fe)、联乙酰(Ni)、酞酸(Cu)、脂肪胺(Co)、氨基酸(Cu)、维生素 C(Ni)、氨茴酸(Co)、雷米封(Cu)、甲酸奎宁(Zn)、有机酸酐(Fe)、苯甲基青霉素(Cu)、葡萄糖(Ca)、环氧化物水解酶(Pb)、含卤素的有机化合物(Ag)等多种有机物，均通过与相应的金属元素之间的化学计量反应而间接测定。

例如，利用四苯硼钠沉淀硫酸阿托品，在滤液中加入过量的氯化钾沉淀剩余的四苯硼钠，再测定过量的钾可以计算硫酸阿托品的含量。基于利血生在碱性介质中的分解产物——半胱氨酸在适当的 pH 条件下可与铜离子生成沉淀，通过 AAS 测定上清液中铜的含量来间接测定利血生的含量。

11.7.4 原子吸收光谱法的联用技术

通过气相色谱或液相色谱分离，然后用原子吸收光谱加以测定，可以分析同种金属元素的不同金属有机化合物。例如，汽油中 5 种烷基铅，大气中的 5 种烷基铅、烷基硒、烷基砷、烷基锡，水体中的烷基砷、烷基铅、烷基锡、烷基汞、有机铬，生物中的烷基铅、烷基汞、有机锌、有机铜等多种金属有机化合物，均可通过原子吸收光谱法与其他技术联用进行鉴别和测定。如火焰原子吸收和气相色谱联用已成为有机金属化合物形态分析的重要方法，实现了痕量金属有机化合物和共存有机化合物的同步测定。

随着科学技术的发展，在进行地质、生物、环境等样品的分析时，经常要求测定 $ng \cdot mL^{-1}$甚至 $pg \cdot mL^{-1}$级的痕量元素，虽然原子吸收光谱分析技术具有很高的灵敏度，但要直接测定这些试样中的痕量组分往往会遇到很多困难，有时甚至是不可能的。这是因为，一方面样品本身的物理化学状态不适合直接测定，或者分析方法对极低含量的组分灵敏度不够；另一方面是存在基体干扰，或者缺乏相应的校正标准和试剂。因此，需要借助于分离富集技术来提高分析方法的灵敏度和选择性。例如，以 1,10-二氮菲 (1,10-phen)为配合剂，乙醇为洗脱液，在 C_{18} 柱上将流动注射固相萃取预富集-原子吸收光谱联用测定痕量Fe(Ⅱ)的含量，灵敏度高，选择性好，能在线分离干扰、富集Fe(Ⅱ)，检测限达 3 $\mu g \cdot L^{-1}$。以石墨微粒柱电极为工作电极，对溶液中痕量镉进行电化学预富集、溶出，并用火焰原子吸收光谱法在线测定，富集倍数可达 754 倍，检出限降低 1～2 个数量级。

□ 本章小结

原子吸收光谱法是根据物质的基态原子蒸气对特征辐射的吸收来进行元素定量分析的方法。具有检出限低、选择性好、精密度高、抗干扰能力强、应用范围广等特点。本章主要介绍了以下几个方面的内容。

(1)原子吸收光谱法的基本原理及原子吸收光谱仪的结构。

(2)影响原子吸收谱线轮廓宽度的因素:自然宽度、多普勒变宽、碰撞变宽等。

(3)原子吸收光谱法定量基础,即在一定实验条件下,使用锐线光源,通过测定气态基态原子的吸光度(A),就可求得试样中待测元素的浓度(c)。

(4)原子吸收光谱法主要分为火焰原子化法和非火焰原子化法,各有其优缺点。

(5)火焰原子吸收光谱法测定条件的选择主要有分析线、空心阴极灯电流、火焰种类及燃助比、燃烧器高度和狭缝宽度等的选择。

(6)常用的定量分析方法有标准曲线法和标准加入法。

(7)原子吸收光谱法的主要干扰有光谱干扰、电离干扰、化学干扰、物理干扰和背景干扰等。应了解产生干扰的原因,以便在实际分析工作中采取适当措施来消减干扰。

思考题

11-1 简述原子吸收光谱仪的主要部件及作用。

11-2 何谓共振线?在原子吸收光谱法中为什么常选择共振线作为分析线?

11-3 原子吸收光谱法主要有哪些干扰?如何抑制或消除?

11-4 试比较紫外-可见分光光度法与原子吸收光谱法的异同点。

习题

11-1 简述原子吸收光谱法的基本原理及其优缺点。

11-2 何谓锐线光源?在原子吸收光谱分析中为什么要使用锐线光源?

11-3 原子吸收光谱分析中,若采用火焰原子化法,是否火焰温度越高,测定灵敏度就越高?为什么?

11-4 石墨炉原子化法的工作原理是什么?与火焰原子化法相比较,有何优缺点?

11-5 原子吸收分析中会遇到哪些干扰因素?简要说明各用什么措施可抑制干扰?

11-6 应用原子吸收光谱法进行定量分析的依据是什么?定量分析有哪些方法?试比较它们的优缺点。

11-7 保证或提高原子吸收光谱分析的灵敏度和准确度,应注意哪些问题?如何选择原子吸收光谱分析的最佳条件?

11-8 测定血浆试样中锂的含量,将3份0.500 mL血浆试样分别加水定容至5.00 mL,然后在这3份溶液中分别加入(1) 0 μL,(2) 10.0 μL,(3) 20.0 μL浓度为0.050 0 $mol\cdot L^{-1}$ LiCl标准溶液,在原子吸收光谱仪上测得读数(任意单位)依次为(1) 23.0,(2) 45.3,(3) 68.0。计算此血浆中锂的质量浓度。

(7.06 $mg\cdot L^{-1}$)

11-9 以原子吸收光谱法分析尿样中铜的含量,分析线为324.8 nm,测得数据如下表所示,计算试样中铜的质量浓度($\mu g\cdot mL^{-1}$)。

加入铜的质量浓度/($\mu g \cdot mL^{-1}$)	吸光度(A)
0.0	0.28
2.0	0.44
4.0	0.60
6.0	0.757
8.0	0.912

($3.56\ \mu g \cdot L^{-1}$)

11-10 用原子吸收光谱法测锑，用铅作内标。取 5.00 mL 未知锑溶液，加入 2.00 mL 4.13 $\mu g \cdot mL^{-1}$的铅溶液并稀释至 10.0 mL，测得 $A_{Sb}/A_{Pb}=0.808$。另取相同浓度的锑和铅溶液，$A_{Sb}/A_{Pb}=1.31$，计算未知液中锑的质量浓度。

($1.02\ \mu g \cdot mL^{-1}$)

二维码 11-1 第 11 章要点

二维码 11-2 原子荧光光谱法简介

二维码 11-3 原子吸收光谱法习题及答案

Chapter12 第12章

气相色谱法

Gas Chromatography

【教学目标】

- 熟悉色谱法的定义、特点、分类与作用；了解色谱的分离过程；熟悉色谱相关术语；掌握分配系数与分配比的定义、相互关系、测定方法。
- 理解色谱塔板理论、速率理论；柱效的评价方法，影响柱效的因素，以及提高柱效的途径。理解色谱基本方程式以及掌握操作条件的选择原则，操作条件对分离分析的影响。
- 熟悉气相色谱仪的基本组成、结构、流程及关键部件；掌握热导检测器和火焰离子化检测器的结构、原理、特性；掌握固定液的分类及选择方法。
- 掌握定性定量方法及各种定量方法的优缺点。
- 熟悉毛细管色谱结构、流程、特点及与填充柱色谱的不同之处。
- 了解气相色谱分析方法建立的一般步骤。

12.1 概述

12.1.1 色谱法简介

色谱法是一种重要的分离分析方法，它是利用不同物质在两相中具有不同的分配系数(或吸附系数、渗透性等)，当两相作相对运动时，这些物质在两相中进行多次反复分配而实现分离。

色谱法的创始人是俄国的植物学家茨维特(M. Tswett)。1906 年，他将从植物色素提取的石油醚提取液倒入一根装有碳酸钙吸附剂的竖直玻璃管中，然后用石油醚淋洗，结果使不同色素得到分离，在管内显示出不同的色带，色谱一词也由此得名，这就是最初的色谱法。后来，这种方法逐渐广泛地用于无色物质的分离，但色谱一词仍沿用至今，在 20 世纪 50 年代，色谱法有了很大的发展。1952 年，詹姆斯(R. L. M. James)和马丁(A. J. P. Martin)以气体作为流动相分析了脂肪酸同系物并提出了色谱塔板理论。1956 年范第姆特(Van Deemter)总结了前人的经验，提出了反映载气流速和柱效关系的范第姆特方程，建立了初步的色谱理论。同年，高莱(M. Golay)发明了毛细管柱。以后又相继发明了各种检测器，使色谱技术更加完善。20 世纪 50 年代末期，出现了气相色谱和质谱联用的仪器，克服了气相色谱不适于定性的缺点。目前，由于高效能的色谱柱、高灵敏的检测器及微处理机的使用，使色谱法已成为一种分析速度快、灵敏度高、应用范围广的分析仪器。

在分析化学领域，色谱法是一个相对年轻的分支学科。早期的色谱技术只是一种分离技术而已，与萃取、蒸馏等分离技术不同的是其分离效率高得多。当这种高效的分离技术与各种灵敏的检测技术结合在一起后，才使得色谱技术成为最重要的一种分析方法，几乎可以分析所有已知物质，在所有学科领域都得到了广泛的应用。

在色谱分离中固定不动、对样品产生保留的一相叫固定相，与固定相处于平衡状态、带动样品向前移动的另一相叫流动相。

色谱法的分类方法很多，从不同的角度出发，有下面几种分类法。

1. 按两相状态分类

用气体为流动相的色谱称为气相色谱（gas chromatography，GC），根据固定相是固体吸附剂还是固定液（附着在惰性载体上的一薄层有机化合物液体），又可分为气固色谱（GSC）和气液色谱（GLC）。用液体为流动相的色谱称液相色谱（LC），同理，液相色谱亦可分为液固色谱（LSC）和液液色谱（LLC）。用超临界流体为流动相的色谱称为超临界流体色谱（SFC）。随着色谱工作的发展，可以通过化学反应将固定液的官能团键合到载体表面形成化学键合固定相，使用这种固定相的色谱称为化学键合相色谱（CBPC）。

2. 按分离机理分类

利用组分在吸附剂（固定相）上的吸附能力强弱不同而得以分离的方法，称为吸附色谱法。利用组分在固定液（固定相）中溶解度不同而达到分离的方法称为分配色谱法。利用组分在离子交换剂（固定相）上的亲和力大小不同而达到分离的方法，称为离子交换色谱法。利用大小不同的分子在多孔固定相中的选择性渗透而达到分离的方法，称为凝胶色谱法或体积排阻色谱法。最近，又出现一种新的分离技术，利用不同组分与固定相（固定化分子）的高专属性亲和力进行分离的方法称为亲和色谱法，常用于蛋白质的分离。

3. 按固定相的外形分类

固定相装于柱内的色谱法，称为柱色谱。固定相呈平板状的色谱法，称为平板色谱，它又可分为薄层色谱和纸色谱。

常见的色谱法分类见表 12-1。

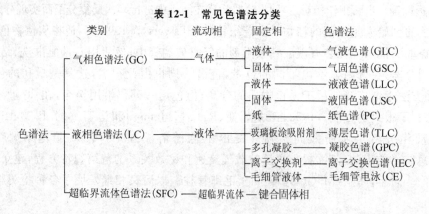

表 12-1　常见色谱法分类

类别		流动相	固定相	色谱法
色谱法	气相色谱法(GC)	气体	液体	气液色谱(GLC)
			固体	气固色谱(GSC)
	液相色谱法(LC)	液体	液体	液液色谱(LLC)
			固体	液固色谱(LSC)
			纸	纸色谱(PC)
			玻璃板涂吸附剂	薄层色谱(TLC)
			多孔凝胶	凝胶色谱(GPC)
			离子交换剂	离子交换色谱(IEC)
			毛细管液体	毛细管电泳(CE)
	超临界流体色谱法(SFC)	超临界流体	键合固体相	

12.1.2　气相色谱法的优点

1. 气相色谱法的优点

(1)分离效率高　几十种甚至上百种性质类似的化合物可在同一根色谱柱上得到分离，能解决许多其他分析方法无能为力的复杂样品分析。

(2)分析速度快　一般而言，气相色谱法可在几分钟至几十分钟的时间内完成一个复杂样品的分析。

(3)检测灵敏度高　随着信号处理和检测器制作技术的进步，不经过预浓缩可以直接检测 10^{-9} g 级的痕量物质。如采用预浓缩技术，检出限可以达到 10^{-12} g 水平。

(4)样品用量少　一次分析通常只需数纳升至数微升的溶液样品。

(5)选择性好　通过选择合适的分离模式和检测方法，可以只分离或检测感兴趣的部分物质。

(6)多组分同时分析　在很短的时间内(20 min 左右)，可以同时实现几十种成分的分离与定量。

(7)易于自动化　现在的色谱仪器已经可以实现从进样到数据处理的全自动化操作。

2. 气相色谱法的局限性

(1)定性时需要标准样品　为克服这一缺点，已经发展起来了气相色谱法与其他多种具有定性能力的检测技术的联用，如 GC-MSD。

(2)样品要有一定的挥发性。

(3)强极性的大分子、不稳定化合物不能直接分析，但对部分高分子或生物大分子可用裂解气相色谱法，分析其裂解产物。

(4)一般不能分析无机物，但部分无机物可转化为具有挥发性的金属卤代物或金属螯合物等再进行分析。

12.1.3　气相色谱分析流程

一般常用气相色谱仪的主要部件和分析流程如图 12-1 所示。

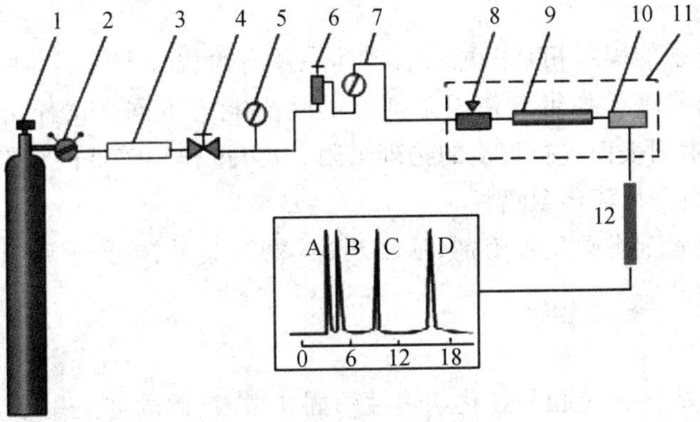

图 12-1　气相色谱仪分析流程图

1. 高压瓶(载气)　2. 减压阀　3. 净化器　4. 稳压阀　5、7. 压力表　6. 稳流阀　8. 气化室　9. 色谱柱　10. 检测器　11. 恒温箱　12. 放大器

由图 12-1 可见，一般的气相色谱仪主要包括下述五大系统。

1. 气路系统

气路系统是为获得纯净、流速稳定的载气。包括压力计、流量计及气体净化装置。载气从气源钢瓶出来后依次经过减压阀、净气器、稳压阀、稳流阀、压力表、气化室、色谱柱、检测器，然后放空。

(1)载气　要求有化学惰性，不与有关物质反应。载气的选择除了要求考虑对柱效的影响外，还要与分析物和所用的检测器相配。常用的载气有氢气、氮气、氦气。

(2)净化器　多为分子筛和活性炭管的串联，可除去水、氧气及其他杂质。

2. 进样系统

进样系统包括气化室和进样装置，常以微量注射器(穿过隔膜垫)或六通阀将液体样品注入气化室，通常六通阀进样的重现性好于注射器。

3. 分离系统

分离系统是色谱分析的心脏部分，主要是在色谱柱内完成试样的分离，有填充柱和毛细管柱两种。

4. 温度控制系统

温度控制是否准确和升、降温速度是否快速是市售气相色谱仪器的最重要指标之一，控温系统包括对 3 个部分的控温，即气化室、柱箱和检测器，柱箱的控温方式有恒温和程序升温。

5. 检测记录系统

检测记录系统是指从色谱柱流出的组分，经过检测器把浓度(或质量)信号转化为电信号，并经放大器放大后由记录仪显示和记录分析结果的装置，它由检测器、放大器和记录仪 3 部分构成。

12.1.4　气固色谱和气液色谱

1. 气固色谱

气固色谱分析中的固定相是一种具有多孔性及表面积较大的固体吸附剂颗粒。被测物质中各组分的分离是基于各组分在吸附剂上的吸附能力不同。试样由载气携带进入色谱柱，被测组分在吸附剂表面进行反复的物理吸附、脱附过程。较难被吸附的组分先流出色谱柱，容易被吸附的组分后流出色谱柱。

常用的固体吸附剂有碳质吸附剂(活性炭、石墨化炭黑、碳分子筛)、氧化铝、硅胶、无机分子筛和高分子小球。

2. 气液色谱

气液色谱分析中的固定相是在化学惰性的固体微粒(此固体是用来支持固定液的，称为载体或担体)表面，涂上一层高沸点有机化合物液膜，这种高沸点有机化合物称为固定液。在气-液色谱柱内，被测物质中各组分的分离是基于各组分在固定液中溶解度的不同。当载气携带被测物质进入色谱柱，与固定相接触时，气相中的被测组分立即溶解到固定液中去。载气连续流经色谱柱，溶解在固定液中的被测组分会从固定液中挥发到气相中。随着载气的流动，挥发至气相中的被测组分分子又会溶解在前面的固定液中。这样反复多次溶解、挥发、再溶解、再挥发，经过一定时间后，各组分彼此分离。由于各组分在固定液中溶解能力不同，溶解度大的组分就较难挥发，停留在柱中的时间就长些，而溶解度小的组分，则相反。

常用的固定液有聚二甲基硅氧烷、聚乙二醇、含5%或20%苯基的聚甲基硅氧烷、含氰基和苯基的聚甲基硅氧烷、50%三氟丙基聚硅氧烷。另外，用于分离手性异构体的手性固定相则主要有手性氨基酸衍生物、手性金属配合物和环糊精衍生物。

常用的担体：无机担体（如硅藻土、玻璃粉末或微球、金属粉末或微球、金属化合物）和有机担体（如聚四氟乙烯、聚乙烯、聚乙烯丙烯酸酯）。

物质在固定相和流动相（气相）之间发生吸附和脱附、溶解和挥发的过程叫做分配过程。被测组分按其溶解和挥发能力（或吸附和脱附能力）的大小，按一定比例分配在固定相和气相。溶解度（或吸附能力）大的组分分配给固定相多一些，气相中的量少一些；溶解度（或吸附能力）小的组分分配给固定相的量少一些，气相中的量多一些。在一定温度下组分在两相之间分配达到平衡时的浓度比称为分配系数 K。

$$K=\frac{\text{组分在固定相中的浓度}}{\text{组分在流动相中的浓度}}=\frac{c_S}{c_M} \tag{12-1}$$

K 只与固定相和温度有关，与两相体积、柱管特性和所用仪器无关。

由上所述分配系数是色谱分离的依据。但在实际工作中常应用另一种表征色谱分配平衡的参数——分配比 k。分配比亦称容量因子或容量比，是指在一定温度、压力下，在两相间达到分配平衡时，组分在两相间的质量比：

$$k=\frac{m_S}{m_M} \tag{12-2}$$

它与分配系数的关系为：

$$K=\frac{c_S}{c_M}=\frac{m_S/V_S}{m_M/V_M}=k\cdot\frac{V_S}{V_M}=k\cdot\beta \tag{12-3}$$

式12-3中：V_M 为色谱柱流动相体积，即柱内固定相颗粒间的孔隙体积。V_S 为色谱柱中固定相体积，对于不同类型色谱分析，V_S 有不同的内容，例如在气液色谱中它为固定液的体积，在气-固色谱分析中则为吸附剂表面容量。V_M 与 V_S 之比称为相比率，以 β 表示，它反映了各种色谱柱柱型及其结构的重要特性。例如填充柱的 β 值为6～35，毛细管柱为50～1 500。

为使试样中各组分得到分离，必须使各组分在流动相和固定相两相间具有不同的分配系数。在一定温度下，分配系数只与固定相和组分的性质有关。当试样一定时，组分的分配系数主要取决于固定相的性质。若各组分在固定相和流动相间的分配系数相同，则它们在柱内的保留时间相同，色谱峰将重叠；反之，各组分的分配系数差别越大，它们在柱内的保留时间相差越大，色谱峰间距就越大，各组分分离的可能性也越大。

12.2 固定相

12.2.1 气固色谱固定相

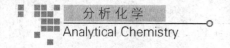

气固色谱柱填充的是活性固体吸附剂，通常称为固体固定相。它分析的主要对象是永久性气体和低分子量烃类等气态混合物。新的和改良的吸附剂已用于分析高沸点和极性样品。

12.2.2 气液色谱固定相

在气液色谱中，固定相是液体，它是一种高沸点有机物液膜，很薄地、均匀地涂在惰性固体支持物(即载体)上。

1. 对固定液的要求

(1)固定液涂在载体上，要求在操作温度下呈液体状态。通常用最高使用温度来表明允许使用的最高操作温度。

(2)在操作柱温下固定液的黏度要低，以保证固定液能均匀地分布在载体上。一般降低柱温会增加固定液的黏度而降低柱效，故对某些固定液有低限温度，如真空润滑脂 L 的低限温度为 75℃，聚苯醚(六环)为 75℃，二甲基硅橡胶或硅弹性体为 100～125℃。

(3)在柱温下要有足够的化学稳定性与热稳定性。

(4)固定液与组分不发生不可逆反应，且有适当的溶解能力，否则对组分起不到分配作用。

(5)对样品中各组分应有足够的分离能力和高的柱效，特别是对于难分离物质既要有较大的选择性，又可在一定的时间里分离出尽可能多的单独色谱峰。

2. 选择固定液的原则

(1)相似性　所选固定液的性质应与被分离组分有某些相似性，如官能团、化学键、极性等。性质相似时，组分和固定液分子间的作用力大、溶解度大、分配系数也大、在柱内保留时间长；反之，溶解度小、分配系数小，这样的组分可先流出。对非极性物质的分离一般选用非极性固定液。在非极性柱上，组分和固定液间的作用力为色散力，没有特殊选择性，所以组分按沸点顺序流出。沸点低的先流出，对于同系物按碳数顺序流出，低沸点或低分子组分先流出。如果样品兼有极性和非极性组分，则同沸点的极性组分先流出。如：固定液为二甲基聚硅氧烷的 HP-1、ZB-1 等。

对于中等极性物质选用中等极性固定液。组分和固定液的作用力为色散力和诱导力，没有特殊选择性。组分基本上按沸点顺序流出。若样品兼有极性和非极性组分，则极性组分后流出。如：ZB-624、ZB-35、ZB-1701、ZB-50 等。

对于强极性物质选用强极性固定液。分子间主要是定向力，按极性顺序流出。若兼有极性和非极性组分，则极性的后流出。如在聚乙二醇-6 000 柱子上，汽油中的烷烃甚至在芳烃苯之前流出。如：ZB-WAX、ZB-FFAP 等。

(2)样品组分与固定液有特殊的作用力　如能形成氢键的物质选用能形成氢键的固定

液，流出顺序按形成氢键的难易程度。如胺类能与三乙醇胺形成氢键，故多用三乙醇胺作固定液分析低分子量的伯、仲、叔胺。一甲胺、二甲胺、三甲胺的沸点依次为－6.5℃、7.4℃、3.5℃，但流出顺序先是不易形成氢键的三甲胺，最后流出的是最易形成氢键的一甲胺。

(3)混合固定液　对于一个复杂的混合物，只用一种固定液往往很难分离更多的组分，把不同性质的固定液按一定比例混合使用，有助于达到分离目的。

12.3　气相色谱分析基础理论

12.3.1　气相色谱流出曲线及有关术语

1.色谱图

被分析样品从进样开始，经色谱分离，到组分全部流过检测器，在此期间所记录下来的响应信号随时间而分布的图像称为色谱图，也称色谱流出曲线。如图 12-2 所示。

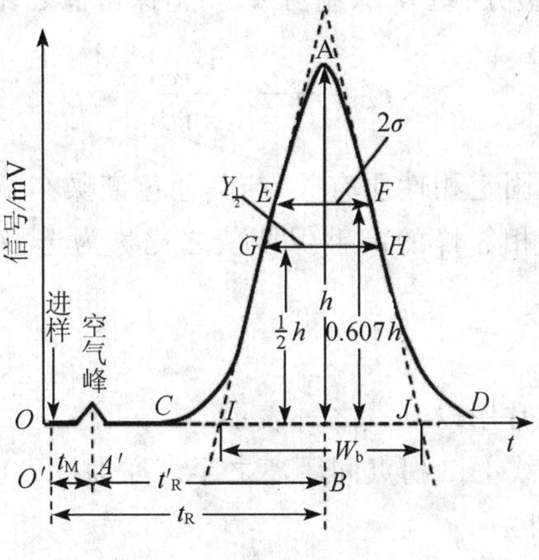

图 12-2　色谱流出曲线(色谱图)

基线：在操作条件下，当没有欲测样品进入检测器时，反映检测器响应信号随时间变化的记录线称为基线。如图 12-2 中 Ot 直线所示。

色谱峰：在操作条件下，当样品组分进入检测器时，反映检测器响应信号随时间变化的曲线称为色谱峰(也叫流出峰或洗脱峰)，如图 12-2 中的 CAD 线。色谱峰通常具有高斯分布函数的形状。

拐点：系指流出曲线上二阶导数为零的那两个点，如图 12-2 中的 E 和 F 点。经计算拐点位于 0.607 h 处，拐点间的距离 $Y_i=2\sigma$；这里，h 指峰高，σ 指标准偏差。

2.保留值

当仪器的操作条件保持不变时，任一物质的色谱峰总是在色谱图上固定的位置出现，即具有一定的保留值。

死时间(t_M)：不被固定相滞留的组分，从进样开始到出现峰最大值所需的时间，称为死时间 t_M。也就是指不被固定相吸附的气体在检测器中出现浓度或质量极大值的时间。如图

12-2 中的空气峰的保留时间。

保留时间(t_R):从进样开始到组分色谱峰出现最高点的时间。如图 12-2 中的 t_R。

调整保留时间(t'_R):指扣除死时间后样品的保留时间,如图 12-2 中的 t_R,$t'_R=t_R-t_M$。

死体积(V_M)　对应于 t_M 所流过的流动相体积。它可以由死时间和校正后的柱后载气流速的积来计算,即

$$V_M=t_M\cdot F_0 \tag{12-4}$$

式 12-4 中:F_0 为色谱柱出口处载气流量(单位为 $mL\cdot min^{-1}$)。

保留体积(V_R):从进样开始到样品出现峰最大值时所流过的载气体积,即

$$V_R=t_R\cdot F_0 \tag{12-5}$$

调整保留体积(V'_R):指扣除死体积后的保留体积,即

$$V'_R=V_R-V_M\text{或 }V'_R=t'_R\cdot F_0 \tag{12-6}$$

相对保留值(r_{21}):指两组分(组分 2、组分 1)调整保留值之比,是一个无因次量,即

$$r_{21}=\frac{t'_{R(2)}}{t'_{R(1)}}=\frac{V'_{R(2)}}{V'_{R(1)}} \tag{12-7}$$

相对保留值只与柱温及固定相性质有关,与其他色谱操作条件无关,它表示了色谱柱对这两种组分的选择性。两个相邻峰的调整保留值之比称为选择性系数(又称分离因子或分配系数比)α(后峰比前峰,$\alpha\geqslant 1$)。

3. 区域宽度

即色谱峰宽度。习惯上常用以下量之一表示。

标准偏差(σ):即流出曲线上二拐点间距离之半。亦即 0.607 倍峰高处色谱峰宽度的一半,即图 12-2 中的 EF 的一半。

峰高(h):峰的顶点与基线之间的距离称为峰高,如图 12-2 中的 AB。

半峰宽($Y_{1/2}$):系指峰高一半处的峰宽度,如图 12-2 中 GH,$Y_{1/2}=2.354\sigma$。

峰宽(Y):系指峰两边的拐点作切线与基线相交部分的宽度,如图 12-2 中的 IJ,$Y=4\sigma$。

利用色谱图可以得到以下信息:

①根据色谱峰的个数,可以判断样品中所含组分的最少个数。

②根据色谱峰的保留值(或位置),可以进行定性分析。

③根据色谱峰的面积或峰高,可以进行定量分析。

④色谱峰的保留值及区域宽度,是评价色谱柱分离效能的依据。

⑤色谱峰两峰间的距离,是评价固定相(或流动相)选择是否合适的依据。

12.3.2 色谱柱效能

塔板理论——柱效能指标　在 20 世纪 50 年代,色谱技术发展的初期,马丁等把色谱分离过程比作分馏过程,并把分馏中的半经验理论——塔板理论用于色谱分析法。

该理论把色谱柱比作一个分馏塔,假设柱内有 n 个塔板,在每个塔板高度间隔内,试样

各组分在两相中分配并达到平衡，最后，挥发度大的组分和挥发度小的组分彼此分离，挥发度大的最先从塔顶（即柱后）逸出。尽管该理论并不完全符合色谱柱的分离过程，色谱分离和一般的分馏塔分离有着重大的差别，但是因为这个比喻形象简明，几十年来一直沿用。

按照塔板理论，色谱柱的分离效能可以用塔板数来表示，由塔板理论导出的理论塔板数 n 的计算公式是：

$$n=5.54\left(\frac{t_R}{Y_{1/2}}\right)^2=16\left(\frac{t_R}{Y}\right)^2 \tag{12-8}$$

可见理论塔板数由组分保留值和峰宽决定。若柱长为 L，则每块理论塔板高度 H 为

$$H=\frac{L}{n} \tag{12-9}$$

由式(12-8)、式(12-9)可知，理论塔板数 n 越多、理论塔板高度 H 越小、色谱峰越窄，则柱效越高。但保留时间 t_{R} 包含死时间 t_{M}，它与组分在柱内的分配无关，因此不能真正反映色谱柱的柱效。通常以有效塔板数 $n_{有效}$ 和有效塔板高度 $H_{有效}$ 表示：

$$n_{有效}=5.54\left(\frac{t'_{\mathrm{R}}}{Y_{1/2}}\right)^2=16\left(\frac{t'_{\mathrm{R}}}{Y}\right) \tag{12-10}$$

$$H_{有效}=\frac{L}{n_{有效}} \tag{12-11}$$

对塔板理论的说明：①色谱柱的理论塔板数越大，表示组分在色谱柱中达到分配平衡的次数越多，固定相的作用越显著，因而对分离就越有利。但还不能确定和预言各组分是否有被分离的可能，因为分离的可能性决定于试样混合物在固定相中分配系数的差别，而不是决定于分配次数的多少，因此不能把 $n_{有效}$ 看作有无实现分离可能的依据，而只能把它看作是在一定的条件下柱分离能力发挥程度的标志。②由于不同物质在同一色谱柱上分配系数不同，所以同一色谱柱对不同物质的柱效能不同，因此在用塔板数或塔板高度表示柱效能时，必须说明是对什么物质而言。

速率理论——影响柱效能的因素：1956 年，荷兰学者范第姆特（Van Deemter）等在研究气-液色谱时，提出了色谱过程的动力学理论-速率理论。他们吸收了塔板理论中板高的概念，并同时考虑影响板高的动力学因素，指出填充柱的柱效受分子扩散、传质阻力、载气流速等因素的控制，从而较好地解释了影响板高的各种因素。

速率理论指出，色谱峰扩张受三个动力学因素控制，即涡流扩散项，分子扩散项，传质阻力项。用板高方程表示为：

$$H=A+\frac{B}{u}+Cu \tag{12-12}$$

式 12-12 中：u 是流动相的线速度，A,B,C 为常数，分别代表涡流扩散项系数，分子扩散项系数，传质阻力项系数。由式(12-12)可知，u 一定时，只有当 A,B,C 较小时，H 才能小，柱效才会高。反之则柱效低，色谱峰扩张。

(1)涡流扩散项 A　在色谱柱中，流动相通过填充物的不规则空隙时，流动方向不断地

改变，使试样组分在气相中形成类似“涡流”的流动，因而引起色谱峰的扩张（图 12-3）。由于 $A=2\lambda d_p$，表明 A 与填充物的平均颗粒直径 d_p（单位 cm）的大小和填充物的不均匀因子 λ 有关，而与载气性质、线速度和组分无关，因此使用粒度细和颗粒均匀的填料，均匀填充，是减少涡流扩散和提高柱效的有效途径。

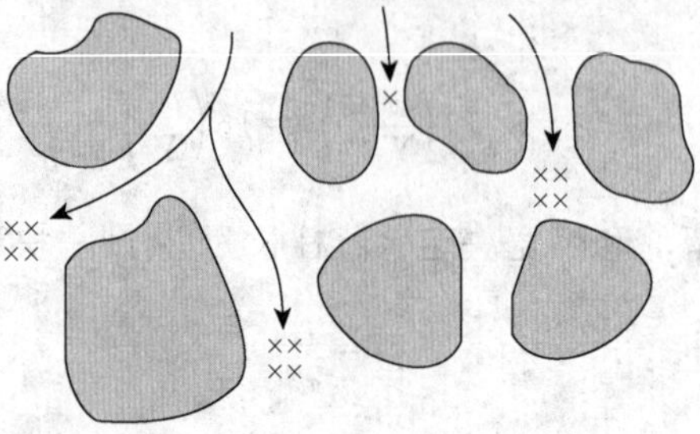

图 12-3　色谱柱中的涡流扩散

（2）分子扩散项 B/u　当样品以“塞子”形式进入色谱柱后，便在色谱柱的轴向上造成浓度梯度，使组分分子产生浓差扩散，其方向是沿着纵向扩散，故该项也称为纵向扩散项（图 12-4）。其大小为：

$$B=2\gamma D \tag{12-13}$$

式 12-13 中：γ 为弯曲因子，它表示固定相几何形状对自由分子扩散的阻碍情况；D 为组分在流动相中的扩散系数（$cm^2 \cdot s^{-1}$），组分为气体或液体时，分别以 D_g 或 D_m 表示。

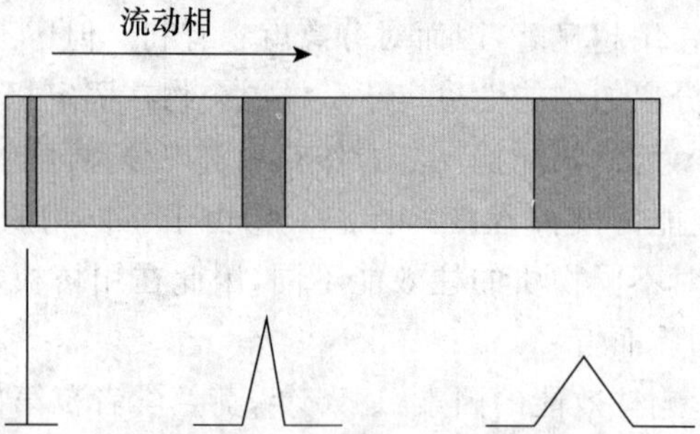

图 12-4　色谱柱中的分子扩散

讨论：

①分子量大的组分，D_g 小，即 B 小。

②D_g随柱温升高而增加，随柱压降低而减小。

③流动相分子量大，D_g小，即 B 小。

④u 增加，组分停留时间短，纵向扩散小（B/u）。

⑤对于液相色谱，因 D_m较小，B 项可忽略。

（3）传质阻力项 Cu　物质系统由于浓度不均匀而发生的物质迁移过程，称为传质。影响这个过程进行速度的阻力，叫传质阻力（图 12-5）。传质阻力系数 C 包括气相传质阻力系数 C_g 和液相传质阻力系数 C_L，即 $C=(C_g+C_L)u$。

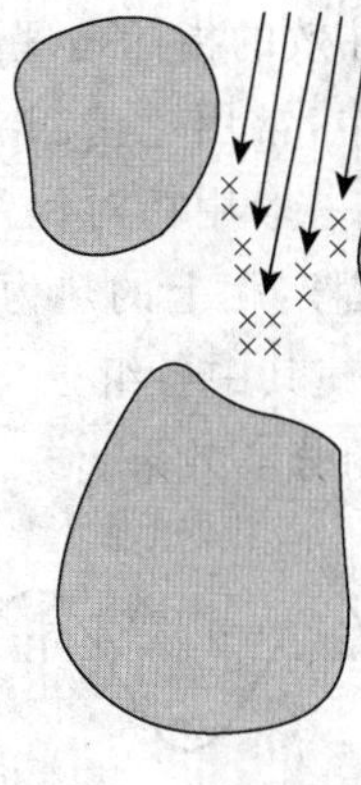

图 12-5 色谱柱中的传质阻力扩散

气相传质过程是指试样在气相和气液界面上的传质。由于传质阻力的存在，使得试样在两相界面上不能瞬间达到分配平衡。所以，有的分子还来不及进入两相界面，就被气相带走，出现超前现象。当然，有的分子在进入两相界面后还来不及返回到气相，这就引起滞后现象。上面这些现象均将构成色谱峰扩张。对于填充柱，气相传质阻力系数 C_g 为：

$$C_g = \frac{0.01k^2}{(1+k)^2} \cdot \frac{d_p^2}{D_g} \tag{12-14}$$

式 12-14 中：k 为容量因子。从式 12-14 可见，气相传质阻力与填充物粒度的平方成正比，与组分在载气流中的扩散系数成反比。因此，采用粒度小的填充物和相对分子质量小的气体（如氢气）作载气，可减小 C_g，提高柱效。

液相传质过程是指试样组分从固定相的气/液界面移动到液相内部，并发生质量交换，达到分配平衡，然后又返回气/液界面的传质过程。这个过程也需要一定的时间，此时，气相中组分的其余分子仍随载气不断向柱出口运动，于是造成峰形扩张。液相传质阻力系数 C_L 为：

$$C_L = \frac{2}{3} \cdot \frac{k}{(1+k)^2} \cdot \frac{d_f^2}{D_L} \tag{12-15}$$

由式 12-15 看出，固定相的液膜厚度 d_f 越薄，组分在液相的扩散系数 D_L 越大，则液相传质阻力就越小。降低固定液的含量，可以降低液膜厚度，但 k 值随之变小，又会使 C_L 增大。当固定液含量一定时，液膜厚度随载体的比表面积增加而降低，因此，一般采用比表面积较大的载体来降低液膜厚度。但比表面太大，由于吸附造成拖尾峰，也不利于分离。虽然提高柱温可增大 D_L，但会使 k 值减小，为了保持适当的 C_L 值，应控制适宜的柱温。

将 A、B 和 C 代入板高方程中，得到下述色谱板高方程（范第姆特方程式）：

$$H = 2\lambda d_p + \frac{2\gamma D_g}{u} + \left[\frac{0.01k^2}{(1+k)^2} \cdot \frac{d_p^2}{D_g} + \frac{2}{3} \cdot \frac{k}{(1+k)^2} \cdot \frac{d_f^2}{D_L}\right] u \tag{12-16}$$

这一方程对选择色谱分离条件具有实际指导意义。它指出了色谱柱填充的均匀程度，填料粒度的大小，流动相的种类及流速，固定相的液膜厚度等对柱效的影响。但是应该指出，除上述造成谱峰扩张的因素外，还应考虑柱径、柱长等因素的影响。

柱效和选择性：从前面讨论可知，衡量柱效的指标是理论塔板数 n（或 $n_{有效}$），柱效则反映了色谱分离过程的动力学性质。在色谱法中，常用色谱图上两峰间的距离衡量色谱柱的选择性，其距离越大说明柱子的选择性越好。一般用相对保留值表示两组分在给定柱子上的选择性。柱子的选择性主要取决于组分在固定相上的热力学性质。在色谱分离过程中，不但要根据所分离的对象选择适当的固定相，使其中各组分有可能被分离，而且还要创造一定的条件，使这种可能得以实现，并达到最佳的分离效果。

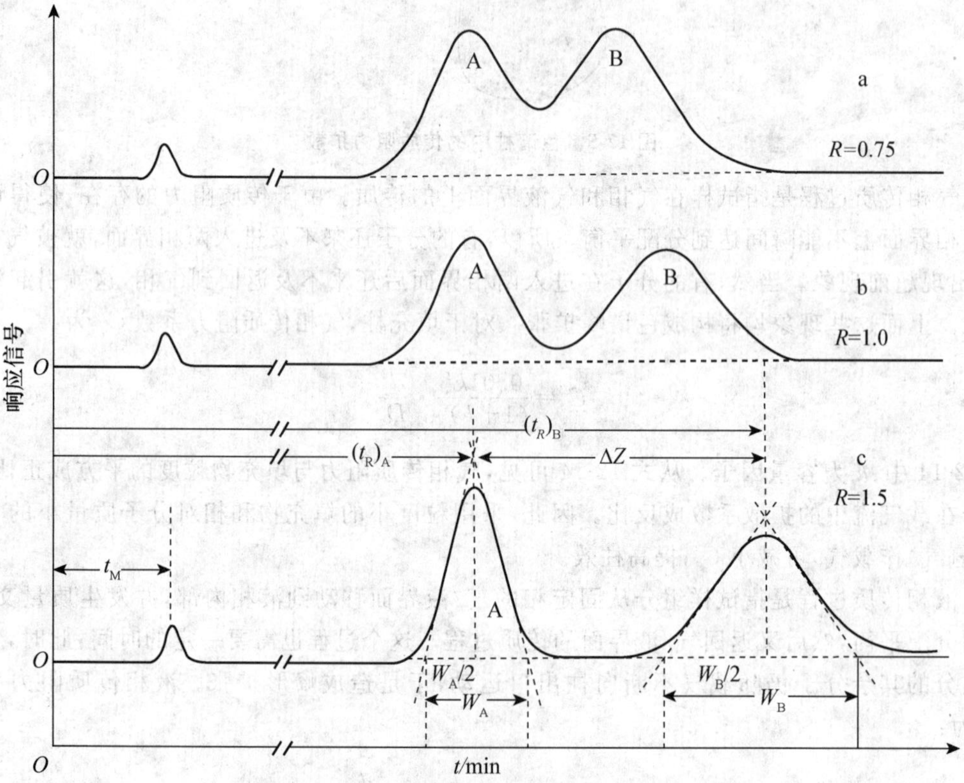

图 12-6　不同分离度色谱分离情况

两个组分怎样才算达到完全分离？首先是两组分的色谱峰之间有足够的距离；第二是峰必须比较窄。只有同时满足这两个条件时，两组分才能完全分离。

图 12-6 是两相邻组分在不同色谱条件下的分离情况。(a)中两组分没有完全分离；(b)和(c)中两组分完全分离，前者的柱效和选择性都较差；而后者的选择性和柱效均较高，保证了两组分的完全分离。由此可见，单独用柱效或柱选择性并不能真实地反映组分在色谱柱中的分离情况，所以，在色谱分析中，需要引入分离度 R，综合性地反映色谱柱的分离效能。其定义为相邻两组分色谱峰保留值之差与两个组分色谱峰峰底宽度总和之半的比值：

$$R=\frac{t_{R(2)}-t_{R(1)}}{1/2(Y_1+Y_2)} \tag{12-17}$$

式 12-17 中：$t_{R(2)}$ 和 $t_{R(1)}$ 分别为两组分的保留时间（也可采用调整保留时间）；Y_1 和 Y_2 为相应组分色谱峰的峰底宽度，与保留值单位相同。R 越大，就意味着相邻两组分分离得越好。两组分保留值的差别，主要取决于固定液的热力学性质；色谱峰的宽度则反映了色谱过程的动力学因素，柱效能高低。因此，分离度是柱效能、选择性影响因素的总和，故可用其作为色谱柱的总分离效能指标。

从理论上可以证明，若峰形对称且满足于正态分布，则当 $R=1$ 时，分离程度可达 98%；当 $R=1.5$ 时，分离程度可达 99.7%。因而可用 $R=1.5$ 作为相邻两峰已完全分开的标志。

在色谱分析中，对于多组分混合物的分离分析，在选择合适的固定相及实验条件时，主要针对其中难分离物质对来进行，对于难分离的物质对，由于它们的保留值差别小，可合理地认为 $Y_1=Y_2=Y$，$k_1 \approx k_2=k$。由式(12-8)可得

$$\frac{1}{Y}=\frac{\sqrt{n}}{4}\cdot\frac{1}{t_R} \qquad (12\text{-}18)$$

将式(12-18)及 $t_R=t_M(1+k)$ 代入式(12-17)，整理后得

$$R=\frac{\sqrt{n}}{4}\cdot\left(\frac{\alpha-1}{\alpha}\right)\cdot\left(\frac{k}{1+k}\right) \qquad (12\text{-}19)$$

式(12-19)称为色谱分离基本方程式(Purnell 方程)。它表明 R 随体系的热力学性质(α 和 k)的改变而改变，也与色谱柱条件(n 改变)有关。若将式(12-8)除以式(12-10)，并将 $t_R=t_M(1+k)$代入，可得 n 与 $n_{有效}$ 的关系式：

$$n=\left(\frac{1+k}{k}\right)^2\cdot n_{有效} \qquad (12\text{-}20)$$

将式(12-20)代入式(12-19)，则可得用有效理论塔板数表示的色谱分离基本方程式：

$$R=\frac{\sqrt{n_{有效}}}{4}\cdot\left(\frac{\alpha-1}{\alpha}\right) \qquad (12\text{-}21)$$

从式(12-19)可以看出：

第一，$R\propto\sqrt{n}$。增加塔板数，可以增加分离度。若通过增加柱长来增加塔板数，就会延长分析时间。所以，设法降低板高 H，才是增大分离度的最好方法。

第二，加大容量因子可以增加分离度，但是会延长分析时间，甚至造成谱带检测困难。观察表 12-2 数据，当 $k>10$ 时，分离度的提高并不明显；而当 $k<2$ 时，洗脱时间会出现极小值。因此，在色谱分离中，通常将 k 控制在 2～7 之间。

表 12-2 k 值对 $k/(k+1)$ 的影响

k	0.5	1.0	3.0	5.0	8.0	10	30	50
$k/(k+1)$	0.33	0.50	0.75	0.83	0.89	0.91	0.97	0.98

第三，表 12-3 列出了根据式(12-21)计算得到的一些结果。这些结果表明，选择性参数 α 的微小增大，都会使分离度得到较大的改善，当 α 大于 2 时，即使在很短的时间内，组分也会完全分离. 当 α 接近 1 时，要完成分离，必须增加柱长，延长分析时间。例如，为了达到同样的分离度，当 $\alpha=1.01$ 时，所需的时间是 $\alpha=1.1$ 时的 84 倍。显然，当 $\alpha=1$ 时，无论怎样提高柱效，加大容量因子，R 均为零。在这种情况下，两组分的分离是不可能的。增加 α 简便

而有效的方法是通过改变固定相，使各组分的分配系数有较大的差别。

表 12-3 在给定的 α 值下，获得所需分离度对柱有效理论塔板数的要求

α	$n_{有效}$	
	$R=1.0$	$R=1.5$
1.00	∞	∞
1.005	650 000	1 450 000
1.01	163 000	367 000
1.02	42 000	94 000
1.05	7 100	16 000
1.07	3 700	8 400
1.10	1 900	4 400
1.15	940	2 100
1.25	400	900
1.50	140	320
2.0	65	145

应用上述同样的处理方法可将分离度、柱效和选择性参数联系起来：

$$L=16R^2\left(\frac{\alpha}{\alpha-1}\right)^2\cdot H_{有效} \tag{12-22}$$

$$n_{有效}=16R^2\left(\frac{\alpha}{\alpha-1}\right)^2 \tag{12-23}$$

因而只要已知两个指标，就可估算出第三个指标。

12.4 气相色谱分离操作条件的选择

在气相色谱分析中，除了要选择合适的固定液之外，还要选择分离时的最佳操作条件，以提高柱效能，增大分离度，满足分离需要。

初始分离条件，主要包括进样量，气化器温度，检测器温度，色谱柱温度和载气流速度。

12.4.1 载气种类及流速的选择

根据 $H=A+B/u+Cu$ 可得到如图 12-4 所示的 H-u 关系曲线。图中曲线的最低点，塔板高度 H 最小（$H_{最小}$），柱效最高。该点对应的流速即为最佳流速 $u_{最佳}$，$u_{最佳}$ 和 $H_{最小}$ 可通过对上式进行微分后求得：

$$\frac{dH}{du}=-\frac{B}{u^2}+C=0$$

$$u_{最佳}=\sqrt{B/C} \tag{12-24}$$

$$H_{最小}=A+2\sqrt{BC} \tag{12-25}$$

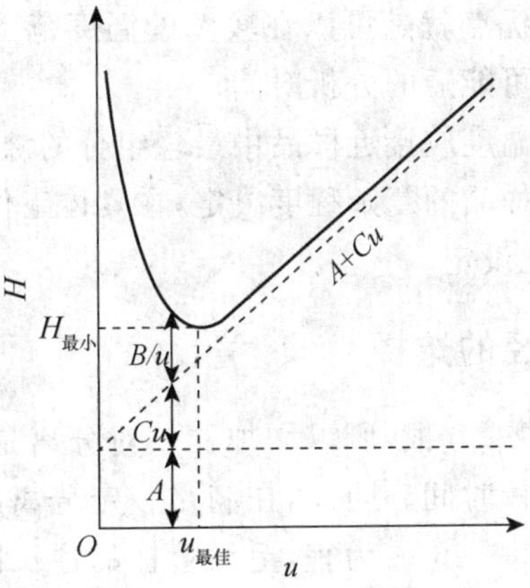

图 12-7 塔板高度 H 与载气线速 u 的关系

从式(12-12)和图 12-7 可见，当流速较小时，分子扩散项 B 将成为影响色谱峰扩张的主要因素。此时，宜采用相对分子质量较大的载气(N_2、Ar)，以使组分在载气中有较小的扩散系数。而当流速较大时，传质项 C 将是主要控制因素，此时宜采用相对分子质量较小，具有较大扩散系数的载气(H_2、He)，以改善气相传质。当然，选择载气时，还必须考虑与所用的检测器相适应。

载气流速的确定相对容易一些，开始可按照比最佳流速(氮气约 20 $cm \cdot s^{-1}$、氦气约 25 $cm \cdot s^{-1}$)高 10%来设定，然后根据分离情况进行调节，原则是既保证待测物的完全分离，又要保证尽可能短的分析时间，用填充柱时载气流速一般设为 30 $mL \cdot min^{-1}$。

当仪器没有配置电子气路控制(EPC)时，必须通过皂膜流量计或测定时间的方法来测定载气流速，通过调节柱前压的方式来改变载气流速，色谱柱越长，内径越小柱温越高，需要柱前压越高。

当所用检测器需要燃烧气和辅助气时，还要设定这些气体的流量。如氢火焰离子化检测器(FID)，可设定为：空气(300～400)$mL \cdot min^{-1}$、氢气(30～40)$mL \cdot min^{-1}$；用毛细柱时：尾吹气(氮气)可设为(30～40)$mL \cdot min^{-1}$。

12.4.2 柱温的选择

气相色谱中柱温是一个重要的操作参数，直接影响分离效能和分析速度。很明显，柱温不能高于固定液的最高使用温度，否则会造成固定液大量挥发流失。某些固定液有最低操作温度，如 Carbowax 20M(固定液为聚乙二醇，相对分子质量 20 000，即 PEG-20M)和 FFAP(固定液为硝基对苯二酸改性了的 PEG-20M)，一般说来，操作温度至少必须高于固定液的熔点，以使其有效地发挥作用。

色谱柱温度的确定主要由样品的复杂程度和汽化温度决定。原则上既要保证待测物的完全分离，又要保证所有组分能流出色谱柱，且分析时间越短越好。组成简单的样品最好用恒温分析，这样分析周期会短一些。对于组成复杂的样品，常需要用程序升温分离，因为在恒温条件下，如果柱温较低，则低沸点组合分离得好，而高沸点组分的流出时间会太长，造成峰展宽，甚至滞留在柱中造成柱污染，反之柱温太高，低沸点组分又难以分离。

实际上，毛细管柱的最大优点就是可以在较宽的温度范围内操作。这样既保证了待测组分的良好分离，又能实现尽可能短的分析时间。

一般地讲，色谱柱的初始温度应接近样品中最轻组分的沸点，而最终温度则取决于最重组分的沸点，升温速率则要依样品的复杂程度决定，在具体工作中操作条件的选择一定要根据样品的实际分离情况来优化设定。

12.4.3 柱长和柱内径的选择

由于分离度正比于柱长的平方根，所以增加柱长对分离是有利的。但增加柱长会使各组分的保留时间增加，延长分析时间。因此，在满足一定分离度的条件下，应尽可能地使用短柱子。一般填充柱的柱长以2～6 m为宜，毛细管柱的柱长以10～50 m为宜。增加色谱柱内径，可以增加分离的样品量，但由于纵向扩散路径的增加，会使柱效降低。在一般分析工作中，填充柱内径常为3～6 mm，毛细管柱内径常为0.25～0.53 mm。

12.4.4 进样量和进样时间的选择

色谱柱的有效分离试样量，随柱内径、柱长及固定液用量的不同而异，柱内径大，固定液用量高，可适当增加进样量。但进样量过大，会造成色谱柱超负荷，柱效急剧下降，峰形变宽，保留时间改变。一般来说，理论上允许的最大进样量是使下降的塔板数不超过10%。总之，最大允许的进样量，应控制在使峰面积或峰高与进样量呈线性关系的范围内。

进样速度必须很快，因为当进样时间太长时，试样原始宽度将变大，色谱峰半峰宽随之变宽，有时甚至使峰变形。一般说来，进样时间应在1 s以内。

12.4.5 气化温度的选择

进样口温度主要由样品的沸点范围决定，还要考虑色谱柱的使用温度。首先要保证待测样品全部气化，其次要保证气化的样品组分能够全部流出色谱柱，而不会在柱中冷凝。

原则上进样口温度一般要接近样品中沸点最高的组分的沸点，但要低于易分解组分的分解温度，常用条件为250～350℃。

实际操作中，进样口要有足够的气化温度，使液体试样气化后被载气带入柱中。在保证试样不分解的情况下，适当提高气化温度对分离及定量有利，一般选择气化温度比柱温高30～70℃。

12.5 气相色谱检测器

1.检测器的要求

一般要求检测器对不同的分析对象，不同的样品浓度以及在不同的色谱操作条件下都能够准确、及时、连续地反映馏出组分的浓度变化。具体要求有以下几点。

(1)稳定性好，敏感度高，便于进行痕量分析。

(2)死体积小，响应快，可用于快速分析和接毛细管柱。

(3)应用范围广，要求一个检测器能对多种物质产生响应信号，又能适应同一物质的不同浓度，线性范围宽，定量准确方便。

(4)结构简单、安全、价廉等。

2. 检测器的性能指标

气相色谱检测器分为浓度型与质量型两种。浓度型检测器测量的是载气中组分浓度的变化，即响应信号与样品组分的浓度成正比。如热导检测器、电子捕获检测器为浓度型检测器；质量型检测器测量的是单位时间内进入检测器的组分量的变化，即响应信号与样品中组分的质量成正比。如氢火焰离子化检测器、火焰光度检测器、氮磷检测器等为质量型检测器。

(1)灵敏度　灵敏度又称响应值，是指一定量的物质（样品组分）通过检测器时所给出的信号（响应）大小，常用 S 表示。

①浓度型检测器　灵敏度 S_c 为 1 mL 载气中含有 1 mg 被测组分时，所产生信号 mV 数。单位为(mV·mL)·mg^{-1}。

②质量型检测器　灵敏度 S_m 为 1 s 内有 1 g 被测组分通过检测器时，所产生的信号 mV 数，单位为(mV·s)·g^{-1}。

(2)检出限　检出限或称敏感度，又称检测器的最小检出量。指单位体积（或时间）内有多少量的物质进入检测器，才能引起恰能辨别的响应信号。一般认为能辨别的响应信号最小应等于检测器噪声的两倍($2N$)，所以，检出限可用下式计算：

浓度型检测器
$$D_c = \frac{2N}{S_c} \tag{12-26}$$

质量型检测器
$$D_m = \frac{2N}{S_m} \tag{12-27}$$

式(12-26)、(12-27)中：D_c 与 D_m 分别为浓度型与质量型检测器的检出限，单位分别为 mg·mL^{-1}、g·s^{-1}；N 为检测器的噪声，单位为 mV。

(3)线性范围　检测器的线性范围，是指组分浓度（或质量）与检测器的响应保持线性增加的范围，即响应值随组分浓度变化曲线上的直线部分。在线性范围内操作，重复性好、结果准确。

(4)稳定性　检测器在长期使用中要求性能稳定，即主要指标如敏感度、噪声、线性范围等基本不变。另外，也希望检测器操作、调整方便，达到稳定时间短，以利于实际使用。

12.5.1 热导检测器

热导检测器(thermal conductivity detector，TCD)是一种结构简单、性能稳定、线性范围宽、对无机及有机物质都有响应、灵敏度适宜的检测器，因此在气相色谱中得到广泛的应用。

1. 原理

根据各种物质和载气的导热系数不同，采用热敏元件进行检测。

2. 结构

热导检测器由热导池池体和热敏元件组成，如图 12-8 所示。热敏元件是两根电阻值完全相同的金属丝(钨丝或白金丝),作为两个臂接入惠斯顿电桥中(图 12-9),由恒定的电流加热。如果热导池只有载气通过,载气从两个热敏元件带走的热量相同,两个热敏元件的温度变化是相同的,其电阻值变化也相同,电桥处于平衡状态。如果样品混在载气中通过测量池,由于样品气和载气的热导系数不同,两边带走的热量不相等,热敏元件的温度和阻值也就不同,从而使得电桥失去平衡,记录器上就有信号产生。被测物质与载气的热导系数相差越大,灵敏度也就越高。此外,载气流量和钨丝温度对灵敏度也有较大的影响。钨丝工作电流增加 1 倍可使灵敏度提高 3~7 倍,但是钨丝电流过高会造成基线不稳和缩短钨丝的寿命。

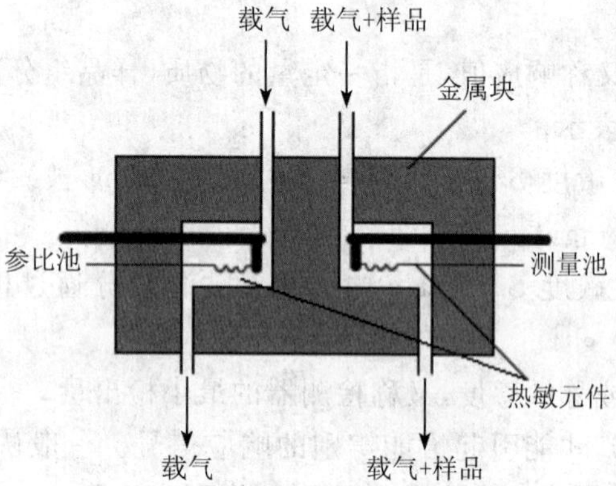

图 12-8　双臂热导池检测器结构示意图

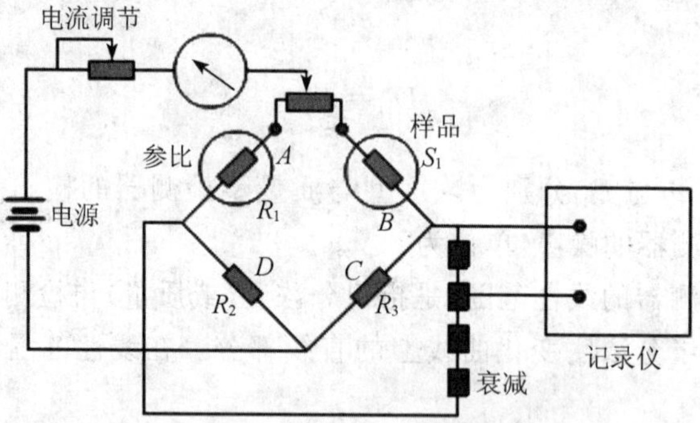

图 12-9　热导检测器的桥式电路示意图

3. 影响热导检测器灵敏度的因素

影响灵敏度的主要因素有:桥路电流、载气、热敏元件的电阻值及电阻温度系数,池体温度等。

4. 桥路电流

一般来说,热导检测器的灵敏度 S 和桥电流 I 的三次方成正比,即 $S \propto I^3$。因此,提高桥电流可迅速地提高灵敏度。但电流不可太大,否则会造成噪声加大,基线不稳,数据精度降低,甚至使金属丝氧化烧坏。

5. 载气

通常载气与样品气的导热系数相差越大,灵敏度越高。由于被测组分的导热系数一般都比较小，故应选用导热系数高的载气。常用载气的导热系数大小顺序为：$H_2>He>N_2$，因此在使用热导池检测器时，为了提高灵敏度，一般选用 H_2 为载气。

6. 热敏元件

热导检测器的灵敏度正比于热敏元件的电阻值及其电阻温度系数。因此，应选择阻值大和电阻温度系数高的热敏元件，如钨丝、铼钨丝等。

7. 池体温度

当桥电流和钨丝温度一定时，如果降低池体温度，将使得池体与钨丝的温差变大，从而可以提高热导检测器的灵敏度。但是，检测器的温度应略高于柱温，以防组分在检测器内冷凝。

8. 操作注意事项

(1)在钨丝电流接通之前，检测器务必通入载气，如果没有载气流来散热，钨丝非常容易烧断。

(2)在换柱或换进样隔膜等情况下，气路系统通大气之前，都要断开钨丝电流。否则少量空气漏入系统会氧化并毁坏钨丝。

(3)钨丝受腐蚀会引起噪声过大，基线漂移或使电桥无法平衡。如果腐蚀严重，必须予以更换。

(4)噪声过大和基线漂移也可能是由于高沸点组分在钨丝上冷凝引起。处理办法是将热导池体冷至室温，把柱拆开，注射进足够的溶剂，使之充满池体，保留过夜。在使用前进行彻底清洗、干燥。

(5)热导检测器是对载气流速灵敏的检测器。载气流速应该用稳压稳流阀来控制。在程序升温时，气瓶压力必须保持足够高压力，以确保基线稳定。

(6)为延长热导池的寿命，在使用一段时间后，把参考臂和检测臂对换一下，参考臂未接触过样品，很少腐蚀，可以延长使用时间。

(7)检测器温度一般与气化温度接近，或与程序升温最高柱温接近即可。

(8)有些气体混合物在某一浓度范围内(如 20% N_2 在 H_2 中)，热导池的响应就不成线性关系，必须注意。

12.5.2 火焰离子化检测器

火焰离子化检测器(flame ionization detector，FID)具有结构简单、灵敏度高、死体积小、响应快、线性范围宽(可达 10^6)、稳定性好等优点，是目前常用的检测器之一。但是它仅对含碳有机化合物有很高的灵敏度，对某些物质，如永久性气体、水、一氧化碳、二氧化碳、氮的氧化物、硫化氢等不产生信号或者信号很弱。

1. 原理

当氢和空气燃烧时，进入火焰的有机物发生高温裂解和氧化反应生成自由基，自由基又与氧作用产生离子。在电场作用下，正离子被收集到负极，产生电流，经放大后被记录下来。含碳有机物在氢火焰中燃烧时，有机物的电离不是热电离而是化学电离，如发生下列反应：

$$2CH\cdot + O_2 \rightarrow 2CHO^+ + e^-$$

$$CHO^+ + H_2O \rightarrow H_3O^+ + CO$$

2. 结构

它的主要部件是一个用不锈钢制成的离子室，如图 12-10 所示。离子室由收集极、极化极（发射极）、气体入口及火焰喷嘴组成。在离子室下部，氢气与载气混合后通过喷嘴，再与空气混合点火燃烧，形成氢火焰。无样品时两极间离子很少，当有机物进入火焰时，发生离子化反应，生成许多离子。在火焰上方收集极和极化极所形成的静电场作用下，离子流向收集极形成离子流，离子流（电流）经放大、记录即得色谱峰。

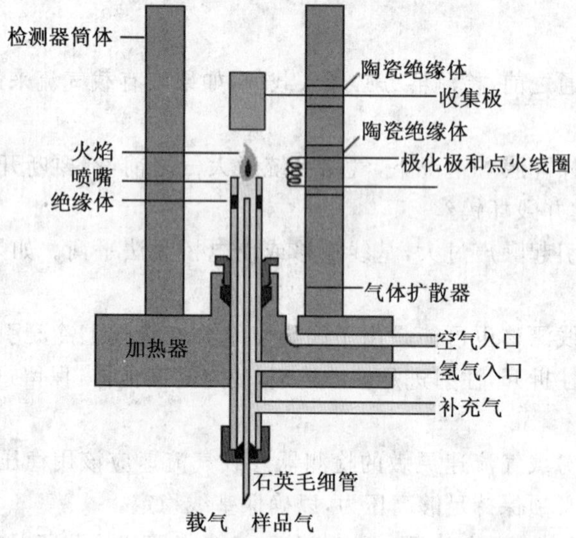

图 12-10　氢火焰离子化检测器结构示意图

3. 影响灵敏度的因素

(1)实验证明，用氮气作载气比用其他气体（如 H_2、He、Ar）作载气时的灵敏度要高。

(2)在一定范围内增大氢气和空气的流量，可提高检测器的灵敏度。然而，氢气流量过大有时反而降低灵敏度。一般空气与氢气之比为 10∶1；氮与氢之比为 1∶1，但考虑到基流随氢气的增加而上升，所以氮氢比应比理论值略高。

(3)把空气和氢气预混合，从火焰内部供氧，这是提高灵敏度的一个有效方法。

(4)收集极与喷嘴之间的距离为 5～7 mm 时，往往可获得较高灵敏度。

(5)维持收集极表面清洁，检测高分子量物质时适当提高检测室温度等也是提高灵敏度的措施。

12.5.3　电子俘获检测器

电子俘获检测器（electron capture detector，ECD）是一种选择性很强的检测器，它只对含有电负性较强的元素的组分产生响应，因此，这种检测器适用于分析含有卤素、硫、磷、氮、氧等元素的物质。

1. 原理

以^{63}Ni或^{3}H作放射源，当载气(如N_2)通过检测器时，受放射源发射的β射线的激发与电离，产生一定数量的电子和正离子，在一定强度电场作用下形成一个背景电流(基流)。在此情况下，如载气中含有电负性强的样品，则电负性物质就会捕获电子，从而使检测室中的基流减小，基流的减小与样品的浓度成正比。

2. 结构

在检测器池体内，装有一圆筒状β放射源(^{63}Ni或^{3}H)为阴极，一个不锈钢棒为阳极(图12-11)。两极间施加直流或脉冲电压，当载气(如N_2)进入检测池后，放射源的β射线将其电离为正离子和低能电子：

$$N_2 \xrightarrow{\beta} N_2^+ + e^-$$

这些电子在电场作用下，向正极运动，形成恒定的电流即基流。当电负性物质进入检测器后，它捕获了这些低能电子而产生带负电荷的分子或离子并放出能量：

$$AB + e^- \rightarrow AB^- + E$$

带负电荷的分子离子和载气电离产生的正离子复合生成中性化合物，由于被测组分俘获电子，其结果使基线降低，产生负信号而形成倒峰。组分浓度越大，倒峰越大。

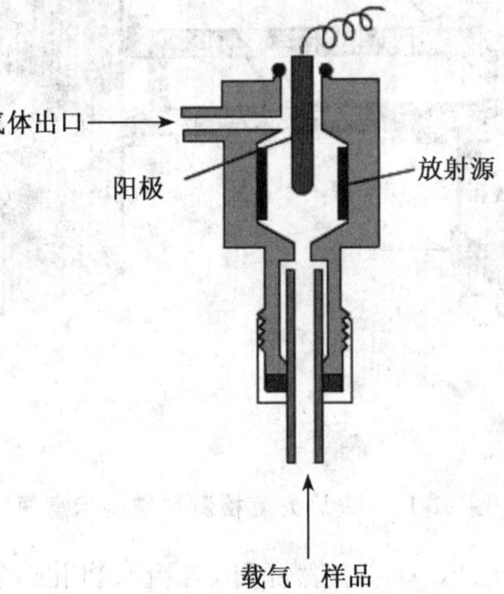

图 12-11 电子俘获检测器结构示意图

3. 操作注意事项

(1)载气纯度对灵敏度影响很大，要用高纯氮(纯度>99.999%)作载气，以防电负性物质(氧、水等)干扰。气路系统密封性要好，不使用时气路系统的进口和出口都应密闭。要用高温色谱专用的硅橡胶做垫片。第一次开机时，应用大流量的高纯氮气吹扫管路至少24 h，然后再把气流接到载气入口处，使用时载气一直保持正压，中途短时间停机，不要关掉载气。更换色谱柱或气化室的硅橡胶垫时要尽可能快，漏入空气，会使基流下降，线性范围变窄，噪声增高，灵敏度下降。

(2)检测器的温度应保持在柱温以上,以防止样品或流失的固定液冷凝在检测器里。但切勿超过最高使用温度,否则氚源会流失,这是极危险的。

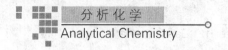

(3)ECD是依据基流减小获得检测信号。为获高分离度,进样量必须适当。通常希望产生的峰高不超过基流的30%,当样品浓度大时,应适当稀释后再进样。分析电负性强的样品(如 CCl_4)时,其量一定不要超过 10^{-9} g。

(4)溶剂要充分纯化,尽可能不采用有很强电负性的溶剂,如丙酮、乙醇、乙醚和含氯溶剂,非用不可时一定要把色谱柱充分老化。

(5)操作人员应具备操作放射源的基本知识。

12.5.4 火焰光度检测器

火焰光度检测器(flame photometry detector,FPD)是对含S、P化合物具有高选择性和高灵敏度的检测器,也称硫磷检测器。主要用于 SO_2、H_2S、石油精馏物的含硫量、有机硫、有机磷的农药残留物分析等。硫的检测波长394 nm,磷的检测波长526 nm。检测器主要由火焰喷嘴、滤光片、光电倍增管构成,见图12-12。

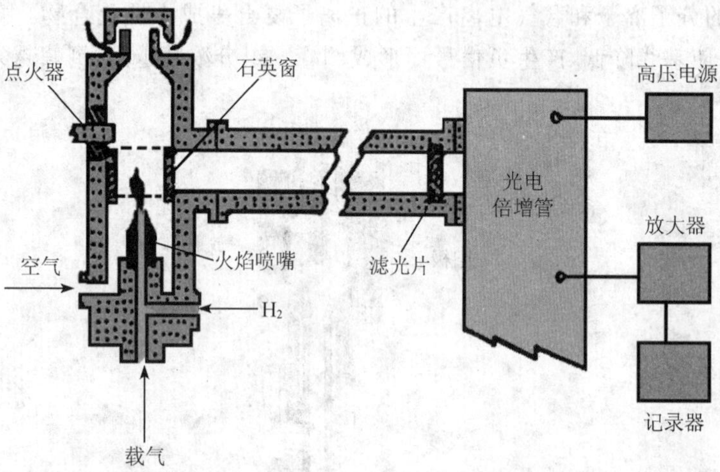

图12-12 火焰光度检测器结构示意图

当样品在富氢焰($H_2:O_2>3:1$)中燃烧时,含硫有机化合物发生如下反应:

$$RS + 2O_2 \rightarrow SO_2 + CO_2$$

$$2SO_2 + 4H_2 \rightarrow 2S + 4H_2O$$

在适当的温度下,生成具有化学发光性质的激发态分子,当激发态的分子回到基态时,发射出波长为350~480 nm($\lambda_{max}=394$ nm)的特征分子光谱:

$$S + S \rightarrow S_2^* \qquad S_2^* \rightarrow S_2 + h\nu(350\sim480\ \text{nm})$$

$$\text{有机磷化合物} + O_2 \rightarrow PO$$

$$PO + H \rightarrow HPO^* \qquad HPO^* \rightarrow HPO + h\nu(480\sim600\ \text{nm})$$

含磷试样主要以 HPO 碎片的形式发射出 $\lambda_{max}=526$ nm 的特征光。这些发射光经滤波片而照射到光电管上，将光转变为电流，经放大后在记录器上记录下硫或磷化合物的色谱图。至于含碳有机物，在氢焰高温下进行电离而产生微电流，经收集极收集，放大后可同时记录下来。因此火焰光度检测器可以同时测定硫、磷和含碳有机物，即火焰光度检测器、氢焰检测器联用。

12.6 气相色谱定性定量方法及应用示例

用气相色谱法进行定性分析，就是确定每个色谱峰代表何种物质。具体说来，就是根据保留值或与其相关的值来进行判断，包括保留时间、保留体积，保留指数及相对保留值等。但是应该指出，在许多情况下，还需要与其他一些化学方法或仪器方法相配合，才能准确地判断某些组分是否存在。

12.6.1 利用纯物质对照的定性鉴定

1. 当有待测组分的纯样品时，用对照法进行定性极为简单

实验时，可采用单柱比较法、峰高加入法或双柱比较法。

(1)单柱比较法　在相同的色谱条件下，分别对已知纯样及待测试样进行色谱分析，得到两张色谱图，然后比较其保留时间或保留体积，或比较换算为以某一物质为基准的相对保留值。当两者的参数相同时，即可认为待测试样中有纯样品那种组分存在。

(2)双柱比较法　在两个极性完全不同的色谱柱上，测定纯样品和待测组分在其上的保留参数，如果都相同，则可较准确地判断试样中有与此纯样相同的物质存在。不难理解，双柱法比单柱法更为可靠，因为有些不同的化合物会在某一固定液上表现出相同的色谱性质。

(3)峰高加入法　将已知纯样加入待测样品后再进行一次分析，然后与原来的待测组分的色谱图进行比较，若前者的色谱峰增高，则可认为加入的已知纯物与样品中的某一组分为同一化合物。应该指出，当进样量很低时，如果峰不重合，峰中出现转折，或者半峰宽变宽，则一般可以肯定试样中不含与所加已知纯物相同的化合物。

2. 用经验规律和文献值进行定性分析

当没有待测组分的纯样时，一般可以用文献值进行定性，或者用气相色谱中的经验规律进行定性。

(1)碳数规律　大量实验证明，在一定温度下，同系物的调整保留时间的对数与分子中碳原子数呈线性关系：

$$\lg t_R{}'=A_1 n+C_1 \qquad (12\text{-}28)$$

式 12-28 中：A_1 和 C_1 为常数，$n(n\geqslant3)$为分子中的碳原子数。该式说明，如果知道某一同系物中两个或更多组分的调整保留值，则可根据上式推知同系物中其他组分的调整保留值。

(2)沸点规律　同族具有相同碳数碳链的异构体化合物，其调整保留时间的对数和它们的沸点呈线性关系：

$$\lg t_R' = A_2 T_b + C_2 \tag{12-29}$$

式 12-29 中：A_2 和 C_2 均为常数，T_b 为组分的沸点(K)。由此可见，根据同族同数碳链异构体中几个已知组分的调整保留时间的对数值，就能求得同族中具有相同碳数的其他异构体的调整保留时间。

保留指数(I)：又称科瓦茨(Kovats)指数，是气相色谱常用的定性参数。I_x 是把组分的保留行为换算成相当于正构烷烃的保留行为。该方法的依据是正构烷烃的对数调整保留值与其碳原子数呈线性关系。保留指数的定义式如下：

$$I_x = 100\left[z + n\frac{\lg t'_{R(x)} - \lg t'_{R(z)}}{\lg t'_{R(z+n)} - \lg t'_{R(z)}}\right] \tag{12-30}$$

式 12-30 中：I_x 为待测组分的保留指数，z 与 $z+n$ 为正构烷烃对的碳原子数；n 为自然数(这里 $n\neq 0$)，通常为 1。I_x 就是用两个保留时间与待测组分(x)紧邻的一对正构烷烃作为参比物来标定组分(x)的保留行为。人为规定：正构烷烃的保留指数为其碳数乘以 100。如正已烷、正庚烷和正辛烷的保留指数分别为 600、700 和 800。测定 I_x 时，将碳数为 z 和 $z+n$ 的正构烷烃加于样品(x)中进行分析，取得它们的调整保留值($t'_{R(z)}$，$t'_{R(z+n)}$ 和 $t'_{R(x)}$)并代入式(12-30)计算即可。

12.6.2 与质谱、红外光谱联用的定性鉴定

色谱-质谱联用　由于质谱灵敏度高、扫描速度快并能准确测得未知物分子量，因此色谱-质谱联用技术是目前解决复杂未知物定性问题的最有效工具之一。

色谱-红外光谱联用　红外光谱对纯物质有特征性很高的红外光谱图，并且这些标准谱图已被大量地积累下来。因此红外光谱已被广泛和有效地用于定性鉴定色谱流出峰。

现代色谱-傅里叶变换红外光谱联用仪，具有扫描速度快、灵敏度高、样品用量少、借助电子计算机进行控制与数据处理以及谱带的辨认和检索等功能，每当一个色谱峰出完后，就可立即知道该流出峰的组分的定性结果。因而大大地降低了工作人员的工作量，减少主观误差，使得分析复杂样品的时间大为缩短。

12.6.3 峰面积的测量

定量分析的依据：检测器对某一组分 i 的响应信号(如峰高 h_i 或峰面积 A_i)与该组分通过检测器的量(m_i)呈线性关系。其表达式为

$$m_i = f_i A_i \tag{12-31}$$

式 12-31 中：f_i 为定量校正因子。由上式可见，在定量分析中需要：①准确测量峰面积；②准确求出比例常数 f_i；③根据上式正确选用定量计算方法，将待测的组分的峰面积换算为质量分数。

峰面积测量法：测量峰面积的方法分为手工测量和自动测量两大类。现代色谱仪中一般都装有准确测量色谱峰面积的电学积分仪。如果没有积分装置，可用手工测量，再用有关公式计算峰面积。

对于对称的峰，近似计算公式为：

$$A=1.065h\cdot Y_{1/2} \tag{12-32}$$

不对称的峰的近似计算公式为：

$$A=h\times\frac{(Y_{0.15}+Y_{0.85})}{2} \tag{12-33}$$

式12-33中：$Y_{0.15}$和$Y_{0.85}$分别为峰高0.15和0.85处的峰宽值。峰面积的大小不易受操作条件如柱温、流动相的流速、进样速度等的影响，从这一点来看，峰面积比峰高更适于作为定量分析的参数。

12.6.4 定量校正因子

气相色谱分析中，由于同一检测器对不同的物质有不同的响应值，两个等量的物质得出的峰面积往往不相等，所以不能用峰面积直接进行比较。为解决此问题，可以选定一个物质做标准，用校正因子把其他物质的峰面积校正成相当于这个标准物质的峰面积，然后用这种经校正的峰面积来计算物质的含量。

单位峰面积所代表物质的量，称为绝对校正因子 f_i：

$$f_i=\frac{m_i}{A_i} \tag{12-34}$$

很明显，绝对校正因子受仪器及操作条件的影响很大，故其应用受到限制。在实际定量分析中，一般常采用相对校正因子，即某物质与一标准物质的绝对校正因子之比值。常用的标准物质，对热导池检测器是苯，对氢火焰检测器是正庚烷。按被测组分使用的计量单位不同，可分为质量校正因子，摩尔校正因子和体积校正因子。

(1)质量校正因子 f_{m}　这是一种常用的定量校正因子，即

$$f_m=\frac{f'_{i(m)}}{f'_{s(m)}}=\frac{A_s m_i}{A_i m_s} \tag{12-35}$$

摩尔校正因子 f_{M}　如果以摩尔数计量，则

$$f_M=\frac{f'_{i(M)}}{f'_{s(M)}}=\frac{A_s m_i M_s}{A_i m_s M_i}=f_m\cdot\frac{M_s}{M_i} \tag{12-36}$$

(2)体积校正因子 f_V　如果以体积计量(气体试样)，则体积校正因子就是摩尔校正因子，这是因为1 mol任何气体在标准状态下其体积都是22.4 L。对于气体分析，使用摩尔校正因子可得体积分数。

$$f_V=\frac{f'_{i(V)}}{f'_{s(V)}}=\frac{A_s m_i M_s}{A_i m_s M_i}\times\frac{22.4}{22.4}=f_M \tag{12-37}$$

12.6.5 几种常用定量方法

1.外标法

外标法(也叫标准曲线法)是将欲测组分的纯物质配制成不同浓度的标准溶液，使浓度

与待测组分相近，然后取固定量的上述溶液进行色谱分析，得到标准样品的对应色谱图，以峰高或峰面积对浓度作图。这些数据应是一条通过原点的直线。分析样品时，在与标准溶液分析完全相同的色谱条件下，取制作标准曲线时同样量的试样分析，测得该试样的响应信号后，由标准曲线即可查出其百分含量。

本法定量不用校正因子，不必加内标物，比较方便，常用于日常控制分析。分析结果的准确性主要取决于进样量的重复性和操作条件的稳定程度。

2. 内标法

当只需测定试样中某几个组分，或试样中所有组分不可能全部出峰时，可采用内标法。具体做法是：准确称取样品，加入一定量某种纯物质作为内标物，然后进行色谱分析。根据被测物和内标物在色谱图上相应的峰面积（或峰高）和相对校正因子，求出某组分的含量。例如要测定试样中组分 i（质量为 m_i）的质量分数 w_i，可于试样中加入质量为 m_s 的内标物，试样质量为 m，则

$$w_i=\frac{m_i}{m}\times 100\%=\frac{A_i f_i}{A_s f_s}\cdot\frac{m_s}{m}\times 100\% \tag{12-38}$$

式 12-38 中：A_i，A_s 为被测组分和内标物的峰面积；f_i 和 f_s 为被测组分和内标物的相对质量校正因子。在实际工作中，一般以内标物作为基准，即 $f_s=1$，此时式(12-37)可简化为

$$w_i=\frac{A_i}{A_s}\cdot\frac{m_s}{m}\cdot f_i\times 100\% \tag{12-39}$$

内标法是通过测量内标物及欲测组分的峰面积的相对值来进行计算的，因而可以在一定程度上消除操作条件等的变化所引起的误差。

内标物选择条件：①内标物和样品互溶；②内标物和样品组分峰能分开；③内标峰尽量和被测峰靠近，内标物的量也要接近被测组分含量，最好性能也相近。

内标法是常用的比较准确的定量方法。分析条件不必如外标法那样严格，进样量也不必严格控制。缺点是每次分析都要称取样品和内标物的质量，不适于快速控制分析。

3. 归一化法

归一化法是把试样中所有组分的含量之和按 100% 计算，以它们相应的色谱峰面积或峰高为定量参数，通过下列公式计算各组分含量：

$$w_i=\frac{m_i}{m}\times 100\%=\frac{m_i}{m_1+m_2+\cdots+m_n}\times 100\%=\frac{A_i f_i}{A_1 f_1+A_2 f_2+\cdots+A_n f_n}\times 100\% \tag{12-40}$$

若各组分的 f 值相近或相同，例如同系物中沸点接近的各组分，则上式可简化为：

$$w_i=\frac{A_i}{A_1+A_2+\cdots+A_n}\times 100\% \tag{12-41}$$

由式 12-41 可见，使用这种方法的条件是：经过色谱分离后，样品中所有的组分都要能产生可测量的色谱峰。该法的主要优点是：简便、准确，当操作条件（如进样量，流速等）变化时，对分析结果影响较小。

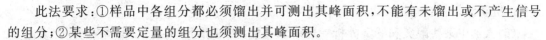

此法要求：①样品中各组分都必须馏出并可测出其峰面积，不能有未馏出或不产生信号的组分；②某些不需要定量的组分也须测出其峰面积。

归一化法的显著优点：①不必准确知道进样量 m，尤其是液体样品，进样量少，不易量准时，显得更为方便；②此法准确，仪器及操作条件稍有变动，对结果影响较小；③多组分分析时较内标法、外标法简便；④用峰高 h_i 代替峰面积 A_i，进样误差仍然对分析结果没有影响；⑤若各组分的 f_i 值近似或相同（如分析同分异构物，氢火焰离子化分析同系物、热导池以 H_2 作载气时）可不必求出 f_i 值，而直接把面积归一化即可。

12.6.6 应用领域及分析示例

1.应用领域

(1)石油和石油化工分析　油气田勘探中的化学分析、原油分析、油料分析、单质烃分析、含硫/含氮/含氧化合物分析、汽油添加剂分析、脂肪烃分析、芳烃分析。

(2)环境分析　大气污染物分析、水质分析、土壤分析、固体废弃物分析。

(3)食品分析　农药残留分析、香精香料分析、添加剂分析、脂肪酸甲酯分析、食品包装材料分析。

(4)药物和临床分析　雌三醇分析、儿茶酚胺代谢产物分析、尿中孕二醇和孕三醇分析、血浆中睾丸激素分析、血液中乙醇、麻醉剂及氨基酸衍生物分析。

(5)农药残留物分析　有机氯农药残留分析、有机磷农药残留分析、杀虫剂残留分析、除草剂残留分析等。

(6)精细化工分析　添加剂分析、催化剂分析、原材料分析、产品质量控制。

(7)聚合物分析　单体分析、添加剂分析、共聚物组成分析、聚合物结构表征和聚合物中的杂质分析、热稳定性研究。

(8)合成工业　方法研究、质量监控、过程分析。

2.分析示例

(1)天然气常量分析　选用热导检测器，适用于城市燃气用天然气 O_2、N_2、CH_4、CO_2、C_2H_6、C_3H_8 等组分的常量分析。分析结果符合国标 GB/T 10410.2—1989。

(2)人工煤气分析　选用热导检测器、双阀多柱系统，自动或手动进样，适用于人工煤气中 H_2、O_2、N_2、CO_2、CH_4、C_2H_4、C_2H_6、C_3H_6 等主要成分的测定。分析结果符合国标 GB/T 10410.1—1989。

(3)液化石油气分析　选用热导检测器、填充柱系统、阀自动或手动切换，并配有反吹系统，适用于炼油厂生产的液化石油气中 $C_2 \sim C_4$ 及总 C_5 烃类组成的分析（不包括双烯烃和炔烃）。分析结果符合 SH/T 10230—1992。

(4)炼厂气分析　选用热导池检测器和氢火焰离子化检测器，填充柱和毛细管柱分离，通过多阀自动切换，信号自动切换，实现一次进样，多维色谱分析，快速分析 H_2、O_2、N_2、CO_2、CO、$C_{10} \sim C_{60}$ 及 C_6 以上烃等组分。分析结果令人满意。

(5)车用和航空汽油中苯及甲苯分析　选用热导检测器或氢火焰离子化检测器，双柱串联，通过阀自动切换，并配有反吹系统，实现一次进样完成对汽油中苯及甲苯的定性及定量分析。分析结果符合国标 GB 17930—1999。

(6)汽油中某些醇类和醚类分析　选用氢火焰离子化检测器,多柱分离系统,十通阀自动切换和反吹,一次直接进样分析汽油中某些醇类和醚类。特别适用于车用和航空汽油以及含乙醇的汽油中有关醇、醚的分析。参见石油化工行业标准 SH/T 0663—1998。

(7)蒸馏酒及配制酒卫生标准的气相色谱分析　采用氢火焰离子化检测器,GDX-102 填充柱或 FFAP 大口径毛细管柱,外标法(峰面积)定量,分析白酒中的甲醇和杂醇油。分析结果完全符合国标 GB/T 5009.48—2003。

(8)食品用酒精分析　采用 PEG-20M 毛细管柱,FID 检测器,内标法完成对优质食用酒精中甲醇、杂醇油等微量组分的检测。分析结果完全符合国家标准 GB 10343—2002 的要求。

(9)白酒中有关醛、醇、酯的分析　采用氢火焰离子化检测器,使用 20% DNP+7%吐温-80,或大口径 Φ 0.53 mm 专用毛细管柱,完成浓香型白酒和清香型白酒中主要的醇、醛、酸、酯各个组分的分析。使用毛细管柱除提高了分析效率外,还能检出有机酸,为复杂的酿造发酵工艺提供了更多有价值的信息。分析结果完全符合国家标准 GB/T 10345.7—1989 和 GB/T 10345.8—1989。

(10)植物油中残留溶剂的检测　可以按照国家标准 GB/T 5009.37—2003 顶空气相色谱法对浸出油中 6 号溶剂残留量进行测定。采用氢火焰离子化检测器,内装涂有 5% DEGS 固定液的填充柱,外标法定量。也可以采用 DJ-200 型顶空进样器(可以放置 6 个顶空瓶,顶空瓶规格:2、10、20 mL 任选)。采用顶空进样器确保了分析的可靠性,提高了分析效率,可加热的气密针套,确保样品无稀释、无冷凝。

(11)室内空气检测分析　选用氢火焰离子化检测器,配以热解吸进样器、填充柱或毛细管柱,按国家标准 GB 50325—2001,选用专用的色谱柱可完成对室内空气中苯、甲苯、二甲苯及总挥发性有机合物(TVOC)的检测。采用衍生气相色谱法,经 2,4-二硝基苯肼衍生,用环己烷萃取,以 OV-17 和 QF-1 混涂色谱柱分离,用电子俘获检测器(ECD)测定室内空气中的甲醛,与比色法测定甲醛相比,具有灵敏、准确、无干扰、试剂易保存等优点。

(12)变压器油裂解产物分析　采用氢火焰离子化检测器和热导检测器,Ni 触媒转换器、六通阀自动切换,无二次分流系统,使之对变压器油裂解产物(8 种组分气体)一次进样全自动分析,该法定量准确、灵敏度高。微机控制可实现 FID/TCD 的输出信号自动切换。可以选用振荡脱气的取样方式,也可以采用外购自动顶空进样器自动进样。分析结果完全符合国家标准 GB/T 7252—2001。

(13)食品添加剂及食品中农药残留分析　选用不同种类的检测器和色谱柱,气相色谱法可完成对食品中山梨酸、苯甲酸(GB/T 5009.29—2003)、食品中有机磷农药残留(GB/T 5009.20—2003)、食品中六六六和滴滴涕残留(GB/T 5009.19—2003)、食品中氨基甲酸酯农药残留(GB/T 14877—1994)、食品中有机氯和拟除虫菊酯类农药多残留(GB/T 17332—1998)、海产品中多氯联苯(GB/T 9675—1988)等的测定。

(14)烟草及烟草制品检测分析　选用 TCD、FID,配以专用色谱柱,可完成对烟气总粒相物中水分及尼古丁含量的检测，其方法是国际上普遍采用的一种快速、准确、先进的测试方法。对烟草、烟草制品中有机氯、有机磷、拟除虫菊酯等农药残留的测定，可采用 ECD、FPD、NPD 检测器配以不同的毛细管柱来完成。可参考国标 GB/T 13595—2004 和 GB/T 13596—2004。

(15)其他　除以上分析外，配合静态顶空进样装置可以完成血液中乙醇含量的测定以及药品中残留溶剂的分析。利用固相微萃取装置与顶空技术可以实现食品中的气味分析。利用吹扫-捕集进样技术可以实现废水中挥发性芳烃的分析以及饮用水中挥发性有机物分析。

12.7　毛细管柱气相色谱法简介

12.7.1　毛细管柱气相色谱简介

1957 年戈雷(M. J. E. Golay)在细而长的空柱内壁涂固定液的试验，标志着毛细管气相色谱的问世。1958 年戈雷提出的毛细管柱速率理论，导出类似填充柱速率方程的 $H-u$ 方程，为毛细管气相色谱奠定了理论基础。氢火焰检测器的发明促成了第一台毛细管气相色谱仪的出现。玻璃毛细管内壁的减活处理，内壁表面湿润性的增加，使得极性固定相能均匀地涂在玻璃的表面，结果使玻璃毛细管柱较其他材质的毛细管柱多而跃居首位。1979 年提出的熔融石英毛细管柱，克服了玻璃毛细管柱易破碎，更换不方便的缺点，有力地促进了毛细管气相色谱的发展。目前，毛细管色谱技术发展十分迅速，除毛细管气相色谱外，现涉及毛细管柱的分离分析技术还有毛细管电泳、毛细管电动色谱、高效毛细管液相色谱等。

毛细管气相色谱法的特点：①由于渗透性好，可使用长的色谱柱；②相比(β)大，有利于实现快速分离；③柱容量小，允许进样量小；④操作条件严格，要求柱外死体积小；⑤总柱效高，分离复杂混合物的能力大为提高；⑥应用范围广。

毛细管气相色谱中的毛细管柱材料大都是熔融石英，目前市场上有两种基本类型。

1. 管壁涂渍开口柱(WCOT)

管壁涂渍开口柱的固定相是涂渍到减活柱壁的液膜，为气相色谱中最常用。涂渍材料多为含不同取代基的聚甲基硅氧烷。现在一般是键合柱或键合/交联柱。

键合是在固定相和柱管壁之间形成化学键；交联是使固定相间聚合以增加相对分子质量。

在生产键合/交联柱过程中，键合反应与交联反应同时发生使固定相具有高温稳定性和柱流失降低。

2. 多层开口柱(PLOT)

PLOT 柱的固定相是涂喷到柱壁上的固体物质，目前只有 3 种 PLOT。

(1)分子筛　适合永久性气体分析，但对水敏感。

(2)二乙烯基苯(DVB)-HP-PLOT　适合于烃类分析，包括所有 $C_1 \sim C_3$ 异构体，二氧化碳、极性化合物，含硫化合物。

(3)氧化铝　适合于$C_1 \sim C_{10}$同分异构体的分离。

12.7.2　毛细管柱的选择原则

除特殊气体分析选用多层开口柱(PLOT)外，一般选用管壁涂渍开口柱(WCOT)。选择柱时，主要考虑固定相、相比、柱内径、膜厚和柱子长度等参数，下面分别予以讨论。

(1)固定相　在柱子选择时，最重要的参数是固定相。固定相的选择为柱选择的基础，固定相对分离度的影响比柱子的内径、膜厚和柱子长度对分离度的影响都要大。

在分析化合物时，选择柱子的具体原则是分析物与固定相有相似的化学性质，即极性柱适合于极性化合物的分离，非极性柱适合非极性化合物的分离。分析某一化合物使用什么样的柱子，最重要的是考虑分析物的极性特征。

化合物(可挥发，至少是半挥发)按极性可分为以下3类。

非极性分子：通常仅由C和H组成并且偶极矩为零。直链烃(正烷烃)是常见的非极性化合物的例子。

极性分子：主要由C和H组成，同时也有其他原子如N、O、P、S和卤素。样品包括醇、胺、硫醇、酮、氮化物、有机卤化物等。

可极化物质：主要由C和H组成，同时包含不饱和键。通常有烯烃、炔烃和芳香族化合物。

选择柱子固定相除遵守“相似相溶”的原则外，还要注意以下几点。

①查找色谱手册或参考文献看是否有类似要分析的组分。

②极性固定相一般来讲最适于极性化合物的分离，尤其适宜于相对分子质量相近极性不同的化合物。

③若能达到分离的要求，尽可能选择极性低的固定相。因为非极性固定相的最高使用温度高，柱寿命长。

④最好的通用固定相为5%苯基、95%甲基聚硅氧烷，如DB-5、HP-5、BP-5、RHX-5等。

⑤对于氢键数不同的化合物，选用固定相为80%苯基、20%二甲基聚硅氧烷，如DB-20、Rtx-20、TM-20、SPB-20等极性的柱子。

⑥对于分离极性不同或电荷分布不同的化合物，最好选用固定相为14%氰丙基和86%苯基的聚二甲基硅氧烷，如BP-10、RSL-1701、DB-1701、HP-1701、OV-17等。

(2)相比　在详细讨论膜厚以前，重要的是要了解膜厚如何影响柱子的行为。固定相与流动相之间的关系用相比(β)来表示。

$$\beta=\frac{d}{4u_f}$$

式中：β为相比；d为柱内径；u_f为膜厚。

相比也是柱选择较为重要的参数，它决定组分的保留特性(保留时间的长短)和被分析物的量。

一般认为，相比越高，溶质保留时间越短。反过来说，在同样操作条件下，相比越低，保留时间越长。

两根长度和相比相同，内径不同的柱子，在同样温度和同样载气线速的条件下，保留时间相同。

(3)柱子内径　增加内径意味着固定相的增加，即使厚度不增加，也有更大的样品容积。同时也意味着降低了分辨力，增大了柱流失。

小口径柱为复杂样品提供了分析所需要的分离条件，但通常因柱容量低需要分流进样。如果分辨率低能接受的话，大口径可以避免这一点，即不需分流进样。当样品容量是重要的考虑因素时，如气体、强挥发样品、吹扫捕集或顶空进样，用大内径柱比较合适。

在选择柱内径时，应注意以下几点：

①分离效能　分析的化合物越复杂，所需柱子的分辨力越强，要增加分辨力，柱子的内径就要减小。

②样品容量　相比决定柱子能负载样品量的大小，一般来说，柱内径越小，在不过载的情况下，能被分析样品的量就越少。

柱过载现象为峰形前伸，峰形前伸预示着柱过载。

柱过载也受溶质在固定相中的溶解性影响。因此，不同化合物在柱子上的过载浓度大小会不尽相同。

③容易使用　一般柱内径越大，越易达到操作条件。

④仪器条件限制　0.15 mm 内径和 0.22 mm 内径的柱子需要分流进样口，填充柱口可以换接头用大口径柱，不能用小口径柱。

⑤分析速度　在窄柱子上，由于柱子高的分辨率，可大大缩短分析时间。由于高的分辨率，可在高于最佳载气流速下在较短时间内进行分析。

总之，选择柱子内径取决于分离效能，分析物的浓度、分析速度、柱子设置条件和使用仪器的限制。

(4)膜厚　膜厚会影响相对保留时间和柱容量。化合物在厚膜柱子上保留时间延长，时间长的化合物需增加柱温来洗脱。在薄膜柱子上温度低，洗脱组分快，峰分离好。这表明薄膜柱子适合高沸点化合物、组分密集化合物或热敏化物。标准膜厚为 0.25～0.5 μm，对于流出达 300℃的大多数样品（蜡、甘油三酯、甾族化合物）来说分析很好，对于更高的洗脱温度，可以用 0.1 μm 的膜。标准或薄膜适用于高沸点化合物，厚膜适用于低沸点化合物。厚膜意味着柱里有更多物质，从而流失更多，色谱柱最高使用温度必须随膜厚的增加而下降。因此，厚膜柱适合分析挥发性混合物如气体、溶剂等。

(5)柱长　在选择毛细管柱长时，柱长短并不十分重要，选择毛细管柱时，需考虑以下几点。

①增加柱长虽会增加分辨率，但增加大小与柱长的平方根成正比。（如两种化合物在一根 12 m 长柱子上的分辨率为 1，在 25 m 长的柱子上将是 1.44，在 50 m 长的柱子上是 2.02）。

②组分的保留时间与柱子的长度成正比（如一组分在 12 m 长的柱子上保留时间为 10 min，在 25 m 长的柱子上保留时间为 20 min，在 50 m 长的柱子上保留时间为 40 min）。

③柱子越长，价格越贵（平均上来讲，25 m 长的柱子价格为 12 m 长柱子的 1.6 倍，50 m 长柱子价格为 25 m 长柱子的 1.6 倍）。

一般情况，15 m柱用于快速筛分简单混合物或相对分子质量较高的化合物，25～30 m是最普通的柱子。超长柱(50 m、60 m、105 m)用于非常复杂的样品。

(6)选色谱柱遵守3低原则　在分辨率、柱容量许可的情况下，选择薄膜、短柱、低极性。

12.8　气相色谱分析方法建立的一般步骤

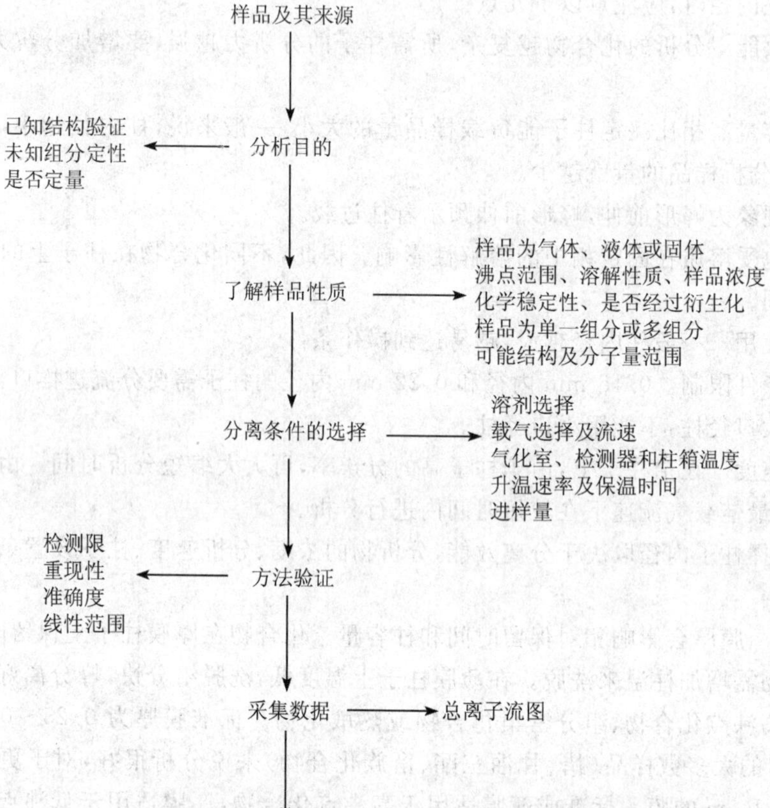

□ 本章小结

(1)气相色谱法是利用气体作为流动相的一种色谱法。

(2)气相色谱仪由载气系统、进样系统、检测系统和记录系统组成。检测器分为浓度型检测器和质量型检测器。热导池检测器和电子捕获检测器属于浓度型检测器；氢火焰离子化检测器和火焰光度检测器属于质量型检测器。热导池检测器是通用型检测器，其他检测器有一定的适用范围。

(3)气相色谱的固定相分为液体固定相和固体固定相。液体固定相是将固定液均匀地涂抹在载体上面。根据组分和固定液的极性作用力不同,组分与固定液之间的作用力包括静电力、诱导力、色散力和氢键力。

(4)在进行气相色谱分析时,需要对气相色谱分离操作条件进行选择。

□ 思考题

12-1 气相色谱法有哪些特点?

12-2 气相色谱的分离原理是什么?

12-3 气相色谱法简单分析装置流程是什么?

12-4 一般选择载气的依据是什么?气相色谱常用的载气有哪些?

12-5 载气为什么要净化?应如何净化?

12-6 简述在气相色谱分析中柱长、柱内径、柱温、载气流速、固定相、进样等操作条件对分离的影响?

12-7 何谓固体固定相?大体可分为几类?

12-8 什么是固定液?对固定液有哪些要求?固定液的选择原则有哪些?

12-9 柱温对分离有何影响?选择柱温的原则是什么?

12-10 指出样品分别为非极性、极性、极性与非极性混合物,能形成氢键型时,一般选用的固定液及色谱峰出峰的顺序。

12-11 试根据分离度方程,说明影响分离度 R 的因素。

12-12 当下列参数改变时:(1)增加分配比;(2)流动相流速增加;(3)减小相比;(4)提高柱温,是否会使色谱峰变窄?为什么?

12-13 为什么毛细管色谱分离效率高?

□ 习题

12-1 组分 A 和 B 在某色谱柱上,保留时间分别为 14.6 min 和 14.8 min,理论塔板数对 A 和 B 均为 4 200,试问组分 A 和 B 能分离到什么程度?

($Y_{\frac{1}{2}(A)}=0.530\ 3$, $Y_{\frac{1}{2}(B)}=0.537\ 5$, $R=0.37$)

12-2 在 2 m 长的色谱柱上,测的某组分保留时间(t_R)6.6 min,峰底宽(Y)0.5 min,死时间(t_M)1.2 min,柱出口用皂膜流量计测得载气流速为 40 mL/min,固定相体积(V_s)2.1 mL,求:k,V_M,$V_{R'}$,K,$n_{有效}$,$H_{有效}$。

($k=4.5$,$V_M=48$ mL,$V_{R'}=216$ mL,$K=103$,$n_{有效}=1\ 866$,$H_{有效}=1.07$)

12-3 气相色谱法测定某试样中水分的含量。称取 0.213 g 内标物加到 4.586 g 试样中进行色谱分析,测得水分和内标物的峰面积分别是 150 mm^2 和 174 mm^2。已知水和内标物的相对校正因子分别为 0.55 和 0.58,计算试样中水分的含量。

(0.38%)

12-4 分析某废水中有机组分,取水样 500 mL 以有机溶剂分次萃取,最后定容至 25.00 mL 供色谱分析用。今进样 5 μL 测得峰高为 75.0 mm,标准液峰高

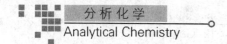

69.0 mm，标准液浓度 20.00 $mg \cdot L^{-1}$，试求水样中被测组分的含量。

（1.09 $mg \cdot L^{-1}$）

12-5 分析乙醇、庚烷、苯及乙酸乙酯的混合物。实验测得它们的色谱峰面积各为 5.0 cm^2，9.0 cm^2，4.0 cm^2 及 7.0 cm^2，由手册查得它们的相对重量校正因子 f_W 分别为 0.64，0.70，0.78 及 0.79，按归一化法分别求它们的重量百分浓度。

（乙醇％＝17.6％；庚烷％＝34.7％；苯％＝17.2％；乙酸乙酯％＝30.5％）

二维码 12-1　第 12 章要点

二维码 12-2　12 章气相色谱分析方法建立的一般步骤

二维码 12-3　12 章气相色谱仪的相关内容

二维码 12-4　12 章复习题及答案

Chapter 13 第13章

高效液相色谱法

High Performance Liquid Chromatography

【教学目标】

- 掌握液相色谱分离的工作原理。
- 了解液相色谱的特点及适用范围。
- 熟悉影响色谱峰扩展及色谱分离的因素。
- 了解液相色谱仪器各个系统的组成以及工作原理。
- 了解各种液相色谱分离方法以及色谱柱的工作原理和选择原则。
- 熟练掌握液相色谱中的反相和正相色谱的分离原理和工作条件。
- 掌握液相色谱分离分析中的定性和定量方法。

13.1 概述

13.1.1 高效液相色谱法的产生和发展

高效液相色谱法(high performance liquid chromatography，HPLC)是在经典液相色谱法的基础上，引入了气相色谱的理论和技术，并加以改进而发展起来的新型高效分离分析技术。

早期液相色谱，包括 Tswett 最初的工作，常称为经典柱色谱，大多采用内径 1～5 cm、长 50～100 cm 的玻璃柱，固定相填料粒径 150～200 μm，流动相流速低、分离速度慢，完成一次分离需几小时到一天以上，作为制备分离技术具有重要应用价值，但作为分析分离是不可取的。人们从气相色谱理论和技术成就得到启示，为克服经典液相柱色谱分离速度慢、柱效低的缺点，采用高压泵加快液体流动相的流动速率；采用微粒固定相以提高柱效；设计死体积小的检测器以降低柱外峰展宽。高压、高速的现代高效液相色谱仪于 1967 年面世，导致高效液相色谱法的产生。

高效液相色谱发展极为迅速，最初使用薄壳型填料，柱效仅每米 1 000～3 000 塔板数，5～10 μm 球形和无定形微粒硅胶及以其为基质的键合硅胶研制成功，匀浆高压装柱技术出现，HPLC 柱效已达每米 5 万～6 万理论塔板数。20 世纪 80 年代以来，HPLC 的应用领域、文献数量均超过气相色谱。近20多年来的进展可从高效液相色谱方法学本身及生物、医药学为代表的研究对象两方面来观察。随着各种新型色谱分离材料和柱技术发展，柱效和分离选择性不断提高，高度均匀甚至单分散1～3 μm硅胶基质球形填料和相应色谱柱出现，其柱效已达每米15万～30万理论塔板数。然而，柱渗透性下降，柱前压升高，只能采用短柱或超高压泵操作。同时，高效液相色谱分离模式和方法不断增加，例如，各种键合相色谱、离子色谱、疏水色谱、亲和色谱、手性色谱、脂质体色谱、生物膜色谱、整体柱色谱、微径柱和毛细管色谱及液相色谱-质谱联用等。当今，HPLC已成为化学化工、生物、医药学、环境、食品等领域最重要的分离分析、实验室仪器制备分离技术。

13.1.2 高效液相色谱法的特点及与其他色谱法的比较

13.1.2.1 高效液相色谱法的特点

(1)柱效高使用细粒度的高效填充剂和均匀填充技术，柱效一般可达每米10^4理论塔板数。近年来新出现的微型填充柱和毛细管液相色谱，柱效甚至超过了每米10^5理论塔板数，能够实现更为有效的分离。

(2)分析速度快采用高压泵输送流动相、梯度洗脱装置及柱后检测器直接检测组分等手段，HPLC完成分离分析的时间仅需几到几十分钟，比传统液相色谱法要快得多。

(3)灵敏度高配合紫外、荧光、电化学、二极管阵列检测器等高灵敏度的检测器，使HPLC的灵敏度大为增加。

(4)自动化程度高现代先进的高效液相色谱仪均配套有色谱工作站，不仅能够自动处理数据、绘图和打印分析结果，而且对仪器的全部操作诸如分离模式、最佳固定相、最佳流动相、最佳流速等参数实施全自动控制。

13.1.2.2 高效液相色谱法与其他色谱法比较

1. 高效液相色谱法与经典液相色谱法的比较

从分析原理上讲，高效液相色谱法和经典液相色谱法没有本质的差别，但由于它采用了新型高压输液泵、高灵敏度检测器和高效微粒固定相，而使经典的液相色谱法焕发出新的活力。

(1)分离效能高　由于新型高效微粒固定相填料的使用和均匀填充技术，高效液相色谱法分离效率极高，柱效一般可达每米$(5\times10^3)\sim(3\times10^4)$理论塔板数。近年来出现的微型填充柱(内径为1 mm)和毛细管液相色谱柱(内径为0.05 mm)，柱效超过了每米10^5理论塔板数，能够实现极为有效的分离。

(2)分析速度快　由于高压输液泵的使用，相对于经典液相(柱)色谱，其分析时间大大缩短，完成一个样品的分离分析时间只需几分钟到几十分钟，比经典液相色谱法要快得多。

(3)检测灵敏度高　紫外、荧光、电化学及质谱等高灵敏度检测器的使用，使HPLC的灵敏度可与气相色谱法相媲美，检出限可达$10^{-9}\sim10^{-11}$ g。

(4)高度自动化　智能化的色谱工作系统结合自动进样装置，不仅能够自动处理数据、打印分析结果，而且能够对仪器的全部操作包括流动相的选择，流速、柱温、检测器波长选择，以及进样、梯度洗脱方式等进行程序控制，成为全自动化的仪器。

高效液相色谱法除具有以上特点外，它的应用范围也日益扩展。由于它使用了非破坏性的检测器，样品被分析后，在大多数情况下，可除去流动相，实现对少量珍贵样品的回收，也可用于样品的纯化制备。

2. 高效液相色谱法与气相色谱法比较

高效液相色谱是在气相色谱高速发展的情况下发展起来的。它们之间在理论上和技术上有许多共同特点，色谱理论基本是一致的，定性和定量的原理完全相同，均可用计算机控制色谱操作条件和进行色谱数据处理，均可自动化。但是高效液相色谱法与气相色谱法相比，具有如下优点：

(1)分析对象及范围　气相色谱分析只限于气体和低沸点的热稳定化合物，它们仅占有机物总数的20%。对于占有机物总数近80%的那些高沸点、热稳定性差、相对分子量大的有机化合物，目前主要采用高效液相色谱法进行分离和分析。

(2)流动相的选择　气相色谱法采用的流动相是惰性气体，它对组分没有亲和力，即不产生相互作用力，仅起运载作用，而且，载气种类少，性质接近，改变载气对柱效和分离效率影响小。而高效液相色谱法以液体做流动相，流动相可选用不同极性的液体，选择余地大，它对组分可产生一定亲和力，并参与固定相对组分作用的选择竞争。因此，流动相对分离起很大作用，相当于增加了一个控制和改进分离状况的参数，这为选择最佳分离条件提供了极大方便。

(3)操作温度范围　气相色谱一般都在较高温度下进行的，而高效液相色谱法则经常可在室温条件下工作。

13.2　影响色谱峰扩展及色谱分离的因素

高效液相色谱影响色谱峰扩展的因素有柱内因素和柱外因素两类，下面分别予以介绍。

13.2.1　影响柱内扩展的因素

高效液相色谱法是在经典液相色谱法的基础上，引入气相色谱法的理论和实验技术而发展起来的一种分离分析方法。因此，气相色谱法中介绍的基本概念和基本理论，如保留值、分配系数、分离度、塔板理论、速率理论以及定性和定量方法等基本适用于高效液相色谱法。但是由于高效液相色谱法与气相色谱法的基本差别在于流动相不同，因而在研究分离过程中各动力学因素对色谱峰扩展的影响时，必须考虑液体和气体在黏度、扩散系数等方面的差异。因此，在 Van Deemter 速率理论方程式中某些理论和概念的表现形式或参数的含义在 HPLC 中与 GC 有差别。

如前所述，Van Deemter 方程的一般形式为：

$$H=A+B/u+Cu \tag{13-1}$$

式中：A 为涡流扩散项系数；B 为纵向扩散项系数；C 为传质阻力系数；u 为流动相线速度。

$$A=2\lambda d_p \tag{13-2}$$

该项与气相色谱法中涡流扩散项含义相同。由于高效液相色谱比气相色谱采用了粒度更细,更均匀的球形固定相,而且填充均匀,故涡流扩散很小。

纵向扩散是由于组分分子在色谱柱中存在浓度梯度而引起的。

$$B=2\gamma D_{m} \tag{13-3}$$

式中:D_m 为组分在流动相中的扩散系数。D_m 与流动相的黏度成反比,与温度成正比。液体的黏度比气体大100倍,柱温又比气相色谱低得多,因此,组分分子在液相中的 D_m 仅为气相的万分之一到10万分之一,而且高效液相色谱中流动相的流速又比较高,所以纵向扩散项在高效液相色谱中很小,可以忽略不计。

传质阻力是由于组分在两相间的传质过程不能瞬间达到平衡而引起的。在高效液相色谱中,传质阻力是色谱峰扩展的主要影响因素,包括固定相传质阻力(C_s)、动态流动相传质阻力(C_m)和滞留流动相传质阻力(C_{sm}),即

$$C=C_{s}+C_{m}+C_{sm} \tag{13-4}$$

固定相传质阻力主要发生在液-液分配色谱中,由于溶解进入固定液深处的组分分子相对于已随流动相向前运行的大部分组分分子滞后所致。固定相传质阻力系数(C_s)取决于固定液液膜厚度 d_f 和组分分子在固定液中的扩散系数 D_s,即

$$C_{s}=\frac{\omega_{s}d_{f}^{2}}{D_{s}} \tag{13-5}$$

式13-5中:ω_s 是与容量因子 k 有关的系数。对于键合相色谱固定相,d_f 很小,固定相传质阻力很小。

动态流动相传质阻力是由于流动相携带组分分子流经色谱柱时,组分分子在靠近固定相表面层流中的移动速度要比中心层流中的移动速度慢,从而引起色谱峰扩展。这种传质阻力对板高的影响与固定相粒度 d_p 的平方成正比,与组分分子在流动相中的扩散系数 D_m 成反比。

$$C_{m}=\frac{\omega_{m}d_{p}^{2}}{D_{m}} \tag{13-6}$$

式13-6中:ω_m 是与 k 有关的系数,其值取决于柱直径、形状和填料颗粒的结构。

滞留流动相传质阻力是由于色谱柱中装填的无定形或球形全多孔固定相,会造成颗粒内部孔中充满了滞留的流动相。由于孔的深度各不相同,组分进入孔中的滞留流动相的深浅也有差异,因此返回到动态流动相的先后也不相同,必然伴随色谱峰的扩展。

$$C_{sm}=\frac{\omega_{sm}d_{p}^{2}}{D_{m}} \tag{13-7}$$

式13-7中:ω_{sm}是一系数,它与颗粒微孔被流动相占据的分数及 k 有关。固定相的微孔越小越深,传质阻力就越大,对色谱峰扩展影响越大。因而减小固定相颗粒,增大孔径,加快传质速率,可以有效地提高柱效。

气相色谱中主要考虑固定相的传质阻力,在高效液相色谱中主要考虑流动相的传质阻力,尤其是滞留流动相的传质阻力在整个传质过程中起主要作用。因此,改进固定相的结

构，减小滞留流动相的传质阻力是提高高效液相色谱柱效的关键。

由于高效液相色谱分子扩散项忽略不计，所以 Van Deemter 方程可简化为

$$H=A+Cu \tag{13-8}$$

根据 Van Deemter 方程作 HPLC 和 GC 的 H-u 曲线(图 13-1)，HPLC 和 GC 的 H-u 图十分相似，对应某一流速都有一个板高的极小值，这个极小值就是柱效最高点。尽管 HPLC 也有最佳流速，但是由于太低，在实际操作中很难达到。随着流速的增加，板高迅速增加，而柱效迅速下降，所以为了取得良好的柱效，可选择合适的流动相流速。

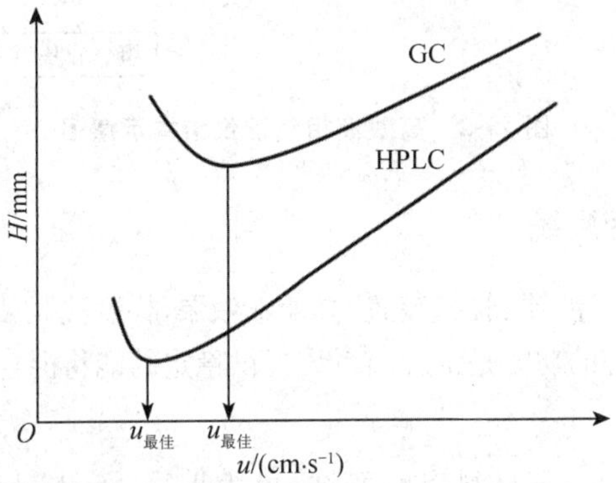

图 13-1 GC 和 HPLC 的 H-u 曲线

13.2.2 影响柱外扩展的因素

速率方程研究的是柱内溶质的色谱峰展宽(谱带扩张)和板高增加(柱效降低)的因素。此外，在色谱柱外尚存在着引起色谱峰展宽的因素，称之为柱外展宽。由于液相色谱柱比气相色谱柱短得多，而且样品分子在流动相中的扩散系数很小，致使进样系统、连接管道、接头及检测器中死体积对柱外展宽的影响很大。为了降低柱外效应对峰展宽的影响，必须尽量减小柱外死体积。如采用六通阀进样或将试样直接注入色谱柱头的中心部位；整个色谱系统的连接管尽可能短；各部位连接时尽可能没有死体积；提高检测器的响应速度等。

13.3 高效液相色谱仪

高效液相色谱仪主要由高压输液系统、进样系统、分离系统、检测系统、数据处理系统五大部分组成。另外还配有梯度洗脱、自动进样和柱温箱等辅助装置，结构示意图如图 13-2 所示。其工作流程如下：高压泵将贮液器中的流动相经过进样器送入色谱柱，然后经过检测器流出。待测试样由进样器注入，流经进样器的流动相将其带入色谱柱中进行分离，然后依先后顺序进入检测器，记录仪将检测器输出的信号记录下来，由此得到液相色谱图。

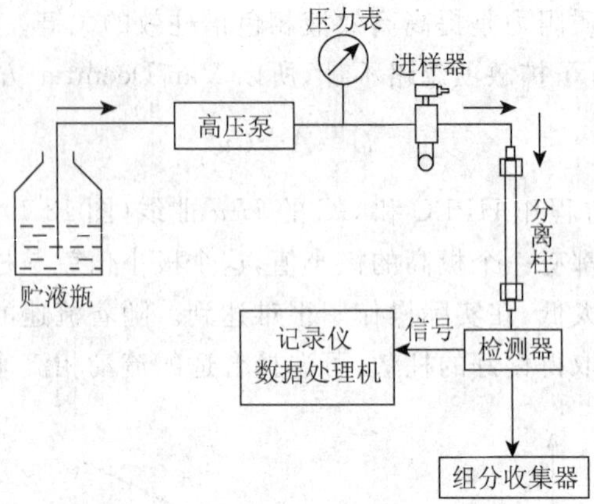

图 13-2 高效液相色谱仪结构示意图

13.3.1 高压输液系统

高压输液系统一般由贮液器、脱气装置、高压输液泵、梯度洗脱装置等组成，其中高压输液泵是核心部件。高压输液系统的功能是给分离系统提供稳定的能将混合组分分离的高压液体。

1. 贮液器

贮液器用来贮存流动相，其材料应耐腐蚀，可为玻璃、不锈钢或聚四氟乙烯衬里的塑料容器，容积为 0.5～2.0 L。贮液罐放置位置要高于泵体，以便保持一定的输液静压差。贮液器内一般配有过滤器，以防止流动相中的微小颗粒进入泵内。溶剂过滤器通常用孔隙 2 μm 耐腐蚀的镍合金制成。

2. 脱气装置

脱气的目的是为了消除流动相中溶解的气体（如 O_2），防止流动相从高压柱内流出时，释放出的气泡进入检测器，增加基线噪声，造成灵敏度下降，甚至无法进行分析。如果使用荧光检测器，溶解的氧还可能造成荧光猝灭。

常用的脱气方法有：①真空脱气法：是应用微型真空泵进行脱气。即在充装流动相的密闭容器中抽真空使溶解气体从流动相中逸出而除去。此法不适合混合好的流动相脱气，只适用于单一溶剂体系脱气。②超声波脱气法：将欲脱气的流动相超声波振荡 5～10 min。此法操作简单，为大多数用户所采用，但脱气效果不理想（约 30%）。③吹氦脱气法：使用在液体中比空气溶解度低的氦气，以氦气鼓泡来驱除溶解在流动相的气体。④在线真空脱气法：把真空脱气装置串接到贮液系统中，并结合膜过滤器，可实现流动相在进入输液泵前的连续真空脱气。此法的脱气效果明显优于上述几种方法，并适用于多元溶剂体系。

3. 高压输液泵

由于高效液相色谱柱中填料颗粒较细，通常为 5～10 μm，而且致密，对流动相阻力很大。为使流动相快速流过色谱柱，必须使用高压输液泵（high pressure pump）。对于一个好的高压输液泵应符合密封性好，输出流量恒定，压力平稳，可调范围宽，便于迅速更换溶剂及耐腐蚀等要求。

常用的高压输液泵有恒流、恒压两种类型。恒流泵使输出的液体流量稳定，流量不随系统阻力变化;而恒压泵使输出的液体压力稳定,流量则随系统阻力改变,保留时间的重现性差。目前在高效液相色谱中采用的主要是恒流泵,有机械注射泵和机械往复柱塞泵两种主要类型,往复柱塞泵采用最多。其结构如图 13-3 所示。偏心轮带动柱塞作高速运动,抽入和压出液体,两个单向阀使流动相向一个方向运动。这种泵的泵体积小,一般只有几毫升,易于清洗和更换溶剂,适用于梯度洗脱操作。缺点是输出液脉动较大,需外加脉动阻尼器。

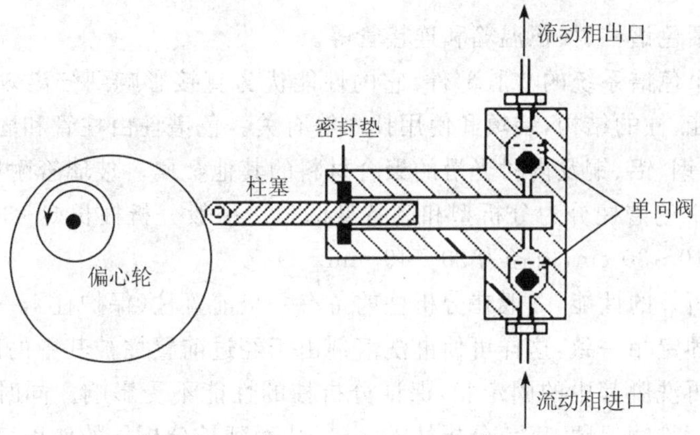

图 13-3 往复式柱塞泵

4. 梯度洗脱装置

所谓梯度洗脱(gradient elution),就是流动相中含有两种或两种以上的不同极性的溶剂,在洗脱过程中按一定程序改变流动相中所用混合溶剂的配比和极性,使被分离组分在两相中的容量因子发生改变,达到提高分离效果、调节出峰时间的目的。液相色谱使用的梯度洗脱技术与气相色谱使用的程序升温技术作用相似。常用的梯度洗脱有低压洗脱和高压洗脱两种操作方式。

高压梯度装置是用高压泵分别将两种或多种不同极性的溶剂输入混合器,充分混合后进入色谱柱。低压梯度是在常压下将两种溶剂(或多元溶剂)输至混合器中混合,然后用高压输液泵将流动相输入到色谱柱中。低压梯度便宜,且易实施多元梯度洗脱,但重复性不如高压梯度洗脱装置。现代高效液相色谱仪梯度洗脱由计算机控制,梯度洗脱曲线可指定任意形状(如阶梯形、直线、曲线等)。

13.3.2 进样系统

进样系统包括进样口、注射器、进样阀和定量管等,它的作用是使样品以柱塞式进入色谱柱。高效液相色谱柱比气相色谱柱短得多(5～30 cm),所以柱外展宽(又称柱外效应)较突出。柱外展宽是指色谱柱外的因素所引起的峰展宽,主要包括进样系统、连接管道及检测器中存在的死体积。柱外展宽可分柱前和柱后展宽。进样系统是引起柱前展宽的主要因素,因此高效液相色谱法中对进样技术要求较严。目前多采用耐高压、重复性好、操作方便的带定量管的六通阀进样,由于进样量可由定量管的体积严格控制,因此进样准确,重现性好，自动化程度高，适于做定量分析。

目前生产的高效液相色谱仪都可以选配自动进样器装置。自动进样器在程序控制器或计算机控制下可自动完成取样、进样、复位、清洗等一系列操作，使用者只需事先编好程序，将处理好的样品按顺序装入贮样装置即可，一次可进行几十个或几百个样品的分析。自动进样器的优点是可连续调节，进样重复性高，适合做大量样品分析，节省人力，可实现自动化操作。

13.3.3 分离系统

分离系统包括色谱柱、柱恒温箱和连接管等。

色谱柱是整个色谱系统的心脏部件，它的性能优劣直接影响到分离效果。色谱柱的性能与固定相的性能、柱的结构，装填和使用技术等有关。色谱柱由柱管和固定相组成。柱管材料有玻璃、不锈钢、铝、铜及内衬光滑的聚合材料的其他金属。玻璃管耐压有限，通常采用优质不锈钢制成。色谱柱分为分析型和制备型两类。一般分析柱长 5～30 cm，内径为 4～5 mm，制备柱长 10～30 cm，内径为 20～40 mm。

为了保护分析柱的性能，一般在分析柱前备有一个前置柱(保护柱)，一般前置柱内的填料和分析柱中的固定相一致，这样可使淋洗溶剂由于经过前置柱被其中的固定相饱和，使它流过分析柱时不再洗脱其中的固定相，保证分析柱的性能不受影响。同时前置柱可以将样品和流动相中的污染物保留，以免分析柱被污染，从而延长分析柱的使用寿命。

柱子装填得好坏对柱效影响很大。对于细粒度的填料($<20\ \mu m$)一般采用匀浆填充法装柱，先将填料调成匀浆，然后在高压泵作用下，快速将其压入装有洗脱液的色谱柱内，经冲洗后，即可备用。

高效液相色谱分析通常在室温下进行。现随着分析样品复杂性和多样性的不断出现，人们对分析结果准确度和精密度的要求不断提高，在分析过程中需要在精确控制温度下操作，现在的高效液相色谱仪大多配备了柱温箱自动控制温度。

13.3.4 检测系统

高效液相色谱仪中检测器的作用是将柱流出物中样品的组成和含量的变化转变为可供检测的信号。一个理想的液相色谱检测器应具有灵敏度高、噪声低、线性范围宽、重复性好、适用化合物种类广等特性。高效液相色谱仪的检测器种类很多，按其应用范围分为通用型和专用型检测器(选择性)两大类。

通用型检测器，也称为总体性能检测器。它可连续测量色谱柱流出物(包括流动相和待测物)的全部物理或物理化学性质的变化，通常采用差分法测量。属于这类检测器的有电导检测器、示差折光检测器。通用型检测器适用范围广，但由于对流动相有响应，易受温度、流速和流动相组成变化的影响，通常灵敏度低且不能用于梯度洗脱。而新型低温蒸发激光散射检测器，可用于梯度洗脱，有望成为液相色谱的通用型检测器。

选择性检测器，也称为溶质性能检测器。它可测量被分离样品组分的某种物理或物理化学性质的变化。属于这类检测器的有紫外检测器、荧光检测器、化学发光检测器、电化学检测器等。这类检测器仅对样品中被测组分响应灵敏，而对流动相本身没有响应或响应很小，所以灵敏度高，选择性强，受外界影响小并且可以用于梯度洗脱。

1. 紫外吸收检测器

紫外检测器(ultraviolet photometric detector，UVD)是液相色谱仪应用最广泛的检测器，为高效液相色谱仪的基本配置，它的作用原理是基于被分析组分对特定波长紫外光的选择性吸收，组分浓度与吸光度的关系遵循 Lambert-Beer 定律，适用于有紫外吸收样品的检测。据统计，在高效液相色谱分析中，约 80%的样品可以使用这种检测器。紫外检测器主要有以下特点：灵敏度高；噪声低；检出限可达 $10^{-7}\sim10^{-11}$ g；对流动相组成的变化或温度变化不敏感，适用于梯度洗脱；为非破坏性检测器，可用于制备色谱或与其他检测器联用。使用紫外检测器时，检测波长必须大于流动相的截止波长。

紫外检测器可分为固定波长型和可调波长型两类。固定波长型检测器一般波长为 254 nm，波长不能调节，使用受到限制，基本被淘汰；可调波长型检测器是以钨灯和氘灯作为光源，检测波长从 190～800 nm 连续可调，样品可以选择在最大吸收波长处进行检测。

近年来，已发展了一种应用光电二极管阵列的紫外检测器，由于采用计算机快速扫描采集数据，可得吸光度、时间、波长的三维光谱色谱图(图 13-4)。光电二极管阵列检测器(photodiode array detector，PDAD)示意图如图 13-5 所示。

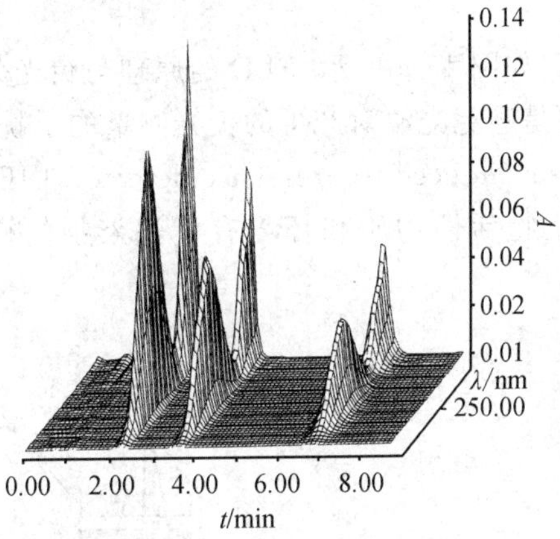

图 13-4 三维光谱-色谱图

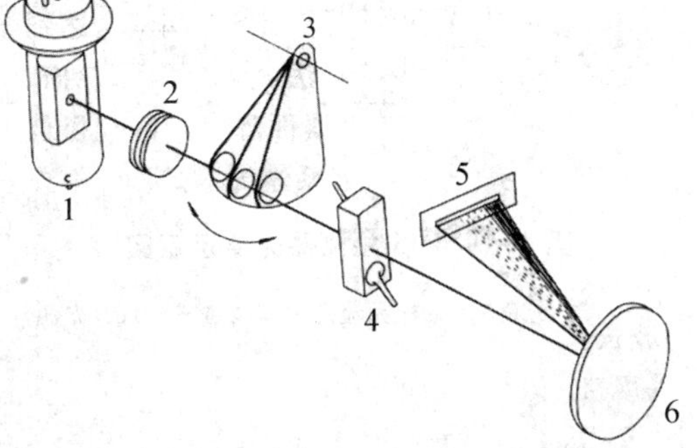

图 13-5 二极管阵列检测器示意图

1. 氘灯 2. 消色差透镜 3. 闸光器 4. 测量池 5. 光电二极管阵列 6. 全息光栅

PDAD 的主要特点是用光电二极管阵列同时接受来自流通池的全光谱透过光，相当于全扫描光谱图。它采用 1 024 个或更多的光电二极管组成阵列，首先连续光经过消色差透镜系统聚焦在测量池内，然后透过光束经聚焦后通过一个全息光栅色散分光，得到吸收后的全光谱，并投射到光电二极管阵列元件上，阵列上的各个元件同时接收到不同波长的光波，组成吸收光谱。PDAD 可获得样品组分的全部光谱信息，可以定性判别或鉴定不同类型的化合物，同时，对未分离组分可判断其纯度。

2. 荧光检测器

荧光检测器(fluorescence detector，FLD)属于高灵敏度、高选择性检测器，适用于具有荧光特性物质的检测，如稠环芳烃、维生素、色素、蛋白质、氨基酸、甾族化合物、农药等荧光物质。尽管有些化合物本身没有荧光，但可通过衍生化反应生成荧光衍生物进行测定。其基本原理是，在一定条件下荧光强度与物质的浓度成正比。荧光检测器的最大特点是灵敏度高，比紫外检测器高 2～3 个数量级，检出限可达 10^{-12}～10^{-13} $g \cdot mL^{-1}$，也可用于梯度洗脱，但其线性范围不如紫外吸收检测器宽，通常在 10^3～10^4 之间。虽然一些本身没有荧光的化合物可以通过柱后衍生产生荧光进行检测，但其使用仍然受到一定的限制。

典型的荧光检测器的光路如图 13-6 所示，FLD 的原理与荧光分光光度计完全相同。光电倍增管与光源成直角，目的是避免光源对产生的荧光测量的干扰。近年来，还出现一种新型的激光诱导荧光检测器(laser induced fluorescence detector，LIFD)，其主要区别是光源采用了激光器，已用于超痕量生物活性物质和环境有机污染物的检测，灵敏度可达 10^{-9}～10^{-12} $mol \cdot L^{-1}$。

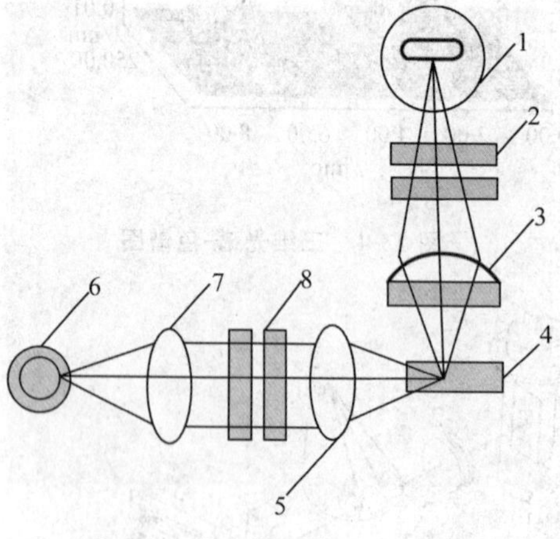

图 13-6　荧光检测器光路示意图

1. 光电倍增管　2. 发射滤光片　3. 透镜　4. 样品流通池　5. 透镜　6. 光源　7. 透镜　8. 激发滤光片

3. 示差折光检测器

示差折光检测器(refractive index detector，RID)是一种浓度型检测器，它是通过连续检测参比池和测量池中溶液的折射率之差来测定试样浓度的。几乎每种物质都具有不同的折射率，因此 RID 是一种通用型检测器。其缺点是对温度变化敏感，因此应严格控制该检测器温度。示差折光检测器对流动相组成的任何变化都有明显的响应，会干扰被测样品的检测，故不能用于梯度洗脱。

示差折光检测器按工作原理可分为反射式、偏转式和干涉式 3 种类型，图 13-7 为偏转式示差折光检测器光路图。

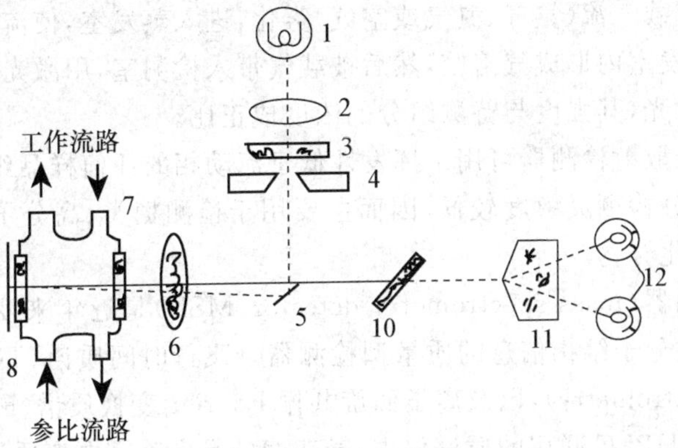

图 13-7 偏转式示差折光检测器光路图

1. 钨丝灯光源 2. 透镜 3. 滤光片 4. 遮光板 5. 反射镜 6. 透镜 7. 工作池 8. 参比池 9. 平面反射镜 10. 平面细调透镜 11. 棱镜 12. 光电管

光源发出的光经聚焦透镜后，从遮光板的狭缝射出一条细窄光束，经反射镜反射后，由透镜穿过工作池和参比池，被平面反射镜反射，成像于棱镜的棱口上，然后光束均匀分解为两束，到达左右两个对称的光电管上。如果工作池和参比池皆通过纯流动相，光束无偏转，左右两个光电管的信号相等，此时输出平衡信号。如果工作池中有试样通过，由于折射率改变，造成了光束的偏转，左右两个光电管所接受的光束能量不等，因此输出一个代表偏转角大小，即反映试样浓度的信号。红外隔热滤光片可阻止红外光通过，以保证系统工作的热稳定性。平衡细调透镜用来调整光路系统的不平衡性。

4. 电化学检测器

电化学检测器(electrochemical detector，ECD)种类较多，有电导、安培、库仑和伏安检测器等。最常用的是电导检测器和安培检测器。电导检测器是基于物质在介质中电离后所产生的电导变化来测定物质含量的一种方法，主要用于离子色谱。安培检测器是在一定外加电压下，利用被测物质在电极上发生氧化还原反应引起电流变化进行检测，可用于检测有氧化还原性的物质，是一种选择性的检测器。

5. 化学发光检测器

化学发光检测器(chemiluminescence detector，CLD)是一种高选择性和高灵敏度的新型检测器。该检测器设备简单，不需要激发光源，也不需要复杂的光学系统，价格便宜，可以自制，是一种有发展前途的检测器。当被分离组分经色谱柱流出后，与化学发光试剂发生化学反应，产生激发态中间体或者产物，进而产生光辐射，其辐射强度与被测组分的浓度成正比。化学发光反应常用酶作为催化剂，将酶标记在待测物，抗原或抗体上。可进行药物代谢分析及免疫发光分析。

6. 蒸发光散射检测器

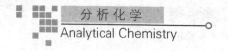

蒸发光散射检测器(evaporative light scattering detector, ELSD)是20世纪90年代发展起来的一种新型的通用型检测器,灵敏度比RID高,检出限可达ng级,对温度变化的敏感程度也比RID低得多,而且适用于梯度洗脱。其工作原理是经色谱柱分离的组分随流动相进入雾化室,被高速载气流(氦气、氮气或空气)雾化,进入蒸发室,使流动相蒸发除去。难挥发的待测组分在蒸发室内形成气溶胶,然后被载气带入检测室,用激光或强光照射气溶胶而产生散射,测定散射光,其强度与待测组分的浓度成正比。

理论上,蒸发光散射检测器可用于挥发性低于流动相的任何样品组分的检测,但对于有紫外吸收的样品组分检测灵敏度较低,因而主要用于检测糖类、高分子化合物、高级脂肪酸及甾族类等几十种化合物。

另外,质谱检测器(mass spectrometry detector, MSD)是近年来发展很快的灵敏度高、专属性强,能够提供分子结构信息的质量型检测器。飞行时间质谱(TOF-MS),离子阱质谱(ion-trap mass spectrometry),以及离子回旋共振Fourier变换质谱(FT-ICR-MS)等用于分析生物大分子。与HPLC联用的质谱仪中,最普遍的是电喷雾电离质谱(ESI-MS)。

13.3.5 数据处理系统

现代高效液相色谱仪完全实现自动化,用计算机控制仪器条件及分析的全过程。目前市场上销售的高效液相色谱仪都由微机控制,并且配备了色谱工作站。

微处理机是用于色谱分析数据处理的专用微型计算机,它可与高效液相色谱仪直接连接,构成一个比较完整的色谱分析系统。

一个微处理机包括一定量的程序储存器、分析方法储存器、数据储存器和谱图记录或显示器。对色谱参数进行指令定时控制,如自动进样、流量变化、梯度洗脱、级分收集、谱图储存、检测系统的各项参数等。色谱工作站可以进行数据实时采集,色谱图绘制、数据处理及分析结果输出。数据实时采集可以获得色谱图、标出每个色谱峰的名称、保留时间、峰高或峰面积,计算峰面积时,可自动修正和优化色谱分析数据。还可以用归一、内标、外标等方法进行定量分析。

色谱工作站主要功能是可对色谱仪的工作进行自行诊断、控制全部操作参数、进行计量认证、控制多台仪器的自动化操作等。

13.3.6 定性与定量分析

高效液相色谱法的定性与定量分析可参阅气相色谱法的内容。在定性方面,除采用与标准物质的相对保留时间比对外,还可以利用检测器的选择性、紫外检测器全波长扫描功能、改变流动相组成时分析物的保留值变化规律定性。液相色谱大多采用外标法定量,当对分析准确度和精密度有较高要求时,可采用内标法分析。

13.4 高效液相色谱法的主要类型及应用示例

高效液相色谱法按分离机制的不同分为下述几种主要类型:液-液分配色谱法、液-固吸附色谱法、化学键合相色谱法、离子交换色谱法、分子排阻色谱法等。

另外还有手性色谱法、离子对色谱法、亲和色谱法、胶束色谱法、电色谱法等。

13.4.1 液-固吸附色谱法

液-固吸附色谱(liquid-solid adsorption chromatography，LSAC)是以固体吸附剂作为固定相，吸附剂通常是些多孔的固体颗粒物质，在它们的表面存在吸附活性中心。液-固色谱实质上是根据物质在固定相上的吸附作用不同来进行分离的。

1. 分离原理

液-固吸附色谱是组分分子与流动相分子竞争吸附剂表面活性中心，靠组分分子吸附能力的差异而分离的。当组分随着流动相通过色谱柱中固体吸附剂时，组分分子与流动相分子对吸附剂表面的活性中心产生竞争吸附。被活性中心吸附越强的组分分子越不容易被流动相洗脱，k 值越大，保留时间越长。反之 k 值越小，保留时间越短。组分之间的 k 值相差越大，越容易分离。

2. 固定相

吸附色谱固定相可分为极性和非极性两大类。极性固定相主要为硅胶(酸性)、氧化铝、氧化镁、分子筛、聚酰胺等，非极性固定相为高强度多孔微粒活性炭，近来开始使用 5～10 μm 的多孔石墨化炭黑，以及高胶联度苯乙烯-二乙烯基苯共聚物的单分散多孔微球(5～10 μm)和聚合物包覆固定相。由于硅胶具有线性容量高，机械性能好，不溶胀，与大多数试样不发生化学反应等优点，因此，至今应用最多。

吸附色谱固定相按结构可分为表面多孔型和全多孔微粒型两类。表面多孔型又称薄壳型，是由实心玻璃微球表面涂一层很薄的多孔材料(如硅胶、氧化铝等)烧结制成的。其机械强度好、填充均匀、渗透性好、传质速度快，柱效高。但由于比表面积小，因而柱容量低，允许进样量小。全多孔微粒型有无定型和球型两种，具有粒度小、比表面积大、孔穴浅、柱效高、柱容量大等优点，目前被广泛使用。

液-固吸附色谱法对具有不同官能团的化合物和异构体有较高的选择性，如农药异构体的分离，石油中烷、烯、芳烃的分离。

3. 流动相

在液-固吸附色谱中，一般把流动相称作洗脱剂。对极性大的试样往往采用极性强的洗脱剂；对极性弱的试样宜采用极性弱的洗脱剂，洗脱剂的极性强弱可用溶剂强度参数(ε^0)来衡量，ε^0 表示单位面积吸附剂表面的溶剂吸附能。ε^0 越大，表示洗脱剂的极性越强。当某组分在极性吸附剂硅胶色谱柱上进行分离时，变更不同洗脱强度的溶剂做流动相时，此组分的容量因子也会不同。表 13-1 列出一些常用溶剂在氧化铝吸附剂中的 ε^0 值。在硅胶吸附剂中 ε^0 值的顺序相同，数值可换算($\varepsilon^0_{硅胶}=0.77\times\varepsilon^0_{氧化铝}$)。

表 13-1 一些常用溶剂在氧化铝吸附剂中的 ε^0 值

溶剂	ε^0	溶剂	ε^0	溶剂	ε^0
氟烷	−0.25	苯	0.32	乙腈	0.65
正戊烷	0.00	氯仿	0.40	吡啶	0.71

续表 13-1

溶剂	ε^0	溶剂	ε^0	溶剂	ε^0
石油醚	0.01	甲乙酮	0.51	正丙醇	0.82
环己烷	0.04	丙酮	0.56	乙醇	0.88
四氯化碳	0.18	二乙胺	0.63	甲醇	0.95

在液-固色谱法中，若使用硅胶、氧化铝等极性固定相，应以弱极性的戊烷、己烷、庚烷作流动相的主体，再适当加入二氯甲烷、氯仿、乙酸乙酯等中等极性溶剂，或乙腈、异丙醇、甲醇、水等极性溶剂作为改性剂，以调节流动相的洗脱强度，实现样品中不同组分的良好分离。若使用苯乙烯-二乙烯基苯共聚物微球、石墨化炭黑微球等非极性固定相，应以水、甲醇作为流动相的主体，可加入乙腈、四氢呋喃等改性剂，以调节流动相的洗脱强度。

在液-固吸附色谱中，使用混合溶剂最大的优点是可获得最佳的分离选择性，还可使流动相保持低黏度，并可保持高的柱效。

4. 应用示例

图 13-8 所示为一个典型顺反异构体分离色谱图。

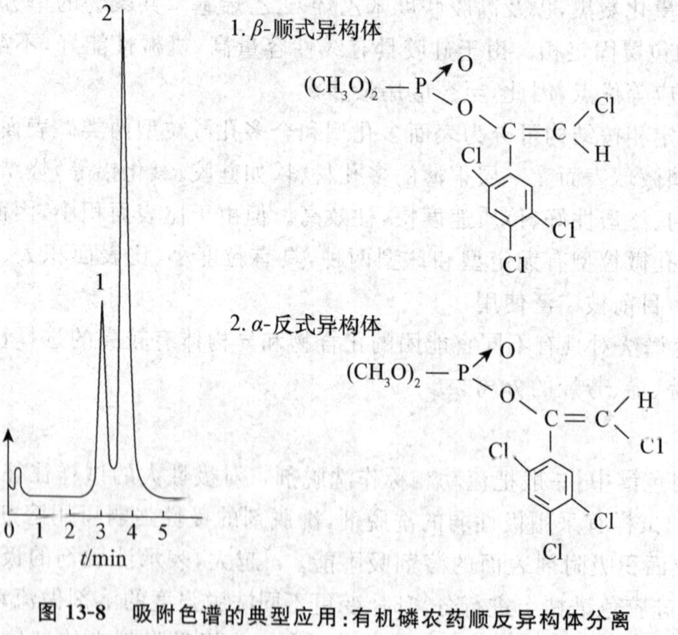

图 13-8 吸附色谱的典型应用：有机磷农药顺反异构体分离

13.4.2 液-液分配色谱法

在液-液分配色谱(liquid-liquid partition chromatography，LLPC)中，流动相和固定相都是液体，它能适用于各种样品类型的分离和分析，无论是极性的和非极性的，水溶性的和油溶性的，离子型的和非离子型的化合物。

1. 分离原理

液-液分配色谱的分离原理基本与液-液萃取相同，是利用样品组分在互不相溶的两种液相中分配系数的不同得以实现分离和分析。所不同的是液-液色谱的分配是在柱中进行的，使这种分配平衡可反复多次进行，造成各组分的差速迁移，提高了分离效率，从而能分离各种复杂组分。

2. 固定相

液-液分配色谱固定相由两部分组成，一部分为惰性载体，另一部分是涂渍在惰性载体上的固定液。由于液-液色谱中流动相参与选择竞争，因此，对固定相选择较简单。只需使用几种极性不同的固定液即可解决分离问题。例如，最常用的强极性固定液 β,β'-氧二丙腈，中等极性的聚乙二醇，非极性的角鲨烷等。液一液色谱中使用的固定液如表 13-2 所示。

表 13-2　液-液分配色谱法常用的固定液

正相液-液色谱法的固定液		反相液-液色谱法的固定液
β,β'-氧二丙腈	乙二醇	甲基硅酮
1，2，3-三(2-氰乙氧基)丙烷	乙二胺	氰丙基硅酮
聚乙二醇 400,600	二甲基亚砜	聚烯烃
甘油，丙二醇	硝基甲烷	正庚烷
冰乙酸，2-氯乙醇	二甲基甲酰胺	

经过在惰性载体上机械涂渍固定液制成的液-液色谱柱，在使用过程中由于大量流动相流经色谱柱，会溶解固定液而造成固定液的流失，并导致保留值减小，柱选择性下降。

为了更好地解决固定液在载体上的流失问题，产生了化学键合固定相。它是将各种不同有机基团通过化学反应键合到载体表面的一种方法。它代替了固定液的机械涂渍，因此它的产生对液相色谱法迅速发展起着重大作用，可以认为它的出现是液相色谱法的一个重大突破。它是目前应用最广泛的一种固定相。据统计，约有 3/4 以上的分离问题是在化学键合固定相上进行的。详细介绍见后。

3. 流动相

在液-液色谱中为了避免固定液的流失，对流动相的一个基本要求是流动相尽可能不与固定相互溶，而且流动相与固定相的极性差别越显著越好。根据所使用的流动相和固定相的极性程度，将其分为正相分配色谱和反相分配色谱。如果采用流动相的极性小于固定相的极性，称为正相分配色谱，它适用于极性化合物的分离。其流出顺序是极性小的先流出，极性大的后流出。相反，如果采用流动相的极性大于固定相的极性，则称为反相分配色谱。它适用于非极性化合物或弱极性化合物的分离，其流出顺序与正相色谱恰好相反。

4. 应用示例

图 13-9 为采用 1-氟-2，4-二硝基苯(FDNB)柱前衍生化后，在 HypersilODS-C_{18} 上用乙腈/水为流动相，梯度洗脱，于 360 nm 波长处测定兔肉中 18 种氨基酸的色谱图。

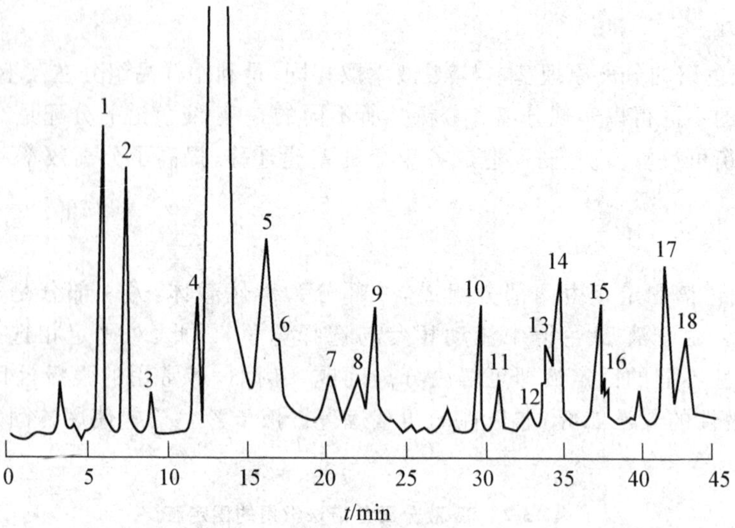

图 13-9　18 种氨基酸色谱图

1. 天冬氨酸　2. 谷氨酸　3. 羟脯胺酸　4. 丝氨酸　5. 甘氨酸　6. 苏氨酸　7. 精氨酸　8. 丙氨酸　9. 脯氨酸　10. 缬氨酸　11. 蛋氨酸　12. 胱氨酸　13. 异亮氨酸　14. 亮氨酸　15. 苯丙氨酸　16. 组氨酸　17 赖氨酸　18. 酪氨酸

13.4.3　化学键合相色谱法

化学键合相色谱法(chemically bonded phase chromatography，CBPC)是将各种不同的有机官能团通过化学反应键合到载体硅胶表面生成化学键合相作为固定相的色谱方法。

化学键合固定相对各种极性溶剂都有良好的化学稳定性和热稳定性。由它制备的色谱柱柱效高、使用寿命长、重现性好，几乎对各种类型的有机化合物都呈现良好的选择性，特别适用于分离容量因子 k 值范围宽的样品，并可用于梯度洗脱。由于键合到载体表面的官能团可以是各种极性的，因此它适用于种类繁多样品的分离。

化学键合相是高效液相色谱较为理想的固定相，在高效液相色谱中占有重要的地位。化学键合相按基团与载体(硅胶)相结合的化学键类型，分为硅酸酯(Si—O—C)、硅碳型(Si—C)、硅氮型(Si—N)、硅烷化型(Si—O—Si—C)等，其中硅烷化型键合相具有稳定好，不易吸水，耐有机溶剂等特点，能在 70℃以下、pH＝2～8 的范围内正常工作，应用最广泛。这种键合固定相一般用硅羟基与有机氯硅烷反应制得。反应如下：

$$\equiv Si—OH + ClSiR_3 \rightarrow —\overset{|}{\underset{|}{Si}}—O—SiR_3 + HCl$$

化学键合相已广泛应用于反相与正相色谱法、离子对色谱法、离子交换色谱法、手性色谱法、亲和色谱法等诸多色谱法中，现简要介绍常用的键合相色谱法。

1. 反相健合相色谱法

反相键合相液相色谱(reversed phase bonded-phase chromatography，RPBPC)是以极性较小的化学键合相和极性较强的流动相组成的色谱体系。固定相常用硅胶-$C_{18}H_{37}$(octadecylsilane，简称 ODS 或 C_{18})，另外还有硅胶-C_8H_{17}、硅胶-苯基等，流动相常用甲醇-水、乙腈-水、水和无机盐的缓冲溶液等。目前关于反相键合相色谱的分离机理，可用疏溶剂理论(solvophobic theory)来解释。因为反相键合相键合在硅胶表面的非极性基团具有较强的疏水性，当用极性溶剂为流动相来分离含有极性官能团的有机化合物时，一方面，组分分子的非极性部分与固定相表面上的疏水烷基产生缔合作用，使它保留在固定相中；另一方面，组分分子的极性部分受到极性流动相的作用，促使它离开固定相，并减小其保留作用。显然，两种作用力之差，决定了分子在色谱中的保留行为。该理论认为，在反相键合相色谱法中组分的保留主要是组分分子与极性溶剂分子间的排斥力，促使组分分子与键合相的烃基发生疏水缔合，不是组分分子与键合相间的色散力。

在反相键合相液相色谱中，组分是按极性大小进行分离的，极性越大，亲水性越强，k 值越小，t_R 也越小，所以先被洗脱下来。流动相极性增大，洗脱能力降低，组分的 k 值增大，t_R 增大；反之 t_R 则减小。分离结构相近的组分时，极性大的组分先流出色谱柱。

反相键合相液相色谱法是应用最广的色谱法，主要用于分离非极性至中等极性的各种分子类型化合物，因为键合相表面的官能团稳定、不易流失，流动相极性可以在很大范围内调整，因此应用范围广。若向流动相中加入弱酸、弱碱或缓冲盐，调节流动相的 pH，可以用来分离有机酸、碱、盐等离子型化合物。

2. 正相键合相色谱法

正相键合相色谱法(normal phase bonded-phase chromatography，NPBPC)是以极性的 CN、NH_2、双羟基等键合相作为固定相，以非极性或弱极性的溶剂(如烃类)中加入适量的极性调节剂(如氯仿、醇、乙腈等)作为流动相组成的色谱体系。组分的分配比 k 值随其极性的增加而增大，但随流动相极性的增加而降低。极性强的组分 k 值大，后流出色谱柱。流动相的极性增强，洗脱能力增加，使组分 k 减小，t_R 减小。

此法主要用于分离异构体、极性不同的化合物，特别适用于分离不同类型的化合物。

3. 离子型键合相色谱法

此法是采用薄壳型或全多孔微粒型硅胶为基质，键合各种离子交换基团，如$-SO_3H$、$-CH_2NH_2$、COOH、$-CH_2N(CH_3)_3Cl$ 等，形成离子型键合相作为固定相。一般采用缓冲溶液作为流动相。其分离原理与离子交换色谱类同。

以上讨论了各种类型化学键合相色谱法，其最大优点是：通过改变流动相的组成和种类，可有效地分离各种类型化合物(非极性、极性和离子型)。此外，由于键合固定相不易流失，特别适用于梯度淋洗。但是，键合相色谱法最大的缺点是不能用于酸、碱度过大或存在氧化剂的缓冲溶液作流动相的体系。化学键合型固定相要根据样品的性质进行选择，具体请参看表 13-3。

表 13-3　化学键合固定相的选择

样品种类	键合基团	流动相	色谱类型	实例
低极性溶解于烃类	—C_{18}	甲醇-水 乙腈-水 乙腈-四氢呋喃	反相	多环芳烃、甘油三酯、类酯、脂溶性维生素、甾族化合物、氢醌
中等极性可溶于水	—CN —NH_2	乙腈、正己烷氯 仿正己烷、异丙醇	正相	脂溶性维生素、甾族、芳香醇、胺、类脂止痛药 芳香胺、脂、氯化农药、苯二甲酸
	—C_{18} —C_8 —CN	甲醇、水 乙腈	反相	甾族、可溶于醇的天然产物、维生素、芳香酸、黄嘌呤
高极性可溶于水	—C_8 —CN	甲醇、乙腈 水、缓冲溶液	反相	水溶性维生素、胺、芳醇、抗微生物类药、止痛药
	—C_{18}	水、甲醇、乙腈	反相离子对	酸、磺酸类染料、儿茶酚胺
	—SO_3^-	水和缓冲溶液	阳离子交换	无机阳离子、氨基酸
	—NR_3^+	磷酸缓冲液	阴离子交换	核苷酸、糖、无机阴离子、有机酸

4. 应用示例

图 13-10 为邻苯二甲醛柱前衍生反相高效液相色谱法测定茶叶中 17 种游离氨基酸的色谱图。色谱柱：Phenomenex Gemini C_{18} 柱（250mm×4.6 mm，5 μm）；流动相 A：pH 5.8，25 mmol · L^{-1} 醋酸钠缓冲液：四氢呋喃＝95：5（V：V）；流动相 B 为甲醇；荧光检测：Em 340 nm，Ex 450 nm。柱温 32℃，流速 1 mL · min^{-1}，进样量 5 μL。

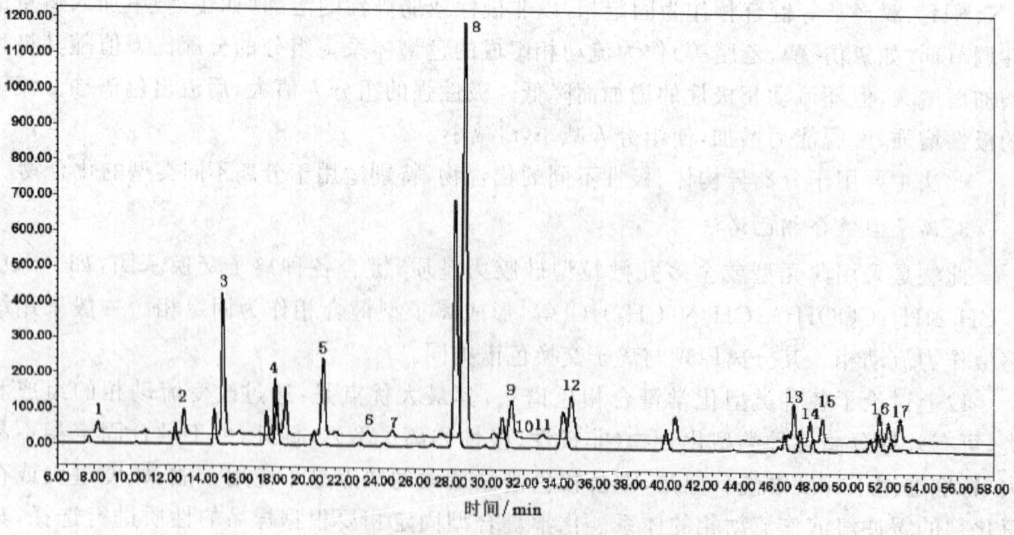

图 13-10　2 个白茶样品中游离氨基酸测定 HPLC 色谱图

1. 天冬氨酸　2. 丙氨酸　3. 组氨酸　4. 丝氨酸　5. 甘氨酸　6. 苏氨酸　7. 缬氨酸　8. 茶氨酸　9. 精氨酸　10. 酪氨酸　11. 甲硫氨酸　12. 谷氨酸　13. 色氨酸　14. 苯丙氨酸　15. 异亮氨酸　16. 亮氨酸　17. 赖氨酸

13.4.4 离子交换色谱法

离子交换色谱(ion exchange chromatography,IEC)是利用离子交换原理和液相色谱技术的结合来测定溶液中阳离子和阴离子的一种分离分析方法。凡在溶液中能够电离的物质,通常都可用离子交换色谱法进行分离。它不仅适用于无机离子混合物的分离,亦可用于有机物的分离,例如氨基酸、核酸、蛋白质等生物大分子。因此,应用范围较广。

1. 离子交换色谱法原理

离子交换色谱法是利用待测样品各组分离子对固定相亲和力的差别来实现分离的。其固定相采用离子交换树脂,树脂上分布有固定的带电荷基团和可游离的平衡离子。当待分析物质电离后产生的离子可与树脂上可游离的平衡离子进行可逆交换,其交换反应通式如下:

阳离子交换:

$$R—SO_3^- H^+ + M^+ \rightleftharpoons R—SO_3^- M^+ + H^+$$

阴离子交换:

$$R—NR_3^+ Cl^- + X^- \rightleftharpoons R—NR_3^+ X^- + Cl^-$$

一般形式:

$$R—A + B \rightleftharpoons R—B + A$$

2. 固定相

早期的离子交换色谱法是以离子交换树脂作为固定相,有溶胀和收缩现象,不耐压、传质速度慢、柱效低,目前已被离子交换键合相所取代。

离子交换键合相也是以薄壳型或全多孔微粒型硅胶为载体,表面经化学反应键合上各种离子交换基团。和离子交换树脂一样,离子交换键合相也可分为阳离子和阴离子交换键合相。阳离子交换键合相可分为强酸性(可交换基团为$—SO_3H$)和弱酸性(可交换基团为—COOH)两类。阴离子交换键合相也可分为强碱性(可交换基团为$—NR_3$)和弱碱性(可交换基团为$—NH_2$)两类。其中强酸性和强碱性离子键合相较稳定,在高效液相色谱中应用较多。

3. 流动相

离子交换色谱法所用流动相大都是一定 pH 和盐浓度(或离子强度)的缓冲溶液。通过改变流动相中盐离子的种类、浓度和 pH 可控制被分离组分的容量因子 k,从而获得好的分离选择性和柱效。

一般,对于阴离子交换树脂来说,各种阴离子的滞留次序为柠檬酸离子$>S>C_2>I^->N>Cr>Br^->SCN^->Cl^->HCOO^->CH_3COO^->OH^->F^-$

阳离子的滞留次序为

$$Ba^{2+}>Pb^{2+}>Ca^{2+}>Ni^{2+}>Cd^{2+}>Cu^{2+}>Co^{2+}>Zn^{2+}>Mg^{2+}>$$

$$Ag^+ > Cs^+ > Rb^+ > K^+ > N > Na^+ > H^+ > Li^+$$

4. 应用示例

图 13-11 是氨基酸的离子交换色谱图，实验条件：色谱柱：Aminex-A6 阳树脂（粒度 15.5～19.5 μm，柱长 500 mm；内径 9 mm），温度 50℃；流速 120 mL · h^{-1}。进样量：每种氨基酸各 0.25 μmol；流动相：柠檬酸钠缓冲液（pH 3.2～5.3）。

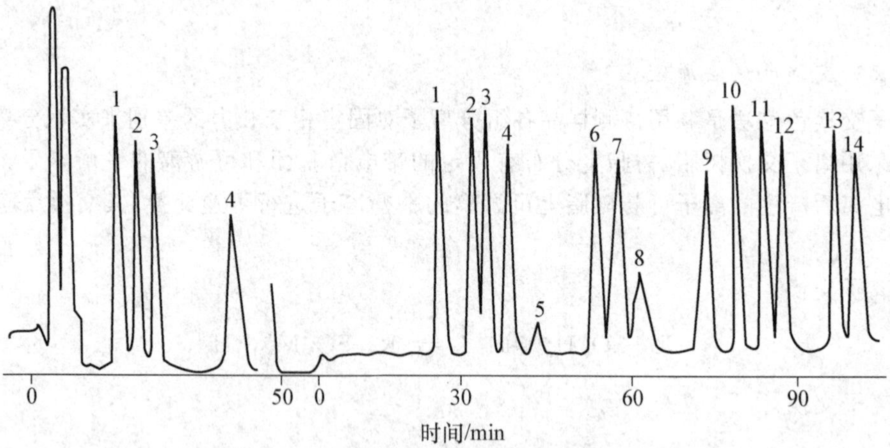

图 13-11　氨基酸的离子交换色谱图

1. 天门冬氨酸　2. 苏氨酸　3. 丝氨酸　4. 谷氨酸　5. 脯氨酸　6. 甘氨酸　7. 丙氨酸　8. 胱氨酸　9. 缬氨酸　10. 蛋氨酸　11. 异亮氨酸　12. 亮氨酸　13. 酪氨酸　14. 苯丙氨酸

13.4.5　体积排阻色谱法

体积排阻色谱法（size exclusion chromatography，SEC）是利用多孔凝胶固定相的独特特性，主要依据分子尺寸大小的差异来进行分离的方法，它又可称做凝胶色谱法（gel chromatography）。根据所用凝胶的性质，可以分为使用水溶液的凝胶过滤色谱法（gel filtration chromatography，GFC）和使用有机溶剂的凝胶渗透色谱法（gel permeation chromatography，GPC）。

SEC 主要用于较大分子的分离。GFC 适用于分析多肽、蛋白质、糖类等生物大分子；GPC 适用于分离同系物、异构体和低聚物等。

SEC 广泛应用于大分子的分级，即用来分析大分子物质相对分子质量的分布。它具有其他液相色谱所没有的特点：①保留时间是分子尺寸的函数，有可能提供分子结构的某些信息。②保留时间短，谱峰窄，易检测，可采用灵敏度较低的检测器。③固定相与分子间作用力极弱，趋于零。由于柱子不能很强地保留分子，因此柱寿命长。④不能分辨分子大小相近的化合物，相对分子质量差别必须大于 10%才能得以分离。

1. 分离原理

体积排阻色谱的分离过程是在装有多孔凝胶（软性凝胶或刚性凝胶）固定相的柱子中进行的，凝胶孔径的大小在制备时已加以精确控制。样品中的大分子不能渗透到凝胶孔穴中，就会完全被排阻，并首先从柱中被流动相洗脱出来；中等大小的分子能渗透到凝胶中一些适当的孔穴中，但不能进入更小的微孔，在柱中受到滞留，较慢地从柱中洗脱出来；小分子可完全渗透入内，最后流出色谱柱。这样，样品分子基本上按其分子大小，排阻先后由柱中流出。

2. 固定相

体积排阻色谱法使用的固定相种类很多，一般依据机械强度的不同可分为软性、半刚性和刚性凝胶 3 类。

所谓凝胶，指含有大量液体（一般是水）的柔软而富于弹性的物质，它是一种经过交联而具有立体网状结构的多聚体。

(1)软性凝胶　如葡聚糖凝胶、琼脂糖凝胶及聚丙烯酰胺都具有较小的交联结构，其微孔能吸入大量的溶剂，并能溶胀到它们干体的许多倍。它们适用以水溶性溶剂作流动相，一般用于小分子质量物质的分析。此类低交联度的软凝胶，高压下特别不稳定，且由于自身的溶胀和收缩会导致渗透率和分离效率下降，不适宜在高柱压下使用，因而不适用于高效液相色谱。

(2)半刚性凝胶　如高交联度的聚苯乙烯(styragel)，比软性凝胶稍耐压，溶胀性不如软性凝胶。常以有机溶剂作流动相。用于高效液相色谱时，流速不宜大。

(3)刚性凝胶　在现代体积排阻色谱中主要使用的是刚性凝胶，其为非均匀凝胶。如多孔球形硅胶、高交联苯乙烯-二乙烯基苯共聚物微球、羟基化聚醚多孔微球、多孔玻璃等。它们既可用水溶性溶剂，又可用有机溶剂作流动相，可在较高压强和较高流速下操作。一般控制压强小于 7 MPa，流速 $<1\ mL \cdot s^{-1}$；否则将影响凝胶孔径，造成不良分离。

3. 流动相

在体积排阻色谱法中，主要依据凝胶的孔容及孔径分布与样品分子量大小及样品分子量分布相匹配来实现样品中不同组分的分离，而与样品、流动相之间的相互作用无关。因此在体积排阻色谱中，并不采用通过改变流动相组成的方法来改善分离度。在体积排阻色谱法中所选用的流动相对样品有较好的溶解能力，能浸润凝胶。当采用软性凝胶时，流动相也必须能溶胀凝胶。另外流动相应尽量采用低黏度溶剂，因为高黏度溶剂往往限制分子扩散作用而影响分离效果，这对于具有低扩散系数的大分子物质分离，尤需注意。选择流动相还必须与所使用的检测器相匹配。在凝胶渗透色谱中若使用紫外吸收检测器，应使用在检测波长处无紫外吸收的溶剂作为流动相。常用的流动相有四氢呋喃、甲苯、氯仿、二甲基亚砜、三氟乙醇、水等。

以水溶液为流动相的凝胶色谱适用于水溶性样品，以有机溶剂为流动相的凝胶色谱适用于非水溶性样品。

4. 应用示例

图 13-12 是合格食用植物油的 SEC 色谱图。色谱柱：Styragel 凝胶色谱保护柱 + Styragel HR 1 TH(Φ7.8 mm×300 mm) + Styragel HR 0.5THF(Φ7.8 mm×300 mm)；柱温：35℃；流速：$0.7\ mL \cdot min^{-1}$；进样量：10 μL；流动相：四氢呋喃：示差折光检测器，温度 35℃。

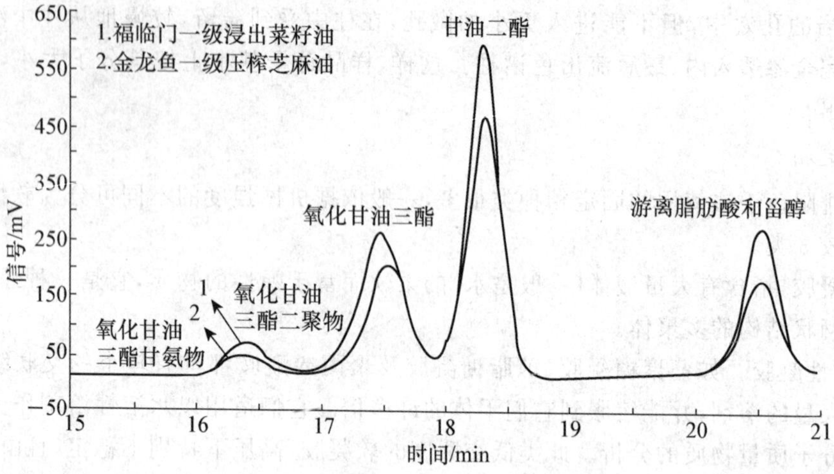

图 13-12　食用植物油 SEC 色谱图

13.4.6　分离类型选择

高效液相色谱的各种分离方法具有自身的特点和应用范围,需要根据分析目的、试样性质、化合物结构以及现有的仪器设备选择最合适的方法。但有时一种方法难于达到分析目的,需要和其他方法联合使用。一般分离方法可根据试样的相对分子质量,溶解度和分子结构等进行初步选择。

1. 根据相对分子质量选择

相对分子质量十分低的样品,其挥发性好,适用于气相色谱。标准液相色谱类型(液-固、液-液及离子交换色谱)最适合的相对分子质量范围是 200～2 000。对于相对分子质量大于 2 000 的样品,则用体积排阻法为宜。

2. 根据溶解度选择

弄清样品在水、异辛烷、四氯化碳、苯和异丙醇等溶剂中的溶解度对于液相色谱分离类型的选择是非常有用的。若样品可溶于烃类(如苯或异辛烷),则可采用液-固吸附色谱;若样品溶解于四氯化碳,则多采用常规的分配和吸附色谱分离;若样品既溶于水又溶于异丙醇时,常用水和异丙醇的混合液作液-液分配色谱的流动相,以憎水性化合物作固定相;若样品可溶于水并属于能离解物质,以采用离子交换色谱为佳。

3. 根据分子结构选择

若样品中包含离子型或可离子化的化合物,或者能与离子型化合物相互作用的化合物(如配位体及有机螯合剂),可首先考虑用离子交换色谱,但体积排阻和液-液分配色谱也都能顺利地应用于离子化合物;异构体的分离可用液-固色谱法;具有不同官能团的化合物、同系物可用液-液分配色谱法;对于高分子聚合物,可用体积排阻色谱法。

图 13-13 可作为选择分离类型的参考。

- 样品
  - 相对分子质量 >2 000
    - 溶于水——排阻色谱，水为流动相
    - 不溶于水——排阻色谱，非水流动相
  - 相对分子质量 <2 000
    - 不溶于水
      - 同系物——分配色谱
      - 异构体——吸附色谱
      - 分子大小异构——排阻色谱
    - 溶于水，不离解
      - 反相液-液分配色谱
      - 排阻色谱，水为流动相
    - 溶于水，可离解
      - 碱——阳离子交换色谱
      - 酸——阴离子交换色谱
    - 溶于水，离子与非离子——反相离子色谱法

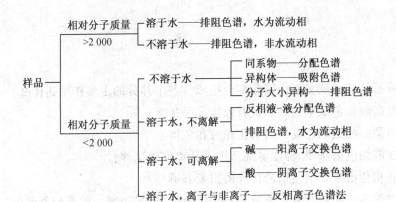

图 13-13 液相色谱分离类型选择参考

□ 本章小结

高效液相色谱以液体作为流动相，待测各组分经过固定相时，与固定相之间的作用（吸附、分配、离子吸引、排阻、亲和）大小、强弱不同，在固定相中滞留时间也不同，从而先后从色谱柱中流出得以分离。它具有高效、快速、灵敏度高、选择性高、自动化程度高等特点，适用于高沸点、热稳定性差、分子量大的物质的分离与检测。

影响色谱峰扩展的因素有柱内和柱外两种因素。柱内谱带扩展是由涡流扩散、分子扩散和传质阻力三种因素决定的，由于高效液相色谱使用全多孔固定相，不仅存在动态流动相的传质阻力，还存在滞留在固定相孔穴中的滞留流动相传质阻力，高效液相色谱中组分在流动相中扩散系数非常小，分子扩散可忽略不计，主要由涡流扩散和传质阻力引起柱内峰扩展，所以减小固定相颗粒粒度，均匀填充色谱柱，采用合适的流动相可以提高柱效。进样系统、连接管道、接头及检测器等中的死体积是引起柱外色谱峰展宽主要因素。

高效液相色谱主要有液-固吸附色谱、液-液分配色谱、键合固定相色谱、离子交换色谱、体积排阻色谱等类型，它们各自的分离方法具有自身的特点和应用范围，需要根据分析目的、试样性质、化合物结构以及现有的仪器设备选择最合适的方法。

高压液相色谱仪主要由高压输液系统、进样系统、分离系统、检测系统、数据处理系统五大部分组成。另外还配有梯度洗脱、自动进样和柱温箱等辅助装置。高压泵、色谱柱和检测器是高效液相色谱的三大核心部件。高压输液泵的作用主要是提供流量恒定、压力平稳的流动相。色谱柱是用来分离复杂组分，其性能与固定相的性能、柱的结构，装填和使用技术等有关。检测器的作用是将柱流出物中样品的组成和含量变化转变为可供检测的信号。检测器分为通用型检测器和专属性检测器两类。示差折光检测器、电导检测器属于通用型检测器，但易受温度、流速和流动相组成变化的影响，不适用于梯度洗脱，使用受到了极大的限制，新型蒸发散射光检测器克服了它们的缺点，有望成为液相色谱通用型检测器。紫外检测器、荧光检测器、电化学检测器和化学发光检测器是选择性检测器，它们各有自己的适用范围和特点，可以根据分析的试样的性质选择合适的检测器。

思考题

13-1 液相色谱系统主要由哪几部分组成？各个部分的主要作用是什么？

13-2 提高液相色谱中柱效的最有效途径是什么？

13-3 何谓反相液相色谱？何谓正相液相色谱？

13-4 在液相色谱法中，梯度淋洗适用于分离何种试样？

13-5 液相色谱中影响色谱峰扩展的因素有哪些？

13-6 对聚苯乙烯相对分子质量进行分级分析，应采用哪一种液相色谱法？

13-7 什么是化学键合固定相？它的突出优点是什么？

习题

13-1 选择题

(1)在液相色谱中，为了改变柱子的选择性，可以进行(　　)的操作。

A. 改变柱长　　B. 改变填料粒度

C. 改变流动相或固定相种类　　D. 改变流动相的流速

(2)在液相色谱法中，提高柱效最有效的途径是(　　)。

A. 提高柱温　　B. 降低板高

C. 降低流动相流速　　D. 减小填料粒度

(3)高效液相色谱仪与气相色谱仪比较增加了(　　)。

A. 恒温箱　　B. 进样装置

C. 程序升温　　D. 梯度淋洗装置

(4)下列用于高效液相色谱的检测器，(　　)检测器不能使用梯度洗脱。

A. 紫外检测器　　B. 荧光检测器

C. 蒸发光散射检测器　　D. 示差折光检测器

(5)若待测试样溶于正己烷等非极性溶剂，则通常可选择(　　)进行分析。

A. 正相分配色谱法　　B. 反相键合相色谱法

C. 体积排阻色谱法　　D. 离子色谱法

(6)高效液相色谱法多用于甾体激素制剂的含量测定，常采用(　　)。

A. 示差折射检测器　　B. 电化学检测器

C. 荧光检测器　　D. 紫外检测器

(7)在液相色谱中，空间排阻色谱的分离机理是根据样品组分在多孔凝胶中对孔的(　　)。

A. 渗透或孔的排斥不同而分离的　　B. 离子交换和亲和能力不同而分离的

C. 吸附或孔的解吸不同而分离的　　D. 毛细扩散或孔的溶解不同而分离的

(8)在液相色谱中，常用作固定相，又可用作键合相基体的物质是(　　)。

A. 分子筛　　　　B. 硅胶
C. 氧化铝　　　　D. 活性炭

13-2 为了测定邻氨基苯酚中微量杂质苯胺，现有下列固定相：硅胶，ODS 键合相，流动相有：水一甲醇，异丙醚一己烷，应选用哪种固定相、流动相？为什么？

13-3 在 150 mm×2 mm 硅胶柱、流动相为己烷/甲醇(150 ∶ 2)，紫外检测器色谱条件下分离丙烯酰胺，判断以下组分的出峰次序，为什么？

A. $H_2C{=}CH{-}\overset{\overset{\displaystyle O}{\|}}{C}{-}NH{-}CH_2OH$　　B. $H_2C{=}CH{-}\overset{\overset{\displaystyle O}{\|}}{C}{-}NH_2$

13-4 在 ODS 键合相固定相，甲醇-水为流动相时试判断下面 4 种苯并二氮杂䓬的出峰顺序。为什么？

1.
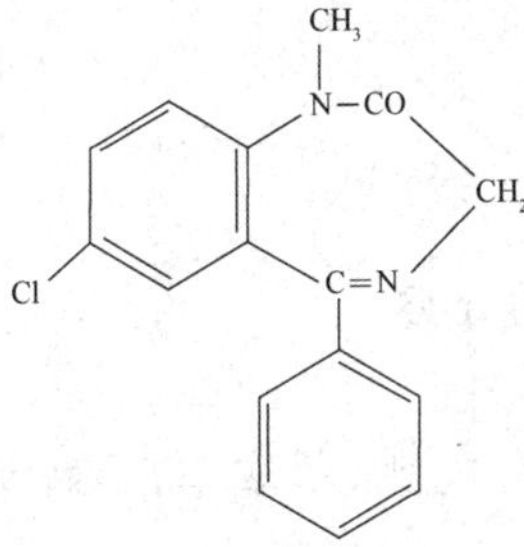

2.
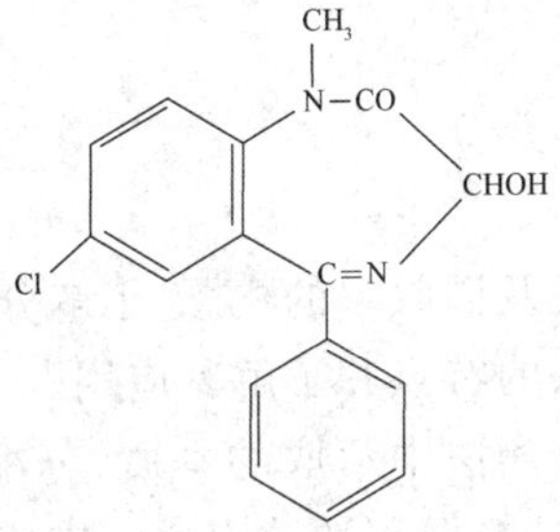

3.
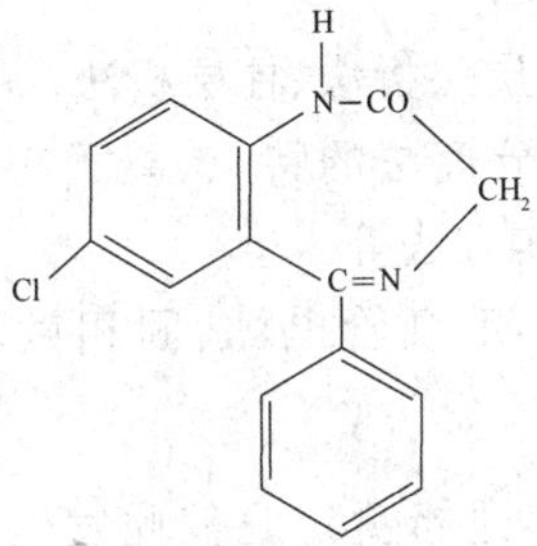

4.
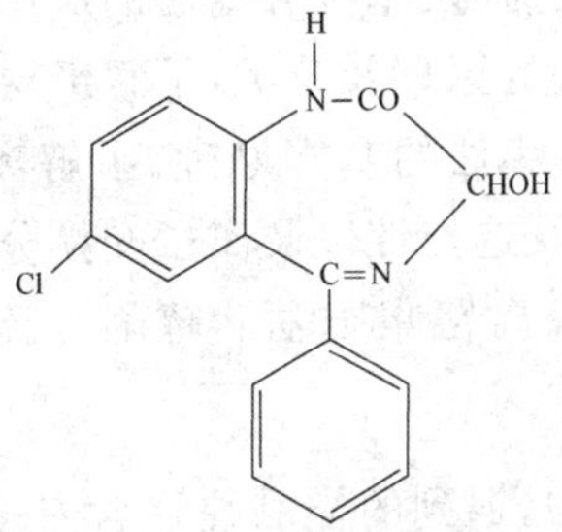

二维码 13-1　13 章要点

二维码 13-2　13 章复习问答题与自测题

二维码 13-3　13 章思考题与习题

二维码 13-4　13 章液相色谱分析技术的新进展

Chapter 14 第14章

分析化学中的分离与富集方法

Separation and Enrichment Methods in Analytical Chemistry

【教学目标】

- 理解分离的意义及回收率的概念，了解分离方法的分类。
- 掌握沉淀分离法的特点并了解其应用。
- 掌握溶剂萃取分离法中萃取的本质、分配系数和分配比、萃取率；了解萃取体系的分类、萃取条件的选择及萃取分离法的应用。
- 了解层析分离法的原理及分类，了解纸层析法、薄层层析法、柱层析法。
- 掌握离子交换分离法的基本原理，了解离子交换分离法的特点、离子交换树脂结构、分类、特性常数及选择性以及离子交换分离的操作方法等。
- 了解其他现代分离富集方法：超临界流体萃取、毛细管电泳、固相微萃取、液膜萃取等。

在实际分析工作中，遇到的样品往往含有多种组分，进行测定时彼此发生干扰，不仅影响分析结果的准确度，甚至无法进行测定。为了消除干扰，比较简单的方法是控制测定条件或采用适当的掩蔽剂。

当样品比较复杂，不仅共存组分多，而且其分析特性又十分相似，此时仅仅控制测定条件或加入掩蔽剂，不能消除干扰，还必须把被测组分与干扰组分分离以后才能进行测定。有些试样中待测组分含量极微，而现有分析方法的灵敏度不够，则需要富集后才能测定。应该注意的是，在分离的同时往往也进行了必要的浓缩和富集，因此分离通常包含有富集的意义在内，可见，分离对定量分析是至关重要的。

定量分析对分离的基本要求是：待测组分在分离过程中的损失要小到忽略不计，即回收完全；干扰组分的残留量要小到不再干扰待测组分的测定。对分离方法，最关心的是待测组分是否有损失，常用待测组分的回收率（recovery percent）来衡量分离富集效果，待测组分回收率为：

$$\text{回收率}=\frac{\text{分离后得到的待测组分质量}}{\text{试样原来所含待测组分质量}}\times 100\%$$

待测组分的回收率受其含量及选用的分离方法所制约。实际工作中，被测组分的含量不同，对回收率的要求也不同。常量组分（含量＞1%），回收率≥99.9%；微量组分（含量0.01%～1%），回收率≥99%；痕量组分（含量＜0.01%），回收率 90%～95%或更低。

本章主要介绍几种常用的分离方法。

14.1 沉淀分离法

沉淀分离法是一种经典的分离方法，但目前仍然经常使用，而且还在不断发展中。下面介绍几种重要的沉淀分离法。

14.1.1 常量组分的沉淀分离

根据沉淀剂的性质不同，可以分为无机沉淀剂沉淀法和有机沉淀剂沉淀法。

1. 无机沉淀剂沉淀法

(1)氢氧化物沉淀分离　最常用来进行金属离子分离的沉淀是氢氧化物。由于大多数金属离子都能生成氢氧化物沉淀，其溶解度都很小，而且它们之间的差别也很大，因此可以通过控制酸度使某些金属离子相互分离。

不同金属离子的氢氧化物沉淀所要求的 pH 不同，可通过控制溶液的 pH 使金属离子分离。根据溶度积规则，由 K_{sp} 可估算金属离子（M^{n+}）氢氧化物 $M(OH)_n$ 沉淀完全时的 pH：

$$c_r(M^{n+})c_r(OH^-)^n > K_{sp} \text{或} c_r(H^+) < \frac{10^{-14}}{\sqrt[n]{\frac{K_{sp}}{10^{-5}}}} \tag{14-1}$$

如 $Sn(OH)_4$、$Fe(OH)_3$、$Al(OH)_3$、$Cr(OH)_3$ 和 $Mg(OH)_2$ 沉淀完全时的最低 pH 分别为 1.0、4.1、5.2、6.8 和 12.4。

控制溶液的酸度进行沉淀分离，通常有以下几种方法。

①以 NaOH 作沉淀剂，使两性元素与非两性元素分离。当溶液中加入过量 NaOH 时，Al^{3+}、Cr^{3+}、Zn^{2+}、Pb^{2+}、Sn^{2+}、Sn^{4+}、Be^{2+}、Ge^{4+}、Ga^{3+} 等两性金属离子以含氧酸根阴离子的形式存在于溶液中，且 SiO_3^{2-}、WO_4^{2-}、MoO_4^{2-} 等酸根离子也保留在溶液中，非两性元素则生成氢氧化物沉淀。在过量 NaOH 中溶解的两性氢氧化物及 SiO_3^{2-} 等酸根离子，当降低溶液的 pH 时，将重新析出沉淀。

②NH_4^+ 存在时，以氨水作沉淀剂（pH＝8～9）可使高价金属离子生成氢氧化物沉淀与大部分一、二价金属离子分离。其中 Ag^+、Cu^{2+}、Cd^{2+}、Co^{2+}、Ni^{2+}、Zn^{2+} 形成氨配离子，而 Ca^{2+}、Sr^{2+}、Ba^{2+}、Mg^{2+} 等因氢氧化物溶解度较大，留在溶液中。

③以 HA-A⁻ 或 B-HB 缓冲溶液控制溶液的 pH。如 HAc-Ac⁻ 缓冲体系（pH＝4～6）控制 $Fe(OH)_3$ 沉淀、C_5H_5N-HCl 缓冲体系（pH＝5～6.5）控制 $Sc(OH)_3$ 沉淀与其他稀土离子分离。$(CH_2)_6N_4$-HCl 缓冲体系（pH＝5～6）控制高价离子如 Al^{3+}、Fe^{3+}、Ti^{4+}、Th^{4+} 形成氢氧化物沉淀与一、二价离子分离。

④以某些金属氧化物悬浊液控制溶液的 pH。若金属氧化物 MO 与水的反应为：

$$MO + H_2O \rightleftharpoons M(OH)_2 \rightleftharpoons M^{2+} + 2OH^-$$

根据溶度积规则，可得：

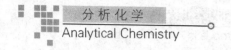

$$c_{r,e}(OH^-)=\sqrt{\frac{K_{sp}}{c_{r,e}(M^{2+})}} \tag{14-2}$$

当MO加到酸性溶液中，MO中和过量的酸，达到平衡后，若溶液中 $c_{r,e}(M^{2+})$ 一定，溶液的pH就一定。例如，利用ZnO悬浮液，一般可把溶液的pH控制在5.5～6.5。

氢氧化物沉淀分离法的选择性较差。氢氧化物沉淀大多数是无定形沉淀，共沉淀现象较为严重，沉淀不够纯净。但如果后继的测定方法选择性较好，如原子发射或原子吸收光谱法等，则利用沉淀分离法除去绝大部分干扰因素，可满足测定要求。

(2)硫化物沉淀分离　有40多种金属离子可生成难溶硫化物沉淀。各种金属硫化物沉淀的溶度积(K_{sp})相差悬殊，如HgS、CuS、CdS、FeS和MnS的 K_{sp} 分别为 4×10^{-53}、6×10^{-36}、8×10^{-27}、6×10^{-18} 和 2×10^{-10}，其溶解度相差较大，因此形成硫化物沉淀所需 S^{2-} 的浓度也相差较大。在硫化物沉淀分离中，通过控制溶液的酸度来控制 S^{2-} 浓度，而使金属离子相互分离。但利用硫化物进行分离时，由于共沉淀现象严重，分离效果不太理想，且 H_2S 气体有恶臭，其应用受到一定的限制。

(3)其他无机沉淀剂

①硫酸盐　以硫酸盐为沉淀剂，可使 Ca^{2+}、Sr^{2+}、Ba^{2+}、Pb^{2+}、Ra^{2+} 等沉淀而与其他金属离子分离，其中 $CaSO_4$ 溶解度较大，加入适量的乙醇可降低其溶解度。

②HF或 NH_4F　以 NH_4F 或NaF为沉淀剂，可使 Ca^{2+}、Sr^{2+}、Mg^{2+}、Th(Ⅳ)、稀土金属离子沉淀，与其他金属离子分离。

③磷酸盐　以 PO_4^{3-} 为沉淀剂，可使Zr(IV)、Hf(IV)、Th(IV)、Bi^{3+} 等金属离子沉淀分离。

④氯化物　以 Cl^- 为沉淀剂，使 Ag^+、Hg_2^{2+} 等离子沉淀。

2.有机沉淀剂沉淀法

有机沉淀剂与金属离子作用生成难溶螯合物沉淀或离子缔合物沉淀。有机沉淀剂具有选择性高，生成的沉淀溶解度小，易生成晶形沉淀等优点，因此应用广泛，特别是在稀有元素分析中应用更为普遍。

(1)生成螯合物的有机沉淀剂　这类沉淀剂是一种螯合剂，一般含有两种基团，一种是酸性基团，如—OH，—COOH，—SO_3H，—SH等，这些基团中的 H^+ 可被金属离子置换；另一种是碱性基团，如—NH_2，═NH，═N—，═CO，═CS等，这些基团以配位键与金属离子结合，生成具有环状结构的螯合物。如果整个螯合物分子不带电荷，分子中又含有较大的疏水性基团，这类螯合物就难溶于水。

如在氨性溶液中(pH≈9)丁二酮肟与 Ni^{2+} 生成鲜红色沉淀，反应选择性高。该沉淀组成恒定，经烘干后可直接称量，常用于重量法测定 Ni^{2+}。

由于不少有机试剂具有弱酸性，所以螯合物的溶解度受溶液的pH影响很大，通过改变溶液酸度能提高沉淀生成的选择性。如8-羟基喹啉是一个选择性较差的有机沉淀剂，它能与许多金属离子生成沉淀，但要在一定的pH范围内才能沉淀完全，用8-羟基喹啉沉淀 Al^{3+}、Co^{2+}、Fe^{3+} 和 Ni^{2+} 的pH范围分别为4.2～9.8、4.4～11.6、2.8～11.2和4.3～14.6，通过控制溶液的pH可达到定量分离的目的。

(2)生成离子缔合物的有机沉淀剂　这类沉淀剂在水溶液中离解为大体积的阳离子或阴离子，它与带不同电荷的金属离子或金属离子的配离子缔合形成不带电荷的、难溶于水的中性分子而沉淀。如氯化四苯砷在水溶液中离解出四苯砷阳离子，它能与某些体积庞大的含氧酸阴离子或金属卤化物的配离子缔合成难溶沉淀：

$$(C_6H_5)_4As^+ + MnO_4^- \rightleftharpoons (C_6H_5)_4AsMnO_4\downarrow$$

$$2(C_6H_5)_4As^+ + HgCl_4^{2-} \rightleftharpoons [(C_6H_5)_4As]_2HgCl_4\downarrow$$

14.1.2　微量、痕量组分的共沉淀分离

在重量分析中，共沉淀对得到纯净沉淀是极为不利的，因为在沉淀中带入了杂质；但是在微、痕量组分的分离与分析中，却可利用共沉淀对某些微、痕量组分进行分离和富集。

在共沉淀分离中，一般在溶液中加入某种离子同沉淀剂生成沉淀作为载体，将微、痕量组分定量地沉淀下来，然后将沉淀分离，溶解在少量溶剂中以达到分离和富集的目的。如测定水中痕量的 Pb^{2+}，若在水中加入适量的 Ca^{2+}，再加入沉淀剂 Na_2CO_3，当生成 $CaCO_3$ 沉淀时，痕量的 Pb^{2+} 共沉淀下来。然后用少量的酸将沉淀溶解，此时 Pb^{2+} 浓度大大提高，再用适当的方法进行测定。这里生成的 $CaCO_3$ 称为载体或共沉淀剂。

对于载体或共沉淀剂的选择应注意：应将微量元素定量地共沉淀下来；载体元素应不干扰微、痕量元素的测定；所得沉淀应易溶于酸或其他溶剂中。

利用共沉淀进行分离富集，主要有以下 3 种情况。

1. 利用吸附作用进行共沉淀分离

如微量的稀土离子，用草酸难于使它沉淀完全，若先加入 Ca^{2+}，再用草酸作沉淀剂，则利用生成的 CaC_2O_4 作载体，可将稀土离子的草酸盐吸附而共同沉淀下来。在这类共沉淀分离中，常用的载体有 $Fe(OH)_3$、$Al(OH)_3$、$MnO(OH)_2$ 及硫化物等，都是表面积很大的非晶形沉淀。由于载体的表面积大，与溶液中微、痕量组分接触机会多，容易吸附；又由于非晶形沉淀聚集速度快，吸附在沉淀表面的微、痕量组分来不及离开沉淀表面，就被夹杂在沉淀中，即产生吸留，因而分离富集效率高。硫化物沉淀还容易发生后沉淀，更有利于微、痕量组分的富集。但是，利用吸附作用的共沉淀分离，选择性一般不高，而且引入较多的载体离子，对下一步分析带来困难。

2. 利用生成混晶进行共沉淀分离

如果欲测组分 M 与载体 NL 沉淀中的 N 的半径相近，电荷相同，并且 NL 和 ML 晶形相同时，则 ML 可以以混晶形式与 NL 共沉淀下来。

如用 $BaSO_4$ 作载体，使微量 Ra^{2+} 形成 $BaSO_4$-$RaSO_4$ 混晶共沉淀下来，达到 Ra^{2+} 的分离和富集目的；海水中亿万分之一的 Cd^{2+}，可用 $SrCO_3$ 作载体，生成 $SrCO_3$-$CdCO_3$ 混晶沉淀而富集。这种共沉淀分离的选择性较好。

3. 利用有机共沉淀剂进行共沉淀分离

无机共沉淀剂是利用共沉淀的表面吸附或形成混晶而把微、痕量元素带下来。与无机共沉淀剂不同，有机共沉淀剂的共沉淀富集作用，一般认为是利用“固溶体”的作用。

如在含有痕量 Zn^{2+} 的弱酸性溶液中，加入 NH_4SCN 并滴加甲基紫，这时 Zn^{2+} 先同

NH_4SCN 生成 $Zn(SCN)_4^{2-}$，然后同甲基紫形成难溶三元配合物，但因 Zn^{2+} 量太少，该难溶配合物沉淀不下来，而甲基紫与 SCN^- 所生成的化合物也难溶于水，是共沉淀剂，就与前者形成固溶体而一并沉淀下来。利用此法可以分离 100 mL 中 1 μg 的锌。这类共沉淀剂除甲基紫外，常用的还有结晶紫、甲基橙、次甲基蓝、酚酞、β-萘酚等。

由于有机共沉淀剂一般都是大分子物质，它的离子半径大，在其表面电荷密度较小，吸附杂质离子的能力较弱，因而选择性较好。又由于它是大分子物质，分子体积大，形成沉淀的体积亦比较大，这对于痕量组分的富集很有利。另外，存在于沉淀中的有机共沉淀剂，在沉淀后可灼烧除去，不会影响以后的分析。

14.2 溶剂萃取分离法

溶剂萃取分离法又称液-液萃取分离法，简称萃取分离法。这种方法是利用与水不相混溶的有机溶剂同试液一起振荡，这时，一些组分进入有机相中，另一些组分仍留在水相中，从而达到分离富集的目的。如果被萃取组分是有色化合物，则可以取有机相直接进行光度测定，这种方法称为萃取光度法。萃取光度法具有较高的灵敏度和选择性。萃取分离法设备简单，操作快速，特别是分离效果好，故应用广泛。其主要缺点是费时，工作量较大；萃取溶剂常是易挥发、易燃和有毒的物质，所以应用上受到限制。至今为止已研究了 90 多种元素的溶剂萃取体系。随着科研和生产的发展，该法正以更快的速度继续发展。

14.2.1 基本原理

1. 萃取过程

无机盐溶于水并发生离解时形成水合离子，它们易溶于水而难溶于有机溶剂，这种性质称为亲水性；许多有机化合物如油脂、酚酞、PAN 等以及常用的有机试剂，它们难溶于水而易溶于有机溶剂中，这种性质称为疏水性。如果要从水相中萃取一种金属离子，一般需要利用萃取剂或萃取溶剂在水相中与水合金属离子反应，使它成为一种疏水性的易溶于有机溶剂的化合物。

如 Ni^{2+} 在水溶液中以 $Ni(H_2O)_6^{2+}$ 型体存在，是亲水的。在氨性溶液中（pH＝9）加入丁二酮肟，它与 Ni^{2+} 形成螯合物，此时水合离子中的水分子被置换出来，螯合物不带电荷，并引入了两个带疏水基团的有机分子，具有疏水性，加入 $CHCl_3$ 振荡，Ni^{2+}-丁二酮肟螯合物被萃取入有机相。若再在有机相中加入 HCl，当盐酸的浓度达 0.5～1 mol·L^{-1}时，螯合物被破坏，Ni^{2+} 恢复其水合离子的亲水性，又重新回到水相中，这一过程称为反萃取。萃取和反萃取配合使用，可以提高萃取分离的选择性。

2. 分配系数（distribution coefficient）K_D

1891 年，Nernst 发现了分配定律："在一定温度下，当某一物质在两种互不混溶的溶剂中分配达到平衡时，则该物质在两相中的浓度之比为一常数"。如果组分 A 在互不混溶的两相中存在的形式相同，两相中组分 A 的浓度（严格讲是活度）的比例是一个定值，该常数称为分配系数，一般用 K_D 表示。

$$K_D = c_r(A)_{有}/c_r(A)_{水} \tag{14-3}$$

式 14-3 中：$c_r(A)_{有}$ 和 $c_r(A)_{水}$ 分别为有机相和水相中组分 A 的平衡浓度。分配系数主要取决于组分的性质，它是温度 T 的函数。

3. 分配比(distribution ratio)D

由于组分 A 在一相或两相中，常常会离解、聚合或与其他组分发生化学反应，则把组分 A 在两相中分析浓度的比值，称为分配比，一般用 D 表示。分配比随具体条件而变化，一般由实验测得。

$$D = c_{有}/c_{水} \tag{14-4}$$

式 14-4 中：$c_{有}$ 和 $c_{水}$ 分别为水相和有机相中组分 A 的分析浓度。只有在最简单的萃取体系中，溶质在两相中的存在形式完全相同时 $D=K_D$，一般情况下 $D \neq K_D$。

4. 萃取效率(extraction rate)E

萃取率用于反映物质被萃取的完全程度。如果物质在某种有机溶剂中的分配比较大，则使用该种有机溶剂萃取时，溶质的极大部分将进入有机溶剂相中，这时萃取效率就高。

当组分 A 的水溶液用有机溶剂萃取时，如果水溶液的体积为 $V_{水}$，有机溶剂的体积为 $V_{有}$，则萃取效率 E 表示为：

$$\begin{aligned} E\% &= \frac{\text{A 在有机相中的总含量}}{\text{A 在两相中的总含量}} \times 100 \\ &= \frac{c_{有}V_{有}}{c_{有}V_{有} + c_{水}V_{水}} \times 100 \\ &= \frac{D}{D + V_{水}/V_{有}} \times 100 \end{aligned} \tag{14-5}$$

从式(14-5)知，萃取效率由分配比 D 和体积比 $V_{水}/V_{有}$ 决定。D 越大，萃取效率越高。在分析化学中，常采用等体积溶剂进行萃取，即 $V_{水}/V_{有}=1$，则 $E\%$ 可写成：

$$E\% = \frac{D}{D+1} \times 100 \tag{14-6}$$

又由式(14-5)知，当 D 一定时，增加有机相体积可提高萃取效率，但增加有机溶剂的用量，将使萃取以后溶质在有机相中的浓度降低，不利于进一步的分离和测定。在实际工作中，对于分配比较小的溶质，常常采取分几次加入溶剂，连续几次萃取的办法，以提高萃取效率。

萃取次数与萃取效率的关系可通过下面的计算加以说明。设在体积为 $V_{水}$ 的水相中含被萃取物 A 的质量为 m_0，用体积为 $V_{有}$ 的有机相萃取一次后，在水相(萃余液)中剩余 A 的质量 m_1，则进入有机相的 A 的质量为$(m_0 - m_1)$，分配比为：

$$D = \frac{c_{有}}{c_{水}} = \frac{(m_0 - m_1)/V_{有}}{m_1/V_{水}}$$

一次萃取后，萃余液(水相)中 A 的质量为：

$$m_1 = \frac{m_0 V_{水}}{DV_{有} + V_{水}}$$

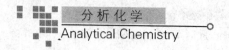

将两相分开，再用相同体积($V_{有}$)的有机溶剂重新萃取一次，萃余液中剩余 A 的质量为 m_2。则：

$$D=\frac{(m_1-m_2)/V_{有}}{m_2/V_{水}}$$

$$m_2=\frac{m_1V_{水}}{DV_{有}+V_{水}}=m_0\left(\frac{V_{水}}{DV_{有}+V_{水}}\right)^2$$

如果每次都用固定体积为 $V_{有}$ 的新鲜有机溶剂对萃余液中的 A 进行萃取，共萃取 n 次，最后的萃余液中剩余 A 的质量为 m_n，则：

$$m_n=m_0\left(\frac{V_{水}}{DV_{有}+V_{水}}\right)^n \tag{14-7}$$

$$E\%=\frac{(m_0-m_n)}{m_0}\times 100=\left[1-\left(\frac{V_{水}}{DV_{有}+V_{水}}\right)^n\right]\times 100 \tag{14-8}$$

由于 $V_{水}/(DV_{有}+V_{水})$ 值小于 1，所以 n 越大，萃余液中剩余 A 的质量 m_n 越小，萃取效率越高。当 $V_{水}=V_{有}$ 时：

$$E\%=\left[1-\left(\frac{1}{D+1}\right)^n\right]\times 100 \tag{14-9}$$

例 14-1 用 8-羟基喹啉氯仿溶液，于 pH=7.0 时从水溶液中萃取 La^{3+}，已知它在两相中的分配比 $D=43.0$。现取含 La^{3+} 为 1.00 mg·mL^{-1} 的水溶液 20.0 mL，用 20.0 mL 有机溶剂进行萃取。试计算一次萃取和两次萃取的萃取效率。

解 一次萃取时：

$$m_1=m_0V_{水}/(DV_{有}+V_{水})$$

$$=20.0\ \text{mg}\times 20.0\ \text{mL}/(43.0\times 20.0\ \text{mL}+20.0\ \text{mL})=0.455\ \text{mg}$$

$$E\%=(20.0-0.455)/20.0\times 100=97.7$$

分两次萃取时，每次用有机溶剂的体积为 10.0 mL，则：

$$m_2=m_0[V_{水}/(DV_{有}+V_{水})]^2$$

$$=20.0\ \text{mg}\times[20.0\ \text{mL}/(43.0\times 10.0\ \text{mL}+20.0\ \text{mL})]^2=0.039\,5\ \text{mg}$$

$$E\%=(20.0-0.039\,5)/20.0\times 100=99.8$$

计算结果表明，用相同体积的有机溶剂，多次萃取比全量一次萃取率高，但增加萃取次数会增大工作量和操作误差。

14.2.2 萃取体系的分类和萃取条件的选择

1. 萃取体系的分类

根据萃取时金属离子与萃取剂的结合方式可分为螯合物萃取，离子缔合物萃取，中性配合物萃取。

(1)螯合物萃取　螯合萃取剂通常是有机弱酸,它含有可被置换 H^+ 的酸性基团(如—OH,═NOH,—SH,—COOH)和可配位的官能团(如═C═O,═N—,—N═N—,═C═S等),在萃取过程中,金属离子将酸性基团中的 H^+ 置换出来形成离子键,同时以配位键与配位基团结合形成环状结构的疏水的金属螯合物。

如1-苯基-3-甲基-4-苯甲酰基-5-吡唑啉酮(PMBP)的苯溶液萃取 Cu^{2+},水相中 pH>1.5,Cu^{2+} 几乎完全被萃取而与 Zn^{2+} 分离。PMBP 具有β-二酮和烯醇式两种互变异构体:

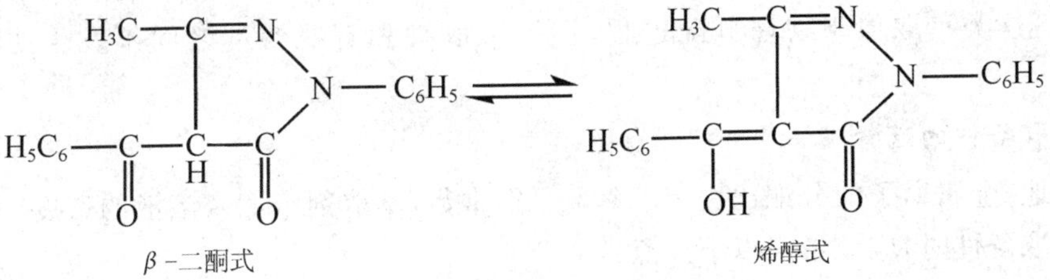

它对金属离子的萃取是按烯醇式进行的:

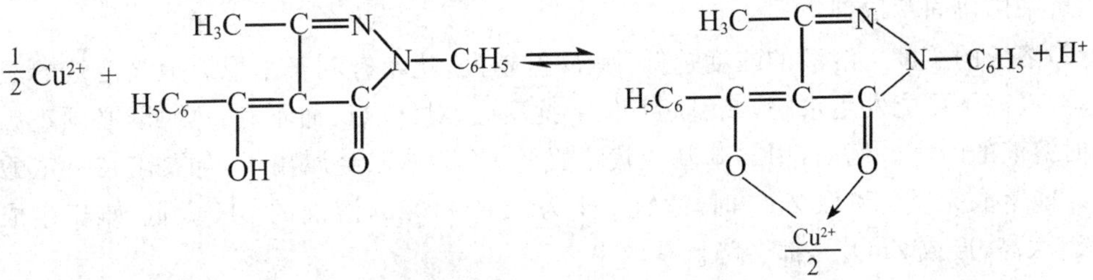

这种金属螯合物因为苯环等疏水基团的存在,易溶于有机溶剂苯中而被萃取。金属螯合物的萃取特点是反应的灵敏度高,适用于分离微量或痕量组分。

螯合物的分配系数越大,而萃取剂的分配系数越小,则萃取越容易进行,萃取率越高。对于不同的金属离子由于所生成螯合物的稳定性不同,螯合物在两相中的分配系数不同,因而选择和控制适当的萃取条件,包括萃取剂的种类,溶剂的种类,溶液的酸度等等,就可使不同的金属离子得以萃取分离。

(2)离子缔合物萃取　许多阳离子和阴离子能和一种带相反电荷的大体积的有机离子通过静电引力结合成中性的离子缔合物,离子缔合物具有疏水性,可以被有机溶剂萃取。如常用的胺类萃取剂,是一种相对分子质量较高的胺类有机物,其分子中氮原子上的孤对电子与 H^+ 结合成有机铵盐阳离子,然后与金属配阴离子结合生成离子缔合物被萃取。

$$(C_8H_{17})_3N(\text{三正辛胺}) + HCl \rightleftharpoons [(C_8H_{17})_3NH]^+Cl^-$$

$$[(C_8H_{17})_3NH]^+Cl^- + [FeCl_4]^- \rightleftharpoons [(C_8H_{17})_3NH]^+[FeCl_4]^- + Cl^-$$

三正辛胺在水中溶解度最小,最易为有机溶剂萃取,所以应用很广。它在酸性条件下可与Zn、Ti、Zr、Mo、V、Au、Ru、Pd等金属离子形成离子缔合物,被萃取到苯或二甲苯中,当有显色剂存在时,可在有机相显色,直接用于萃取光度法测定。

(3)中性配合物萃取　被萃取金属离子的中性化合物与中性萃取剂(在水相和有机相都难离解),结合成一种中性配合物而被有机相萃取。

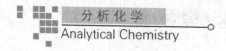

在中性配合物萃取中，最重要的萃取剂是中性含磷化合物，如磷酸三丁酯(简称 TBP)与 $FeCl_3$ 反应：

$$Fe(H_2O)_2Cl_3 + 3TBP \rightleftharpoons FeCl_3 \cdot 3TBP + 2H_2O$$

生成的中性配合物 $FeCl_3 \cdot 3TBP$ 难溶于水，易被有机相萃取。

此外，还有一类萃取，被萃取物可以是单质分子(如卤素)，也可以是难电离的无机化合物或有机化合物。如用四氯化碳从水溶液中萃取溴、碘；用三氯甲烷从水溶液中萃取 $HgCl_2$ 等。这类萃取属于物理分配过程，在被萃取物和有机溶剂之间不发生明显的化学反应。

2. 萃取条件的选择

一般地，金属离子的分配比决定于萃取平衡常数，萃取剂浓度及溶液的酸度。实际工作中选择萃取条件时，应该考虑以下几点：

(1)萃取剂的选择　螯合剂与金属离子生成的螯合物越稳定，即萃取平衡常数越大，萃取效率就越高；螯合剂含疏水基团越多，亲水基团越少，萃取率就越高。有时为了提高萃取效率，可采用协同萃取剂。

(2)溶液的酸度　溶液的酸度越低，则 D 值越大，就越有利于萃取。但当溶液的酸度太低时，金属离子可能发生水解，或引起其他干扰反应，对萃取反而不利。因此，必须正确控制萃取时溶液的酸度。例如：用二苯基硫代卡巴腙-CCl_4 萃取金属离子，都要求在一定酸度条件下才能萃取完全。萃取 Zn^{2+} 时，适宜 pH 为 6.5～10.0，溶液的 pH 太低，难于生成螯合物；pH 太高，形成 ZnO_2^{2-}，都会降低萃取率。

(3)萃取溶剂的选择　萃取溶剂的选择原则：①金属螯合物在溶剂中应有较大的溶解度。通常根据螯合物的结构选择结构相似的溶剂。②萃取溶剂的密度与水溶液的密度差别要大，黏度要小，容易分层。③萃取溶剂最好无毒、无特殊气味、挥发性小。例如，含烷基的螯合物用卤代烷烃(如 CCl_4，$CHCl_3$)做萃取溶剂；含芳香基的螯合物用芳香烃(如苯、甲苯等)做萃取溶剂。

(4)干扰离子的消除　①控制酸度：控制适当的酸度，有时可选择性地萃取一种离子，或连续萃取几种离子。例如：在含 Hg^{2+}，Bi^{3+}，Pb^{2+}，Cd^{2+} 溶液中用二苯基硫代卡巴腙-CCl_4 萃取 Hg^{2+}，若控制溶液的 pH 等于 1，则 Bi^{3+}，Pb^{2+}，Cd^{2+} 不被萃取。要萃取 Pb^{2+}，可先将溶液的 pH 调至 4～5，将 Hg^{2+}，Bi^{3+} 先除去，再将 pH 调至 9～10，萃取出 Pb^{2+}。②使用掩蔽剂：当控制酸度不能消除干扰时，可采用掩蔽方法。例如，用二苯基硫代卡巴腙-CCl_4 萃取 Ag^+ 时，若控制 pH 为 2，并加入 EDTA，则除了 Hg^{2+}，Au(Ⅲ)外，许多金属离子都不被萃取。

14.2.3　萃取方法及萃取分离法应用简介

1. 萃取方法

(1)单级萃取　通常用分液漏斗进行萃取，萃取一般在几分钟内即可达到平衡。萃取过程分为震荡、分层、洗涤三步。

(2)连续萃取　对于分配系数较小的物质的萃取，则可以在各种形式的连续萃取器(如索氏提取器)中进行连续萃取。该方法可以使溶剂得到循环使用,常用于植物中有效成分的提取及中药成分的提取分离。

(3)多级萃取　又称错流萃取。将水相固定,多次用新鲜的有机相进行萃取,可以提高分离效果。

2. 应用

溶剂萃取在分析化学中的应用分为萃取分离、萃取富集和萃取比色或萃取光度分析。把萃取技术和仪器分析方法(如吸光光度法、原子吸收光谱法和原子发射光谱法等)结合起来,可以促进微量和痕量分析方法的发展。分析测定时,先用萃取技术将待测组分分离、富集,再用仪器分析方法测定,可以提高分析方法的灵敏度。例如,用1-苯基-3-甲基-4-苯甲酰基-5-吡唑啉酮(PMBP)萃取分离矿石中的稀土元素。试样在适当条件下熔融并冷却后,用三乙醇胺-水溶液浸取,过滤、洗涤沉淀,用1∶1盐酸溶解沉淀,定容。移取一定量试液,调节pH为5.5,用适量的PMBP-苯萃取分离稀土元素,再反萃取,用偶氮胂Ⅲ显色,吸光光度法测定。

14.3 层析法

层析法又称为色谱分离法或色层法,这类分离方法的分离效率高,能将各种性质极其相近的组分彼此分离。这是一种物理化学分离方法,它是利用混合物中各组分的物理化学性质的差别(分子的形状和大小、分子极性、吸附力、分子亲和力、分配系数等),使各组分以不同程度分布在两个相中,其中一个相为固定的(称为固定相),另一个相则流过此固定相(称为流动相)并使各组分以不同速度移动,从而达到分离富集的目的。层析技术操作简便,样品可多可少,既可用于实验室的研究工作,又可用于工业生产,还可与其他分析仪器配合,组成各种自动分析仪器。

根据其分离原理,层析法可分为分配色谱、吸附色谱、离子交换色谱和体积排阻色谱等;根据操作条件的不同,又可分为柱色谱、纸色谱、薄层色谱、气相色谱及液相色谱等。本书主要介绍常用的纸层析法、薄层层析法和柱层析法。

14.3.1 纸层析法

纸层析法以滤纸(又叫层析纸)作载体,设备简单,便于操作,是一种微量分离方法。纸上色谱分离法是根据不同物质在两相间的分配比不同而进行分离的。它用滤纸作为载体,在一定长度和宽度的滤纸的一端约1 cm的高度处,用铅笔轻轻地画出一水平线称为基线,用毛细管将待分离试液点在基线上,晾干后得一斑点。斑点中心称为原点。利用纸上吸着的水分(一般的纸吸着约等于本身重量20%的水分)作为固定相,另取一有机溶剂作流动相(展开剂)。将点好样点的层析纸悬挂在密闭的层析筒内(图14-1),纸的末端插入有机溶剂中。由于毛细管作用,流动相自下而上地不断上升。流动相上升时,与滤纸上的固定相相遇。这时,被分离的组分就在两相间一次又一次的分配(相当于一次又一次的萃取)。分配比大的组分上升得快,分配比小的组分上升得慢,从而将它们逐个分开。

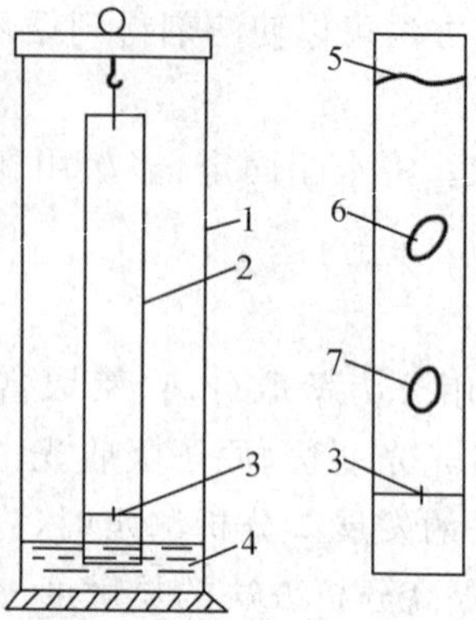

图 14-1　纸色谱分离法

1. 层析筒　2. 层析纸　3. 原点　4. 展开剂　5. 前沿　6、7. 斑点

因为不同组分分配比的不同，各自按不同的速度上升。当展开剂上升至离纸条上端边缘 2 cm 左右时，取出纸条，用铅笔标出溶剂前沿，晾干。若欲分离组分是有色的，则在纸上可以直接看出各组分的色斑；若组分是无色的，在喷以显色剂后可看到各组分的色斑。剪下各斑点，用溶剂浸出后可测出各组分含量。在无机离子的分离中，常用反相纸色谱法，即将层析纸经过处理后，使其失去吸附活性，用含有萃取剂的溶剂让层析纸浸透，取出，待溶剂挥发后，可在纸上均匀地附着一层萃取剂，形成固定相，再以水溶液作展开剂进行展开，达到分离的目的。

在纸色谱分离中，各组分间的分离情况常用比移值 R_f 来衡量。根据图 14-2 可得：

$$R_f=\frac{a}{b}=\frac{\text{展开后斑点中心到原点的距离}}{\text{溶剂前沿到原点的距离}} \tag{14-10}$$

R_f 最大值等于 1，此时该组分与溶剂齐头并进，也就是该组分的分配比 D 非常大；R_f 最小值等于 0，此时该组分在原点不动，也就是该组分的分配比 D 非常小。理论上讲，只要两组分的比移值有点差别，就能将它们分开。各组分间 R_f 相差越大，分离效果越好。

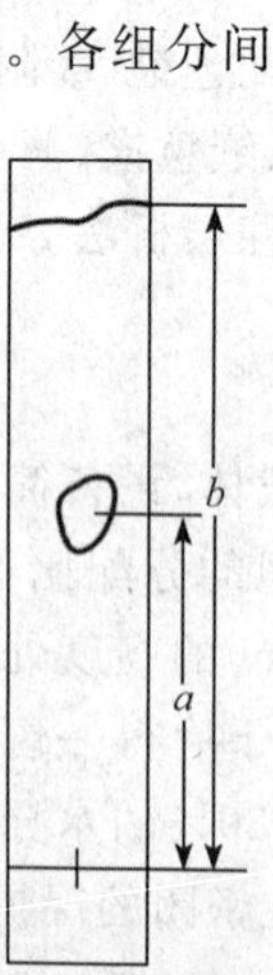

图 14-2　纸色谱比移值的计算

a 为斑点中心到原点的距离；b 为溶剂前沿到原点的距离

14.3.2 薄层层析法

薄层层析(薄层色谱)法是在纸层析法的基础上发展起来的,兼有柱色谱和纸色谱的优点,其展开方法和原理与纸层析法基本相同。薄层层析是将吸附剂均匀地涂在玻璃板上作为固定相,经干燥、活化后点样,在展开剂(流动相)中展开。当展开剂沿薄板上升时,混合样品中易被固定相吸附的组分移动较慢,而较难被固定相吸附的组分移动较快。利用各组分在展开剂中溶解能力和被吸附能力的不同,最终将各组分分开。

薄层层析法不仅适用于小量样品(1～100 μg,甚至 0.01 μg)的分离,也适用于较大量样品的精制(可达 500 mg),特别适用于挥发性较小,或在较低温度下容易发生变化而不能用气相色谱分离的化合物。

薄层层析法比纸层析法有更多的优越性,具有速度更快、斑点更集中、显色灵敏度更高等优点。在显色方面,纸层析法所用的显色剂都可用于薄层层析法。此外薄层层析法中还可使用一些腐蚀性的显色剂如浓硫酸等,而在纸层析法中却不能使用。但薄层层析法也有其不足之处,如在操作上不如纸层析法简便,色层板不易保存。

14.3.3 柱层析(柱色谱)法

柱层析法对于分离大量的混合物仍是最有用的一项技术。按其分离原理主要有吸附柱层析法和分配柱层析法两种,这里只介绍吸附柱层析法。

吸附柱层析法是将固体吸附剂颗粒(如氧化铝、硅胶等)作为固定相填装到一根玻璃管中,制成层析柱。然后将含有多种组分(如 A、B、C 三种组分)的待测试液加在层析柱上端,再选择合适的洗脱剂(即流动相)自上而下不断冲洗层析柱,在此冲洗过程中,A、B、C 三种组分在柱内不断发生溶解、吸附、再溶解、再吸附的现象。如图 14-3(a) 所示,由于吸附剂对各组分的吸附能力和洗脱剂对各组分的溶解能力不同,即组分 A、B、C 的分配系数不同,则 A、B、C 在层析柱中移动的速度也不同。所以淋洗一段时间后,A、B、C 三种组分就逐渐被分开,形成三个层析带,再继续淋洗,便可以将组分 A、B、C 从柱中依次洗脱,并分别接入不同的容器中,从而实现三种组分的完全分离。其结果可以用图 14-3(b) 所示的组分流出曲线来表示。

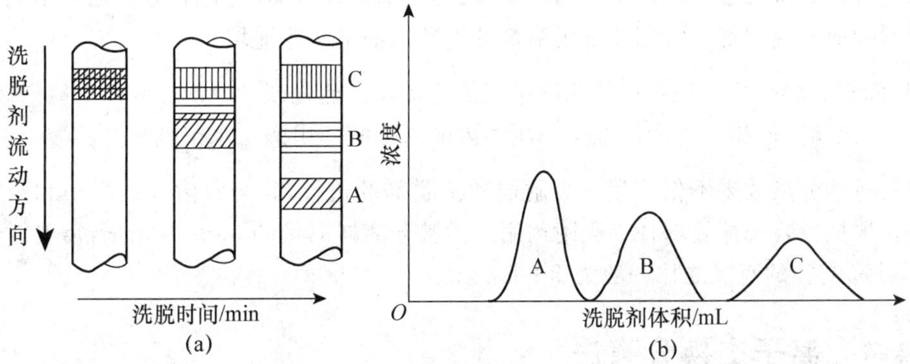

图 14-3 柱层析分离示意图

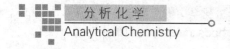

组分在流动相和固定相之间的分配程度可以用分配系数 K 来表示：

$$K=\frac{c_{e,s}}{c_{e,m}} \tag{14-11}$$

式 14-11 中：$c_{e,s}$ 表示组分在固定相中的平衡浓度；$c_{e,m}$ 表示组分在流动相中的平衡浓度；分配系数 K 在低浓度和一定温度下是个常数。当选定了吸附剂后，K 的大小取决于组分的性质。K 值越大的组分被固定相吸附得越牢固，在柱中移动的速度就越慢，因此在柱中停留时间就越长，越晚被洗脱，反之 K 值越小的组分越早被洗脱。由此可见，吸附柱层析法是根据混合物中各组分的分子结构和性质（极性）来选择合适的吸附剂和洗脱剂，从而利用吸附剂对各组分吸附能力的不同及各组分在洗脱剂中的溶解性不同而达到分离目的。

在具体操作时的要点：

(1)吸附剂的选择与活化　常用的吸附剂有氧化铝、硅胶、氧化镁、碳酸钙和活性炭等。吸附剂一般要经过纯化和活化处理，颗粒大小应当均匀。对于吸附剂来说颗粒小，表面积大，吸附能力强，但颗粒过小时，溶剂的流速就太慢，因此应根据实际需要而定。

柱色谱使用的氧化铝有酸性、中性和碱性 3 种。酸性氧化铝是用 1% 盐酸浸泡后，用蒸馏水洗至氧化铝的悬浮液 pH 为 4，用于分离酸性物质；中性氧化铝悬浮液的 pH 约为 7.5，用于分离中性物质；碱性氧化铝悬浮液的 pH 为 10，用于胺或其他碱性化合物的分离。以上吸附剂通常采用灼烧使其活化。

(2)溶质的结构和吸附能力　化合物的吸附和它们的极性成正比，化合物分子中含有极性较大的基团时吸附性也较强。极性氧化铝对各种化合物的吸附性按以下次序递减：

酸和碱＞醇、胺、硫醇＞酯、醛、酮＞芳香族化合物＞卤代物＞醚＞烯＞饱和烃

(3)溶剂的选择　溶剂的选择是重要的一环，通常根据被分离物中各种成分的极性，溶解度和吸附剂活性等来考虑。要求：①溶剂较纯；②溶剂和氧化铝不能起化学反应；③溶剂的极性应比样品小；④溶剂对样品的溶解度不能太大，也不能太小；⑤有时可以使用混合溶剂。

(4)洗脱剂的选择　样品吸附在氧化铝柱上后，用合适的溶剂进行洗脱，这种溶剂称为洗脱剂。如果原来用于溶解样品的溶剂冲洗柱不能达到分离的目的，可以改用其他溶剂，一般极性较强的溶剂影响样品和氧化铝之间的吸附，容易将样品洗脱下来，达不到分离的目的。因此常用一系列极性渐次增强的溶剂，既先使用极性最弱的溶剂，然后加入不同比例的极性溶剂配成洗脱溶剂。常用的洗脱溶剂的极性按如下次序递增：

己烷和石油醚＜环己烷＜四氯化碳＜三氯乙烯＜二硫化碳＜甲苯＜苯＜二氯甲烷＜
氯仿＜乙醚＜乙酸乙酯＜丙酮＜丙醇＜乙醇＜甲醇＜水＜吡啶＜乙酸

柱层析的分离效果不仅依赖于吸附剂和洗脱剂的选择，且与吸附柱的大小和吸附剂用量有关。根据经验规律要求柱中吸附剂用量为被分离样品量的 30～40 倍，若需要时可增至 100 倍，柱高与柱的直径之比一般为 8∶1。

14.4　离子交换分离法

离子交换分离法是通过试样离子在离子交换剂（固相）和淋洗液（液相）之间的分配（离

子交换)而达到分离的方法。分配过程是一离子交换反应过程,由于离子交换剂与溶液中的待分离组分间发生的交换反应能力有差异的性质,实现离子交换分离的目的。离子交换分离常用来分离带不同电荷的离子,也可以用于分离带相同电荷的离子,以及痕量组分的富集。

14.4.1 离子交换树脂

离子交换树脂是以高分子聚合物为骨架,通过化学反应引入一定的活性基团构成。高分子聚合物以苯乙烯-二乙烯苯共聚物小球常见。苯乙烯和二乙烯苯按一定比例混合,在一定条件下各自打开双键而聚合,形成网状骨架结构的聚合物。聚合时可通过条件的控制,制成具有一定分散度的球形树脂,再经一定的化学方法处理后,形成带有活性基团的离子交换树脂。如球形树脂“磺化”后可得磺酸型阳离子交换树脂。带有活性基团的树脂与溶液接触时,溶液中的离子可以扩散到网状结构的内部进行离子交换。

离子交换树脂的骨架部分一般为网状结构,它比较稳定,与酸碱、一般的有机溶剂和较弱的氧化剂都不起作用,也不溶于常用的溶剂中。

根据活性基团的不同,可分为阳离子交换树脂和阴离子交换树脂两大类。

1. 阳离子交换树脂

这类树脂含有酸性活性基团,如磺酸基、羧基和酚基等,这些酸性基团上的 H^+ 可以和溶液中的阳离子发生交换作用。

磺酸是较强的酸,因此 $R—SO_3H$ 为强酸性阳离子交换树脂(R 为树脂的网状结构的骨架部分)。R—COOH 和 R—OH 为弱酸性阳离子交换树脂。强酸性阳离子交换树脂在酸性、碱性和中性溶液中都可应用,交换反应速度快,与简单的、复杂的、无机的和有机的阳离子都可以交换。弱酸性阳离子交换树脂的交换能力受外界酸度的影响较大。羧基在 $pH>4$ 时,酚基在 $pH>9.5$ 时才具有离子交换能力,因此应用范围窄,但选择性好,可用来分离不同强度的有机碱。

磺酸基、羧基和酚基中的 H^+ 可以离解出来,并能与其他阳离子进行交换,因此又称为 H-型阳离子交换树脂。其交换反应如下:

$$R—SO_3H + M^+ \underset{\text{洗脱过程}}{\overset{\text{交换过程}}{\rightleftharpoons}} R—SO_3M + H^+$$

溶液中 M^+ 进入树脂网状结构中,H^+ 则交换进入溶液,树脂就转变为 M-型酸性阳离子交换树脂。由于交换过程是可逆过程,如果以适当浓度的酸溶液处理已经交换过的树脂,反应将向反方向进行,树脂又恢复原状,这一过程称为再生或洗脱过程。再生后的树脂经过洗涤又可以再次使用。

2. 阴离子交换树脂

阴离子交换树脂含有碱性活性基团,如伯胺基—NH_2、仲胺基—$NH(CH_3)$、叔胺基—$N(CH_3)_2$ 等,这些树脂在水中先形成相应的水合物,如 $R—NH_3^+OH^-$、$R—NH_2(CH_3)^+OH^-$ 和 $R—NH(CH_3)_2^+OH^-$ 等。这些水合树脂中的 OH^- 能与其他阴离子例如 Cl^-,发生交换反应。

交换和洗脱过程可以用下式表示:

$$R—N(CH_3)_3^+OH^- + Cl^- \xrightleftharpoons[\text{洗脱过程}]{\text{交换过程}} R—N(CH_3)_3^+Cl^- + OH^-$$

阴离子交换树脂分为弱碱型和强碱型。弱碱型阴离子交换树脂的活性基团为≡N（叔胺基）、=NH（仲胺基）和—NH_2（伯胺基）等，如国产704＃树脂；强碱型阴离子交换树脂的活性基团为季铵盐（≡N^+—），如国产717＃树脂。

强碱性阴离子交换树脂的应用较广，在酸性、中性和碱性溶液中都能应用，对于强酸根和弱酸根离子都能交换。弱碱性阴离子交换树脂在碱性溶液中，就失去交换能力，一般应用较少。

3. 螯合树脂

在离子交换树脂中引入某些能与金属离子螯合的活性基团，就成为螯合树脂，它可有效地解决性质极为相近的离子的分离与富集问题。

4. 纤维离子交换剂

在天然纤维素上通过接枝反应，如通过羟基酯化、磷酸化或羧基化后，可制成阳离子交换剂；经胺化后可制成阴离子交换剂。这种交换剂的表面积大，一般是开放性长链结构，较为稳定，交换速度快、容量大。

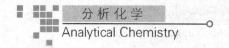

14.4.2 离子交换树脂的特性常数

离子交换树脂的特性常数一般包括交联度、溶胀性、交换容量和选择性系数等。

1. 交联度

在聚苯乙烯型树脂中，由苯乙烯连成了链状结构，再由二乙烯苯连接成网状结构，因此二乙烯苯称为交联剂，交联剂在树脂中的百分含量称为交联度。交联度大的树脂结构紧密，孔径小(网眼小)，离子不易扩散到树脂内部进行交换，但选择性高。树脂的机械强度好，不易破碎，溶胀性也小。一般树脂交联度为4%～14%。在实际工作中选用多大交联度的树脂，则决定于分离对象。在不影响分离效果的前提下，选用交联度较大的树脂为好。

2. 溶胀性

离子交换树脂与水接触时，树脂会吸水溶胀。溶胀可增大树脂的交换容量，但溶胀后树脂变软，在外压下会影响强度。影响树脂溶胀的因素很多，如活性基团的极性大，溶胀性大；交联度大溶胀性减小；溶胀性也与交换的离子性质及外部溶液的浓度等因素有关。

3. 交换容量

交换容量是指每克干树脂经溶胀后所能交换的离子的物质的量，其单位为$mmol \cdot g^{-1}$。交换容量是表征树脂交换能力大小的特征参数。交换容量的大小决定于树脂网状结构内所含活性基团的数目，而与其他因素无关。一般使用的树脂交换容量为3～6 $mmol \cdot g^{-1}$。

4. 离子交换树脂的选择性系数

以阳离子交换树脂与M^+交换反应为例：

$$R—SO_3—H^+ + M^+ \xrightleftharpoons[\text{洗脱过程}]{\text{交换过程}} R—SO_3—M^+ + H^+$$

树脂经溶胀后，固定在树脂骨架上的磺酸基通过静电引力限制了H^+向处在网眼中的水中迁移，使树脂内部保持着电中性。当树脂与试液接触时，试液中的金属离子 M^+ 扩散到网眼内部并与 H^+ 产生交换，M^+ 被吸附在树脂上，H^+ 进入溶液。被交换下来的 H^+ 有可能重新与已交换上去的 M^+ 交换回到树脂上，交换反应是一个可逆的平衡过程。根据质量作用定律，达到平衡时，有如下关系式：

$$K_{ex}=\frac{c_{r,e}(M^+)_{树}\ c_{r,e}(H^+)}{c_{r,e}(H^+)_{树}\ c_{r,e}(M^+)}$$

式中：$c_{r,e}(M^+)_{树}$ 和 $c_{r,e}(H^+)_{树}$ 分别为树脂上的 M^+ 和 H^+ 的相对平衡浓度；$c_{r,e}(M^+)$ 和 $c_{r,e}(H^+)$ 分别为 M^+ 和 H^+ 在溶液中的相对平衡浓度；K_{ex} 为交换平衡常数，也称为树脂对该离子的选择性常数。

K_{ex} 值的大小表示树脂对 M^+ 的亲和力的大小，K_{ex} 值越大，树脂对该金属离子的亲和力越大，越容易交换。树脂的亲和力的大小与树脂的类型、离子的性质以及溶液的组成有关。

14.4.3 离子交换树脂对离子的选择性顺序

选择性常数并不能完全代表离子交换的选择性顺序，在不同的条件下，它们的顺序可能不同。下面介绍的是一些经验规律。

(1)对磺酸型树脂，在低浓度普通温度的水溶液中，亲和力随着交换离子的价数的增加而变大，如：

$$Na^+<Ca^{2+}<Al^{3+}<Th^{4+}$$

(2)在上述条件下，同价离子的亲和力随着水化离子的体积减小而增加，如：

$$Li^+<H^+<Na^+<NH_4^+<K^+<Rb^+<Cs^+<Tl^+<Ag^+$$

$$Cd^{2+}<Be^{2+}<Mn^{2+}<Mg^{2+}<Zn^{2+}<Cu^{2+}<Ni^{2+}<Ca^{2+}<Sr^{2+}<Pb^{2+}<Ba^{2+}$$

(3)对强碱性阴离子树脂，常见阴离子的亲和力大小顺序如下：

$$Ac^-<F^-<OH^-<HCO_3^-<Cl^-<HSO_3^-<CN^-<Br^-<CrO_4^{2-}<NO_3^-<I^-<C_2O_4^{2-}<SO_4^{2-}$$

在稀溶液中高价阴离子一般是优先被吸附：

$$Cl^-<SO_4^{2-}<Fe(CN)_6^{3-}<Fe(CN)_6^{4-}$$

(4)当溶液中的离子和树脂上不同价的离子交换时，较高价离子相对亲和力的增加正比于稀释度，因此溶液中较低价的离子去交换树脂上较高价的离子时，增加低价离子的浓度有利于交换。若低价离子在交换树脂上，较高价离子在溶液中，则稀溶液有利于交换。

(5)在高浓度时，不同价的离子交换势差异减少，甚至低价离子反而有较高的交换势。

14.4.4 离子交换分离的操作方法

根据需要选用合适类型和粒度的离子交换树脂。粒度小的树脂比表面积大，分离效率高，但流速慢。分析实践中常用的离子交换树脂的粒度一般为 80～120 目。

1.预处理

由于分析中所用的离子交换树脂必须十分纯净，所以市售树脂在使用前应预先溶胀、净化并转化至所需型态(如阳离子树脂转至氢型，阴离子树脂转至氯型)。

预处理的一般过程是：先用水浸泡 12 h 左右。使其溶胀再用水漂洗多次，除去杂物。对于强酸型阳离子交换树脂再用 3～5 $mol \cdot L^{-1}$的 HCl 浸洗以除去杂质并转为氢型，再用水洗至中性。对于 OH^- 型强碱性阴离子交换树脂，分别用 1 $mol \cdot L^{-1}$ 的 HCl，H_2O，0.5 $mol \cdot L^{-1}$ 的 NaOH 和 H_2O 依次处理树脂。若需要氯型树脂，最好用 HCl 和 H_2O 处理至中性，所有树脂最后用水浸泡备用。

2. 装柱

离子交换分离法通常是在交换柱上进行的，交换柱子的长短和粗细可根据需要确定。

树脂装柱的一般程序是：在空柱下方填一层玻璃毛（或烧结玻璃板）防止树脂流出，再注入一半以上的蒸馏水，打开柱下口旋塞，使水以较慢速度流出并将玻璃毛内部残留气泡带出。在柱内水未流尽时将预处理过的树脂连同水（一般水与树脂的体积比为 2∶1）一起倒入柱中，随着水从柱下口流出，树脂在柱中沉积成一定高度的、均匀又无气泡的树脂柱层。树脂顶层应保留一定厚度的液体，以防止树脂层内进入空气和干裂；为此，在典型的交换柱下口连有一高于树脂顶端的玻璃弯管。

3. 离子交换

试液由上部以一定的（较慢）速度流入柱内（流速用下口控制）并与树脂自上而下呈“动态”接触，进行离子交换。如 NaCl 试液流过磺酸型阳离子交换树脂柱时，试液首先接触到上层的新鲜树脂，Na^+ 与树脂上的 H^+ 交换，Na^+ 留在柱子最上层，继续流入 NaCl 试液，Na^+ 不断被较下层的树脂交换。

当试液中有多种阳离子存在时，亲和力大的离子先行交换，亲和力小的后行交换。继续流入试液则已被交换了的亲和力小的离子还会被亲和力大的离子交换出来，然后再与更下层的树脂交换。这种往复地交换，结果使亲和力大的离子集中在较上层，亲和力小的离子集中在较下层，但离子之间并未完全分离开来，各种离子分布区域之间仍有交叉，亲和力愈接近的离子交叉愈厉害。

4. 洗涤

交换完成后，用蒸馏水或空白溶液自上而下冲洗，以除去残留在柱中的试液和从树脂上交换下来的离子。

5. 洗脱

洗脱也称为淋洗，它是将交换在树脂上的离子从交换柱上解脱出来，是交换过程的逆过程。在分离工作中洗脱是十分重要的。

如果试液中只有一种阳离子，如上述 Na^+ 被交换在阳离子交换柱上层，可用 0.1 $mol \cdot L^{-1}$ 的 HCl 作洗脱液（也叫淋洗液），由于 H^+ 浓度高，交换到树脂的 Na^+ 重新被 H^+ 取代下来，随洗脱液下流，当遇到下层新鲜树脂又有可能交换，接着又被继续流下的洗脱液洗脱。如此反复地交换-洗脱，最后流出交换柱。

如果试液中含有多种离子同时被交换在柱上，洗脱过程实际上就是分离过程。如欲分离 Li^+、Na^+、K^+ 的中性混合试液，先将它们交换在强酸型阳离子交换柱上，然后用 0.1 $mol \cdot L^{-1}$ 的 HCl 洗脱。根据树脂对 3 种离子的亲和力不同，Li^+ 先被洗脱，然后是 Na^+，最后是 K^+。将洗脱下来的 Li^+、Na^+、K^+ 分别用容器收集后，可进行相应的分析测定。

为了得到好的分离效果，可以选用含配合剂的洗脱液或多种洗脱液依次洗脱等多种洗脱形式。

6. 再生

使经过交换-洗脱后的树脂恢复到原来未交换时的形态的过程，叫做树脂的再生。上述强酸型阳离子交换树脂在以 HCl 洗脱的过程中，树脂也就再生了。但有些情况则需要采用适当的方法才能使树脂再生。

14.4.5 离子交换色谱法

离子交换色谱法利用能与溶液中的阳离子或阴离子发生交换的不溶性物质(离子交换剂)作为固定相，利用具有一定 pH 和一定离子强度的电解质溶液作为流动相。将混合溶液加入离子交换柱，由于离子交换剂对混合液中各种离子具有不同的亲和力而产生不同的吸附作用，当流动相流经离子交换柱时，可以降低离子交换剂对吸附离子的亲和力而被交换洗脱下来，从而达到分离的目的。

离子交换剂通常是一种不溶性高分子化合物，如树脂，纤维素，葡聚糖，醇脂糖等，它的分子中含有可解离的基团，这些基团在水溶液中能与溶液中的其他阳离子或阴离子起交换作用。虽然交换反应都是平衡反应，但在层析柱上进行时，由于连续添加新的交换溶液，平衡不断按正方向进行，直至完全。因此可以把离子交换剂上的离子全部洗脱下来，同理，当一定量的溶液通过交换柱时，由于溶液中的离子不断被交换而浓度逐渐减少，因此也可以全部被交换并吸附在树脂上。如果有两种以上的成分被交换吸着在离子交换剂上，用洗脱液洗脱时，被洗脱的能力则决定于各自洗脱反应的平衡常数。如蛋白质的离子交换过程有两个阶段——吸附和解吸附。吸附在离子交换剂上的蛋白质可以通过改变 pH 使吸附的蛋白质失去电荷而达到解离，但更多的是通过增加离子强度，使加入的离子与蛋白质去竞争离子交换剂上的电荷位置，使吸附的蛋白质与离子交换剂解开。不同蛋白质与离子交换剂之间形成价键数目不同，即亲和力大小有差异，因此只要选择适当的洗脱条件便可将混合物中的组分逐个洗脱下来，达到分离纯化的目的。

14.4.6 应用示例

离子交换分离法具有分离效率高，树脂可反复使用等特点，因此广泛应用于高纯物的制备，无机和有机物质的分离与富集等各方面。

1. 制备去离子水

天然水中含有多种离子，可用离子交换法净化。离子交换法制备去离子水，是将自来水经过 H^+ 型强酸性阳离子交换树脂除去水中的阳离子，再通过强碱性阴离子交换树脂除去水中的阴离子，然后再通过“混合柱”(阳离子树脂和阴离子树脂按 1∶2 体积比混合装柱)，这样交换出来 H^+ 及时与 OH^- 结合成水，可以得到纯度很高的水。该法的缺点是装柱和再生等操作比较麻烦。

2. 微量组分的富集

大多数常规的化学或仪器分析法不能直接测定浓度低于 10^{-5}%的许多元素。常需预富集后才能测定。例如测定蒸馏水中的微量 Cu^{2+}、Fe^{3+}，先使水样通过 H^+ 型磺酸型阳离子交换树脂，Cu^{2+} 和 Fe^{3+} 吸附在柱上，再用稀 HCl 洗脱，富集倍数可达 100～1 000 倍，可用分光光度法测定其含量。

在微量组分的分析中，特别是有大量基体元素存在时，用离子交换法富集微量组分的同时即可将大量基体元素分离。

如铜中微量 Au^{3+} 的测定，可在 HCl 介质中，使试液通过阴离子交换树脂，Au^{3+} 由于形成 $AuCl_4^-$ 保留在树脂柱上，而 Cu^{2+} 留在溶液中，分离后可将树脂灼烧破坏后以王水溶解，用分光光度法测定 Au^{3+} 的含量；也可在 $c(Cl^-)<0.05\ mol\cdot L^{-1}$、$pH\approx1.5$ 的介质中，使试液通过 H^+ 型强酸性阳离子交换树脂，Cu^{2+} 被吸附在树脂上，而 Au^{3+} 留在流出液中，流出液蒸发浓缩后可用分光光度法测定 Au^{3+} 的含量。

3. 干扰离子的分离

利用生成 $BaSO_4$ 沉淀来测定 SO_4^{2-}，由于溶液中含有 Ca^{2+}、Fe^{3+}、Al^{3+} 等离子，常常发生共沉淀而使测定产生误差。因此可将试液预先通过 H^+ 型阳离子交换树脂，各种阳离子留在柱上，然后往含有 SO_4^{2-} 的流出液中加入 $BaCl_2$，这样就消除了干扰离子对测定的影响。

又如柠檬酸（$K_{a_1}=8.4\times10^{-4}$），丁烯二酸（$K_{a_1}=4\times10^{-4}$）和丁二酸（$K_{a_1}=6.6\times10^{-5}$），这 3 种酸的 K_{a_1} 很接近，不分离无法直接滴定柠檬酸，但可通过离子交换法先进行分离后再进行滴定。首先使试液通过强碱性碳酸型树脂，3 种酸都留在柱上；加入碳酸钠溶液，由于丁二酸和丁烯二酸很容易从柱上释放出来而被除去；在这之后，必须加大碳酸钠溶液的浓度，才能洗脱出柠檬酸，经分离后的柠檬酸可直接滴定。

4. 多组分的测定

离子交换法和其他方法联合使用可以简化较困难的分析工作。如含有 Al^{3+}、Ni^{2+}、Co^{2+}、Fe^{3+} 的混合物，利用离子交换分离和 EDTA 配位滴定，就比较容易分析出上述 4 种离子的含量。

Al^{3+}、Ni^{2+} 不与任何浓度的 HCl 形成配合物，因此在任何条件下不被阴离子交换树脂所吸附；Co^{2+}、Fe^{3+} 在 $9\ mol\cdot L^{-1}$ 的 HCl 中形成的配合物强烈地被吸附，而 Co^{2+} 在 $4\ mol\cdot L^{-1}$ 的 HCl 中的被吸附很弱，可用这种浓度的酸从交换柱上将其洗脱，此时 Fe^{3+} 仍在树脂上，只有用 $0.5\ mol\cdot L^{-1}$ 的 HCl 洗脱时，Fe^{3+} 才解吸。

具体操作是：将含 Al^{3+}、Ni^{2+}、Co^{2+}、Fe^{3+} 的 $9\ mol\cdot L^{-1}$ 的 HCl 溶液加入到强碱性阴离子交换树脂柱上，使其穿过柱子，并用 $9\ mol\cdot L^{-1}$ 的 HCl 洗脱 Al^{3+}、Ni^{2+}，然后用 $4\ mol\cdot L^{-1}$ 的 HCl 洗脱 Co^{2+}，最后用 $0.5\ mol\cdot L^{-1}$ 的 HCl 洗脱 Fe^{3+}。Al^{3+}、Ni^{2+} 在醋酸介质中加稍过量的 EDTA 标准溶液，于加热煮沸下配合，用回滴法测其总量；然后加入 NH_4F 形成 $[AlF_6]^{3-}$ 而释放出相当量的 EDTA，测定 EDTA 量便得到 Al^{3+} 的含量，同时也就测得 Ni^{2+} 的含量。Co^{2+}、Fe^{3+} 的含量可在最后两次洗脱液中分别用 EDTA 配位滴定测出。

14.5　现代分离方法简介

随着科学技术的发展和生产实践与科学研究的需要，分离富集技术领域的理论和实践都取得了很大进展，不断有新的方法问世。例如超临界流体萃取分离法、毛细管电泳分离法、固相微萃取分离法、微膜萃取分离法、亲和免疫色谱、微波辅助萃取、超声波萃取、分子印迹技术、液相微萃取等等新技术新方法层出不穷。现摘一些作简要介绍。

14.5.1 超临界流体萃取分离法

1. 基本原理

超临界流体萃取(supercritical fluid extraction, SFE)分离法是利用超临界流体作萃取剂在两相之间进行的一种萃取方法。超临界流体是介于气液相之间的一种既非气态又非液态的物态，它只能在物质的温度和压力越过临界点时才能存在。超临界流体的密度较大，与液体相仿，所以它与物质分子的作用力很强，像大多数液体一样，很容易溶解其他物质。另一方面，它的黏度较小，接近于气体，所以传质速率很高；加上表面张力小，容易渗透固体颗粒，并保持较大的流速，可使萃取过程在高效、快速又经济的条件下完成。超临界流体萃取中萃取剂的选择随萃取对象的不同而改变，通常用二氧化碳作超临界流体萃取剂萃取分离低极性和非极性的化合物；用氨或氧化亚氮作超临界流体萃取剂萃取分离极性较大的化合物。

超临界流体萃取分离法的流程如图 14-4 所示。

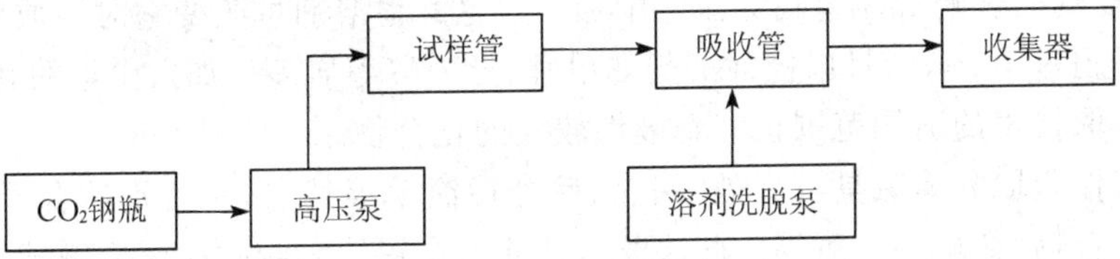

图 14-4 超临界流体萃取分离流程图

(1)超临界流体发生源 由萃取剂贮槽、高压泵及其他附属装置组成。其功能是将萃取剂由常温常压态转化为超临界流体。

(2)超临界流体萃取部分 由试样萃取管及附属装置组成。处于超临界态的萃取剂在这里将被萃取的溶质从试样基体中溶解出来，随着流体的流动，使含被萃取溶质的流体与试样基体分开。

(3)溶质减压吸附分离部分 由喷口及吸收管组成。萃取出来的溶质及流体，必须由超临界态经喷口减压降温转化为常温常压态，此时流体挥发逸出，而溶质吸附在吸收管内多孔填料表面。用合适溶剂淋洗吸收管就可把溶质洗脱收集备用。

超临界流体萃取分离的操作方式分为动态、静态和循环萃取法 3 种。动态法是超临界流体萃取剂一次直接通过试样萃取管，使被分离的组分直接从试样中分离出来进入吸收管的方法。它简单、方便、快速，特别适用于萃取那些在超临界流体萃取剂中溶解度大的物质，且试样基体又很容易被超临界流体渗透的场合。静态法是将萃取的试样“浸泡”在超临界流体内，经过一定时间后再把含被萃取溶质的萃取剂流体输入吸收管。静态法适合于萃取与试样基体较难分离或在萃取剂流体内溶解度不大的物质，也适合于试样基体较为致密、超临界流体不易渗透的场合。循环法是动态法和静态法的结合，它首先将萃取剂流体充满试样萃取管，然后用循环泵使萃取管内的流体反复多次经过管内的试样，最后输入吸收管。它比静态法效率高，同时克服了动态法的缺点，适合于动态法不宜萃取的试样和场合。

2. 影响因素

(1)压力的影响 压力的改变会使超临界流体对物质的溶解能力发生很大的改变。利用这种特性,只需改变萃取剂流体的压力,就可把试样中的不同组分按它们在流体中溶解度的大小不同,先后萃取分离出来。在低压下溶解度大的物质先被萃取,随着压力增加,难溶物质也逐渐与基体分离。

(2)温度的影响 萃取温度的变化会改变超临界流体萃取的能力,它体现在影响萃取剂的密度和溶质的蒸气压两个因素。在低温区(仍在临界温度以上),温度升高降低流体密度,而溶质蒸气压增加不多,因此萃取剂的溶解能力降低,升温可以使溶质从流体萃取剂中析出;温度进一步升高到高温区时,虽然萃取剂密度进一步降低,但溶质的蒸气压迅速增加起了主要作用,因而挥发度提高,萃取率反而增大。

吸收管和收集器的温度也会影响到回收率,因为萃取出的溶质溶解或吸附在吸收管内,会放出吸附或溶解热,降低温度有利于提高收集率。有时在吸收管后附加一个冷阱可提高回收率。

(3)萃取时间 萃取时间取决于两个因素:被萃取物质在流体中的溶解度,溶解度越大,萃取效率越高,速度也越快;被萃取物质在基体中的传质速率,速率越大,萃取越完全,效率也越高。

(4)其他溶剂的影响 在超临界流体中加入少量其他溶剂可改变它对溶质的溶解能力。通常加入量不超过10%,而且以极性溶剂如甲醇、异丙醇等居多。加入少量的其他溶剂可使超临界流体萃取技术的适用范围扩大到极性较大的化合物。

超临界流体萃取分离法具有高效、快速、后处理简单等特点,它特别适合于处理烃类及非极性脂溶化合物,如醚、酯、酮等。此法既有从原料中提取和纯化少量有效成分的功能,又能从粗制品中除去少量杂质,达到深度纯化的效果。

超临界流体萃取分离法被广泛地用于从各种香料、草本植物、中草药等中提取有效成分,如啤酒中常用的酒花中的苦味素,椰子、花生、大豆及葵花子中的植物油等。它也用于除去少量杂质或有害成分,如从咖啡豆中除去对人体有害的兴奋剂——咖啡因,用二氧化碳作超临界流体,在70~90℃,16~27 MPa压力下,可将绿咖啡豆中咖啡因的质量分数从0.7%~3% 降至0.02%,而使咖啡豆的其他成分保持不变。它被用于活化或再生各种吸附剂,如活性炭、分子筛等。它还被应用于环境污染物的分离富集中,例如用该法萃取土壤、沉积物、大气颗粒物等试样中的多环芳烃、多氯联苯、农药、蒽醌、石油烃类、有机胺以及酚类等。

超临界流体萃取的另一个特点是它能与其他仪器分析方法联用,从而避免了试样转移期间的损失,减少了各种人为的偶然误差,提高了方法的精密度和灵敏度。例如,超临界流体萃取-气相色谱、超临界流体萃取-高效液相色谱等。

14.5.2 毛细管电泳分离法

1. 基本原理

电泳是荷电物质(离子)在电场中因受吸引或排斥而引起的差速运动,电泳分离是依据在电场中溶质不同的迁移速率。毛细管电泳(capillary electrophoresis,CE)分离法是在充有流动电解质的毛细管两端施加高电压,利用电位梯度及离子淌度的差别,实现流体中组分的电泳分离。对于给定的离子和介质,淌度是该离子的特征常数,是由该离子所受的电场力与其通过介质时所受的摩擦力的平衡所决定的。带电量大的物质具有的淌度高,而带电量小的物质淌度低。离子的迁移速度分别与电泳淌度和电场强度成正比。

图 14-5 是一个普通毛细管电泳系统的示意图。一根细内径弹性石英毛细管的两端置于电极槽内,毛细管和电极槽内充有相同组分和相同浓度的背景电解质溶液(缓冲溶液)。试样从毛细管的进样端导入,当毛细管两端加上一定的高电压后,荷电物质便朝与其电荷极性相反的电极方向移动。由于试样组分间的淌度不同它们的迁移速度不同,因而经过一定时间后,各组分将按其速度(或淌度)大小顺序,依次到达检测器被检出,得到按时间分布的电泳谱图。用谱峰的迁移时间或保留时间作定性分析,按其谱峰的高度或峰面积做定量分析。毛细管电泳分离法中的一个基本的组成部分是电渗流(electroosmotic flow,EOF),电渗流是毛细管壁表面电荷所引起的管内液体的整体流动,它通过对溶质的淌度叠加一个体相流速而影响溶质在毛细管内的停留时间。由于引起流动的推动力沿毛细管均匀地分布,不会在毛细管内形成压力差,所以流速到处接近相同,使电渗流具有平面流型的性质。电渗流可以使几乎所有的物种,不论其电荷性质如何,向同一方向运动。在一般情况下(带负电的毛细管表面),电渗流的方向是由正极到负极。由于电渗流可以比阴离子的淌度大一个数量级,它可将阴离子推向阴极。因此,阴离子、中性物质以及阳离子可以向同一方向“迁移”而在一次分析中得到电泳分离。其中,阳离子迁移与电渗流同向,故其迁移速度最快;中性物质也可以随电渗流迁移但彼此不能分离;而阴离子则因为其迁移与电渗流反向而迁移速度最慢。

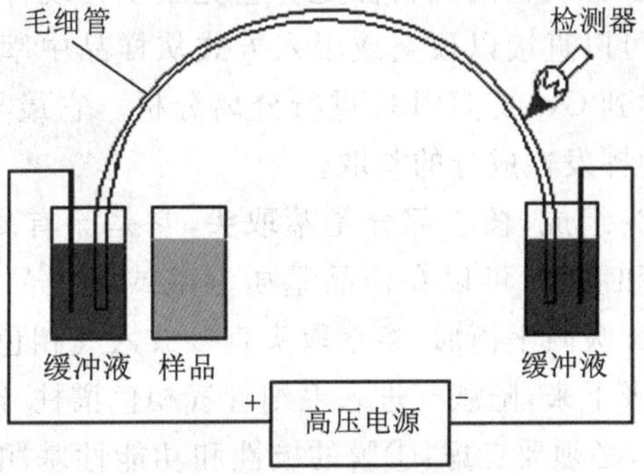

图 14-5 普通毛细管电泳系统的示意图

毛细管电泳分离法具有取样少(1～10 nL),分离效率高(柱效达 100 万理论塔板数),分离速度快(10～30 min),灵敏度高(检测限为 10^{-15}～10^{-20} mol·L^{-1})等特点。

2.操作方式及应用

根据操作方式的不同,毛细管电泳分离法包括毛细管区带电泳(capillary zone electrophoresis, CZE)、胶束电动色谱(micellar electrokinetic chromatography,MEKC)、毛细管凝胶电泳(capillary gel electrophoresis, CGE)、毛细管等电聚焦电泳(capillary isoelectric focusing, CIEF)和毛细管等速电泳(capillary isotachophoresis, CITP)。在大多数情况下,可以通过改变缓冲溶液的组成来实现不同的操作方式。

(1)毛细管区带电泳　依据溶质的淌度进行分离。其应用主要集中在生物学领域,包括氨基酸分析、多肽分析、离子分析、广泛的对映体分析及许多其他离子态物质的分析。例如,在蛋白质分析领域,毛细管区带电泳被用于进行蛋白质的纯度鉴定,突变体筛选和构象研究。

(2)胶束电动色谱　是由电泳技术与色谱技术的交叉产生,分离机理是基于胶束与中性分子间的相互作用。对于带电的和不带电的物质以及广泛的具有亲水性或疏水性的物质,都可以用该方法进行分离。其应用范围包括氨基酸、核酸、维生素、药物、芳烃化合物和易爆性物质等。

(3)毛细管凝胶电泳　它是基于分子尺寸,让溶质在合适的起"分子筛"作用的聚合物内进行电泳分离。毛细管凝胶电泳在分子生物学和蛋白质化学上有着十分广泛的应用,例如,寡聚核苷酸的纯化、反应基因疗法、DNA 测序、原蛋白和 SDS 结合蛋白的分离等。

(4)毛细管等电聚焦　是依据 pI(等电点)进行多肽或蛋白质分离的"高分辨"电泳技术。它被成功地用于测定蛋白质等电点,分离异构体,分离用其他方法难于分离的蛋白质,例如免疫球蛋白和血红蛋白,以及分析稀的生物溶液等。

(5)毛细管等速电泳　是"移动界面"的电泳技术,用两种缓冲体系造成使所有被分离的区带等速迁移的状态,待分离区带被夹在前导电解质和尾随电解质之间,可同时分离正离子和负离子。

14.5.3　固相微萃取分离法

固相微萃取(solid-phase microextraction, SPME)分离法是 20 世纪 90 年代初发展起来的试样预分离富集方法,它集试样预处理和进样于一体,将试样纯化、富集后,可与各种分析方法相结合而特别适用于有机物的分析测定。它克服了传统样品预处理技术的缺陷,无需溶剂、简单、快速、灵敏,可以直接以顶空或浸入方式从样品中萃取采集挥发、半挥发和非挥发性物质,然后直接进样到 GC 或 HPLC 进行分离分析。它最早用于萃取污水中的挥发性成分,现已广泛用于各种挥发性成分的萃取。

SPME 由手柄和萃取头组成;核心部分是萃取头,它是涂有高分子固相液膜的石英纤维。通过选择不同的极性和膜厚,可以在样品基质溶液或是样品上方的顶空,选择性地萃取/吸附目标分析物。萃取/吸附平衡后,将萃取头直接放入气相色谱柱上进样口,通过加热将分析物从萃取头上热解吸下来,随载气进入毛细管气相色谱柱分离分析。

选用 SPME 萃取头时,必须要考虑:①膜的极性和功能性基团;②被分析物质的分子量和形状。对于半挥发性物质,极性更为重要,根据相似相溶原理,极性物质采用极性的膜;弱极性物质可被极性和非极性的膜萃取,有时采用极性膜效果会更好。小分子物质采用吸附剂类型的膜更有效,而大分子用固定相类型的更好。

对其萃取分离效率的影响因素有:①液膜厚度及其性质的影响:液膜越厚,固相吸附量越大,有利于提高方法灵敏度。但由于被分离的物质进入固相液膜是扩散过程,液膜越厚,所需达到平衡的时间越长。②搅拌速率的影响:在理想搅拌状态下,平衡时间主要由分析物在固相中的扩散速度决定。在不搅拌或搅拌不足状态下,被分离物质在液相扩散速度较慢,更主要的是由于固相表面附有一层静止水膜,难以破坏,被分离物质通过该水膜进入固相的速度很慢,使得萃取平衡时间很长。③温度的影响:升温有利于缩短平衡时间,加快分析速度,但是,升温会使被分离物质的分配系数减小,在固相的吸附量减小。所以在使用此方法时应寻找最佳工作温度。④盐的作用和溶液酸度的影响:增强水溶液的离子强度,减小被分离有机物的溶解度,使分配系数增大,提高分析灵敏度。溶液酸度也可改变被分离物在水中的溶解度,SPME 中应注意控制试液酸度。

14.5.4 液膜萃取分离法

液膜萃取(liquid membrane extraction)分离法吸取了液-液萃取法的特点,又结合了透析过程中可以有效去除基体干扰的长处,具有高效、快速、简便、易于自动化等优点。液膜萃取分离法的基本原理是由渗透了与水互不相溶的有机溶剂的多孔聚四氟乙烯膜把水溶液分隔成两相:萃取相与被萃取相;其中与流动的试样水溶液系统相连的相为被萃取相,静止不动的相为萃取相。试样水溶液的离子流入被萃取相与其中加入的某些试剂形成中性分子(处于活化态)。这种中性分子通过扩散溶入吸附在多孔聚四氟乙烯上的有机液膜中,再进一步扩散进入萃取相,一旦进入萃取相,中性分子受萃取相中化学条件的影响又分解为离子(处于非活化态)而无法再返回液膜中去。其结果使被萃取相中的物质(离子)通过液膜进入萃取相中。

其萃取分离效率的影响因素:在液膜萃取分离中,被分离的物质在流动相的水溶液中只有转化为活化态(即中性分子)才进入有机液膜,因此提高液膜萃取分离技术的选择性主要取决于如何提高被分离物由非活化态转化为活化态的能力,而不使干扰物质或其他不需要的物质变为活化态。为此:①改变被萃相与萃取相的化学环境 如调节溶液的 pH 就可以把各种 pK_a 不同的物质有选择地萃取出来。②改变聚四氟乙烯隔膜中有机液体极性的大小,从而提高对极性不同的物质萃取效率。该方法的应用很广泛,常用于环境试样的分离与富集。例如大气中微量有机胺的分离;水中铜和钴离子的分离;水体中酸性农药的分离测定等。

□ 本章小结

(1)沉淀分离法是利用沉淀反应达到分离分析的方法,可通过使用无机沉淀剂、有机沉淀剂和利用共沉淀等方式实现沉淀分离。

(2)在待分离物质的水溶液中加入与水互不相溶的有机溶剂,利用萃取作用达到分离目的的分离方法叫溶剂萃取分离法。

(3)利用各组分的物理化学性质的差异,将它们分配在互不相溶的固定相和流动相,随着流动相的移动,混合物在两相间经过反复分配平衡,从而实现分离的方法称为层析(色谱)分离法。根据操作条件的不同,可分为纸层析法、薄层层析法、柱层析法、气相色谱法及液相色谱法等。

(4)离子交换分离法是通过试样离子在离子交换剂和淋洗液之间的分配而达到分离的方法。常用的离子交换剂有阴离子交换剂和阳离子交换剂等。

(5)了解一些现代分离富集方法的原理。

□ 思考题

14-1 分离方法在定量分析中有什么重要作用?分离时对常量组分和微量组分的回收率有什么要求?

14-2 在沉淀分离中有哪些常用的分离方法?

14-3 某矿样溶液含 Fe^{3+}、Al^{3+}、Mg^{2+}、Mn^{2+}、Cr^{3+}、Cu^{2+}和 Zn^{2+} 等,加入 NH_4Cl 和氨水后,哪些离子以什么形式存在于溶液中?哪些离子以什么形式存在于沉淀中?

分离是否完全？

14-4 某试样含 Fe、Al、Ca、Mg、Ti 元素。经碱熔融后，用水浸取，盐酸酸化，加氨水中和至出现红棕色沉淀(pH 为 3 左右)，再加入六亚甲基四胺加热过滤，分出沉淀和滤液。试问：

(1)为什么溶液中刚出现红棕色沉淀时，表示 pH 为 3 左右？

(2)过滤后得到的沉淀是什么？滤液又是什么？

(3)试样中若含 Zn^{2+} 和 Mn^{2+}，它们是在沉淀中还是在滤液中？

14-5 共沉淀富集微、痕量组分时，对共沉淀剂有什么要求？有机共沉淀剂较无机共沉淀剂有何优点？

14-6 何谓分配系数、分配比？萃取率与哪些因素有关？采用什么措施可提高萃取率？

14-7 为什么在进行螯合萃取时，溶液酸度的控制显得很重要？

14-8 离子交换树脂分几类，各有什么特点？什么是离子交换树脂的交联度、交换容量？

14-9 为何在分析工作中常采用离子交换法制备水，但很少采用金属容器来制备蒸馏水？

14-10 如何进行薄层色谱的定量测定？

14-11 除了书中介绍的一些较新的分离富集方法外，你还知道有哪些？请举例说明。

□ 习题

14-1 某纯的二元有机酸 H_2A，制备为纯的钡盐，称取 0.346 0 g 盐样，溶于 100.0 mL 水中，将溶液通过强酸性阳离子交换树脂，并水洗，流出液以 0.099 60 mol·L^{-1} 的 NaOH 溶液 20.20 mL 滴定到终点，求有机酸的摩尔质量。

(208.6 g·mol^{-1})

14-2 某溶液含 Fe^{3+} 10 mg，将它萃取入某有机溶剂中时，分配比＝99。问用等体积溶剂萃取 1 次和 2 次，剩余 Fe^{3+} 量各是多少？若在萃取 2 次后，分出有机层，用等体积水洗一次，会损失 Fe^{3+} 多少毫克？

(0.1 mg，0.001 mg，0.1 mg)

14-3 有 50.00 mL 0.100 0 mol·L^{-1}的 I_2 水溶液，用 100 mL 有机溶剂萃取 I_2，已知D＝8.0，经一次萃取后取水相用 0.050 0 mol·L^{-1}的 $Na_2S_2O_3$ 溶液滴定，问需用多少 mL？

(11.76 mL)

14-4 100 mL 含钒 40 μg 的试液，用 10 mL 钽试剂-三氯甲烷体系进行萃取，萃取效率为 90%。用 1 cm 比色皿在 530 nm 波长下，测得萃取液的吸光度为 0.384，求分配比及吸光物质的摩尔吸收系数。[已知 M_r(V)＝50.94]

(90；5.4×10^3 L·mol^{-1}·cm^{-1})

14-5 试剂(HR)与某金属离子 M^{2+} 形成 MR_2 后而被有机溶剂萃取，反应的平衡常数即为萃取平衡常数，已知 $K=K_D=0.15$。若 20.0 mL 金属离子的水溶液被反应平衡后含有 HR 为 2.0×10^{-2} mol·L^{-1}的 10.0 mL 有机溶剂萃取，计算 pH＝3.50 时金属离子的萃取率。

(99.7%)

14-6 含有纯 NaCl 和 KBr 的混合物 0.256 7 g，溶解后使之通过 H-型阳离子交换树脂，流出液需要用 0.102 3 $mol \cdot L^{-1}$ 的 NaOH 标准溶液滴定到终点，消耗 34.56 mL，问混合物中各种盐的质量分数是多少？［已知 $M_r(NaCl)=58.44$，$M_r(KBr)=119.0$］

（NaCl 61.66%；KBr 38.34%）

14-7 用有机溶剂从 100 mL 某溶质的水溶液中萃取两次，每次用 20 mL，萃取效率达 89%，计算萃取体系的分配系数。假定这种溶质在两相中只有一种存在形式，且无其他的副反应。

（10.1）

14-8 某含铜试样用二苯硫腙-$CHCl_3$ 光度法测定铜，称取试样 0.200 0 g，溶解后定容 100 mL，取出 10 mL 显色并定容 25 mL，用等体积的 $CHCl_3$ 萃取一次，有机相在最大吸收波长处以 1 cm 比色皿测得吸光度为 0.380。在该波长下 $\varepsilon=3.8\times10^4\ L \cdot mol^{-1} \cdot cm^{-1}$，若分配 $D=10$，试计算萃取百分率 E 和试样中铜的质量分数。［已知 $M_r(Cu)=63.55$］

（90.9%；0.087%）

14-9 称取 1.5 g H-型阳离子交换树脂做成交换柱，净化后用氯化钠溶液冲洗，至甲基橙呈橙色为止。收集流出液，用甲基橙为指示剂，以 0.100 0 $mol \cdot L^{-1}$ NaOH 标准溶液滴定，用去 24.51 mL，计算该树脂的交换容量（$mmol \cdot g^{-1}$）。

（1.6 $mmol \cdot g^{-1}$）

14-10 将 100 mL 水样通过强酸型阳离子交换树脂，流出液用 0.104 2 $mol \cdot L^{-1}$ 的 NaOH 标准溶液滴定，用去 41.25 mL，若水样中总金属离子含量以钙离子含量表示，求水样中含钙的质量浓度（$mg \cdot L^{-1}$）？［已知 $M_r(Ca)=40.08$］

（$8.61\times10^2\ mg \cdot L^{-1}$）

14-11 设一含有 A、B 两组分的混合溶液，已知 $R_f(A)=0.40$，$R_f(B)=0.60$，如果色层分析所用滤纸的长度为 20 cm，则 A 和 B 两组分经色层分离后的斑点中心相距的最大距离为多少？

（4.0 cm）

二维码 14-1 第 14 章要点

二维码 14-2 14 章分析化学中的分离与富集方法

二维码 14-3 14 章思考题和习题答案

二维码 14-4 14 章单元测试题及答案

附录 Appendix

附录一 弱酸和弱碱的离解常数

酸

名称	温度/℃	离解常数 K_a	pK_a
砷酸 H_3AsO_4	18	$K_{a_1}=5.6\times10^{-3}$	2.25
		$K_{a_2}=1.7\times10^{-7}$	6.77
		$K_{a_3}=3.0\times10^{-12}$	11.50
硼酸 H_3BO_3	20	$K_a=5.7\times10^{-10}$	9.24
氢氰酸 HCN	25	$K_a=6.2\times10^{-10}$	9.21
碳酸 H_2CO_3	25	$K_{a_1}=4.2\times10^{-7}$	6.38
		$K_{a_2}=5.6\times10^{-11}$	10.25
铬酸 H_2CrO_4	25	$K_{a_1}=1.8\ 10^{-1}$	0.74
		$K_{a_2}=3.2\times10^{-7}$	6.49
氢氟酸 HF	25	$K_a=3.5\times10^{-4}$	3.46
亚硝酸 HNO_2	25	$K_a=4.6\times10^{-4}$	3.37
磷酸 H_3PO_4	25	$K_{a_1}=7.6\times10^{-3}$	2.12
		$K_{a_2}=6.3\times10^{-8}$	7.20
		$K_{a_3}=4.4\times10^{-13}$	12.36
氢硫酸 H_2S	25	$K_{a_1}=1.3\times10^{-7}$	6.89
		$K_{a_2}=7.1\times10^{-15}$	14.15
亚硫酸 H_2SO_3	18	$K_{a_1}=1.5\times10^{-2}$	1.82
		$K_{a_2}=1.0\times10^{-7}$	7.00
硫酸 H_2SO_4	25	$K_{a_2}=1.0\times10^{-2}$	1.99
甲酸 HCOOH	20	$K_a=1.8\times10^{-4}$	3.74
醋酸 CH_3COOH	20	$K_a=1.8\times10^{-5}$	4.74
一氯乙酸 $CH_2ClCOOH$	25	$K_a=1.4\times10^{-3}$	2.86
二氯乙酸 $CHCl_2COOH$	25	$K_a=5.0\times10^{-2}$	1.30
三氯乙酸 CCl_3COOH	25	$K_a=0.23$	0.64
草酸 $H_2C_2O_4$	25	$K_{a_1}=5.9\times10^{-2}$	1.23
		$K_{a_2}=6.4\times10^{-5}$	4.19
琥珀酸 $(CH_2COOH)_2$	25	$K_{a_1}=6.4\times10^{-5}$	4.19
		$K_{a_2}=2.7\times10^{-6}$	5.57
酒石酸 CH(OH)COOH | CH(OH)COOH	25	$K_{a_1}=9.1\times10^{-4}$	3.04
		$K_{a_2}=4.3\times10^{-5}$	4.37
柠檬酸 CH_2COOH | C(OH)COOH | CH_2COOH	18	$K_{a_1}=7.4\times10^{-4}$	3.13
		$K_{a_2}=1.7\times10^{-5}$	4.76
		$K_{a_3}=4.0\times10^{-7}$	6.40

续附录一

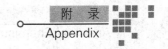

名称	温度/℃	离解常数 K_a	pK_a
苯酚 C_6H_5OH	20	$K_a=1.1\times10^{-10}$	9.95
苯甲酸 C_6H_5COOH	25	$K_a=6.2\times10^{-5}$	4.21
水杨酸 $C_6H_4(OH)COOH$	18	$K_{a_1}=1.07\times10^{-3}$	2.97
		$K_{a_2}=4\times10^{-14}$	13.40
邻苯二甲酸 $C_6H_4(COOH)_2$	25	$K_{a_1}=1.3\times10^{-3}$	2.89
		$K_{a_2}=2.9\times10^{-6}$	5.54

碱

名称	温度/℃	离解常数 K_b	pK_b
氨水 $NH_3\cdot H_2O$	25	$K_b=1.8\times10^{-5}$	4.74
羟胺 NH_2OH	20	$K_b=9.1\times10^{-9}$	8.04
苯胺 $C_6H_5NH_2$	25	$K_b=4.6\times10^{-10}$	9.34
乙二胺 $H_2NCH_2CH_2NH_2$	25	$K_{b_1}=8.5\times10^{-5}$	4.07
		$K_{b_2}=7.1\times10^{-8}$	7.15
六亚甲基四胺$(CH_2)_6N_4$	25	$K_b=1.4\times10^{-9}$	8.85
吡啶 C_5H_5N	25	$K_b=1.7\times10^{-9}$	8.77

附录二　常用酸溶液和碱溶液的相对密度和浓度

酸

相对密度(15℃)	HCl的含量		HNO_3 的含量		H_2SO_4 的含量	
	w/%	c/(mol·L^{-1})	w/%	c/(mol·L^{-1})	w/%	c/(mol·L^{-1})
1.02	4.13	1.15	3.70	0.6	3.1	0.3
1.04	8.16	2.3	7.26	1.2	6.1	0.6
1.05	10.2	2.9	9.0	1.5	7.4	0.8
1.06	12.2	3.5	10.7	1.8	8.8	0.9
1.08	16.2	4.8	13.9	2.4	11.6	1.3
1.10	20.0	6.0	17.1	3.0	14.4	1.6
1.12	23.8	7.3	20.2	3.6	17.0	2.0
1.14	27.7	8.7	23.3	4.2	19.9	2.3
1.15	29.6	9.3	24.8	4.5	20.9	2.5
1.19	37.2	12.2	30.9	5.8	26.0	3.2
1.20			32.3	6.2	27.3	3.4
1.25			39.8	7.9	33.4	4.3
1.30			47.5	9.8	39.2	5.2
1.35			55.8	12.0	44.8	6.2
1.40			65.3	14.5	50.1	7.2
1.42			69.8	15.7	52.2	7.6
1.45					55.0	8.2
1.50					59.8	9.2
1.55					64.3	10.2
1.60					68.7	11.2
1.65					73.0	12.3
1.70					77.2	13.4
1.84					95.6	18.0

碱

相对密度(15℃)	$NH_3 \cdot H_2O$ 的含量		NaOH的含量		KOH的含量	
	w/%	c/(mol·L^{-1})	w/%	c/(mol·L^{-1})	w/%	c/(mol·L^{-1})
0.88	35.0	18.0				
0.90	28.3	15				
0.91	25.0	13.4				
0.92	21.8	11.8				
0.94	15.6	8.6				
0.96	9.9	5.6				
0.98	4.8	2.8				
1.05			4.5	1.25	5.5	1.0
1.10			9.0	2.5	10.9	2.1
1.15			13.5	3.9	16.1	3.3
1.20			18.0	5.4	21.2	4.5
1.25			22.5	7.0	26.1	5.8
1.30			27.0	8.8	30.9	7.2
1.35			31.8	10.7	35.5	8.5

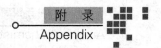

附录三　金属离子与氨羧配位剂形成的配合物的稳定常数($\lg K_{MY}$)

$I=0.1$　$t=20\sim25℃$

金属离子	EDTA	EGTA	DCTA
Ag^{+}	7.32		
Al^{3+}	16.3		17.6
Ba^{2+}	7.86	8.4	8.0
Be^{2+}	9.20		
Bi^{3+}	27.94		24.1
Ca^{2+}	10.69	11.0	12.5
Ce^{3+}	15.98		
Cd^{2+}	16.46	15.6	19.2
Co^{2+}	16.31	12.3	18.9
Co^{3+}	36.0		
Cr^{3+}	23.4		
Cu^{2+}	18.80	17	21.3
Fe^{2+}	14.33		18.2
Fe^{3+}	25.1		29.3
Hg^{2+}	21.8	23.2	24.3
La^{3+}	15.50	15.6	
Mg^{2+}	8.69	5.2	10.3
Mn^{2+}	13.87	10.7	16.8
Na^{+}	1.66		
Ni^{2+}	18.60	17.0	19.4
Pb^{2+}	18.04	15.5	19.7
Pt^{3+}	16.31		
Sn^{2+}	22.1		
Sr^{2+}	8.73	6.8	10.0
Th^{4+}	23.2		23.2
Ti^{3+}	21.3		
TiO^{2+}	17.3		
UO_2^{2+}	～10		
U^{4+}	25.8		
VO_2^{+}	18.1		
VO^{2+}	18.8		
Y^{3+}	18.09		
Zn^{2+}	16.50	14.5	18.7

附录四　标准电极电势(298.15 K)

按 $\varphi_A^{\ominus}$ 代数值由小到大的顺序排列

电极反应	$\varphi_A^{\ominus}$/V	电极反应	$\varphi_A^{\ominus}$/V
$Li^+ + e^- \rightleftharpoons Li$	−3.045	$CO_2 + 2H^+ + 2e^- \rightleftharpoons CO + H_2O$	−0.12
$K^+ + e^- \rightleftharpoons K$	−2.925	P(红)$+ 3H^+ + 3e^- \rightleftharpoons PH_3$(气)	−0.111
$Rb^+ + e^- \rightleftharpoons Rb$	−2.925	$S + H^+ + 2e^- \rightleftharpoons HS^-$	−0.065
$Cs^+ + e^- \rightleftharpoons Cs$	−2.923	$Fe_2O_3(\alpha) + 6H^+ + 6e^- \rightleftharpoons 2Fe + 3H_2O$	−0.051
$Ba^{2+} + 2e^- \rightleftharpoons Ba$	−2.906	$[HgI_4]^{2-} + 2e^- \rightleftharpoons Hg + 4I^-$	−0.038
$Sr^{2+} + 2e^- \rightleftharpoons Sr$	−2.888	$CuI_2^- + e^- \rightleftharpoons Cu + 2I^-$	0.0
$Ca^{2+} + 2e^- \rightleftharpoons Ca$	−2.866	$HSO_3^- + 5H^+ + 4e^- \rightleftharpoons S + 3H_2O$	0.0
$Na^+ + e^- \rightleftharpoons Na$	−2.714	$2H^+ + 2e^- \rightleftharpoons H_2$	0.000
$Ce^{3+} + 3e^- \rightleftharpoons Ce$	−2.483	$Sn^{4+} + 4e^- \rightleftharpoons Sn$	0.009
$Mg^{2+} + 2e^- \rightleftharpoons Mg$	−2.363	$CuBr + e^- \rightleftharpoons Cu + Br^-$	0.033
$H_2 + 2e^- \rightleftharpoons 2H^-$	−2.25	P(白)$+ 3H^+ + 3e^- \rightleftharpoons PH_3$(气)	0.063 7
$Be^{2+} + 2e^- \rightleftharpoons Be$	−1.847	$AgBr + e^- \rightleftharpoons Ag + Br^-$	0.071
$Al^{3+} + 3e^- \rightleftharpoons Al$	−1.622	$Si + 4H^+ + 4e^- \rightleftharpoons SiH_4$	0.102
$Mn^{2+} + 2e^- \rightleftharpoons Mn$	−1.180	$NiO + 2H^+ + 2e^- \rightleftharpoons Ni + H_2O$	0.110
$Cr^{2+} + 2e^- \rightleftharpoons Cr$	−0.913	$CuCl + e^- \rightleftharpoons Cu + Cl^-$	0.137
$H_3BO_3 + 3H^+ + 3e^- \rightleftharpoons B + 3H_2O$	−0.870	$S + 2H^+ + 2e^- \rightleftharpoons H_2S$	0.142
$SiO_2 + 4H^+ + 4e^- \rightleftharpoons Si + 2H_2O$	−0.857	$SO_4^{2-} + 8H^+ + 8e^- \rightleftharpoons S^{2-} + 4H_2O$	0.149
$H_2SiO_3 + 4H^+ + 4e^- \rightleftharpoons Si + 3H_2O$	−0.84	$Sn^{4+} + 2e^- \rightleftharpoons Sn^{2+}$	0.151
$V^{3+} + 3e^- \rightleftharpoons V$	−0.835	$Cu^{2+} + e^- \rightleftharpoons Cu^+$	0.153
$SnO_2 + 4H^+ + 2e^- \rightleftharpoons Sn^{2+} + 2H_2O$	−0.77	$SO_4^{2-} + 4H^+ + 2e^- \rightleftharpoons H_2SO_3 + H_2O$	0.172
$Zn^{2+} + 2e^- \rightleftharpoons Zn$	−0.763	$2Cu^{2+} + H_2O + 2e^- \rightleftharpoons Cu_2O + 2H^+$	0.203
$Cr^{3+} + 3e^- \rightleftharpoons Cr$	−0.744	$SbO^+ + 2H^+ + 3e^- \rightleftharpoons Sb + H_2O$	0.204
$H_3PO_3 + 3H^+ + 3e^- \rightleftharpoons P$(白)$+ 3H_2O$	−0.502	$AgCl + e^- \rightleftharpoons Ag + Cl^-$	0.222
$2CO_2 + 2H^+ + 2e^- \rightleftharpoons H_2C_2O_4$	−0.49	$[HgBr_4]^{2-} + 2e^- \rightleftharpoons Hg + 4Br^-$	0.223
$SiO_3^{2-} + 6H^+ + 4e^- \rightleftharpoons Si + 3H_2O$	−0.455	$CO_3^{2-} + 3H^+ + 2e^- \rightleftharpoons HCOO^- + H_2O$	0.227
$H_3PO_3 + 3H^+ + 3e^- \rightleftharpoons P$(红)$+ 3H_2O$	−0.454	$SO_3^{2-} + 6H^+ + 6e^- \rightleftharpoons S^{2-} + 3H_2O$	0.231
$Fe^{2+} + 2e^- \rightleftharpoons Fe$	−0.440	$As_2O_3 + 6H^+ + 6e^- \rightleftharpoons 2As + 3H_2O$	0.234
$Cr^{3+} + e^- \rightleftharpoons Cr^{2+}$	−0.408	$Sb^{3+} + 3e^- \rightleftharpoons Sb$	0.24
$Cd^{2+} + 2e^- \rightleftharpoons Cd$	−0.403		
$PbSO_4 + 2e^- \rightleftharpoons Pb + SO_4^{2-}$	−0.359	$PbO + 2H^+ + 2e^- \rightleftharpoons Pb + H_2O$	0.248
$Ni^{2+} + 2e^- \rightleftharpoons Ni$	−0.250	$N_2 + 8H^+ + 6e^- \rightleftharpoons 2NH_4^+$	0.26
$CO_2 + 2H^+ + 2e^- \rightleftharpoons HCOOH$	−0.199	Hg_2Cl_2(固)$+ 2e^- \rightleftharpoons 2Hg + 2Cl^-$	0.268
$CuI + e^- \rightleftharpoons Cu + I^-$	−0.185		
$AgI + e^- \rightleftharpoons Ag + I^-$	−0.152	$2SO_4^{2-} + 10H^+ + 8e^- \rightleftharpoons S_2O_3^{2-} + 5H_2O$	0.29
$Sn^{2+} + 2e^- \rightleftharpoons Sn$	−0.136	$Cu^{2+} + 2e^- \rightleftharpoons Cu$	0.337
$Pb^{2+} + 2e^- \rightleftharpoons Pb$	−0.126	$AgIO_3 + e^- \rightleftharpoons Ag + IO_3^-$	0.354

续附录四

电极反应	$\varphi_A^\ominus$/V	电极反应	$\varphi_A^\ominus$/V
$SO_4^{2-}+8H^++6e^-\rightleftharpoons S+4H_2O$	0.357	$NO_3^-+4H^++3e^-\rightleftharpoons NO+2H_2O$	0.96
$SnO_3^{2-}+3H^++2e^-\rightleftharpoons HSnO_2^-+H_2O$	0.374	$2MnO_2+2H^++2e^-\rightleftharpoons Mn_2O_3+H_2O$	0.98
$[HgCl_4]^{2-}+2e^-\rightleftharpoons Hg+4Cl^-$	0.38	$AuCl_4^-+3e^-\rightleftharpoons Au+4Cl^-$	1.00
$[PtI_6]^{2-}+2e^-\rightleftharpoons [PtI_4]^{2-}+2I^-$	0.393	$HNO_2+H^++e^-\rightleftharpoons NO+H_2O$	1.00
$2H_2SO_3+2H^++4e^-\rightleftharpoons S_2O_3^{2-}+3H_2O$	0.400	$NO_2+2H^++2e^-\rightleftharpoons NO+H_2O$	1.03
$Co^{3+}+3e^-\rightleftharpoons Co$	0.4	$N_2O_4+4H^++4e^-\rightleftharpoons 2NO+2H_2O$	1.035
$As_2O_5+10H^++10e^-\rightleftharpoons 2As+5H_2O$	0.429	$N_2O_4+2H^++2e^-\rightleftharpoons 2HNO_2$	1.065
$H_2SO_3+4H^++4e^-\rightleftharpoons S+3H_2O$	0.450	Br_2(液)$+2e^-\rightleftharpoons 2Br^-$	1.065
$S_2O_3^{2-}+6H^++4e^-\rightleftharpoons 2S+3H_2O$	0.465	$NO_2+H^++e^-\rightleftharpoons HNO_2$	1.07
$CO+6H^++6e^-\rightleftharpoons CH_4+H_2O$	0.497	$IO_3^-+6H^++6e^-\rightleftharpoons I^-+3H_2O$	1.085
$4H_2SO_3+4H^++6e^-\rightleftharpoons S_4O_6^{2-}+6H_2O$	0.51	Br_2(水)$+2e^-\rightleftharpoons 2Br^-$	1.087
$Cu^++e^-\rightleftharpoons Cu$	0.521	$2NO_3^-+10H^++8e^-\rightleftharpoons N_2O+5H_2O$	1.116
I_2(结晶)$+2e^-\rightleftharpoons 2I^-$	0.536	$AuCl_2^-+e^-\rightleftharpoons Au+2Cl^-$	1.15
$I_3^-+2e^-\rightleftharpoons 3I^-$	0.536	$AuCl+e^-\rightleftharpoons Au+Cl^-$	1.17
$Cu^{2+}+Cl^-+e^-\rightleftharpoons CuCl$	0.538	$ClO_4^-+2H^++2e^-\rightleftharpoons ClO_3^-+H_2O$	1.19
$AgBrO_3+e^-\rightleftharpoons Ag+BrO_3^-$	0.546	$2IO_3^-+12H^++10e^-\rightleftharpoons I_2+6H_2O$	1.195
$H_3AsO_4+2H^++2e^-\rightleftharpoons HAsO_2+2H_2O$	0.56	$ClO_3^-+3H^++2e^-\rightleftharpoons HClO_2+H_2O$	1.21
$CuO+2H^++2e^-\rightleftharpoons Cu+H_2O$	0.570	$O_2+4H^++4e^-\rightleftharpoons 2H_2O$	1.229
$[PtBr_4]^{2-}+2e^-\rightleftharpoons Pt+4Br^-$	0.58	$MnO_2+4H^++2e^-\rightleftharpoons Mn^{2+}+2H_2O$	1.23
$2HgCl_2+2e^-\rightleftharpoons Hg_2Cl_2+2Cl^-$	0.63	$2NO_3^-+12H^++10e^-\rightleftharpoons N_2+6H_2O$	1.24
$Cu^{2+}+Br^-+e^-\rightleftharpoons CuBr$	0.640	$2HNO_2+4H^++4e^-\rightleftharpoons N_2O+3H_2O$	1.29
$Ag_2SO_4+2e^-\rightleftharpoons 2Ag+SO_4^{2-}$	0.654	$Cr_2O_7^{2-}+14H^++6e^-\rightleftharpoons 2Cr^{3+}+7H_2O$	1.33
$PbO_2+4H^++4e^-\rightleftharpoons Pb+2H_2O$	0.666	$HBrO+H^++2e^-\rightleftharpoons Br^-+H_2O$	1.33
$[PtCl_6]^{2-}+2e^-\rightleftharpoons [PtCl_4]^{2-}+2Cl^-$	0.68	$ClO_4^-+8H^++7e^-\rightleftharpoons 1/2Cl_2+4H_2O$	1.34
$O_2+2H^++2e^-\rightleftharpoons H_2O_2$	0.682	$2NO_2+8H^++8e^-\rightleftharpoons N_2+4H_2O$	1.35
$2SO_3^{2-}+6H^++4e^-\rightleftharpoons S_2O_3^{2-}+3H_2O$	0.705	Cl_2(气)$+2e^-\rightleftharpoons 2Cl^-$	1.358
$[PtCl_4]^{2-}+2e^-\rightleftharpoons Pt+4Cl^-$	0.73	$ClO_4^-+8H^++8e^-\rightleftharpoons Cl^-+4H_2O$	1.38
$Fe^{3+}+e^-\rightleftharpoons Fe^{2+}$	0.771	$Au^{3+}+2e^-\rightleftharpoons Au^+$	1.40
$Hg_2^{2+}+2e^-\rightleftharpoons 2Hg$	0.788	$IO_4^-+8H^++8e^-\rightleftharpoons I^-+4H_2O$	1.4
$Ag^++e^-\rightleftharpoons Ag$	0.799	$2HNO_2+6H^++6e^-\rightleftharpoons N_2+4H_2O$	1.44
$NO_3^-+2H^++e^-\rightleftharpoons NO_2+H_2O$	0.80	$BrO_3^-+6H^++6e^-\rightleftharpoons Br^-+3H_2O$	1.44
$Hg^{2+}+2e^-\rightleftharpoons Hg$	0.854	$BrO_3^-+5H^++4e^-\rightleftharpoons HBrO+2H_2O$	1.45
$Cu^{2+}+I^-+e^-\rightleftharpoons CuI$	0.86	$ClO_3^-+6H^++6e^-\rightleftharpoons Cl^-+3H_2O$	1.45
$HNO_2+7H^++6e^-\rightleftharpoons NH_4^++2H_2O$	0.864	$2HIO+2H^++2e^-\rightleftharpoons I_2+2H_2O$	1.45
$NO_3^-+10H^++8e^-\rightleftharpoons NH_4^++3H_2O$	0.864	$PbO_2+4H^++2e^-\rightleftharpoons Pb^{2+}+2H_2O$	1.455
$2Hg^{2+}+2e^-\rightleftharpoons Hg_2^{2+}$	0.920	$ClO_3^-+6H^++5e^-\rightleftharpoons 1/2Cl_2+3H_2O$	1.47
$AuCl_4^-+2e^-\rightleftharpoons AuCl_2^-+2Cl^-$	0.926	$HClO+H^++2e^-\rightleftharpoons Cl^-+H_2O$	1.494
$NO_3^-+3H^++2e^-\rightleftharpoons HNO_2+H_2O$	0.934	$Au^{3+}+3e^-\rightleftharpoons Au$	1.498
$AuBr_2^-+e^-\rightleftharpoons Au+2Br^-$	0.956	$Mn^{3+}+e^-\rightleftharpoons Mn^{2+}$	1.51

续附录四

电极反应	$\varphi_A^\ominus$/V	电极反应	$\varphi_A^\ominus$/V
$MnO_4^- + 8H^+ + 5e^- \rightleftharpoons Mn^{2+} + 4H_2O$	1.51	$MnO_4^- + 4H^+ + 3e^- \rightleftharpoons MnO_2 + 2H_2O$	1.692
$O_3 + 6H^+ + 6e^- \rightleftharpoons 3H_2O$	1.511	$BrO_4^- + 2H^+ + 2e^- \rightleftharpoons BrO_3^- + H_2O$	1.763
$BrO_3^- + 6H^+ + 5e^- \rightleftharpoons 1/2\ Br_2 + 3H_2O$	1.52	$N_2O + 2H^+ + 2e^- \rightleftharpoons N_2 + H_2O$	1.77
$2NO + 2H^+ + 2e^- \rightleftharpoons N_2O + H_2O$	1.59	$H_2O_2 + 2H^+ + 2e^- \rightleftharpoons 2H_2O$	1.776
$HClO + H^+ + e^- \rightleftharpoons 1/2\ Cl_2 + H_2O$	1.63	$NaBiO_3 + 4H^+ + 2e^- \rightleftharpoons BiO^+ + Na^+ + 2H_2O$	>1.8
$IO_4^- + 2H^+ + 2e^- \rightleftharpoons IO_3^- + H_2O$	1.653	$Co^{3+} + e^- \rightleftharpoons Co^{2+}$	1.808
$NiO_2 + 4H^+ + 2e^- \rightleftharpoons Ni^{2+} + 2H_2O$	1.678	$Ag^{2+} + e^- \rightleftharpoons Ag^+$	1.98
$2NO + 4H^+ + 4e^- \rightleftharpoons N_2 + 2H_2O$	1.68	$S_2O_8^{2-} + 2e^- \rightleftharpoons 2SO_4^{2-}$	2.01
$PbO_2 + SO_4^{2-} + 4H^+ + 2e^- \rightleftharpoons PbSO_4 + 2H_2O$	1.682	$O_3 + 2H^+ + 2e^- \rightleftharpoons O_2 + H_2O$	2.07
$Pb^{4+} + 2e^- \rightleftharpoons Pb^{2+}$	1.69	$MnO_4^{2-} + 4H^+ + 2e^- \rightleftharpoons MnO_2 + 2H_2O$	2.257
$Au^+ + e^- \rightleftharpoons Au$	1.691	$F_2 + 2H^+ + 2e^- \rightleftharpoons 2HF$	3.035

附录五 条件电极电势

半反应	$\varphi^{\ominus\prime}$/V	介质
$Ag(II)+e^- \rightleftharpoons Ag^+$	1.927	$4\ mol\cdot L^{-1}\ HNO_3$
$Ce(IV)+e^- \rightleftharpoons Ce(III)$	1.70	$1\ mol\cdot L^{-1}\ HClO_4$
	1.61	$1\ mol\cdot L^{-1}\ HNO_3$
	1.44	$0.5\ mol\cdot L^{-1}\ H_2SO_4$
	1.28	$1\ mol\cdot L^{-1}\ HCl$
$Co^{3+}+e^- \rightleftharpoons Co^{2+}$	1.85	$4\ mol\cdot L^{-1}\ HNO_3$
$Co(乙二胺)_3^{3+}+e^- \rightleftharpoons Co(乙二胺)_3^{2+}$	−0.2	$0.1\ mol\cdot L^{-1}\ KNO_3+$
		$0.1\ mol\cdot L^{-1}$ 乙二胺
$Cr(III)+e^- \rightleftharpoons Cr(II)$	−0.40	$5\ mol\cdot L^{-1}\ HCl$
$Cr_2O_7^{2-}+14H^++6e^- \rightleftharpoons 2Cr^{3+}+7H_2O$	1.00	$1\ mol\cdot L^{-1}\ HCl$
	1.025	$1\ mol\cdot L^{-1}\ HClO_4$
	1.08	$3\ mol\cdot L^{-1}\ HCl$
	1.05	$2\ mol\cdot L^{-1}\ HCl$
	1.15	$4\ mol\cdot L^{-1}\ H_2SO_4$
$CrO_4^{2-}+2H_2O+3e^- \rightleftharpoons CrO_2^-+4OH^-$	−0.12	$1\ mol\cdot L^{-1}\ NaOH$
$Fe(III)+e^- \rightleftharpoons Fe(II)$	0.73	$1\ mol\cdot L^{-1}\ HClO_4$
	0.71	$0.5\ mol\cdot L^{-1}\ HCl$
	0.68	$1\ mol\cdot L^{-1}\ H_2SO_4$
	0.68	$1\ mol\cdot L^{-1}\ HCl$
	0.46	$2\ mol\cdot L^{-1}\ H_3PO_4$
	0.51	$1\ mol\cdot L^{-1}\ HCl+$
		$0.25\ mol\cdot L^{-1}\ H_3PO_4$
$H_3AsO_4+2H^++2e^- \rightleftharpoons H_3AsO_3+H_2O$	0.557	$1\ mol\cdot L^{-1}\ HCl$
	0.557	$1\ mol\cdot L^{-1}\ HClO_4$
$Fe(EDTA)^-+e^- \rightleftharpoons Fe(EDTA)^{2-}$	0.12	$0.1\ mol\cdot L^{-1}$ EDTA
		pH = 4～6
$Fe(CN)_6^{3-}+e^- \rightleftharpoons Fe(CN)_6^{4-}$	0.48	$0.01\ mol\cdot L^{-1}\ HCl$
	0.56	$0.1\ mol\cdot L^{-1}\ HCl$
	0.71	$1\ mol\cdot L^{-1}\ HCl$
	0.72	$1\ mol\cdot L^{-1}\ HClO_4$
$I_2(水)+2e^- \rightleftharpoons 2I^-$	0.628	$1\ mol\cdot L^{-1}\ H^+$
$I_3^-+2e^- \rightleftharpoons 3I^-$	0.545	$1\ mol\cdot L^{-1}\ H^+$
$MnO_4^-+8H^++5e^- \rightleftharpoons Mn^{2+}+4H_2O$	1.45	$1\ mol\cdot L^{-1}\ HClO_4$
	1.27	$8\ mol\cdot L^{-1}\ H_3PO_4$
$Os(VIII)+4e^- \rightleftharpoons Os(IV)$	0.79	$5\ mol\cdot L^{-1}\ HCl$
$SnCl_6^{2-}+2e^- \rightleftharpoons SnCl_4^{2-}+2Cl^-$	0.14	$1\ mol\cdot L^{-1}\ HCl$
$Sn^{2+}+2e^- \rightleftharpoons Sn$	−0.16	$1\ mol\cdot L^{-1}\ HClO_4$
$Sb(V)+2e^- \rightleftharpoons Sb(III)$	0.75	$3.5\ mol\cdot L^{-1}\ HCl$
$Sb(OH)_6^-+2e^- \rightleftharpoons SbO_2^-+2OH^-+2H_2O$	−0.428	$3\ mol\cdot L^{-1}\ NaOH$
$SbO_2^-+2H_2O+3e^- \rightleftharpoons Sb+4OH^-$	−0.675	$10\ mol\cdot L^{-1}\ KOH$
$Ti(IV)+e^- \rightleftharpoons Ti(III)$	−0.01	$0.2\ mol\cdot L^{-1}\ H_2SO_4$

续附录五

半反应	$\varphi^{\ominus\prime}$/V	介质
	0.12	2 mol·L^{-1} H_2SO_4
	−0.04	1 mol·L^{-1} HCl
	−0.05	1 mol·L^{-1} H_3PO_4
Pb(Ⅱ)+2e^- ⇌ Pb	−0.32	1 mol·L^{-1} NaAc
	−0.14	1 mol·L^{-1} $HClO_4$
UO_2^{2+}+4H^++2e^- ⇌ U(Ⅳ)+2H_2O	0.41	0.5 mol·L^{-1} H_2SO_4

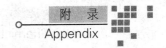

附录六 难溶化合物的溶度积常数

难溶化合物	化学式	溶度积 K_{sp}	温度/℃
氢氧化铝	$Al(OH)_3$	2×10^{-32}	18
溴酸银	$AgBrO_3$	5.77×10^{-5}	25
溴化银	$AgBr$	4.1×10^{-13}	18
碳酸银	Ag_2CO_3	6.15×10^{-12}	25
氯化银	$AgCl$	1.56×10^{-10}	25
铬酸银	Ag_2CrO_4	9×10^{-12}	25
氢氧化银	$AgOH$	1.52×10^{-8}	20
碘化银	AgI	1.5×10^{-16}	25
硫化银	Ag_2S	1.6×10^{-49}	18
硫氰酸银	$AgSCN$	4.9×10^{-13}	18
碳酸钡	$BaCO_3$	8.1×10^{-9}	25
铬酸钡	$BaCrO_4$	1.6×10^{-10}	18
草酸钡	$BaC_2O_4\cdot3\frac{1}{2}H_2O$	1.62×10^{-7}	18
硫酸钡	Ba_2SO_4	8.7×10^{-11}	18
氢氧化铋	$Bi(OH)_3$	4.0×10^{-31}	18
氢氧化铬	$Cr(OH)_3$	5.4×10^{-31}	18
硫化镉	CdS	3.6×10^{-29}	18
碳酸钙	$CaCO_3$	8.7×10^{-9}	25
氟化钙	CaF_2	3.4×10^{-11}	18
草酸钙	$CaC_2O_4\cdot H_2O$	1.78×10^{-9}	18
硫酸钙	$CaSO_4$	2.45×10^{-5}	25
硫化钴	CoS_{α}	4×10^{-21}	18
	CoS_{β}	2×10^{-25}	18
碘酸铜	$CuIO_3$	1.4×10^{-7}	25
草酸铜	CuC_2O_4	2.87×10^{-8}	25
硫化铜	CuS	8.5×10^{-45}	18
溴化亚铜	$CuBr$	4.15×10^{-8}	18～20
氯化亚铜	$CuCl$	1.02×10^{-6}	18～20
碘化亚铜	CuI	1.1×10^{-12}	18～20
硫化亚铜	Cu_2S	2×10^{-47}	16～18
硫氰酸亚铜	$CuSCN$	4.8×10^{-15}	18
氢氧化铁	$Fe(OH)_3$	3.5×10^{-38}	18
氢氧化亚铁	$Fe(OH)_2$	1.0×10^{-15}	18
草酸亚铁	FeC_2O_4	2.1×10^{-7}	25
硫化亚铁	FeS	3.7×10^{-19}	18
硫化汞	HgS	$4\times10^{-53}\sim2\times10^{-49}$	18
溴化亚汞	Hg_2Br_2	5.8×10^{-23}	25
氯化亚汞	Hg_2Cl_2	1.3×10^{-18}	25
碘化亚汞	Hg_2I_2	4.5×10^{-29}	18
磷酸铵镁	$MgNH_4PO_4$	2.5×10^{-13}	25
碳酸镁	$MgCO_3$	2.6×10^{-5}	25

续附录六

难溶化合物	化学式	溶度积 K_{sp}	温度/℃
氟化镁	MgF_2	7.1×10^{-9}	18
氢氧化镁	$Mg(OH)_2$	1.8×10^{-11}	18
草酸镁	MgC_2O_4	8.57×10^{-5}	18
氢氧化锰	$Mn(OH)_2$	4.5×10^{-13}	18
硫化锰	MnS	1.4×10^{-15}	18
氢氧化镍	$Ni(OH)_2$	6.5×10^{-18}	18
碳酸铅	$PbCO_3$	3.3×10^{-14}	18
铬酸铅	$PbCrO_4$	1.77×10^{-14}	18
氟化铅	PbF_2	3.2×10^{-8}	18
草酸铅	PbC_2O_4	2.74×10^{-11}	18
氢氧化铅	$Pb(OH)_2$	1.2×10^{-15}	18
硫酸铅	$PbSO_4$	1.06×10^{-8}	18
硫化铅	PbS	3.4×10^{-28}	18
碳酸锶	$SrCO_3$	1.6×10^{-9}	25
氟化锶	SrF_2	2.8×10^{-9}	18
草酸锶	SrC_2O_4	5.61×10^{-8}	18
硫酸锶	$SrSO_4$	3.81×10^{-7}	17.4
氢氧化锡	$Sn(OH)_4$	1×10^{-57}	18
氢氧化亚锡	$Sn(OH)_2$	3×10^{-27}	18
氢氧化钛	$TiO(OH)_2$	1×10^{-29}	18
氢氧化锌	$Zn(OH)_2$	1.2×10^{-17}	18～20
草酸锌	ZnC_2O_4	1.35×10^{-9}	18
硫化锌	ZnS	1.2×10^{-23}	18

附录七　国际相对原子质量表（2005）

（按照元素符号字母顺序排列，以 Ar(^{12}C=12)为基准）

元素 符号	元素 名称	相对原子质量	元素 符号	元素 名称	相对原子质量	元素 符号	元素 名称	相对原子质量	元素 符号	元素 名称	相对原子质量
Ac	锕	[227]	Er	铒	167.259(3)	Mn	锰	54.938 045(5)	Ru	钌	101.07(2)
Ag	银	107.868 2(2)	Es	锿	[252]	Mo	钼	95.94(2)	S	硫	32.065(5)
Al	铝	26.981 538 6(8)	Eu	铕	151.964(1)	N	氮	14.006 7(2)	Sb	锑	121.760(1)
Am	镅	[243]	F	氟	18.998 403 2(5)	Na	钠	22.989 769 28(2)	Sc	钪	44.955 912(6)
Ar	氩	39.948(1)	Fe	铁	55.845(2)	Nb	铌	92.906 38(2)	Se	硒	78.96(3)
As	砷	74.921 60(2)	Fm	镄	[257]	Nd	钕	144.242(3)	Si	硅	28.085 5(3)
At	砹	[210]	Fr	钫	[253]	Ne	氖	20.179 7(6)	Sm	钐	150.36(2)
Au	金	196.966 569(4)	Ga	镓	69.723(1)	Ni	镍	58.693 4(2)	Sn	锡	118.710(7)
B	硼	10.811(7)	Gd	钆	157.25(3)	No	锘	[259]	Sr	锶	87.62(1)
Ba	钡	137.327(7)	Ge	锗	72.64(1)	Np	镎	[237]	Ta	钽	180.947 88(2)
Be	铍	9.012 182(3)	H	氢	1.007 94(7)	O	氧	15.999 4(3)	Tb	铽	158.925 35(2)
Bi	铋	208.980 40(1)	He	氦	4.002 602(2)	Os	锇	190.23(3)	Tc	锝	[98]
Bk	锫	[247]	Hf	铪	178.49(2)	P	磷	30.973 762(2)	Te	碲	127.60(3)
Br	溴	79.904(1)	Hg	汞	200.59(2)	Pa	镤	231.035 88(2)	Th	钍	232.038 06(2)
C	碳	12.010 7(8)	Ho	钬	164.930 32(2)	Pb	铅	207.2(1)	Ti	钛	47.867(1)
Ca	钙	40.078(4)	I	碘	126.904 47(3)	Pd	钯	106.42(1)	Tl	铊	204.383 3(2)
Cd	镉	112.411(8)	In	铟	114.818(3)	Pm	钷	[145]	Tm	铥	168.934 21(2)
Ce	铈	140.116(1)	Ir	铱	192.217(3)	Po	钋	[209]	U	铀	238.028 91(3)
Cf	锎	[251]	K	钾	39.098 3(1)	Pr	镨	140.907 65(2)	V	钒	50.941 5(1)
Cl	氯	35.453(2)	Kr	氪	83.798(2)	Pt	铂	195.084(9)	W	钨	183.84(1)
Cm	锔	[247]	La	镧	138.905 47(7)	Pu	钚	[244]	Xe	氙	131.293(6)
Co	钴	58.933 195(5)	Li	锂	6.941(2)	Ra	镭	[226]	Y	钇	88.905 85(2)
Cr	铬	51.996 1(6)	Lr	铹	[262]	Rb	铷	85.467 8(3)	Yb	镱	173.04(3)
Cs	铯	132.905 451 9(2)	Lu	镥	174.967(1)	Re	铼	186.207(1)	Zn	锌	65.409(4)
Cu	铜	63.546(3)	Md	钔	[258]	Rh	铑	102.905 50(2)	Zr	锆	91.224(2)
Dy	镝	162.500(1)	Mg	镁	24.3050(6)	Rn	氡	[222]			

注：数据源自 2005 年国际原子量表(IUPAC Commission of Atomic Weights and Isotopic Abundances, Atomic Weights of the Elements 2005. *Pure Appl. Chem.*, 2006, 78: 2051—2066)。(　)表示最后一位的不确定性，[　]中的数值为没有稳定同位素元素的半衰期最长同位素的质量数。

附录八　一些化合物的相对分子质量

（根据 2005 年公布的相对原子质量计算）

化合物	相对分子质量
$AgBr$	187.77
$AgCl$	143.32
$AgCN$	133.89
Ag_2CrO_4	331.73
AgI	234.77
$AgNO_3$	169.87
$AgSCN$	165.95
Al_2O_3	101.96
$Al_2(SO_4)_3$	342.15
As_2O_3	197.84
As_2O_5	229.84
$BaCO_3$	197.34
BaC_2O_4	225.35
$BaCl_2$	208.23
$BaCl_2 \cdot 2H_2O$	244.26
$BaCrO_4$	253.32
BaO	153.33
$Ba(OH)_2$	171.34
$BaSO_4$	233.39
CH_3COONa	82.03
C_6H_5OH	94.11
$(C_9H_7N)_3H_3(PO_4 \cdot 12MoO_3)$ （磷钼酸喹啉）	2 212.73
$COOHCH_2COOH$	104.06
$COOHCH_2COONa$	126.04
CCl_4	153.82
CO_2	44.01
Cr_2O_3	151.99
$Cu(C_2H_3O_2)_2 \cdot 3Cu(AsO_2)_2$	1 013.79
CuO	79.54
Cu_2O	143.09
$CuSCN$	121.63
$CuSO_4$	159.61
$CuSO_4 \cdot 5H_2O$	249.69
$CaCO_3$	100.09
CaC_2O_4	128.10
$CaCl_2$	110.98
$CaCl_2 \cdot H_2O$	129.00
CaF_2	78.08
$Ca(NO_3)_2$	164.09
CaO	56.08
$Ca(OH)_2$	74.09
$CaSO_4$	136.14
$Ca_3(PO_4)_2$	310.18
$Ce(SO_4)_2$	332.24
$Cc(SO_4)_2 \cdot 2(NH_4)_2SO_4 \cdot 2H_2O$	632.55
CH_3COOH	60.05
CH_3OH	32.04
CH_3COCH_3	58.08
C_6H_5COOH	122.12
C_6H_5COONa	144.10
$C_6H_4COOHCOOK$ （苯二甲酸氢钾）	204.22
$FeCl_3$	162.20
$FeCl_3 \cdot 6H_2O$	270.30
FeO	71.84
Fe_2O_3	159.69
Fe_3O_4	231.53
$FeSO_4 \cdot H_2O$	169.92
$FeSO_4 \cdot 7H_2O$	278.02
$Fe_2(SO_4)_3$	399.88
$FeSO_4 \cdot (NH_4)_2SO_4 \cdot 6H_2O$	392.14
H_2O	18.02
H_2O_2	34.02
H_3PO_4	98.00
H_2S	34.08
H_2SO_3	82.08
H_2SO_4	98.08
$HgCl_2$	271.50
Hg_2Cl_2	472.09
HCl	36.46
$HClO_4$	100.46
HF	20.00
HI	127.91
HNO_2	47.01
HNO_3	63.01

续附录八

化合物	相对分子质量	化合物	相对分子质量
H_3BO_3	61.83	$NaBiO_3$	279.97
HBr	80.91	$NaBr$	102.89
$H_2C_4H_4O_6$(酒石酸)	150.09	$NaCN$	49.01
HCN	27.03	Na_2CO_3	105.99
H_2CO_3	62.02	$Na_2C_2O_4$	134.00
$H_2C_2O_4$	90.03	$NaCl$	58.49
$H_2C_2O_4 \cdot 2H_2O$	126.07	NaF	41.99
$HCOOH$	46.03	$NaHCO_3$	84.00
$KAl(SO_4)_2 \cdot 12H_2O$	474.39	NaH_2PO_4	119.96
$KB(C_6H_5)_4$	358.32	Na_2HPO_4	141.96
KBr	119.00	$Na_2H_2Y \cdot 2H_2O$	372.24
$KBrO_3$	167.00	(EDTA 二钠盐)	
KCN	65.12	NaI	149.89
K_2CO_3	138.21	$NaNO_2$	69.00
K_2SO_4	174.26	Na_2O	61.98
KCl	74.55	$NaOH$	40.00
$KClO_3$	122.55	NH_3	17.03
$KClO_4$	138.19	NH_4Cl	53.49
K_2CrO_4	194.19	$(NH_4)_2C_2O_4 \cdot H_2O$	142.11
$K_2Cr_2O_7$	294.19	$NH_3 \cdot H_2O$	35.05
$KHC_2O_4 \cdot H_2C_2O_4 \cdot 2H_2O$	254.19	$NH_4Fe(SO_4)_2 \cdot 12H_2O$	482.19
$KHC_2O_4 \cdot H_2O$	146.14	$(NH_4)_2HPO_4$	132.06
KI	166.00	$(NH_4)_3PO_4 \cdot 12MoO_3$	1876.35
KIO_3	214.00	NH_4SCN	76.12
$KIO_3 \cdot HIO_3$	388.90	$(NH_4)_2SO_4$	132.14
$KMnO_4$	158.03	$NiC_8H_{14}O_4N_4$(丁二酮肟镍)	288.91
KNO_2	85.10	Na_3PO_4	163.94
K_2O	94.20	Na_2S	78.04
KOH	56.11	$Na_2S \cdot 9H_2O$	240.18
$KSCN$	97.18	Na_2SO_3	126.04
		Na_2SO_4	142.04
$MgCO_3$	84.31	$Na_2SO_4 \cdot 10H_2O$	322.19
$MgCl_2$	95.21	$Na_2S_2O_3$	158.11
$MgNH_4PO_4$	137.31	$Na_2S_2O_3 \cdot 5H_2O$	248.19
MgO	40.30	Na_2SiF_6	188.06
$Mg_2P_2O_7$	222.55	$NH_2OH \cdot HCl$	69.49
MnO	70.94		
MnO_2	86.94	P_2O_5	141.94
		$PbCrO_4$	323.19
$Na_2B_4O_7$	201.22	PbO	223.20
$Na_2B_4O_7 \cdot 10H_2O$	381.37	PbO_2	239.20

续附录八

化合物	相对分子质量	化合物	相对分子质量
Pb_3O_4	685.60	$SnCl_2$	189.62
$PbSO_4$	303.26	SnO_2	150.71
SO_2	64.06	TiO_2	79.87
SO_3	80.06		
Sb_2O_3	291.52	WO_3	231.84
Sb_2S_3	339.72		
SiF_4	104.08	$ZnCl_2$	136.32
SiO_2	60.08	ZnO	81.41
$SnCO_3$	178.72	$Zn_2P_2O_7$	304.76
		$ZnSO_4$	161.47

参考文献

References

[1] 胡育筑.分析化学简明教程.2版.北京:科学出版社,2008.

[2] 徐宝荣,王芬.分析化学.北京:中国农业出版社,2003.

[3] 王芬.分析化学.北京:中国农业出版社,2006.

[4] 王芬.定量分析化学.吉林:吉林科学技术出版社,1999.

[5] 赵士铎.定量分析简明教程.2版.北京:中国农业大学出版社,2008.

[6] 朱灵峰.分析化学.北京:中国农业出版社,2003.

[7] 任敏建.分析化学.北京:中国农业出版社,2004.

[8] 黄蕾蕾,呼世斌.无机及分析化学.北京:中国农业出版社,2004.

[9] 董元彦.无机及分析化学.2版.北京:科学出版社,2005.

[10] 孟凡昌,等.分析化学核心教程.北京:科学出版社,2005.

[11] 张锡瑜,等.分析化学丛书:第1卷,第1册.化学分析原理.北京:科学出版社,1991.

[12] 周明珠,许宏鼎,于桂荣.化学分析.长春:吉林大学出版社,1996.

[13] 宋清.定量分析中的误差和数据评价.北京:高等教育出版社,1982.

[14] 蒋子刚,顾雪梅.分析检验的质量保证和计量认证.上海:华东理工大学出版社,1998.

[15] R. Kellner, J. M. Mermet, M. Otto, etc. Analytical Chemistry. Weinheim: WILEY-VCH, 1998.

[16] 彭崇慧.分析化学:定量化学分析简明教程.3版.北京:北京大学出版社,2009.

[17] 华东理工大学分析化学教研组,四川大学工科化学基础课程教学基地.分析化学.6版.北京:高等教育出版社,2009.

[18] [奥地利]凯尔纳·R,等.分析化学.李克安,金钦汉,等译.北京:北京大学出版社,2001.

[19] 李克安.分析化学教程.北京:北京大学出版社,2005.

[20] 徐宝荣,等.分析化学.北京:中国农业出版社,2008.

[21] 武汉大学.分析化学(上册).6版.北京:高等教育出版社,2016.

[22] 康丽娟,申凤善.分析化学.北京:中国农业出版社,2006.

[23] 华中师范大学.分析化学.3版.北京:高等教育出版社,2001.

[24] 葛兴.分析化学.北京:中国农业大学出版社, 2004.

[25] 许辉,米拉.分析化学.呼和浩特:内蒙古教育出版社,2003.

[26] 李发美.分析化学.北京:人民卫生出版社,1986.

[27] 蔡宏伟,王志花.分析化学.北京:化学工业出版社,2008.

[28] 贾之慎.无机及分析化学.北京:中国农业大学出版社,2009.

[29] 任健敏.分析化学.北京:中国农业出版社,2004.

[30] 高歧.分析化学.北京:高等教育出版社,2006.
[31] [美]J·A·迪安.分析化学手册.常文保,译.北京:科学出版社,2003.
[32] 汪尔康.21世纪的分析化学.北京:科学出版社,1999.
[33] 邓勃,宁永成,刘密新.仪器分析.北京:清华大学出版社,1991.
[34] D. A. Skoog, J. J. Leary. Principles of Instrumental Analysis. 4th edition. New York: Saunders College Publishing, 1992.
[35] 宫为民.分析化学.2版.大连:大连理工大学出版社,2004.
[36] 钟佩珩.分析化学.北京:化学工业出版社,2001.
[37] 周艳明,赵晓松.现代农业仪器分析.北京:中国农业出版社,2004.
[38] 武汉大学.分析化学(下册).5版.北京:高等教育出版社,2007.
[39] 方惠群,于俊生,史坚.仪器分析.北京:科学出版社,2002.
[40] 朱明华,胡坪.仪器分析.4版.北京:高等教育出版社,2008.
[41] 刘志广,张华,李亚明.仪器分析.大连:大连理工大学出版社,2004.
[42] 叶宪曾,张新祥.仪器分析教程.2版.北京:北京大学出版社,2007.
[43] 孙凤霞.仪器分析.北京:化学工业出版社,2004.
[44] 于世林.高效液相色谱方法及应用.2版.北京:化学工业出版社,2005.
[45] 孙毓庆,胡育筑.分析化学.2版.北京:科学出版社,2006.
[46] 邹学贤.分析化学.北京:人民卫生出版社,2006.
[47] 周春山.化学分离富集方法及应用.长沙:中南工业大学出版社,2001.
[48] 薛华,等.分析化学.2版.北京:清华大学出版社,2003.
[49] G. D. Christian, P. K. Dasgupta, K. A. Schug. Analytical Chemistry. 7th edition. NewJersey: John Wiley & Sons, Inc., 2013.